金属表面防护处理及实验

丁莉峰　宋政伟　牛宇岚　主编

科学技术文献出版社
SCIENTIFIC AND TECHNICAL DOCUMENTATION PRESS
·北京·

图书在版编目（CIP）数据

金属表面防护处理及实验 / 丁莉峰，宋政伟，牛宇岚主编. —北京：科学技术文献出版社，2018.11（2022.1 重印）
ISBN 978-7-5189-4886-4

Ⅰ.①金… Ⅱ.①丁… ②宋… ③牛… Ⅲ.①金属表面处理 Ⅳ.①TG17

中国版本图书馆 CIP 数据核字（2018）第 240618 号

金属表面防护处理及实验

策划编辑：刘　伶　丁芳宇　责任编辑：马新娟　李　鑫　责任校对：张吲哚　责任出版：张志平

出 版 者　科学技术文献出版社
地　　址　北京市复兴路15号　邮编 100038
编 务 部　(010) 58882938，58882087（传真）
发 行 部　(010) 58882868，58882870（传真）
邮 购 部　(010) 58882873
官方网址　www.stdp.com.cn
发 行 者　科学技术文献出版社发行　全国各地新华书店经销
印 刷 者　北京虎彩文化传播有限公司
版　　次　2018 年 11 月第 1 版　2022 年 1 月第 5 次印刷
开　　本　787×1092　1/16
字　　数　414千
印　　张　20
书　　号　ISBN 978-7-5189-4886-4
定　　价　68.00元

前　言

随着我国社会经济的快速发展，使用者对各类金属制产品的外观装饰和保护提出了更高的要求，从节约资源和环保的角度考虑，金属材料的表面处理及防护也意义重大。但在进行表面处理的过程中，存在着许多需要解决的问题，对于一线的生产工作人员、有志于从事表面处理方向的学生，迫切需要一本系统全面，理论与实际相结合的金属表面处理书籍。现对有关金属表面处理的理论做出整合，结合金属表面处理生产管理的最新知识和技术及本人长期的教学与科研工作经验，编写了这本《金属表面防护处理及实验》。

本书是根据“应用型本科人才”培养模式的有关要求，在介绍基本的理论知识外，大幅增加实验内容，培养学生良好的操作实验技能。主体围绕金属腐蚀的基本机制及其防护做出阐述，由于任何金属材料都存在腐蚀现象并需要进行表面处理进行防护，因而表面处理存在于国民经济建设的各行各业。本书着重抓住表面处理的具体工艺进行介绍，在具体章节对具体处理方法进行了充分的表述。

本书共9章，分为3个部分，其中第一章、第二章属于第一部分，主要介绍腐蚀的分类及基本机制、表面防护的有关基本理论。第三章至第八章属于第二部分，第三章介绍了表面预处理的原理、工艺及方法；第四章至第七章对具体的表面处理方法做出了介绍，如电镀、化学镀、磷化等处理工艺；第八章重点对钝化的后处理做出阐述。第九章属于第三部分，主要对进行表面处理后的工件进行分析和测试，以此对表面处理的工艺进行表征。其中第二章至第五章由丁莉峰副教授编写，第六章至第八章由宋政伟博士编写，第一章和第九章由牛宇岚教授编写。

在本书的编写过程中，引用了部分参考书（见参考文献）中的一些图表数据，特向有关作者致谢。

由于编者水平有限，书中难免存在缺点和错误，欢迎读者批评指正。

丁莉峰　宋政伟　牛宇岚

2018年10月1日

目　录

第一章　概　论

金属材料是现代最重要的工程材料，在金属材料各种形式的损坏中，金属腐蚀引起人们的特殊关注。另外，在现代工程结构中，特别在高温、高压、多相流作用下，金属腐蚀会变得格外严重。因此，只有研制适宜的耐蚀材料、涂层及保护措施，才能防止或控制金属腐蚀，满足工业生产和材料应用的需求。

1.1　表面防护处理的意义

金属材料及其制品的腐蚀、磨损及疲劳断裂等主要损伤，一般都是从材料表面、亚表面或因表面因素而引起的，它们带来的破坏和经济损失是十分惊人的。例如，仅腐蚀一项，据统计全世界钢产量的1/10由于腐蚀而损耗，工业发达国家因腐蚀破坏造成的经济损失占国民经济总产值的2%～4%，美国1995年因腐蚀造成的损失至少达3000亿美元，我国每年因腐蚀造成的损失至少达2000亿元。磨损造成的损失与之相近。因此，采用表面改性、涂覆、薄膜及复合处理等工艺技术，加强材料表面防护，提高材料表面性能，控制或防止表面损坏，可延长设备、工件的使用寿命，获得巨大的经济效益。

表面工程不仅是现代制造技术的重要组成与基础工艺之一，同时又为信息技术、航天技术、生物工程等高新技术的发展提供技术支撑。诸如离子注入半导体掺杂已成为超大规模集成电路制造的核心工艺技术。手机上的集成电路、磁带、激光盘、电视机的屏幕、计算机内的集成块等均赖以表面改性、薄膜或涂覆技术才能实现。生物工程中髓关节的表面修补，用超高密度高分子聚乙烯上再镀钴铝合金，寿命达15～25年，用羟基磷灰石（简称HAP）粒子与金属Ni共沉积在不锈钢基体上，植入人体后具有良好的生物相容性。又如，人造卫星的头部锥体和翼前沿，表面工作温度几千摄氏度，甚至10 000 ℃，采用了隔热涂层、防火涂层和抗烧蚀涂层等复合保护基体金属，才能保证其正常运行。

利用表面工程技术，使材料表面获得它本身没有而又希望具有的特殊性能，而且表层很薄，用材十分少，性能价格比高，节约材料和节省能源，减少环境污染，是实现材料可持续发展的一项重要措施。

随着表面工程与科学的发展，表面工程的作用有了进一步扩展。通过专门处理，根据需要可赋予材料及其制品具有绝缘、导电、阻燃、红外吸收及防辐射、吸收声波、吸声防噪、防沾污性等多种特殊功能。也可为高新技术及其制品的发展提供一系列新型表面材料，如金刚石薄膜、超导薄膜、纳米多层膜、纳米粉末、碳 60、非晶态材料等。

随着人们生活水平的提高及工程美学的发展，表面工程在金属及非金属制品表面装饰作用也更引人注目并得到明显的发展。

1.2 金属表面的损坏形式

金属材料制品都有一定的使用寿命，随着时间的流逝，它们将受到不同形式的直接或间接的损坏。金属结构材料的损坏形式是多种多样的，其中最重要、最常见的损坏形式是断裂、磨损和腐蚀。

断裂是指金属构件受力超过其弹性极限、塑性极限而导致最终的破坏。它使构件丧失原有的功能。例如，轴的断裂、钢丝绳的断裂等均属此类。不过，断裂的轴可以作为炉料进行熔炼，材料还可以再生。

磨损是指金属构件和其他部件相互作用，由于机械摩擦而引起的逐渐破坏。最明显的例子是活塞环的磨损、机车的车轮与钢轨间的磨损。在某些情况下，磨损了的零件是可以修复的。例如，用快速刷镀法可以修复已轻微磨损了的车轴。

腐蚀是指金属材料或其制品在周围环境介质的作用下，逐渐产生的损坏或变质现象，金属材料的锈蚀是最常见的腐蚀现象之一。在机械设备的损坏中，腐蚀与磨损经常是同时进行，腐蚀与断裂往往也是如此。实践表明，上述 3 种破坏形式往往相互交叉、相互渗透、互相促进。

与断裂不同，金属材料的磨损与腐蚀是一个渐变的过程，它们与金属的粉化和氧化有关，且腐蚀使损伤的金属转变为化合物，是不可恢复，不可再生的。

1.3 金属腐蚀的分类

由于金属腐蚀的领域广、机制比较复杂，其分类方法也是多样的。常见的金属腐蚀的分类有下列几种方法，按照腐蚀的机制、形式和环境分类。

1.3.1 按腐蚀的机制分类

根据腐蚀过程的特点，可以将金属腐蚀分为化学、电化学和物理腐蚀 3 类。

(1) 化学腐蚀 (chemical corrosion)

化学腐蚀是指金属与腐蚀介质直接发生反应，在反应过程中没有电流产生。这类腐蚀过程是一种氧化还原的纯化学反应，带有价电子的金属原子直接与反应物（如氧）的分子相互作用。因此，金属转变为离子状态和介质中氧化剂组分的还原是在同一时间、同一位置发生的。最重要的化学腐蚀形式是气体腐蚀，例如，金属的氧化过程或金属在高温下与 SO_2、水蒸气等的化学作用。

化学腐蚀的腐蚀产物在金属表面形成表面膜，表面膜的性质决定了化学腐蚀的速率。如果膜的完整性、强度、塑性都较好，在膜的膨胀系数与金属接近、膜与金属的亲和力较强等情况下，则有利于保护金属，降低腐蚀速率。例如，铝制品表面生成的氧化铝膜。

（2）电化学腐蚀（electrochemical corrosion）

电化学腐蚀是指金属与电解质溶液（大多数为水溶液）发生了电化学反应而引起的腐蚀。其特点是，在腐蚀过程中同时存在两个相对独立的反应过程——阳极反应和阴极反应，在反应过程中伴有电流产生。金属在酸、碱、盐中的腐蚀就是电化学腐蚀。电化学腐蚀机制与化学腐蚀机制有着本质差别。但是，进一步研究表明，有些腐蚀常常由化学腐蚀逐渐过渡为电化学腐蚀。电化学腐蚀是最常见的腐蚀形式，自然条件下，如潮湿大气、海水、土壤、地下水及化工、冶金生产中绝大多数介质中金属的腐蚀通常具有电化学性质。

电化学作用也可以和机械、力学、生物作用共同导致金属的破坏。当金属同时受到电化学和应力作用时，将发生应力腐蚀破裂。当电化学和交变应力共同作用时，金属会发生腐蚀疲劳。若金属同时受到电化学和机械磨损的作用，则可发生磨损腐蚀。微生物的新陈代谢产物能为电化学腐蚀创造必要的条件，促进金属的腐蚀，称为微生物腐蚀。

（3）物理腐蚀（physical corrosion）

物理腐蚀是指金属由于单纯的物理溶解作用所引起的损坏。在液态金属中可发生物理腐蚀。这种腐蚀不是由化学或电化学反应，而是由物理溶解所致。例如，用来盛放熔融铸的钢容器，由于铁被液态锌所溶解而损坏。

1.3.2 按腐蚀的形式分类

根据腐蚀的形式，可将腐蚀分为全面腐蚀和局部腐蚀两大类。

（1）全面腐蚀（general corrosion）

腐蚀分布在整个金属表面上，它可以是均匀的，也可以是不均匀的。碳钢在强酸、强碱中发生的腐蚀属于均匀腐蚀。

（2）局部腐蚀（localized corrosion）

主要发生在金属表面某区域，而表面的其他部分则几乎未被破坏。局部腐蚀有很多类型，见表 1-1 和表 1-2。

①小孔腐蚀（pitting）。这种破坏主要集中在某些活性点上，并向金属内部深处发展。通常其腐蚀深度大于其孔径。严重时可使设备穿孔。不锈钢和铝合金在含有氯离子的溶液中常呈现这种破坏形式。

②缝隙腐蚀（crevice corrosion）。金属在腐蚀性介质中其表面或因铆接、焊接、螺

纹连接，与非金属连接，或因表面落有灰尘、砂粒、垢层、浮着沉积物等固体物质时，由于接触面间的缝隙内存在电解质溶液而产生的腐蚀现象。缝隙腐蚀在各类电解液中都会发生。钝化金属如不锈钢、铝合金、铁等对缝隙腐蚀的敏感性最大。

③晶间腐蚀（intergranular corrosion）。这种腐蚀首先在晶粒边界上发生，并沿着晶界向纵深处发展。这时，虽然从金属外观看不出有明显的变化，但其力学性能却已大为降低了。通常晶间腐蚀出现于奥氏体、铁素体不锈钢和铝合金的构件。

④电偶腐蚀（galvanic corrosion）。凡具有不同电极电位的金属相互接触，并在一定的介质中所发生的电化学腐蚀即属电偶腐蚀。例如，热交换器中的不锈钢管和碳钢花板连接处，碳钢在水中作为阳极而被加速腐蚀。

⑤应力腐蚀断裂（stress corrosion cracking）。在应力和腐蚀介质的共同作用下，金属材料发生腐蚀性断裂。根据腐蚀介质性质和应力状态的不同，在金相显微镜下，显微裂纹呈穿晶、沿晶或两者混合形式。应力腐蚀断裂是局部腐蚀中危害最大的，因为它们发生后用肉眼在金属表面很不易察觉，一般也没有预兆，具有突然破坏的性质。

⑥腐蚀疲劳（corrosion fatigue）。金属材料在交变应力和腐蚀介质共同作用下的一种腐蚀。

⑦氢脆（hydrogen embrittlement）。在某些介质中，因腐蚀或其他原因而产生的氢原子可掺入金属内部，使金属变脆，并在应力的作用下发生脆裂。例如，含硫化氢的油、气输送管线及炼油厂设备常发生这种腐蚀。

⑧选择性腐蚀（selective corrosion）。合金中的某一组分由于优先地溶解到电解质溶液中去，从而造成另一组分富集于金属表面上。例如，黄铜的脱锌现象即属于这类腐蚀。此外，还有磨损腐蚀、浓差腐蚀等也属于局部腐蚀之列。

表 1-1　几种局部腐蚀的典型特征与防止措施

腐蚀名称	主要环境及腐蚀特征	腐蚀机制	主要影响因素	主要防止措施
小孔腐蚀	特定离子环境中，腐蚀电位超过点蚀电位。局部区域出现腐蚀小坑，并向深处发展，直到腐蚀穿孔为止。是“跑、冒、滴、漏”的主要祸根	氧化物破坏区域为阳极，未破坏区域为阴极，构成腐蚀电池	金属材料成分与表面状态；热处理温度；腐蚀介质的种类与浓度	选择耐点蚀能力好的材料；材料表面改性；添加缓蚀剂
缝隙腐蚀	金属表面上由于存在异物或结构上的原因而形成缝隙。留住腐蚀溶液并引起缝隙内部加速腐蚀	与点蚀很相似，属自催化的电化学腐蚀过程	腐蚀介质中的活性阴离子	结构设计时尽量避免狭缝结构和液体滞留区；选择合适材料；焊接代替铆接

续表

腐蚀名称	主要环境及腐蚀特征	腐蚀机制	主要影响因素	主要防止措施
晶间腐蚀	沿着多晶体金属或合金的晶粒边界区发生的局部腐蚀形式，它使晶粒间的结合力遭到破坏，导致金属的塑性和强度大幅降低，而金属外观并未发生变化	金属或合金中含有少量杂质，或者有第二相沿着晶界析出；晶粒边界或第二相起着阳极的作用；要有腐蚀介质存在	金属材料的化学成分；环境介质	采取正确的热处理制度；减少含碳量；在不锈钢中加入稳定剂；采用表面工程技术使不锈钢表面与腐蚀介质隔离
电偶腐蚀	在腐蚀介质中，金属与另一种电位更正的金属或非金属导体发生连接而引起的加速腐蚀	电化学腐蚀，主要发生在两种金属或金属与非金属导体相互连接的边线附近	电偶序、环境介质和阴/阳极面积比	尽量避免异种金属材料的直接接触

表 1-2 材料在机械力作用下的腐蚀

腐蚀名称	主要环境及腐蚀特征	破坏机制	主要影响因素	主要防止措施
应力腐蚀	当应力的大小达到屈服强度的 70% ～90% 时，由于应力与特定腐蚀介质共同作用而引起材料的断裂	应力电化机制：在应力和化学介质的共同作用下，裂纹扩展直至断裂	合金的成分；应力的大小；环境介质的成分；温度的高低	限制或者消除应力；选择合适材料；改变材料环境（加缓蚀剂）；表面改性处理；采用阴极保护
腐蚀疲劳	腐蚀疲劳是在腐蚀介质和交变应力共同作用下而引起的材料或构件的破坏，其特征是不存在明显的疲劳极限	应力电化学机制：在周期改变的应力和电化学介质的共同作用下，裂纹扩展直至断裂	交变载荷的大小和频率；介质	减小应力或使表面有压应力；采用缓蚀剂，选用耐腐蚀疲劳的材料和涂层

1.3.3 按腐蚀环境分类

根据腐蚀环境，腐蚀可分为下列几类。

（1）干腐蚀

①失泽金属在露点以上的常温干燥气体中腐蚀（氧化），生成很薄的表面腐蚀产物，使金属失去光泽，为化学腐蚀机制。

②高温氧化金属在高温气体中腐蚀（氧化），有时生成很厚的氧化皮，在热应力或机械应力作用下可引起氧化皮剥落，属于高温腐蚀。

（2）湿腐蚀

湿腐蚀主要是指潮湿环境和含水介质中的腐蚀，为电化学腐蚀机制。绝大部分常温腐蚀属于这一种。湿腐蚀又可分为以下两类。

①自然环境下的腐蚀，如大气腐蚀、土壤腐蚀、海水腐蚀、微生物腐蚀。

②工业介质中的腐蚀，如酸、碱、盐溶液中的腐蚀，工业水中的腐蚀，高温高压水中的腐蚀。

（3）无水有机液体和气体中的腐蚀（化学腐蚀机制）

①卤代物中的腐蚀，如 Al 在 CCl_4 和 $CHCl_3$ 中的腐蚀。

②醇中的腐蚀，如 Al 在乙醇中、Mg 和 Ti 在甲醇中的腐蚀。

这类腐蚀介质都是非电解质，不管是液体或气体，腐蚀反应都是相同的。在这些反应中，水实际上起缓蚀剂的作用。但在油这类有机液体中的腐蚀，绝大多数情况是由于痕量水的存在，而水中常含有盐和酸，因而这种腐蚀实为电化学机制。

（4）熔盐和熔渣中的腐蚀（电化学腐蚀）

（5）熔融金属中的腐蚀（物理腐蚀机制）

1.4 金属表面防护层的分类

防止金属腐蚀可以从三方面着手：一是控制材料本身；二是控制使用环境；三是控制界面。在各种防蚀途径中，表面防蚀处理在防蚀工程中应用最为广泛。

表面防蚀处理是指用各种方法在金属材料表面上施加保护层的总称，它是涉及化学、物理学、冶金学、金属腐蚀学、材料学、机械工程及许多应用科学的多学科性的技术科学。

保护层的作用在于将材料与腐蚀性环境隔开，以阻滞腐蚀过程的产生和发展，达到减轻或防止腐蚀的目的。由于保护层材料的化学稳定性不同，其防蚀作用机制也不相同。可能是机械防护、化学防护或电化学防护，或者是二者兼有。

为了达到防蚀的目的，保护层一般应满足下列基本要求：耐蚀、高硬度、耐磨；结构紧密、完整、孔隙率小；与底层金属结合牢固，附着力好；分布均匀且有一定的厚度。

1.4.1 按镀层功能分类

（1）防护性镀层

该镀层是指应用于大气或其他环境介质下防止基体金属腐蚀的镀层。例如，铁制品表面镀锌、镀铬或镍钛合金等。

（2）防护装饰性镀层

该镀层是指用于大气条件下，即防护基体金属被腐蚀又使表面美观的镀层。

例如，铁制品上依次镀铜-镀镍-镀铬，或镀镍-镀铜-镀镍-镀铬，或镀铜锡合金后镀铬等。

（3）修复性镀层

该镀层是指应用于被磨损的零件或加工超差的零件（如轴、孔、轴承内外圈等）需局部或整体恢复尺寸的镀层。如镀镍、镀硬铬、镀铜、镀铁等。

（4）特殊要求的镀层

该镀层是指应用于某些有特殊要求的制品表面上的镀层，可分为以下几类：

①耐磨镀层，如镀镍，镀铬，镀镍钨合金、镍钴合金、镍磷合金等；

②减磨镀层，如镀锡、镀铟、镀铟锡合金；

③热加工镀层，如防渗碳镀铜，防渗氮镀锡；

④反光镀层，如镀银、镀光亮镍等；

⑤防反光镀层，如镀黑镍、镀黑铬等；

⑥导电镀层，如镀银、镀金、镀铜、镀金钴合金；

⑦磁镀层，如镀镍铁合金、镍钴合金及镍钴磷合金等；

⑧抗氧化镀层，如镀铬、镀钴钨合金、镀铂铑合金；

⑨耐酸镀层，如镀铅等。

1.4.2 按镀层电化学性质分类

按电化学性质，金属镀层可分为两类，即阳极性镀层和阴极性镀层。

（1）阳极性镀层

在一定的介质中，镀层的电极电位比基体金属的电极电位负时，此镀层称为阳极性镀层。使用时，此类镀层的完整性被破坏之后，仍可借电化学作用继续保护基体金属免遭腐蚀。例如，大气条件下的铁制品表面镀锌、海洋气候中的铁制品表面镀铬、有机酸环境中的铁制品表面镀锡等都属于阳极性保护镀层。

以在大气条件下的铁制品表面镀锌为例。当锌镀层完整无损时，对基体金属起机械保护作用。当镀层有针孔、划伤等缺陷而露出基体时，则该处存在的水汽（含有二氧化碳等酸性氧化物）就成为电解液，与锌和铁形成原电池，如图1-1所示。

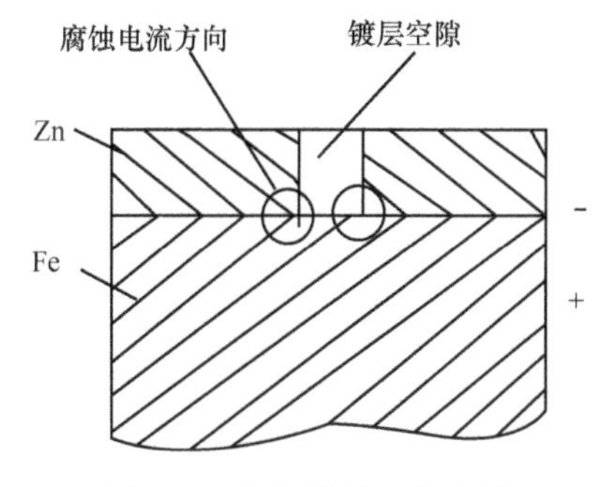

图1-1 阳极性镀层的腐蚀

由于锌的标准电极电位比铁负，则锌作为阳极而溶解，即：

$$Zn-2e^{-}=Zn^{2+} \tag{1-1}$$

而铁作为阴极，氢离子在阴极上获得电子并放出氢气，铁不被腐蚀。这样，使处于阳极的锌镀层不断损耗，从而对基体金属铁起到电化学保护作用。因此，此类镀层作防护层比较理想。但是，这种保护特性只在一定的保护半径范围内有效。阳极性镀层的保护能力，主要取决于镀层的厚度，镀层越厚，其保护作用越强。另外，不是所有电极电位比基体金属负的镀层都能作防护镀层用，还必须注意它在介质中的化学稳定性是否良好，例如，铁制品上锌镀层在海水中会因很快地被腐蚀而失去保护作用。

（2）阴极性镀层

在一定介质中，镀层的电极电位比基体金属电极电位正的镀层，称为阴极性镀层。例如，大气条件下，铁制品表面镀锡、镀铜、镀镍、镀铬或镀金银等。这类镀层在使用时，只有镀层完整无损时，才能对基体金属起到机械地保护作用，当其完整性较差或被破坏之后，将加速基体金属的腐蚀。例如，铁制品表面的锡镀层，当镀层有缺陷而使基体外露时，则铁与锡形成如图 1-2 所示的原电池。因铁的标准电极电位比锡负，故铁作为阳极被溶解。即：

$$Fe-2e^{-}=Fe^{2+} \tag{1-2}$$

而锡作为阴极不被腐蚀，这样就造成基体金属优先被腐蚀，使锡镀层失去了保护作用。

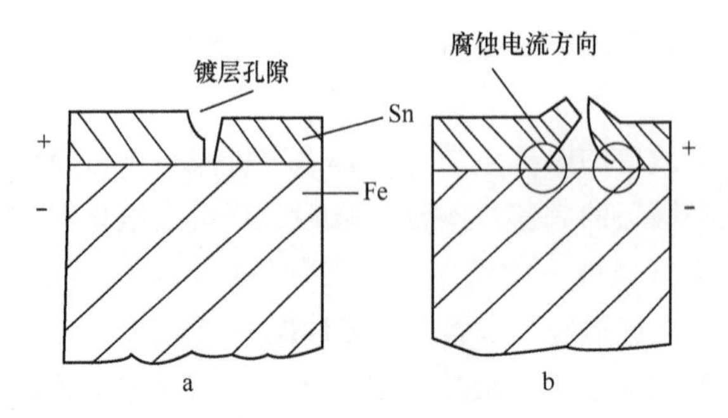

图 1-2　阴极性镀层的腐蚀

从图 1-2 中可看出，基体被腐蚀一般都是从孔隙处开始，接着就在镀层下蔓延开来，造成镀层起皮脱落。因此，阴极性镀层的保护能力取决于镀层的孔隙率和厚度，镀层越厚，孔隙率越低，其保护作用越强。

1.4.3　按镀层结构分类

按镀层结构可分为单一镀层和复合镀层。复合镀层按其结构不同可分为弥散复合镀层和层状复合镀层两种。弥散复合镀层又分为均匀弥散复合镀层和梯度弥散复合镀层。均匀弥散镀层是指不溶性固体颗粒以均匀弥散分布的形式存在于金属镀层中。梯度弥散复合镀层是指按照设计要求，固体微粒的复合量在镀层中按梯度逐渐变化而得到的复合镀层。所谓层状镀层，是指由两种或几种金属元素依次沉积而形成的多层镀层。各层金属都具有本身的物理、化学和力学性能，层状镀层中的某一层或几层可以是单金属，也可以是二元合金、三元合金。

1.4.4 按涂层性质分类

表面防蚀处理的方法很多，通常可分为金属涂层和非金属涂层两大类。

金属涂层是指用耐蚀性较强的金属或合金在容易腐蚀的金属表面上形成的保护层。因此，这种涂层又叫作镀层。按照镀层与基体金属形成电偶时的极性可分为阳极性镀层与阴极性镀层。在腐蚀介质中阳极性镀层的电位比基体金属更负，例如，钢上镀锌，当锌镀层与基体金属构成腐蚀电池时，锌将作为阳极溶解，同时钢受到保护。镀层越厚，保护作用越大；阴极性镀层的电位比基体金属更正，如钢上镀铜、镍等。这类镀层的保护作用往往取决于它的孔隙率，孔隙率越低，保护作用越大。金属镀层的制造方法主要有电镀、化学镀、渗镀、热浸镀、喷镀、物理气相沉积和化学气相沉积等。

非金属涂层是指用各种有机高分子材料——油漆、涂料、玻璃钢、橡胶及无机材料——陶瓷、化合物和珐琅等在金属设备或零件表面形成的保护层。这类涂层起到了机械阻挡作用，能够把基体金属与环境介质完全隔开，防止基体因接触腐蚀介质而遭受腐蚀。

1.5 金属表面防护技术的分类和内容

1.5.1 表面技术的分类

表面技术没有统一的分类方法，我们可以从不同角度进行分类。

（1）按具体表面技术方法划分

包括表面热处理、化学热处理、物理气相沉积、化学气相沉积、离子注入、电子束强化、激光强化、火焰喷涂、电弧喷涂、等离子喷涂、爆炸喷涂、静电喷涂、流化床涂覆、电泳涂装、堆焊、电镀、电刷镀、自催化沉积（化学镀）、浸镀、化学转化、溶胶-凝胶技术、自蔓燃高温合成、搪瓷等。每一类技术又进一步细分为多种方法，例如，火焰喷涂包括粉末火焰喷涂和线材火焰喷涂，粉末喷涂又有金属粉末喷涂、陶瓷粉末喷涂和塑料粉末喷涂等。

（2）按表面层的使用目的划分

大致可分为表面强化、表面改性、表面装饰和表面功能化四大类。表面强化又可以分为热处理强化、机械强化、冶金强化、涂层强化和薄膜强化等，着重提高材料的表面硬度、强度和耐磨性；表面改性主要包括物理改性、化学改性、三束（激光、电子束和离子束）改性等，着重改善材料的表面形貌及提高其表面耐腐蚀性能；表面装饰包括各种涂料涂装和精饰技术等，着重改善材料的视觉效应并赋予其足够的耐候性；表面功能化则是指使表面层具有上述性能以外的其他物理化学性能，如电学性能、磁学性能、光学性能、敏感性能、分离性能、催化性能等。

（3）按表面层材料的种类划分

一般分为金属（合金）表面层、陶瓷表面层、聚合物表面层和复合材料表面层四大类。许多表面技术都可以在多种基体上制备多种材料表面层，如热喷涂、自催化沉积、激光表面处理、离子注入等；但有些表面技术只能在特定材料的基体上制备特定材料的表面层，如热浸镀。不过，并不能据此判断一种表面技术的优劣。

（4）从材料科学的角度划分

按沉积物的尺寸进行，表面工程技术可以分为以下 4 种基本类型。

①原子沉积。以原子、离子、分子和粒子集团等原子尺度的粒子形态在基体上凝聚然后成核、长大，最终形成薄膜。被吸附的粒子处于快冷的非平衡态，沉积层中有大量结构缺陷。沉积层常和基体反应生成复杂的界面层。凝聚成核及长大的模式，决定着涂层的显微结构和晶型。电镀、化学镀、真空蒸镀、溅射、离子镀、物理气相沉积、化学气相沉积、等离子聚合、分子束外延等均属此类。

②颗粒沉积。以宏观尺度的熔化液滴或细小固体颗粒在外力作用下于基体材料表面凝聚、沉积或烧结。涂层的显微结构取决于颗粒的凝固或烧结情况。热喷涂、搪瓷涂覆等都属此类。

③整体覆盖。欲涂覆的材料于同一时间施加于基体表面。如包箔、贴片、热浸镀、涂刷、堆焊等。

④表面改性。用离子处理、热处理、机械处理及化学处理等方法处理表面，改变材料表面的组成及性质。如化学转化镀、喷丸强化、激光表面处理、电子束表面处理、离子注入等。

1.5.2 表面技术的内容

表面技术内容种类繁多，随着科技不断发展，新的技术也不断涌现，下面仅就一些常见的表面技术做简单介绍。

金属和非金属表面处理技术如下。

（1）金属涂层

①电镀。电镀是在含有欲镀金属离子的溶液中，以被镀材料或制品为阴极，通过电沉积作用，在基体表面获得镀层的方法。

②化学镀。化学镀是金属和还原剂在同一溶液中进行自催化的氧化还原反应，在固体表面沉积出金属镀层的方法。

③渗镀。渗镀是通过固态扩散，使一种或几种金属元素渗入基体金属表面而形成表面合金层的方法。这种表面合金层又称为扩散渗镀层。

④热浸镀。热浸镀简称热镀，是将被镀件浸入熔融的金属液中，使其表面形成镀

层的方法。热浸镀层金属的熔点要求比基体金属的熔点低得多，常常限于采用低熔点金属及其合金，如锌、铝、锡、铅及其合金。

⑤喷镀。喷镀是利用热能或电能，把加热到熔化或接近熔化状态的涂层材料的微粒，喷涂在制品表面形成覆盖层的方法。根据热源及涂层材料的种类和形式，热喷镀可粗略地分为火焰线材喷镀、火焰粉末喷镀、火焰爆炸喷镀、电弧喷镀、等离子喷镀等。

⑥真空蒸镀。真空蒸镀是在真空容器中把欲镀金属、合金或化合物加热熔化，使其呈分子或原子状态逸出，沉积到被镀材料表面而形成固态薄膜或涂层的方法。它是物理气相沉积中应用最广泛的一种镀膜技术。

⑦真空溅射。真空溅射是真空蒸镀的一种发展。用高能粒子轰击蒸发材料，通过粒子的动量交换使其汽化，冷凝沉积在基体表面，而不用电子加热或电子束加热。真空溅射镀膜密度高，无气孔，与基体材料之间附着性好，特别适合制备高熔点、低蒸气压元素和化合物薄膜材料。

⑧离子镀。离子镀是在一定真空状态下，利用气体放电将部分蒸发材料（镀膜材料）的原子电离，然后沉积在工件表面形成镀膜的方法。离子镀除兼有真空蒸镀和真空溅射的优点外，还具有膜层附着力强、绕射性好、工件温升低等突出特点。特别是它易获得所需功能的化合物膜层。因此，离子镀是物理气相沉积中最有发展前途的新技术。

⑨离子注入。离子注入是将某种元素的原子进行电离，并使其在电场中加速，在获得较高的速度后射入固体材料表面，以改变这种材料表面的物理化学及力学性能的一种离子束技术。它与离子镀的区别在于，镀膜材料的颗粒不是部分的而是全部的离子化，其加速后的能量也高得多。

（2）非金属涂层

①化学氧化。化学氧化利用化学反应的方法在钢铁制品表面生成稳定的 Fe_3O_4 氧化膜的工艺过程。因四氧化三铁膜呈蓝黑色，所以又把钢铁的化学氧化称作发蓝、发黑。

②阳极氧化。阳极氧化是通过电化学方法使金属与某些特定介质的阴离子相互反应，在其表面获得一层保护膜的方法。将处理的金属作为阳极，利用外加电流的方法，形成化学转化膜。它是由基体金属直接参与成膜反应而生成的。因此，膜与基体金属的结合力比电镀层要好得多。由于转化膜的多孔性，通常大多需要补以其他防护措施。

③磷酸盐处理。将金属放入含有磷酸盐的溶液中进行化学处理，在金属表面上形成一种难溶于水、附着性良好的磷酸盐保护膜的过程叫作金属的磷酸盐处理，简称磷化。磷化不仅适用于钢铁，而且适用于锌、铝及其合金及锌、镉、铜等镀层。

④铬酸盐处理。铬酸盐处理是将金属或金属镀层浸入含某些添加剂的铬酸或铬酸盐溶液中，采用化学或电化学的方法使金属表面形成由三价铬和六价铬组成的铬酸盐膜的过程。这种工艺常用作锌镀层、铬镀层的后处理，以提高镀层的耐蚀性。也可用

作其他金属如铝、铜、锡、镁、镍及其合金的表面防蚀。

⑤涂料。涂料旧称油漆，是一种有机高分子胶体的混合物的溶液或粉末，涂在物体表面上，能形成一层附着牢固的连续涂层。其目的是赋予被处理物以耐蚀性、装饰性与功能性。

⑥玻璃钢衬里。玻璃钢是玻璃纤维增强塑料的俗称。它是以合成树脂为胶结材料，以玻璃纤维（玻璃丝、玻璃布及短切玻璃纤维等）为增强材料而制成的。为了防止腐蚀性液体与金属相接触，在工业生产中常采用各种耐蚀材料贴衬、套衬或者黏合在金属设备或零件表面。除橡胶、陶瓷衬里外，玻璃钢衬里使用较多。

⑦橡胶衬里。橡胶具有良好的耐酸碱性能，天然橡胶和合成橡胶均可用于防蚀衬里。尤其天然橡胶有较长的使用历史，并有显著的防蚀效果。

⑧搪瓷。搪瓷又称珐琅，是类似玻璃的物质。它是将钾、钠、钙、铝等金属的硅酸盐和硼砂在金属基体上搪烧而成的。若将其中的 SiO_2 成分适当增加（如60%以上），这样的搪瓷具有耐酸的性质，故称为耐酸搪瓷。如果在搪瓷中加入 20% ～30% 的 Al_2O_3，并减少碱分，还可获得耐热搪瓷。

⑨防锈油脂。防锈油脂一般以矿物脂（凡士林）或机油为基础，用皂类或蜡类稠化，再配以油溶性缓蚀剂、助剂混合而成。常温条件下，防锈油脂为膏状厚膜。在工件入库前，用防锈油脂进行防锈处理，待金属材料投入使用时，再将表面的防锈油脂去除，恢复原状。

本教材着重介绍有关电镀、化学镀、磷化、阳极氧化和钝化的工艺原理、方法、特点及应用。

1.6　表面防蚀处理技术的发展和展望

表面技术的使用，自古至今已经历了几千年的岁月。最初各类表面技术的发展也是分别进行、互不相关的。但是，近几十年来，随着经济和科技的迅速发展，人们开始将各类表面技术互相联系起来。探讨它们的共性，阐明各种表面现象与表面特性的本质，通过各种学科和技术的相互交叉和渗透，改进表面技术的应用更为广泛。下面从几个方面说明表面技术的发展过程和趋势。

（1）表面涂敷技术的发展

在表面涂敷技术中，涂料和涂装工艺是一个重要组成部分。最早从野生漆树收集天然漆，用来装饰器皿。由于化工等工业的发展，出现了酚醛树脂、醇酸树脂，从而进入合成树脂涂料时期。它们的使用范围远远超出装饰目的，已涉及材料保护和具有各种功能的领域。涂装技术也摆脱原来手工操作的局限，根据各种用途开发了能满足要求的涂装设备和工艺，并力求花费较少的涂装成本而得到较好的涂装效果。静电喷漆、高压无空气喷漆、电泳涂装、辐射固化等涂装技术获得大量应用，在工业上出现了大量的涂装流水线。另外，由于涂料制造和涂装行业是资源耗量很大的工业领域，又是大气和水质的污染源之一，因而开发和采用资源利用率高的、低污染或无污染型涂料和涂装技术已成为重要的研究方向。

开发多种功能涂层，使零件、构件的表面延缓腐蚀，减少磨损，延长疲劳寿命。随着工业的发展，在治理这 3 种失效之外又提出了许多特殊的表面功能要求。例如，舰船上甲板需要有防滑涂层，现代装备需要有隐身涂层，军队官兵需要防激光致盲的镀膜眼镜，在太阳能取暖和发电设备中需要高效的吸热涂层和光电转换涂层，在录音机中需要有磁记录镀膜，不粘锅中需要有氟树脂涂层，建筑业中的玻璃幕墙需要有阳光控制膜等。此外，隔热涂层、导电涂层、减振涂层、降噪涂层、催化涂层、金属染色技术等也有广泛的用途。在制备功能涂层方面，表面技术也可大显身手。

（2）金属材料表面强化技术的发展

金属材料一般是以合金的形式投入使用，具有良好的强度与塑性配合、优良的加工性，许多金属还具有优异的物理特性，因而应用非常广泛。但是，金属材料的表面在外界环境的作用下亦容易发生各类磨损、腐蚀氧化和疲劳等破坏，这方面造成的损失是十分巨大的。此外，许多零部件要求的表面性能与内部性能之间存在着一定的矛盾，整体处理时往往两者不能兼顾。因此，金属材料的表面强化技术受到了人们的高度重视。

金属表面形变强化如喷丸、滚压和内孔挤压等技术的应用已有较长的历史。

表面热处理和化学热处理是人们早就使用的表面技术。

利用荷能离子与材料表面相互作用，改变表面成分和结构，从而引入离子注入技术，不仅用于电子工业及无机非金属材料和有机高分子材料的表面改性，也是金属材料表面强化的重要途径。后来人们又将离子注入与镀膜技术结合起来，发展出新颖的离子束合成薄膜技术。

自 20 世纪 60 年代以来，激光和电子束等新热源，由于具有能量集中加热迅速、加热层薄、自激冷却、变形很小、无须淬火介质、有利环境保护、便于实现自动化等优点，因而在金属材料表面强化方面的应用越来越广泛。

（3）复合表面技术的发展

在单一表面技术发展的同时，综合运用两种或多种表面技术的复合表面技术（也称第二代表面技术）有了迅速的发展。复合表面技术通过最佳协同效益使工件材料表面体系在技术指标、可靠性、寿命、质量和经济性等方面获得最佳的效果，克服了单一表面技术存在的局限性，解决了一系列工业关键技术和高新技术。

目前，复合表面工程技术的研究和应用已取得了重大进展，如热喷涂与激光重熔复合、热喷涂与刷镀的复合、化学热处理与电镀的复合、表面涂覆强化与喷丸强化的复合、表面强化与固体润滑层的复合、多层薄膜技术的复合、金属材料基体与非金属表面复合、镀锌或磷化与有机漆的复合、渗碳与铁沉积的复合、物理和化学气相沉积同时进行离子注入等。伴随复合表面工程技术的发展，梯度涂层技术也获得较大发展，以适应不同涂覆层之间的性能过渡，以达到最佳的优化效果。

（4）表面加工技术的发展

表面加工技术所包含的内容十分广泛，尤其是表面微细加工技术已经成为大规模集成电路和微细图案成形必不可少的加工手段，在电子工业尤其是微电子技术中占有特殊的地位。

早期晶体管一般用生长结法、合金结法和扩散台面法制作，在器件结构和工艺上都存在较大的问题。后来开发了硅平面工艺，使晶体管及集成电路的制作主要由氧化、光刻、扩散等工艺组成，因而在工艺上做了很大的改进。

而芯片集成的高速度发展，归功于高速发展的表面微细加工技术。这项技术涉及的范围较为广泛，目前大致可包括微细图形加工技术、精密控制掺杂技术、超薄层晶体及薄膜生长技术三大类，而每大类又包含了许多先进技术。表面微细加工技术是许多科学技术的综合结晶。它不仅是集成电路的发展基础，也是半导体微波技术、声表面波技术、光集成等许多高科技的发展基础。

现在微细加工技术在微电子技术成就的基础上正在向微机械技术和纳米级制造技术推进。微机械技术是指在几个厘米以下及微米尺度上制造微机械装置。而这种装置将为电子系统提供通向外部物质世界更加直接的窗口，使它们可以感受并控制力、光、声、热及其他物质的作用；微米级制造工艺包括光刻、刻蚀、淀积、外延生长、扩散离子注入等。纳米级制造包括微米级制造中的一些技术如离子束刻，同时还包括采用扫描隧道显微镜（STM）等设备对材料进行原子量级的修改与排列的技术。

（5）扩展表面技术的应用领域

表面技术已经在机械产品、信息产品、家电产品和建筑装饰中获得富有成效的应用，但是其深度和广度仍不够。表面技术在生物工程中的延伸已引起了人们的注意，前景十分广阔。

随着专业化生产方式的变革和人们环保意识的增强，现在呼唤表面处理向原材料制造业转移，这也是一种重要动向。

备受家用电器厂家欢迎的是预涂型彩色钢板，是在金属材料表面涂上一层有机材料的新品种，具有有机材料的耐腐蚀、色彩鲜艳等特点，同时又具有金属材料的强度高、可成形等特点，只需对其作适当的剪切、弯曲、冲压和连接即可制成多种产品外壳，不仅简化了加工工序，也减少了家用电器厂家对设备的投资，成为制作家用电器外壳的极佳材料。

汽车制造业的表面加工任务很重，要求表面由成品厂家处理转变为在原材料制造时进行的出厂前主动处理。这种变革不是表面处理任务的简单转移，更重要的是一种节能、节材，有利环保的举措。它可以简化脱脂、除锈工序，还可以利用轧钢后的余热来降低能耗。在西欧一些国家的钢厂中，就对半成品进行表面处理，如热处理、热浸镀、磷化、钝化等。

纳米材料的研究成为世界范围内新的热点，并逐渐进入实用化的阶段。采用纳米级材料添加剂的减摩技术，可以在摩擦部件动态工作中智能地修复零件表面的缺陷，实现材料磨损部位原位自动修复，并使裂纹自愈合。又如，用电刷镀制备含纳米金刚石粉末涂层的方法可以用来修复模具，延长模具使用寿命，是模具修复的一项突破。其他各种陶瓷材料、非晶态材料、高分子材料等也将不断地被应用于表面工程中。

从上面举例中可以看到，表面技术是一门涉及面广而边缘性很强的技术，它的发展必然受到许多学科和技术的促进和制约，而近代科学和工业技术的迅速发展又促使表面技术发生巨大的变革，并对社会的发展起着越来越重要的作用。

思 考 题

1. 怎样判断金属腐蚀倾向？
2. 金属表面防护的意义是什么？
3. 金属表面的损坏形式有哪些？
4. 金属腐蚀的分类有哪些？
5. 表面防护技术处理未来的发展方向有哪些？
6. 金属表面防护层的分类有哪些？
7. 金属和非金属表面处理技术各有哪些？

参考答案

1. 腐蚀反应自由能的变化与腐蚀倾向：当 $\Delta G<0$ 时，则腐蚀反应能自发进行，G 越大，则腐蚀倾向越大。当 $\Delta G=0$ 时，腐蚀反应达到平衡。当 $\Delta G>0$ 时，腐蚀反应不能自发进行。

2. ①金属材料及其制品的腐蚀、磨损及疲劳断裂等主要损伤，一般都是从材料表面、亚表面或因表面因素而引起的，它们带来的破坏和经济损失是十分惊人的。

②表面工程不仅是现代制造技术的重要组成与基础工艺之一，同时又为信息技术、航天技术、生物工程等高新技术的发展提供技术支撑。

③利用表面工程技术，使材料表面获得它本身没有而又希望具有的特殊性能。

④随着表面工程与科学的发展，表面工程的作用有了进一步扩展。

⑤随着人们生活水平的提高及工程美学的发展，表面工程在金属及非金属制品表面装饰作用也更引人注目并得到明显的发展。

3. 金属结构材料的损坏形式是多种多样的，其中最重要、最常见的损坏形式是断裂、磨损和腐蚀。

4. ①按照腐蚀的机制分类，可分为化学腐蚀、电化学腐蚀、物理腐蚀。

②按照腐蚀的形式分类，可分为小孔腐蚀，缝隙腐蚀、电偶腐蚀、晶间腐蚀、应力腐蚀破裂、氢脆、腐蚀疲劳、选择性腐蚀。

③按照腐蚀的环境分类，可分为干腐蚀、湿腐蚀、无水有机液体和气体中的腐蚀、熔盐和熔渣中的腐蚀、熔融金属中的腐蚀。

5. ①表面涂敷技术的发展；

②金属材料表面强化技术的发展；

③复合表面技术的发展；

④表面加工技术的发展；

⑤扩展表面技术的应用领域。

6. ①按镀层功能分类；

②按镀层电化学性质分类；

③按镀层结构分类；

④按涂层性质分类。

7. ①金属：电镀、化学镀、渗镀、热浸镀、喷镀、真空蒸镀、真空溅射、离子镀、离子注入。

②非金属：化学氧化、阳极氧化、磷酸盐处理、铬酸盐处理、涂料、玻璃钢衬里、橡胶衬里、搪瓷、防锈油脂。

第二章 表面防护的基本理论

2.1 金属的表面

金属表面可以认为是金属体相沿某个方向劈开造成的，从无表面到生成一个表面，必须对其做功，该功即转变为表面能或表面自由能。通过断键功劈开的新表面，每个原子并不是都原封不动地保留在原来的位置上，由于键合力的变化必然会通过弛豫等重新组合而消耗掉一部分能量，称为松弛能。严格来讲，表面能应等于断键功和松弛能之和，但是由于松弛能一般都很小，仅占2%～6%，因此，也可近似用断键功表示表面自由能的大小。

固体中的原子、离子或分子之间存在一定的结合键。这种结合键与原子结构有关。大多数元素的原子最外电子层没有填满电子，具有争夺电子成为类似惰性气体那种稳定结构的倾向。由于不同元素有不同的电子排布，所以可能导致不同的键合方式。

固体也可按结合键方式来分类。实际上，许多固体并非由一种键把原子或分子结合起来，而是包含两种或更多的结合键，但是通常其中某种键是主要的，起主导作用。

物质存在的某种状态或结构，通常称为某一相。严格地说，相是系统中均匀的、与其他部分有界面分开的部分。在一定温度和压力下，含有多个相的系统称为复相系。两种不同相之间的交界区称为界面。

固体材料的界面有以下 3 种。

①表面固体材料与气体或液体的分界面。

②晶界（或亚晶界）多晶材料内部成分、结构相同而取向不同的晶粒（或亚晶）之间的界面。

③相界固体材料中成分、结构不同的两相之间的界面。

2.2 金属表面结构

2.2.1 金属的理想表面

理想表面是理论探讨的基础，它可以想象为无限晶体中插进一个平面，将其分成两部分后所形成的表面，并认为半无限晶体中的原子位置和电子密度都和原来无限晶体一样。显然，自然界中很难获得这种理想表面。

由于在垂直于表面方向上，晶内原子排列呈周期性的变化，而表面原子的近邻原子数减少，使其拥有的能量大于晶体内部原子的能量，超出的能量正比于减少的键数，该部分能量即为材料的表面能。表面能的存在使得材料表面易于吸附其他物质。

2.2.2 金属的洁净表面和清洁表面

尽管材料表层原子结构的周期性不同于体内，但如果其化学成分仍与体内相同，这种表面就称为洁净表面，它是相对于理想表面和受环境气氛污染的实际表面而言的。洁净表面允许有吸附物，但其覆盖的概率非常低。显然，洁净表面只有用特殊的方法才能得到，如高温热处理、离子轰击加热退火、真空沉积、场致蒸发等。在高洁净度的表面上，可以发生多种与体内不同的结构和成分变化，如弛豫、偏析、吸附、化合物和台阶（表2-1）。

表2-1　几种清洁表面结构和特点

序号	名称	结构示意图	特点
1	弛豫	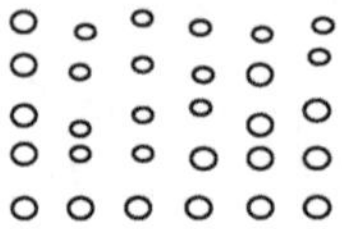	表面最外层原子与第二层原子之间的距离不同于体内原子间距（缩小或增大；也可以是有些原子间距增大，有些减小）
2	重构	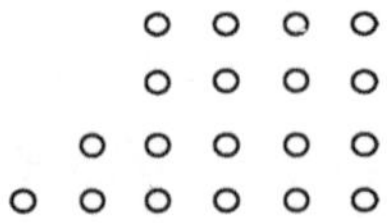	在平行基底的表面上，原子的平移对称性与体内显著不同，原子位置作了较大幅度的调整
3	偏析	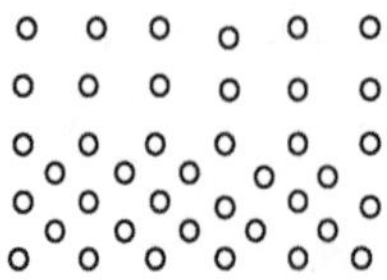	表面原子是从体内析出来的外来原子
4	化学吸附	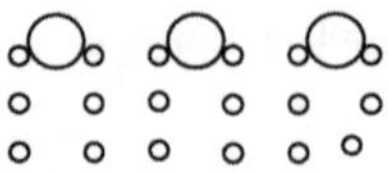	外来原子（超高真空条件下主要是气体）吸附于表面，并以化学键合
5	化合物	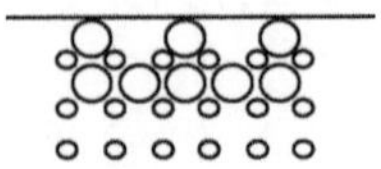	外来原子进入表面，并与表面原子键合形成化合物
6	台阶	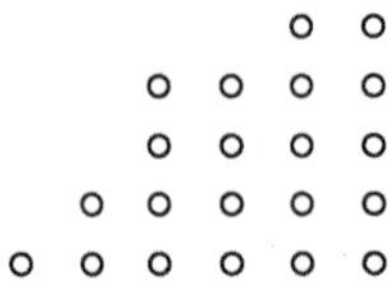	表面不是原子级的平坦，表面原子可以形成台阶结构

与洁净表面相对应的概念是清洁表面。在表面工程技术中获得各种涂层或镀膜之前，为了保证涂镀层与基体材料之间有良好的结合，常常需要采取各种预处理工艺获得清洁表面。微电子工业中的气相沉积技术和微细加工技术一般需要洁净表面甚至超洁净表面。洁净表面的“清洁程度”比清洁表面高。

2.2.3　金属机械加工过的表面

实际零件的加工表面不可能绝对平整光滑，而是由许多微观不规则的峰谷组成。评价实际加工零件表面的微观形貌，一般从垂直于表面的二维截面上测量、分析其轮廓变化。表面的不平整性包括波纹度和粗糙度两个概念，前者指在一段较长距离内出现一个峰和谷的周期，后者指在较短距离内（2～800 μm）出现的凹凸不平（0.03～400.00 μm）。此外，零件的加工表面还与基体内部在物理、力学性能方面有关。实践表明，材料表面的粗糙度与加工方法密切相关，尤其是最后一道加工工序起着决定性的作用。如图2-1所示，为不同加工方法的材料表面轮廓曲线。

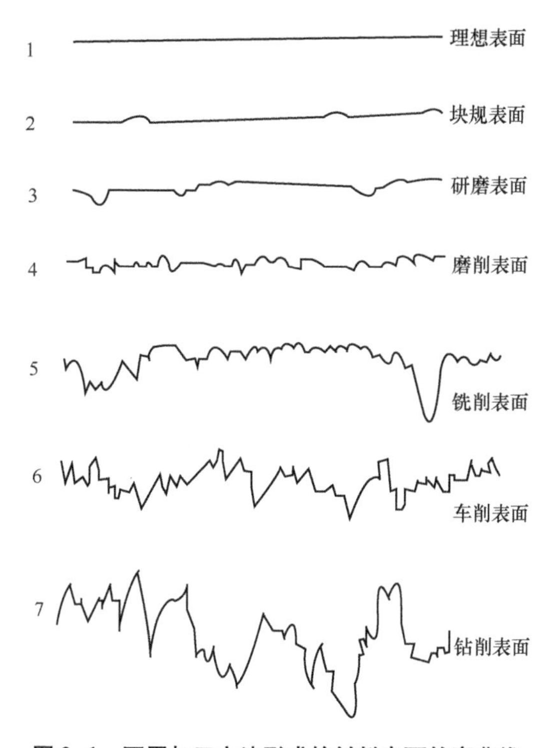

图2-1　不同加工方法形成的材料表面轮廓曲线

材料的表面粗糙度是表面工程技术中最重要的概念之一。它与表面工程技术的特征及实施前的预备工艺紧密联系，并严重影响材料的摩擦磨损、腐蚀性能、表面磁性能和电性能等。例如，在气相沉积技术实施之前，要求加工材料表面有很低的粗糙度，以提高膜的连续性和致密性；热喷涂工艺施工前则要求表面有一定的粗糙度，以提高涂层与基材的结合强度。

2.2.4 金属的实际表面

纯净的清洁表面是很难制备的，通常接触的是实际表面，如图 2-2 所示。实际表面区分为两个范围：一是所谓“内表面层”，它包括基体材料层和加工硬化层等；二是所谓“外表面层”，它包括吸附层、氧化层等。对于给定条件下的表面，其实际组成及各层的厚度，与表面制备过程、环境（介质）及材料本身的性质有关。因此，实际表面的结构及性质是很复杂的。

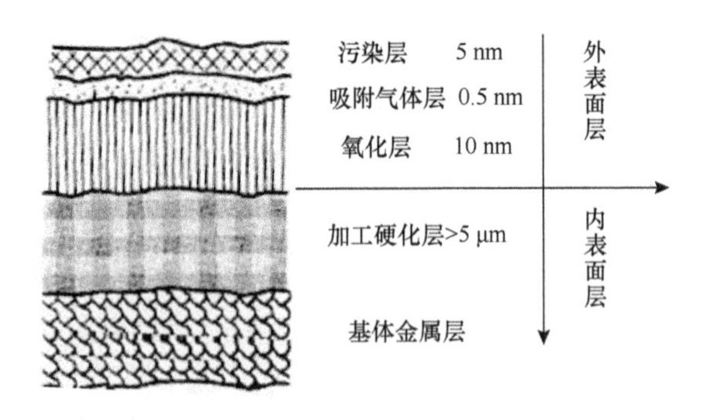

图 2-2 实际表面示意

2.3 表面防护层界面结合概述

2.3.1 表面防护层的含义

表面工程是通过表面涂覆和表面改性及它们的复合处理来获得所需表面性能的。在表面涂覆和表面改性两大技术群中，表面改性主要是通过表面扩散渗入和离子注入等技术来改变表面及亚表面的成分、结构和性能。由于其表面成分和结构变化发生在基体材料（基材）的表面区域，且这种变化一般是较连续的，故这种改性表层通常不存在与基材结合不牢的问题。

而表面涂覆技术一般是通过喷涂、电镀、电刷镀、气相沉积等手段将某种材料涂覆或沉积在基材表面，形成覆层。通常情况下，覆层的材料成分、组织结构、应力状态与基材有明显的区别，因此其与基材之间会形成明显的界面。对于表面涂覆技术，界面研究的重点侧重于研究覆层在基材上的生长过程、覆层的成长过程、覆层与基材的结合机制、覆层的特性等。它涉及覆层制备中的各种物理化学现象，包括金属材料的熔化结晶（或非晶化）、熔融合金化过程、晶体结构和缺陷、相变及塑性变形、覆层形成中的化学和电化学反应、高分子材料的固化反应、覆层成分和组织结构与性能的关系等。

在不均匀体系中至少存在有两个性质不同的相，各相并存必然有界面。可以认为界面是由一个相到另一个相的过渡区域。常把界面区域作为另一个相来处理，称为界面相或界面区。所谓表面实际上就是两相之间的界面。习惯上，常把气-固、气-液界面称为表面，而固-液、液-液、固-固之间的过渡区域称为界面。

2.3.2 防护层界面的结合性能

涂覆在基材表面上的覆层能否正常使用，除与覆层本身的特性有关外，还与覆层与基材的结合状态有关。表面覆层能否牢固、可靠地与基材保持正确的位置，是涂覆技术能否应用的关键。因此，覆层与基材的结合力是覆层界面结合的主要性能，一些影响结合力的因素都会影响到涂覆技术的应用。

在表面涂覆技术中，覆材与基材通过一定的物理化学作用结合在一起，存在于二者界面上的结合力随涂覆类型的不同有着较大的差异。这些力既可以是主价键力，也可以是次价键力。主价键力又称化学键力，存在于原子（或离子）之间，包括离子键力、共价键力及金属键力；次价键力又称分子间的作用力，包括取向力、诱导力、色散力，合称为范德华力。对于有些情况，还存在有氢键力、静电引力及机械作用力。当两种物质的分子或原子充分靠近，即它们的距离处于引力场范围内时，由于主价键力或次价键力的作用，便使它们产生吸附引力。主价键力形成化学吸附，次价键力形成物理吸附。次价键力的作用范围一般不超过1 nm；主价键力的作用距离更小，为0.1～0.3 nm。

在覆材与基材之间普遍存在的是分子间的作用力——范德华力。关于该力的构成，在极性分子间存在有取向力、诱导力和色散力，在极性分子与非极性分子间存在后两种力，而在非极性分子间只存在色散力。

2.3.3 覆层界面结合性能的影响因素

覆层与基体界面的实际结合力（或结合强度）是由实验测定的，它与理论上的分析计算会有很大差别。这是因为实际结合力的大小取决于材料的每一个局部性质，而不等于分子（原子）作用力的总和。实际上覆层与基体难以做到完全接触，界面缺陷、应力集中等都会削弱覆层的结合力，因而理论计算值只是理想情况下的极限值。影响覆层结合力的因素在不同涂覆技术中是不完全一样的，但如下一些因素却是共性的。

（1）覆材与基材成分、结构及其匹配性

覆材与基材的成分、结构及其匹配性是决定其结合性能的基础因素，润湿性、扩散性及应力状态等影响因素均受其与环境条件的支配和影响。覆材与基材为相同材料时可得最佳的结合强度。但覆层与基材通常为异种材料，理论分析和实验结果指出，对于异种的金属晶体，其晶格类型相同或相近，晶格常数相近，在覆材与基材分子（原子）充分接近的条件下（如熔焊时）可获得较高的结合强度。随着高性能覆层、功能覆层与复合材料等覆层的发展，金属与陶瓷、金属与聚合物等非金属材料的膜-基结合种类越来越多，其间的界面结合极为复杂，虽有一定研究，但大量的问题还未搞清楚。

（2）材料的润湿性能

在各种涂覆技术中，覆材与基材表面具有良好的润湿情况，是其产生结合作用的前提。各种液态物质，如液态金属、熔融涂料、镀液和胶粘剂等，如不能在固态基体上润湿，也就谈不上与基体的结合。如图 2-3 所示，将一液滴置于固体表面上，若液-固-气系统中通过液-固界面的变化可使系统的自由能降低，则液滴就会沿固态表面自动铺开。润湿程度的好坏用液体在光滑固态表面上润湿角 θ 的大小来衡量。

一般来说，若 $0°<\theta<90°$，即为有润湿性；若 $90°<\theta<180°$，即为润湿性不好。当 $\theta=0°$时，为完全润湿；而当 $\theta=180°$时，则为完全不润湿。

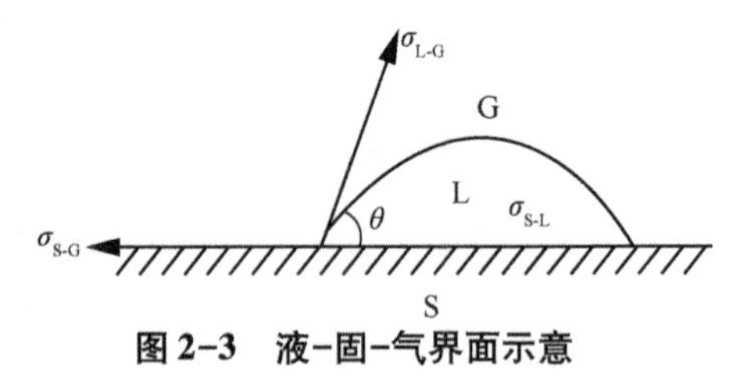

图 2-3　液-固-气界面示意

要改善覆材对基材间的润湿性能，除合适的材料配物外，还应保证基体表面的清洁；此外，对某些工艺方法还可借助适当的活性物质来改善液-固相界面的润湿性。例如，电镀溶液中常加入表面活性剂。

（3）界面元素的扩散情况

元素的扩散是存在于覆材与基材界面的一种普通运动形式。在覆材与基材间因浓度不平衡，在受热条件下可同时进行多种元素的扩散。扩散主要发生在界面两侧较窄的区域，可形成固溶体、低熔点共晶或金属间化合物。元素扩散与扩散系统的本性（元素的种类、溶剂或接受扩散金属的种类、晶格结构）、温度和时间有关，调整这些参数可改变扩散的进行程度。其中温度的高低反映供给扩散系能量的大小，温度越高则元素进行扩散的概率越大。此外，第三元素的存在经常对另外两个组元的扩散速度产生显著影响。

（4）基材表面状态

金属表面上一般存在有一定厚度的污染和缺陷层——吸附层（由吸附大气中的 O_2、N_2 等气体，水分及油脂等组成）；几至几十纳米的氧、氮、硫等化合物膜层，加工生成的塑性变形层（或待修复件的腐蚀、疲劳等缺陷层）等，然后才是基体金属本身。对于所有表面涂覆技术，在涂覆前必须有效地清除表面上的污染物、疏松层等有害物质，否则难以得到应有的结合强度。

不同的表面涂覆技术要求基体表面具有相应的表面粗糙度。热喷涂及粘涂前的表面糙化处理可在覆层与基体间引入机械连接（抛锚或嵌接）作用，这对于提高结合强度是必不可少的。适宜的表面预处理方法既可改善表面的湿润性和粗糙度，又能得到内聚力强的高能表面层，增加覆层的结合力。

（5）覆层的应力状态

覆层的应力是影响覆层结合强度的重要因素。无论是拉应力作用，还是压应力作用，都会在界面间产生剪应力。而当剪应力大到高于覆层与基体界面间的附着力时，覆层就会开裂、翘曲或脱落。因而，应合理地匹配覆材与基材，正确地制定制膜工艺以尽量减小覆层内应力的影响。

此外，涂覆的工艺参数、覆材粒子与基体表面的活化状态、覆层结晶质量等因素对覆层的结合性能也有不同程度的影响。

2.4　金属表面的吸附

2.4.1　吸附的基本特征

在表面技术中，许多工艺是通过基体与气体的相互作用来实现表面改性的，如气体渗扩、气相沉积等。还有一些工艺是通过基体与液体的接触而实现的，如电镀、化学镀和涂装等，因此了解表面对于气体及液体的基本作用规律是非常重要的。

固体表面具有吸附其他物质的能力。固体表面的分子或原子具有剩余的力场，当气体或液体分子趋近固体表面时，受到固体表面分子或原子的吸引力被吸附到表面，在固体表面富集。这种吸附只限于固体表面，包括固体孔隙的内表面，如果被吸附物质深入到固体体相中，则称为吸收。吸附与吸收往往同时发生，很难区分。

固体表面的吸附可分为物理吸附和化学吸附两类。物理吸附中固体表面与吸附分子之间的力是范德华力。在化学吸附中，吸附原子与固体表面之间的结合力和化合物中原子间形成化学键的力相似，比范德华力大得多，因此两类吸附所放出的热量也大小悬殊。两者的基本区别见表 2-2。

表 2-2　物理吸附与化学吸附的区别

比较项	物理吸附	化学吸附
吸附热	接近液化热 1～40 kJ/mol	接近反应热 40～400 kJ/mol
吸附力	范德华力，弱	化学键，强
吸附层	单分子层或多分子层	仅单分子层
吸附选择性	无	有
吸附速率	快	慢
吸附活化能	不需	需要，且较高
吸附温度	低温	较高温度
吸附层结构	基本等同吸附分子结构	形成新的化合态

2.4.2　吸附现象

（1）固体对气体的吸附

任何气体在其临界温度以下，都会被吸附于固体表面，即发生物理吸附。物理吸附不发生电子的转移，最多只有电子云中心位置的变动。化学吸附中，吸附剂和固体表面之间有电子的转移，二者产生了化学键力。物理吸附往往很容易解吸，为可逆过程；而化学吸附则很难解吸，为不可逆过程。

并不是任何气体在任何表面上都可以发生化学吸附，有时也会出现化学吸附和物理吸附同时存在的现象。例如，H_2 可以在 Ni 的表面上发生化学吸附而在铝上则不能。常见气体对大多数金属而言，其吸附强度大致可以按下列顺序排列：

$$O_2>C_2H_2>C_2H_4>CO>H_2>CO_2>N_2$$

固体表面对气体的吸附在表面工程技术中的作用非常重要。例如，气相沉积时薄膜的形核首先是通过固体表面对气体分子或原子的吸附来进行的。类似的现象在热扩渗工艺的气体渗碳、渗氮等工艺中也存在。

(2) 固体对液体的吸附

固体表面对液体分子同样有吸附作用，这包括对电解质的吸附和非电解质的吸附。对电解质的吸附将使固体表面带电或者双电层中的组分发生变化，使溶液中的某些离子被吸附到固体表面，而固体表面的离子则进入溶液之中，产生离子交换作用。这一现象是实施电镀工艺的基础。对非电解质溶液的吸附，一般表现为单分子层吸附，吸附层以外就是本体相溶液。溶液吸附的吸附热很小，差不多相当于溶解热。

因为溶液中至少有两个组分，即溶剂和溶质，它们都可能被固体吸附，但被吸附的程度不同。如果吸附层内溶质的浓度比本体相大，称为正吸附；反之则称为负吸附。显然，溶质被正吸附时，溶剂必然被负吸附；反之亦然。在稀溶液中可以将溶剂对吸附的影响忽略不计，将溶质的吸附简单地当作气体的物理吸附一样处理。而当溶质浓度较大时，则必须把溶质的吸附和溶剂的吸附同时考虑。

固体对液体的吸附也分为物理吸附和化学吸附。普通润滑油，在低速、低载荷运行情况下，极化了的长链结构的油分子，呈垂直方向与金属表面发生比较弱的分子引力结合，形成了物理吸附膜。物理吸附膜一般对温度很敏感。温度提高后会引起吸附膜的解吸、重新排列甚至熔化。因此，作为润滑膜，物理吸附膜只能用于环境温度较低、低载荷低速度下的情况。化学吸附膜往往是先当成物理吸附膜，然后在界面发生化学反应转化成化学吸附，它比物理吸附的结合能高得多，并且不可逆。

固体表面对液体吸附的规律性和影响因素、固体表面对溶质或溶剂的吸附一般都有一定的选择性，并受到许多因素的影响。使固体表面自由能降低得越多的物质，越容易被吸附。与固体表面极性相近的物质较易被吸附。通常极性物质倾向于吸附极性物质，非极性物质倾向于吸附非极性物质。例如，活性炭吸附非电解质的能力比吸附电解质的能力大，而一般的无机固体类吸附剂吸附电解质离子比吸附非电解质大。与固体表面有相同性质或与固体表面晶格大小适当的离子较易被吸附。离子型晶格的固体表面吸附溶液中的离子，可以视为晶体的扩充，故与晶体有共同元素的离子能结成同晶型的离子，较易被吸附。溶解度小或吸附后生成化合物的物质，较易被吸附。例如，在同系有机物中，碳原子越多溶解度越小，较易被同一固体吸收。固体表面带电时，较易吸附反电性离子或易被极化的离子。固体表面在溶液中略显电性的原因很多，可以是吸附离子带电，或是自身离解带电，或是相对于液体移动带电，也可以是固体表面不均匀或本身极化带电。因此，易于吸电性相反的离子，特别是高价反电性离子。一般来说，固体表面污染程度、液体表面张力、被吸附物质的浓度、温度等对吸附均有影响。

（3）固体表面之间的吸附

固体和固体表面同样有吸附作用，但是两个表面必须接近到表面力作用的范围内（即原子间距范围内）。如将两根新拉制的玻璃丝相互接触，它们就会相互黏附。两个不同物质间的黏附功往往超过其中较弱物质的内聚力。

表面的污染会使黏附力大大减小，这种污染往往是非常迅速的。例如，铁若在水银中断裂，两个裂开面可以再黏合起来，而在普通空气中就不行。因为铁迅速与氧气反应，形成一个化学吸附层。表面净化一般会提高黏结强度，固体的黏附作用只有当固体断面很小并且很清洁时才能表现出来。

固体的黏附作用只有当固体断面很小并且很清洁时才能表现出来。这是因为黏附力的作用范围仅限于分子间距，而任何固体表面从分子的尺度看总是粗糙的，因而它们在相互接触时仅为几点的接触，虽然单位面积上的黏附力很大，但作用于两固体间的总力却很小。如果固体断面相当光滑，接合点就会多一些，两固体的黏附作用就会明显。或者使其中一固体很薄（薄膜），它和另一固体容易吻合，也可表现出较大的吸附力。因此，玻璃间的黏附只有新拉制的玻璃丝才能显示出来，用新拉制的玻璃棒就不行，因为后者接触面积太小，又是刚性的，不可能粘住。

研究表明，材料的变形能力大小，即弹性模量的大小，会影响两个固体表面的吸附力。就是说，如果把两个物体压合，其柔软性特别重要。把很软的金属铟半球用 1 N 的压力压到钢上，则必须使用 1 N 的力才能把它们分开，而把钢球换为铜球，球就会马上松开。铝和软铁的冷焊属于这方面的例子。锻焊中，常采用高温，因黏结强度只与表面自由能有关，而与温度几乎无关，高温的主要作用是降低材料的刚性，增加变形，从而增加接合面积。

从以上讨论可见，当固体表面暴露在一般的空气中就会吸附氧或水蒸气，甚至在一定的条件下发生化学反应而形成氧化物或氢氧化物。金属在高温下的氧化是一种典型的化学腐蚀，形成的氧化物大致有 3 种类型：一是不稳定的氧化物，如金、铅等的氧化物；二是挥发性的氧化物，如氧化钼等，它以恒定的、相当高的速率形成；三是在金属表面上形成一层或多层的一种或多种氧化物，这是经常遇到的情况。例如，铁在高于 560 ℃时生成 3 种氧化物：外层是 Fe_2O_3；中层是 Fe_3O_4；内层是溶有氧的 FeO，为一种以化合物为基的缺位固溶体，称为郁氏体。这 3 层氧化物的含氧量依次递减而厚度却依次递增。铁在低于 560 ℃氧化时不存在 FeO。Fe_2O_3、Fe_3O_4 及郁氏体对扩散物质的阻碍均很小，因而它们的保护性较差，尤其是厚度较大的郁氏体，其晶体结构不够致密，保护性更差，故碳钢零件一般只能用到 400 ℃左右。对于更高温度下使用的零件，就需用抗氧化钢来制造。

实际上在工业环境中除了氧和水蒸气外，还可能存在 CO_2、SO_2、NO_2 等各种污染气体，它们吸附于材料表面生成各种化合物。污染气体的化学吸附和物理吸附层中常存在有机物、盐等，与材料表面接触后也留下痕迹。图 2-4 是金属材料在工业环境中被污染的实际表面示意图。

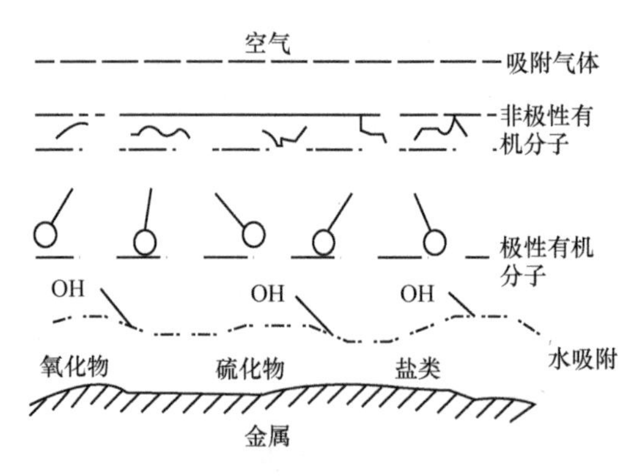

图 2-4　金属被环境污染的实际表面示意

研究实际表面在现代工业特别是高新技术方面，有着重要的意义。其中，制造集成电路是一个典型的实例。制造集成电路包含高纯度材料的制备、超微细加工等工艺技术。其中，表面净化和保护处理在制作高质量、高可靠性的集成电路中是十分重要的。因为在规模集成电路中，导电带宽度为微米或亚微米级尺寸，一个尘埃大约也是这个尺寸，如果尘埃刚好落在导电带位置，在沉积导电带时就会阻挡金属膜的沉积，从而影响互连，使集成电路失效。不仅是空气，还有在清洗水和溶液中，如果残存各种污染物质，而且被材料表面所吸附，那么将严重影响集成电路和其他许多半导电器件性能、成品率和可靠性。除了空气净化、水纯化等的环境管理和半导体表面的净化处理之外，表面保护处理也是十分重要的，因为不管表面净化得如何细致，总会混入某些微量污染物质，所以为了确保半导体器件实际使用的稳定性，必须用纯化膜等保护措施。

当然，各种器件表面清洁程度的要求是相对的，例如，有的器件体积大，用的是多晶材料，有些场合即使洁净程度不很高也能制造出电路和器件，但或多或少会影响到成品率和性能。

还应指出，实际表面还包括许多特殊的情况，如高温下实际表面、薄膜表面、超微粒子表面等，深入研究这些特殊情况具有重要的实际意义。

2.4.3　表面吸附热力学

根据热力学原理，化学吸附较物理吸附自由能的减小值要大得多，或者说状态更加稳定。但是从动力学角度来说，化学吸附必须首先对原有的气体化学键进行改组，使分子成为活化状态，然后才能与表面活性原子进行键合，因此需要一定的活化能。对于双原子分子气体，这个活化能即解离能。

早在 1879 年 Gibbs 就指出，从热力学的观点来看，吸附是一个自发过程，并导出了如下的关系式：

$$\Delta G=-\Gamma RT\ln p \tag{2-1}$$

式中，ΔG 为吸附引起的表面吉布斯自由能改变量；Γ 为吸附杂质在表面浓度的变量；T 为吸附热力学温度；p 为气体压力；R 为气体常数。

由于在吸附时 Γ 只可能增加，为正值，R、T、p 都为正值，因此，吉布斯自由能改变必为负值，即吸附使吉布斯自由能降低。

（1）吸附的热力学基本方程

根据热力学原理，可以导出吸附的热力学基本方程为：

$$\mathrm{d}U_i=T\mathrm{d}S_i-p\mathrm{d}V_i+\varphi\mathrm{d}A+\mu_i\mathrm{d}n_i \tag{2-2}$$

式中，A 为吸附面积；μ_i 为组分 i 的化学位；n_i 为组分 i 的物质的量；φ 为吸附之后单位面积上的吉布斯自由能，也被称为表面压力；U_i 为组分 i 的内能；S_i 为组分 i 的熵；V_i 为组分 i 的体积参数。

（2）吸附热

无论是物理吸附还是化学吸附，都是一个放热过程。系统对外放热，该热称为吸附热。

在吸附的过程中，吸附热并不是一个常数。一般情况下，随着吸附的进展，表面上的吸附物会不断增多，吸附热会逐渐减小。而且先吸附的位点是能量较高的部分，后吸附的位点是能量较低的部分，因此，不同位点所放出的吸附热也有差异。

2.4.4　表面吸附力

（1）物理吸附力

物理吸附力是在所有的吸附剂与吸附质之间都存在的，这种力相当于液体内部分子间的内聚力，视吸附剂和吸附质的条件不同，其产生力的因素也不同，其中以色散力为主。

色散力是因为该力的性质与光色散的原因之间有着紧密的联系。它来源于电子在轨道中运动而产生的电矩的涨落，此涨落对相邻原子或离子诱导一个相应的电矩；反过来又影响原来原子的电矩。色散力就是在这样的反复作用下产生的。

实际上，色散力在所有体系中都存在。例如，极性分子在共价键固体表面上的吸附及球对称惰性原子在离子键固体表面上的吸附中，虽然静电力起着明显的作用，但也有色散力存在并且是主要的。研究指出，只有非极性分子在共价键固体表面上的物理吸附中的吸引力，才可以认为几乎完全是色散力的贡献。

当一个极性分子接近一种金属或其他传导物质，如石墨，对其表面将有一种诱导作用，但诱导力的贡献比色散力的贡献低很多。

具有偶极而无附加极化作用的两个不同分子的电偶极矩间有静电作用，此作用力称之为取向力。其性质、大小与电偶极矩的相对取向有关。假如被吸附分子是非极性的，则取向力的贡献对物理吸附的贡献很小。但是，如果被吸附分子是极性的，取向力的贡献要大得多，甚至超过色散力。

（2）化学吸附力

化学吸附与物理吸附的根本区别是吸附质与吸附剂之间发生了电子的转移或共有，形成了化学键。这种化学键不同于一般化学反应中单个原子之间的化学反应与键合，称为“吸附键”。吸附键的主要特点是吸附质粒子仅与一个或少数几个吸附剂表面原子相键合。纯粹局部键合可以是共价键，这种局部成键，强调键合的方向性。吸附键的强度依赖于表面的结构，在一定程度上与底物整体电子性质也有关系。对过渡金属化合物来讲，已证实化学吸附气体化学键的性质，部分依赖于底物单个原子的电子构型，部分依赖于底物表面的结构。

（3）表面吸附力的影响因素

吸附键性质会随温度的变化而变化。物理吸附只是发生在接近或低于被吸附物所在压力下的沸点温度，而化学吸附所发生的温度则远高于沸点。不仅如此，随着温度的增加，被吸附分子中的键还会陆续断裂以不同形式吸附在表面上。

吸附键断裂与压力变化的关系。由于被吸附物压力的变化，即使固体表面加热到相同的温度，脱附物并不相同。

表面不均匀性对表面键合力的影响。如果表面有阶梯和折皱等不均匀性存在，对表面化学键有明显的影响。表现最为强烈的是 Zn 和 Pt。当这些金属表面上有不均匀性存在时，一些分子就分解；而在光滑低密勒指数表面上，分子则保持不变。乙烯在 200 K 温度的 Ni（111）面上为分子吸附，而在带有阶梯的 Ni 表面上，温度即使低到 150 K 也可完全脱掉氢形成 C。有些研究还指出，表面阶梯的出现会大大增加吸附概率。

（4）其他吸附物对吸附质键合的影响

当气体被吸附在固体表面上时，如果此表面上已存在其他被吸附物或其他被吸附物被同时吸附时，则对被吸附气体化学键合有时会产生强烈的影响。这种影响可能是由于这些吸附物质的相互作用而引起的。

2.4.5 金属表面的吸附理论

（1）Langmuir 吸附理论

在大量实验的基础上，Langmuir 从动力学的观点出发，提出单分子吸附层理论。固体中的原子或离子按照晶体结构有规则地排列着，表面层中排列的原子或离子，其吸引力（价力）一部分指向晶体内部，已达饱和；另一部分指向空间，没有饱和。这样就在晶体表面上产生一吸附场，它可以吸附周围的分子。但是这个吸引力（剩余价力）所能达到的范围极小，只有一个分子的大小，即数量级为 10^{-10} m，所以固体表面只能吸附一层分子而不重叠，形成所谓“单分子层吸附”。固体表面是均匀的，即表面上各处的吸附能力相同。

气体被吸附在固体表面上是一种松懈的化学反应，因而，被吸附的分子还可以从固相表面脱附下来进入气相。吸附质的分子从固相脱附的概率只受吸附剂的影响而不受周围环境的影响，即只认为吸附剂与吸附质分子间有吸引力，而被吸附的分子之间没有吸引力。

吸附平衡是一动态平衡。固体吸附气体时，最初的吸附速率很快。后来因为固相表面已有很多分子吸附，空位减少，吸附速率便减慢；与此相反，脱附速率则不断增快。当吸附速率等于脱附速率时，吸附就达到平衡。

气体在固体表面上的吸附速率决定于气体分子在单位时间内单位面积上的碰撞次数，即与压力 p 成正比，但吸附是单分子层的，只是还没有发生吸附的那部分固体才具有吸附能力，因而吸附速率又正比于固体表面未被吸附分子的面积与固体总表面之比。Langmuir 由此导出

$$\frac{1}{\gamma}=\frac{1}{\gamma_m}+\frac{1}{\gamma_m Cp} \tag{2-3}$$

式（2-3）称为 Langmuir 等温方程式。式中，C 为吸附系数；γ 为平衡压力为 p 时的吸附量；γ_m 为饱和吸附量，即固体表面吸附满一层分子后的吸附量。

若以 $\frac{1}{\gamma}$ 对 $\frac{1}{p}$ 作图，则得一直线，该直线的斜率为 $\frac{1}{r_m C}$，截距为 $\frac{1}{r_m}$。把实验数据代入可求出 γ_m 和 C。

一般来说，若固体表面是均匀的，且吸附层是单分子层时，Langmuir 等温方程式能满意地符合实验结果。否则，此式与实验不符。尤其当吸附剂是多孔物质，气体压力较高时，气体在毛细孔中可能发生液化，Langmuir 的理论和方程式就不适用。

（2）Freundlich 吸附等温方程

Freundlich 公式描述如下：

$$\gamma=\frac{x}{m}=kp^{\frac{1}{n}} \tag{2-4}$$

式中，m 为吸附剂的质量，常以 g 或 kg 表示；x 为被吸附的气体量，常以 mol、g 或状况下的体积表示；γ 为单位质量吸附剂吸附的气体之量；p 为吸附平衡时气体的压力；k 和 $1/n$ 为经验常数，它们的大小与温度、吸附剂和吸附质的性质有关。$1/n$ 是一个真分数，在 0～1。

Freundlich 公式是经验公式，在气体压力（或溶质浓度）不太大也不太小时，一般能很好地符合实验结果。

（3）BET 多分子层吸附理论

1883 年，Brunauer、Emmett 和 Tellor 接受了 Langmuir 理论中关于吸附和脱附两个相反过程达到平衡的概念，以及固体表面是均匀的、吸附分子的脱附不受四周其他分子的影响等看法。在 Langmuir 模型的基础上提出了多分子层的气-固吸附理论（BET）。BET 吸附模型假定固体表面是均一的，吸附是定位的，并且吸附分子间没有相互作用。BET 吸附模型认为，表面已经吸附了一层分子之后，由于气体本身的范德华引力还可

继续发生多分子层的吸附。不过第一层的吸附与后面的吸附有本质的不同，第一层是气体分子与固体表面直接发生关系，而以后各层则是相同分子间的相互作用，显然第一层的吸附热也与以后各层不相同，而第二层以后各层的吸附热都相同，接近于气体的凝聚热，并且认为第一层吸附未满前其他层也可以吸附。在恒温下，吸附达到平衡时，气体的吸附量应等于各层吸附量的总和，因而可得到吸附量与平衡压力之间存在如下定量关系：

$$\gamma=\frac{\gamma_m Cp}{(p_0-p)[1+(C-1)(p/p_0)]} \tag{2-5}$$

式（2-5）即 BET 方程。式中，γ 为吸附量；γ_m 为单分子层时的饱和吸附量；p/p_0 为吸附平衡时，吸附质气体的压力 p 对相同温度时的饱和蒸气压 p_0 的比值，称为相对压力，以 x 表示，即 $x=p/p_0$；$C=e^{(Q-q)}/RT$，其中 Q 为第一层的吸附热，q 为吸附气体的凝聚热。因此，BET 方程也可写成

$$\frac{\gamma}{\gamma_m}=\frac{Cx}{(1-x)(1-x+Cx)} \tag{2-6}$$

此 BET 方程主要用于测定比表面。用 BET 法测定比表面必须在低温下进行，最好是在接近液态氮沸腾时的温度（78 K）下进行。这是因为作为公式的推导条件，假定是多层的物理吸附，在这样低温度下不可能有化学吸附。此方程通常只适用于相对压力 x 在 0.05～0.35，超出此范围会产生较大的偏差。相对压力太低时，难于建立多层物理吸附平衡，这样表面的不均匀性就显得突出；相对压力过高时，吸附剂孔隙中的多层吸附使孔径变细后，而发生毛细管凝聚现象，使结果偏离。

2.4.6 吸附对材料力学性能的影响

在许多情况下，由于环境介质的作用，材料的强度、塑性、耐磨性等力学性能大大降低。产生的原因分为两类：一种是不可逆物理过程与物理化学过程引起的效应，如各种形式的腐蚀等，它与化学、电化学过程及反应有关。通常，腐蚀并不改变材料的力学性能，而是逐渐均匀地减小受载件的尺寸，结果使危险截面上的应力增大，当超过允许值时便发生断裂。另一种主要是可逆物理过程和可逆物理化学过程引起的效应，这些过程降低固体表面自由能，并不同程度地改变材料本身的力学性能。这种因环境介质的影响及表面自由能减少导致固体强度、塑性降低的现象，称为莱宾杰尔效应。莱宾杰尔在 1928 年第一个发现并研究了这种效应。任何固体（晶体和非晶体、连续的和多孔的、金属和半导体、离子晶体和共价晶体、玻璃和聚合物）都有莱宾杰尔效应。玻璃和石膏吸附水蒸气后，其强度明显下降；铜表面覆盖熔融薄膜后，会使其固有的高塑性丧失，这些都是莱宾杰尔效应的例子。

莱宾杰尔效应具有如下显著特征。

①环境介质的影响有很明显的化学特性。例如，只有对该金属为表面活性的液态金属才能改变某一固体金属的力学性能，降低它的强度和塑性。如水银急剧降低的强

度和塑性，但对镉的力学性能没有影响，虽然镉和锌在周期表中同属一族，且晶体点阵也相同（密排六方）。

②只要很少量的表面活性物质就可以产生莱宾杰尔效应。在固体金属（钢或锌）表面微米数量级的液体金属薄膜就可以导致脆性破坏，这和溶解或其他腐蚀形式不同。在个别情况下，试样表面润湿几滴表面活性的熔融金属，就会引起低应力试样脆性断裂。

③表面活性熔融物的作用十分迅速。在大多数情况下，金属表面浸润一定的熔融金属，或其他表面活性物质后，其力学性能实际上很快就发生变化。

④表面活性物质的影响是可逆的，即从固体表面去除活性物质后，它的力学性能一般会完全恢复。

⑤莱宾杰尔效应的产生需要拉应力和表面活性物质同时起作用。在多数情况下，介质对无应力试样及无应力试样随后受载时的作用并不显著改变力学性能，只有熔融物在无应力试样中沿晶界扩散的情况例外。

莱宾杰尔效应的本质，是金属表面对活性介质的吸附，使表面原子的不饱和键得到补偿，使表面能降低，改变了表面原子间的相互作用，使金属的表面强度降低。

在生产中，莱宾杰尔效应具有重要的实际意义。一方面，可利用此效应提高金属加工（压力加工、切削、磨削、破碎等）效率，大量节省能源；另一方面，应注意避免因此效应所造成的材料早期破坏。

2.4.7　金属表面的化学反应

（1）吸附表面层结构

研究实际表面结构时，可将清洁表面作为基底，然后观察吸附表面结构相对于清洁表面的变化。吸附物质可以是环境中外来原子、分子或化合物，也可以是来自体内扩散出来的物质。吸附物质在表面简单吸附，或外延形成新的表面层，或进入表面层的一定深度。

吸附层是单原子或单分子层还是多原子或多分子层，与具体的吸附环境有关。例如，玻璃表面的水蒸气吸附层，在相对湿度为50%之前为单分子吸附层。随湿度增加，吸附层迅速变厚，当达到97%时吸附的水蒸气有90多个分子层厚。

吸附层原子或分子在晶体表面是有序排列还是无序排列，与吸附的类型、吸附热、温度等因素有关。例如，在低温下惰性气体的吸附为物理吸附，并在通常下是无序结构。

化学吸附往往是有序结构，排列方式主要有两种：一是在表面原子排列的中心处的吸附；二是在两个原子或分子之间的桥吸附。具体的表面吸附结构与吸附物质、基底材料、基底表面结构、温度及覆盖度等因素有关。

在固态晶体表面上的原子或分子的力场是不饱和的，清洁的固体表面处于不稳定的高能状态。如果某种物质能与表面作用，降低表面能，则这种物质就将吸附于固体表面，这便是发生表面吸附的热力学依据。吸附是固体表面最重要的性质之一。

（2）表面化合物

当吸附物与固体表面的负电性相差较大，化学亲和力很强时，化学吸附会在表面上导致新相的生成，即称为表面化合物。

表面化合物是一种二维化合物，该化合物不同于一般的化学吸附态，因为它有一定的化合比例，且随键合性质的不同表现的性能也不同；它又不同于体相的化合物，不仅化合比不同，化合物的性质也不同，而且通常的相图中也不存在。

表面化学反应是指吸附物质与固体相互作用形成了一种新的化合物。这时无论是吸附还是吸附剂的特性都发生了根本变化。对于腐蚀和摩擦系统，有重大影响的化学反应就是随着氧的吸附发生的氧化反应。其结果是形成表面氧化膜。实验证明，大多数金属都覆盖着一层约 20 个分子层厚的氧化膜。凡是研究有关金属在大气条件下的摩擦问题时，都必须考虑这一情况。

当金属表面上形成氧化物时，其结构也可能保持被氧化表面的某些结构特征。例如，氧化物可以在金属的某一特定取向上以外延方式生长。当铜的表面是（110）时，其表面 Cu_2O 有相同的取向，即 Cu_2O 中的（110）面与铜的（110）表面平行，Cu_2O 中的（110）方向与铜的（110）方向平行。

一般来说，由于实际金属表面特别是多晶体金属表面往往包含有很多缺陷，如晶界、位错、台阶等，这些部位能量高，氧化也就往往从这些高能位置开始，然后逐渐向周围区域扩散，一直到将表面覆盖。另外，由于表面上各部位能量不同，形成氧化物的厚度也就不尽相同，即表面氧化膜一般都是厚度不均匀的。

2.5 金属表面原子的扩散

固体表面上的扩散包括两个方向的扩散：一是平行表面的运动；二是垂直表面向内部的扩散运动。通过平行表面的扩散可以得到均质的、理想的表面强化层；通过向内部的扩散，可以得到一定厚度的合金强化层，有时候希望通过这种扩散方式得到高结合力的涂层。

这里讨论的表面扩散主要是指完全发生在固体外表面上的扩散行为，即固体表面吸附态。表面空穴将被当作一个吸附的扩散缺陷，这就是说表面扩散层仅等于一个晶面间距。表面原子向内部扩散只做简要讨论。

2.5.1 表面原子的扩散

表面扩散是指原子、离子、分子和小的原子簇等单个实体在物体表面上的运动。其基本原因与体相中的扩散一样，是通过热运动而活化的。表面原子围绕它们的平衡位置振动，随着温度升高，原子被激发而振动的振幅加大，但一般情况下能量不足以使大多数的原子离开它们的平衡位置。要使一个原子离开它们的相邻原子沿表面移动，对许多金属的表面原子来说，需要的能量为62.7～209.4 kJ/mol。但是，一方面由于原子热运动的不均匀性，随着温度的升高有越来越多的表面原子可以得到足够的活化能，以断掉与其相邻原子的价键而沿表面进行扩散运动；另一方面，由于表面原子构造的特点，使得许多表面原子的能量本来就不一样，在台阶、曲折及位错、空位、吸附原子等缺陷处，原子的能量比其他地方的高，或者说高于平均表面能，有时在不高的温度下某些原子就可以获得足够高的活化能而发生扩散。当温度升高时，由此引起的表面扩散也将随之加剧。

表面扩散的理论还很缺乏，表面扩散可看作多步过程，即原子离开其平衡位置沿表面运动，直至找到其新的平衡位置。假定仅有吸附原子的扩散，该原子为了跳到相邻的位置需要一定的热能。因为吸附原子在起始和跳跃终结时均只能占据平衡位置，那么在两个位置之间区域，原子一定处于较高的能态，即越过一个马鞍型峰点。

2.5.2 表面扩散论

物质中原子（分子）的迁移现象称为扩散。物质的扩散过程遵循菲克（Fick）扩散第一定律和扩散第二定律这两个基本定律。扩散过程中原子平均扩散距离 $\bar{x}$ 为：

$$\bar{x}=c\sqrt{Dt} \tag{2-7}$$

式中，t 为扩散时间；c 为几何因素所决定的常数；D 是扩散系数。在一定的条件下，扩散快慢主要取决于扩散系数 D，其大小与温度和扩散激活能 Q 等参数有关，可表示为：

$$D=D_0\exp\left(-\frac{Q}{RT}\right) \tag{2-8}$$

式中，扩散激活能 Q 的大小不仅取决于材料的晶体结构、固溶体的类型、合金元素的浓度与含量，还和扩散的途径有很大关系。实际上，原子的扩散途径除了最基本的体扩散过程外，还有表面扩散、晶界扩散和位错扩散。后三种扩散都比第一种扩散快，又称为短路扩散。在扩散传质中，固体表面的原子活动能力最高，其次为界面原子，再次为位错原子，体内原子的活动能力最低，故激活能 $Q_{表}<Q_{界}<Q_{位}<Q_{体}$，扩散系数 $D_{表}>D_{界}>D_{位}>D_{体}$。由于表面原子受约束程度比晶界或体内要低得多，原子在表面迁移时所需克服的能垒也就小得多。因此，表面扩散在表面工程技术中的薄膜形核及长大过程中发挥着十分关键的作用。

2.6 金属表面的润湿

2.6.1 润湿现象和机制

液体在固体表面上铺展的现象，称为润湿。润湿现象是常见的自然现象，例如，在干净的玻璃上滴一滴水，水滴会很快沿着玻璃表面展开，成为凸镜的形状，如图2-5a所示。若将水滴在一块石蜡上，则水不能在石蜡上展开，只是由于重力的作用，而形成一扁球形。如图2-5b所示。上述两种情况说明，水能润湿玻璃，但不能润湿石蜡。能被水润湿的物质叫亲水物质，如玻璃、石英、方解石、长石等；不能被水润湿的物质叫疏水物质，如石蜡、石墨、硫黄等。

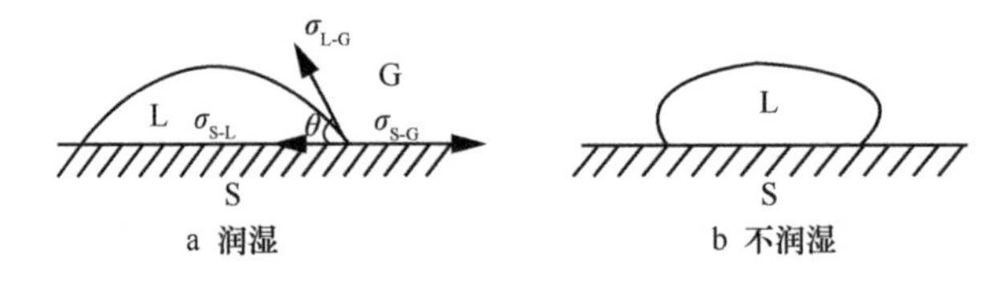

图2-5 材料表面的润湿现象

其实，润湿和不润湿不是截然分开的，通常可采用润湿角 θ 来描述润湿程度。润湿角是指固、液、气三相接触达到平衡时，从三相接触的公共点沿液、气界面所引切线与固、液界面的夹角，如图2-5a所示。通常，润湿程度的定义如下。

当 $\theta<90°$ 时称为润湿。θ 越小，润湿性越好，液体越容易在固体表面展开。

当 $\theta>90°$ 时称为不润湿。θ 越大，润湿性越不好，液体越不容易在固体表面上铺展开，并越容易收缩至接近呈圆球状。

当 $\theta=0°$ 或 $180°$ 时，则相应地称为完全润湿和完全不润湿。应当指明，这只是习惯上的区分，其实只是润湿程度有所不同而已。

θ 的大小，与界面张力有关。如图2-5a所示，在固、液、气三相稳定接触的条件下，液-固两相的接触端点处受到固相与气相（σ_{S-G}）、固相与液相（σ_{S-L}）和液相与气相（σ_{L-G}）之间的3个界面张力的作用，这3个力互相平衡，合力为零，因此有

$$\cos\theta=\frac{\sigma_{S-G}-\sigma_{S-L}}{\sigma_{L-G}} \tag{2-9}$$

式（2-9）称为Young方程，它表明润湿角的大小与三相界面张力之间的定量关系。因此，凡是能引起任一界面张力变化的因素都能影响固体表面的润湿性。

从Young方程可以看出：

当 $\sigma_{S-G}>\sigma_{S-L}$ 时，$\cos\theta$ 为正值，$\theta<90°$，对应为润湿状态；而且 σ_{S-G} 和 σ_{S-L} 相差越大，θ 越小，润湿性越好。

当 $\sigma_{S-G}<\sigma_{S-L}$ 时，$\cos\theta$ 为负值，$\theta>90°$，对应为不润湿状态；σ_{S-L} 越大或 σ_{S-G} 越小，θ 越大，不润湿程度也越严重。

润湿作用可以从分子间的作用力来分析。润湿与否取决于液体分子间相互吸引力（内聚力）和液-固分子间吸引力（黏附力）的相对大小。若液-固黏附力较大，则液体在固体表面铺展，呈润湿；若液体内聚力占优势则不铺展，呈不润湿。例如，水能润湿玻璃、石英等，因为玻璃和石英是由极性键或离子键构成的物质，它们和极性水分子的吸引力大于水分子间的吸引力，因而滴在玻璃、石英表面上的水滴可以排挤它

们表面上的空气而向外铺展。水不能润湿石蜡、石墨等，是因为石蜡及石墨等是由弱极性键或非极性键构成的物质，它们和极性水分子间的吸引力小于水分子间的吸引力。因而，滴在石蜡上的水滴不能排开它们表面层上的空气，只能紧缩成一团，以降低整个体系的表面能。

2.6.2　润湿理论的应用

润湿理论在各种工程技术尤其是表面工程技术中应用很广泛。

在表面重熔、表面合金化、表面覆层及涂装等技术中，都希望得到大的铺展系数。为此，不仅要通过表面预处理使材料表面有合适的粗糙度，还要对覆层材料表面成分进行优化，以得到均匀、平滑的表面。对于那些润湿性差的材料表面，还必须增加中间过渡层。在热喷涂、喷焊和激光熔覆工艺中广为应用的自熔合金，就是在常规合金成分的基础上，加上一定含量的硼、硅元素，使材料的熔点大幅降低，流动性增强，同时提高喷涂材料在高温液态下对基材的润湿能力而设计的。自熔合金的出现，使热喷涂和喷焊技术发生了质的飞跃。

利用润湿现象的另一个典型范例是不粘锅的表面“不粘”涂层。不粘涂层的原理是：在金属（铝、钢铁等）锅表面先预制底层涂层后，在最表面上涂覆一层憎水性的高分子材料，如聚四氟乙烯（PTFE）等。由于水在该涂层表面不能润湿，在干燥后饭粒（如煮饭时）也不会与基体紧密黏附而形成锅巴，只要轻轻用饭铲一铲，即可清除黏附的饭粒。不粘涂层的原理还被人们用来防腐蚀。在被保护的材料表面涂覆一层不粘涂层，可以防止材料表面有电解质溶液长期停留，从而避免形成腐蚀原电池。

2.7　金属表面的腐蚀

自然界中只有金、银、铂、铱等很少的贵金属是以金属状态存在，而绝大多数金属都以化合物状态存在。按照热力学的观点，绝大多数金属的化合物处于低能位状态，而单体金属则是处于高能位状态，所以，腐蚀是一种自发的过程。这种自发的变化过程破坏了材料的性能，使金属材料向着离子化或化合物状态变化。

腐蚀按其作用机制大致可分为化学腐蚀与电化学腐蚀两类：化学腐蚀是干燥气体或非电解质液体与金属间发生化学作用时出现的。例如，钢铁的高温氧化、银在碘蒸气中的变化等；电化学腐蚀，则是腐蚀电池作用的结果。研究发现，金属在自然环境和工业生产中的腐蚀破坏主要是由电化学腐蚀造成的。潮湿大气、天然水、土壤和工业生产中的各种介质等，都有一定的导电性。在电解质溶液中，同一金属表面各部分的电位不同或两种及两种以上金属接触时都可能构成腐蚀电池，从而造成电化学腐蚀。

2.7.1 腐蚀的起因

金属在电解质溶液中的腐蚀是一种电化学腐蚀过程，它必然引起某些电化学现象，电化学腐蚀必定是一个有电子得失的氧化还原反应等。我们可以用热力学的方法研究它的平衡状态，判断它的变化倾向。工业用金属一般都含有杂质，当其浸在电解质溶液中时，发生电化学腐蚀的实质就是在金属表面形成了许多以金属为阳极、以杂质为阴极的腐蚀电池。在绝大多数情况下，这种电池是短路的原电池。

短路的原电池已失去了原电池的原有定义，仅仅是一个进行着氧化还原反应的电化学体系，其反应结果是作为阳极的金属材料被氧化而溶解（腐蚀）。我们把这种只能导致金属材料破坏而不能对外做有用功的短路原电池，定义为腐蚀原电池或腐蚀电池。

根据组成腐蚀电池电极的大小和促使形成腐蚀电池的主要影响因素及金属腐蚀的表现形式，可以将腐蚀电池分为两大类，即宏观腐蚀电池和微观腐蚀电池。

（1）宏观腐蚀电池

这种腐蚀电池通常是指由肉眼可见的电极构成，它一般可引起金属或金属构件的局部宏观浸蚀破坏。宏观腐蚀电池有如下几种构成方式。

①异种金属接触电池。当两种不同金属或合金相互接触（或用导线连接起来）并处于某种电解质溶液中时，电极电位较负的金属将不断遭受腐蚀而溶解，而电极电位较正的金属则得到了保护，这种腐蚀称为接触腐蚀或电偶腐蚀。形成接触腐蚀的主要原因是异类金属的电位差，两种金属的电极电位相差越大，接触腐蚀越严重。

②浓差电池。它是指同一金属不同部位与不同浓度介质相接触构成的腐蚀电池。最常见的浓差电池有两种：氧浓差电池和溶液浓差电池。

③温差电池。它是由于浸入电解质溶液中的金属因处于不同温度的区域而形成的温差腐蚀电池。它常发生在热交换器、浸式加热器、锅炉及其他类似的设备中。

（2）微观腐蚀电池

微观腐蚀电池是用肉眼难以分辨出电极的极性，但确实存在着氧化和还原反应过程的原电池。微观腐蚀电池是因为金属表面电化学不均匀性引起的。所谓电化学不均匀性，是指金属表面存在电位和电流密度分布不均匀而产生的差别。引起金属电化学不均匀性的原因很多，主要有金属的化学成分、金属组织结构、金属物理状态和金属表面膜的不完整性。

腐蚀电池的工作原理与一般原电池并无本质区别，但腐蚀电池又有自己的特点：一般情况下，它是一种短路的电池。因此，虽然当它工作时也产生电流，但其电能不能被利用，而是以热量的形式散失掉了，其工作的直接结果是引起了金属的腐蚀。

2.7.2 金属电化学腐蚀倾向的判断

人类的经验表明，一切自发过程都是有方向性的。过程发生之后，它们都不能自动地恢复原状。例如，把锌片浸入稀的硫酸铜溶液中，将会自动发生取代反应，生成铜和硫酸锌溶液。但若把铜片放入稀的硫酸锌溶液里，却不会自动地发生取代作用，也即逆过程是不能自发进行的。又如，电流总是从高电位的地方向低电位的地方流动；热的传递也总是从高温物体流向低温物体，反之是不能自动进行的。所有这些自发变化的过程都具有一个显著的特征——不可逆性。因此，讨论什么因素决定这些自发变化的方向和限度尤为重要。

（1）腐蚀反应自由能的变化与腐蚀倾向

金属腐蚀过程一般都是在恒温恒压的敞开体系下进行，根据热力学第二定律，可以通过自由能的变化（ΔG）来判断化学反应进行的方向和限度。

从热力学观点来看，腐蚀过程是由于金属与其周围的介质构成了一个热力学上不稳定的体系，该体系有从不稳定趋向稳定的倾向。这种倾向的大小可以通过腐蚀反应自由能的变化 $\Delta G_{T,p}$ 来衡量。对于各种金属，这种倾向是很不相同的。若 $\Delta G_{T,p}<0$，则腐蚀反应可能发生，自由能变化的负值越大一般表示金属越不稳定。若 $\Delta G_{T,p}>0$，则表示腐蚀反应不可能发生，自由能变化的正值越大通常表示金属越稳定。

（2）可逆电池电动势和腐蚀倾向

从腐蚀的电化学机制出发，金属的腐蚀倾向也可用腐蚀过程中主要反应的腐蚀电池电动势来判别。从热力学可知，在恒温恒压下，可逆过程所做的最大非膨胀功等于反应自由能的减少。

在含有溶解氧的水溶液条件下，当金属的平衡电极电位比氧的电位更负时，金属发生腐蚀。

在不含氧的还原性酸溶液中，当金属的平衡电极电位比溶液中的析氢电位更负时，金属发生腐蚀。

当两种不同的金属偶接在一起放入水溶液中时，电位较负的金属可能腐蚀，而电位较正的金属可能不发生腐蚀。

由上可知，一个金属在溶液中发生电化学腐蚀的能量条件，或者说，一个金属在溶液中发生电化学腐蚀过程的原因是：溶液中存在着可以使该种金属氧化成为金属离子或化合物的物质，且这种物质的还原反应的平衡电位必须高于该种金属的氧化反应的平衡电位。

2.7.3　电位-pH 图

比利时学者 M. Pourbaix 用电位-pH 图研究了所有的同金属腐蚀有关的化学反应，发展成为腐蚀科学中著名的布拜图。

电位-pH 图是基于化学热力学原理建立起来的一种电化学平衡图，它是综合考虑了氧化还原电位与溶液中离子的浓度和酸度之间存在的函数关系，以相对于标准氢电极的电极电位为纵坐标，以 pH 为横坐标绘制而成。为简化起见，往往将浓度变数指定为一个数值，则图中明确地表示出在某一电位和 pH 的条件下，体系的稳定物态和平衡状态。在研究金属腐蚀与防护的问题中，它可用于判断腐蚀倾向，估计腐蚀产物和选择可能的腐蚀控制途径。

金属在水溶液中的腐蚀过程所涉及的化学反应可分为3类：一类是只同电极电位有关而同溶液中的pH无关的电极反应；一类只是同溶液中的pH有关而同电极电位无关的化学反应；还有一类既同电极电位有关又同溶液中的pH有关的化学反应。每一类又可分为均相反应和复相反应两种情况。均相反应是指反应物都存在于溶液相中的反应，复相反应是指某一个固相与溶液相之间或两个固相之间的反应。现就Fe-H_2O系统的情况举例说明。

Fe-H_2O系统的电位-pH如图2-6所示。

图2-6中曲线①表示

$$Fe^{2+}+2e^{-} \rightleftharpoons Fe \tag{2-10}$$

$$E_e=-0.441+0.2951\lg \alpha_{Fe^{2+}} \tag{2-11}$$

此反应为有一种固相参加的复相反应，且只与电极电位有关而与溶液的pH无关。故在一定的电位下，为一水平直线。

图2-6中曲线②表示

$$Fe_2O_3+6H^{+}+2e^{-} \rightleftharpoons 2Fe^{2+}+3H_2O \tag{2-12}$$

$$E_e=0.728-0.1773pH-0.0591\lg \alpha_{Fe^{2+}} \tag{2-13}$$

此反应亦为有一种固相参加的复相反应，且既与电极电位有关，又与溶液的pH有关，所以在图中为一条斜线。

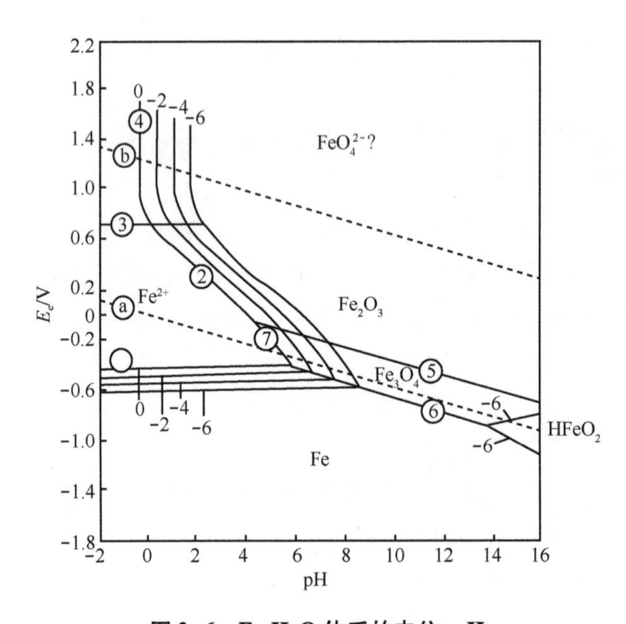

图2-6　Fe-H_2O体系的电位-pH

图2-6中曲线③表示

$$2Fe^{3+}+3H_2O \rightleftharpoons Fe_2O_3+6H^{+} \tag{2-14}$$

$$E_e=0.771+0.0591\ \lg\frac{\alpha_{Fe^{3+}}}{\alpha_{Fe^{2+}}} \tag{2-15}$$

当 $\alpha_{Fe^{2+}}=\alpha_{Fe^{3+}}$时，$E_e=0.771\ V$，为一条水平直线。此反应为均相反应，且只与电极电位有关而与溶液中的 pH 无关。

图 2-6 中曲线④表示

$$3Fe_2O_3+2H^++2e^-\rightleftharpoons 2Fe_3O_4+H_2O \tag{2-16}$$

$$\lg\ \alpha_{Fe^{3+}}=-0.723-3\ pH \tag{2-17}$$

该反应为金属离子的水解反应，无电子参加反应，与电位无关，故为一垂直线。

图 2-6 中曲线⑤表示

$$3Fe_2O_3+2H^++2e^-\rightleftharpoons 2Fe_3O_4+H_2O \tag{2-18}$$

$$E_e=0.221-0.0591\ pH \tag{2-19}$$

该反应是有两种固相参加的复相反应，且过程与电位和 pH 均有关，所以为一条斜线。

图 2-6 中曲线⑥表示

$$Fe_3O_4+8H^++2e^-\rightleftharpoons 3Fe+4H_2O \tag{2-20}$$

$$E_e=-0.085-0.0591\ pH \tag{2-21}$$

此反应也是有两种固相参加的复相反应，且过程与电位和 pH 均有关，所以也为一条斜线。

图 2-6 中曲线⑦表示

$$Fe_3O_4+8H^++2e^-\rightleftharpoons 3Fe+4H_2O \tag{2-22}$$

$$E_e=0.980-0.2364\ pH-0.0886\ \lg\ \alpha_{Fe^{2+}} \tag{2-23}$$

此反应是有一种固相参加的复相反应，且过程既与电位有关也与 pH 有关，故为一条斜线。

图 2-6 中曲线⑧表示

$$2H^++2e^-\rightleftharpoons H_2 \tag{2-24}$$

$$E_e=0.0000-0.591\ pH-0.0296\ \lg\ p_{H_2}$$

$$E_e=0.980-0.2364\ pH-0.0886\ \lg\ \alpha_{Fe^{2+}} \tag{2-25}$$

当 $p_{H_2}=1$ atm 时，$E_e=-0.591$ pH，此反应为氢的气体电极反应。

图 2-6 中曲线⑨表示

$$O_2+4H^++4e^-\rightleftharpoons 2H_2O \tag{2-26}$$

$$E_e=1.229-0.591\ pH+0.0148\ \lg\ p_{O_2} \tag{2-27}$$

如果 $p_{O_2}=1$ atm 时，$E_e=1.229-0.591$ pH。

图中曲线ⓐ和ⓑ为两条平行的斜线，曲线侧的下方为 H_2 的稳定区；曲线ⓑ的上方为 O_2 的稳定区；而ⓐ和ⓑ线之间为 H_2O 的稳定区。由于本书重点是讨论金属的电化学腐蚀过程，因此，除考虑金属的离子化学反应外，还往往同时涉及氢的析出和氧的还原反应。所以这两条虚线对于研究腐蚀具有特别重要的意义。另外，图 2-6 中还以数字 0、-2、-4、-6 表示的一族平行线，其中的每一条线都表示出与溶液中一定浓度的离子相平衡的两相共存的条件。一般把 10^{-6} mol/L（图 2-6 中表示为-6）浓度看作该离子存在与否的界限，如果与金属平衡的离子浓度小于此值时，可以认为实际上不腐蚀。

从金属腐蚀的角度来看，特别值得注意的是涉及溶液与固相之间的复相反应平衡。因为对于一个由金属与溶液介质组成的体系中，与溶液介质接触的固相物质有两种情况。一种是固相物质就是金属本身。在这种情况下，如果条件使得平衡向生成固相物质的方向移动，或者说，在给定的条件下，电极电位低于图中平衡线的电位值，金属就会处于稳定状态而不溶解到溶液中去。另一种是与溶液接触的固相物质是金属的难溶化合物。这种难溶化合物有可能形成覆盖在金属表面上的保护膜，如钝化膜，使金属腐蚀速度显著降低，在这种情况下，也希望条件有利于固相的稳定。

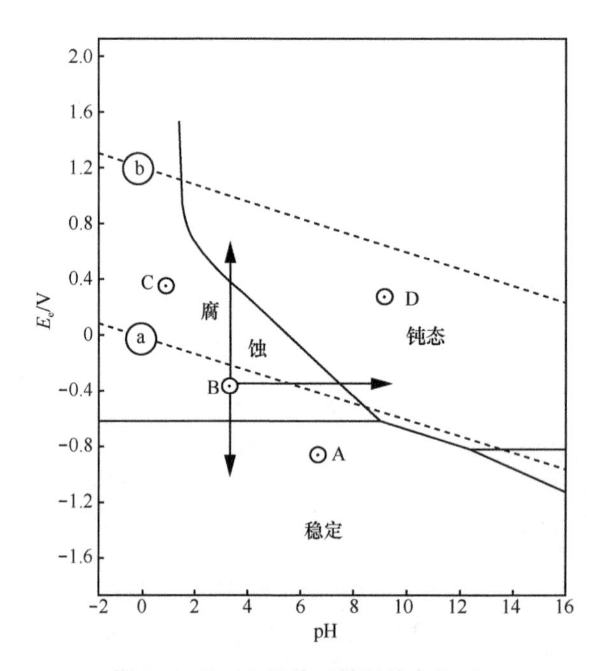

图 2-7　Fe-H_2O 体系简化的电位-pH

如果选定溶液中金属离子的活度 10^{-6} mol/L 为临界条件，就可把电位-pH 图中相应于该临界条件的溶液固相的复相反应的平衡线作为一种“分界线”来看待。从而把电位-pH 图简化成图 2-7 所示的那样。由此便把该图大致划分为 3 个区域。

稳定区在该区内金属处于热力学稳定状态，金属不会发生腐蚀，所以也称为免蚀区。如图 2-7 中 A 点所处的区域。

腐蚀区在该区内金属所处状态是不稳定的，随时可能发生腐蚀。如图 2-7 中 B 点所处的区域，对应于 Fe^{2+} 和 H_2 的稳定区。在这种状态下，金属发生析氢腐蚀。又如图 2-7 中 C 点所处的状态，是对应于 Fe^{2+} 和 H_2O 及 H^+ 的稳定区，所以，只能发生有 H^+ 存在下的吸氧腐蚀。

钝化区在该区内金属表面往往具有氧化性保护膜，如图 2-7 中 D 点所处状态，是对应于 Fe_3O_4 与 H_2O 的稳定存在区，在此区内金属是否遭受腐蚀，完全取决于这层氧化膜的保护性能。

应用电位-pH 图主要有以下两个方面。

①可以估计腐蚀行为。对于某个体系，知道了该金属在该溶液介质中的电极电位和该溶液的 pH 后，就可以在图中找到一个相应的“状态点”，根据这个“状态点”落在的区域，就可估计这一体系中的金属是处于“稳定状态”还是“腐蚀状态”或是可能处于“钝化状态”。

②可以选择控制腐蚀的有效途径。例如，要想把图 2-7 中的 B 点移出腐蚀，使腐蚀得到有效的控制，可采用使之阴极极化，把电位降到稳定区，使铁免遭腐蚀（阴极保护法）；也可以使之阳极极化，把电位升高到达钝化区，使铁的表面生成并维持有一层保护性氧化膜而显著降低腐蚀（阳极保护法）；另外，还可以将体系中的溶液的 pH 调至 9～13，同样可使铁进入钝化区而得到保护（介质处理）。

思 考 题

1. 固体材料的界面有哪几种？
2. 影响覆层界面结合性能的因素有哪些？
3. 固体表面对液体吸附的规律性表现形式有哪些？
4. 用润湿原理说明为什么纯净棉花容易被水润湿，而原棉较难被润湿？
5. 润湿理论在哪些方面会有应用？

参考答案

1. ①表面：固体材料与气体或液体的分界面。

②晶界（或亚晶界）：多晶材料内部成分、结构相同而取向不同的晶粒（或亚晶界）之间的界面。

③相界：固体材料中成分、结构不同的两相之间的界面。

2. ①覆材与基材成分、结构及其匹配性；②材料的润湿性能；③界面元素的扩散情况；④基材料表面状态；⑤覆层的应力状态。

3. 使固体表面自由能降低得越多的物质，越容易被吸附。与固体表面极性相近的物质较易被吸附。通常极性物质倾向于吸附极性物质，非极性物质倾向于吸附非极性物质。

4. 原棉表面有许多杂质，如蜡质、农药、虫浆、泥沙等，这些都是疏水物质，使纤维变成低能表面，对润湿不利。纯净棉花表面已除去油脂，露出极性表面，表面张力比较大。

5. 表面重熔、表面合金化、表面覆层及涂装等技术利用，其中润湿现象的一个典型范例是不粘锅的表面“不粘”涂层。“不粘”涂层的原理是：在金属（铝、钢铁等）锅表面先预制底层涂层后，在最表面上涂覆一层憎水性的高分子材料，如聚四氟乙烯（PTFE）等。

第三章　金属表面的预处理

3.1　概　述

表面预处理进行的好坏，不仅在很大程度上决定了各类覆层与基体的结合强度，还往往影响这些表面生长层的结晶粗细、致密度、组织缺陷、外观色泽及平整性等。

表面预处理就是选择适当的方法去除表面自然形成的覆盖物，达到与这种表面技术所要求相符的清净度。按所去除覆盖层性质的不同，表面预处理通常包括净化、除锈及活化等步骤。

此外，属于精饰（finishing）范畴的表面技术，如电锁、化学锁及化学转化膜，往往还要求在预处理阶段制备出平整光滑的表面，即光饰（polishing），以便生成结晶细致和外观质量符合特定要求的锁层或膜层。以机械结合为主要结合形式的涂装工艺，如各种喷涂技术和涂料涂装，又往往要求粗糙的待加工表面，以便增强抛锚效应和分子间相互作用，提高涂层与基体的总体结合力。故在其表面预处理工艺过程中，还需考虑粗糙化（coarsening）或毛化处理。

3.1.1　表面预处理的目的

所有待镀覆的零件表面，镀前均需进行表面预处理，使洁净的新鲜基体露出，以便与镀层实现牢固地结合。施镀前，用适当的方法清除表面上的油污和锈蚀，并对其进行机械加工（车削、磨削等）是镀覆前表面预处理的重要步骤。

任何零件表面，粗看起来无论显得如何干净，而实际上几乎总存在着某些污垢物，这些污垢物对镀层质量具有破坏作用。零件表面上最常见的污垢物按其性质可分为下列 3 种。

①油类、脂类及其他有机物。

②氧化物、疲劳层及相类似的其他金属化合物。

③各种夹杂物，如石墨、砂子、灰尘及机械地附着在零件表面上的其他金属颗粒等。零件镀覆时，对表面上的污垢物必须清除干净，否则，金属离子难于在阴极上实现连续均匀结晶，容易生成断续、分散的片状小疤瘤，这些小疤瘤不能完全覆盖镀覆表面，导致镀层与基体结合不紧密，极易脱落。

如果镀件表面残留有油、脂或氧化物时，即使能形成结晶组织正常的镀层，但与基体的结合也很不牢固。这种情况在镀覆现场常常不能被发现，当镀层开始使用后，在机械力作用（弯曲、冲击等）或受热作用下很快就会发生开裂和脱落。当镀件表面残存有点状油脂或氧化物时，会引起镀层出现多孔、气泡或鼓泡。这些小气泡和鼓泡在加热时会出现。镀件表面有砂粒、灰尘或其他固体杂质点存在时，得到的镀层常常会伴随有多孔和小疤瘤出现，这样的镀层发脆，容易出现局部脱落。有时，虽然对镀件表面上的油脂和氧化膜用适当的方法（化学法或电化学法）清除干净了，但如果其表面上残留的化学溶液没有冲洗干净或冲洗水含杂质太多，也会导致镀层与基体结合不牢固。

零件经过长期使用后，表面会产生疲劳层，疲劳层是机械地附着在零件表面上的疏松金属材料，如果在镀覆前没有清除干净，镀层就会随着疲劳层一起脱落下来。

当零件表面过于粗糙时，形成的镀层也会很粗糙，并且结合松散。零件表面有划伤、研伤，出现沟槽和凹坑时，为避免应力集中出现，需要用适当的方法进行修整、打磨，去掉尖角、高棱，使其平滑过渡，以减少应力集中。

大量的镀覆实例证实，镀层出现的各种质量问题及疵病，如鼓泡、麻点、花斑及镀层不均匀甚至脱落等现象，大多并非电沉积工艺引起的，而是镀前预处理不当、不彻底造成的。因此，镀前预处理与镀层质量紧密相关。

表面处理的目的在于：

①增加防护层的附着力，延长其使用寿命，减少引起的金属腐蚀及非金属破坏的因素，以便充分发挥防护层的作用。

②良好的前处理是后续工序得以顺利进行的条件。前处理不好，涂漆、电镜等工序难以进行，有时甚至无法施工。

③良好的底层还可充分保证防护层的装饰效果，否则防护层质量再好，也不能发挥出应有的作用。因此，表面调整及净化是表面处理中不可缺少的工序，是保证防护层质量的重要一环。

3.1.2 表面预处理的内容

金属镀覆前的预处理是表面处理工艺中非常关键的一步，基体材料表面预处理的好坏直接影响到镀覆层的质量。本章阐述了预处理的各种基本方法。

对于金属基体材料，镀前预处理的内容包括整平、除油、浸蚀、表整 4 个部分。

（1）整平

除去工件表面上的毛刺、结瘤、锈层、氧化皮、灰渣及固体颗粒等，使工件表面平整、光滑。整平主要使用机械方法，如磨光、机械抛光、滚光、喷砂等；化学抛光和电化学抛光用于除去微观不平。抛光也用于镀后对镀层进行处理，不过，随着高效添加剂的开发应用，许多工艺已免去了镀后抛光工序。

（2）除油

除去工件表面油污，包括油、脂、手汗及其他污物，使工件表面清洁。方法有化学除油、电化学除油、有机溶剂除油等。

(3) 浸蚀

除去工件表面的锈层、氧化皮等金属腐蚀产物。在电镀生产中一般是将工件浸入酸溶液中进行，故称为浸蚀。以除去锈层和氧化皮为主要目的工序称为强浸蚀，其包括化学强浸蚀和电化学强浸蚀。

(4) 表整

表整包括表调和表面活化。活化是除去工件表面的氧化膜，露出基体金属，以保证镀层与基体的结合力。活化也是在酸溶液中进行，但酸的浓度低，故称为弱浸蚀。活化是除去一些东西，表调是增加一些东西。例如，磷化表调是增加磷酸钛胶体作为磷化结晶核；塑料表调是通过敏化、活化增加化学镀的催化活性点。

表面调整及净化分类方法很多，按处理性质不同，可分为去除油污、除锈或除腐蚀产物、表面精整、磷化、氧化等。去除油污方法有溶剂法、碱液法、电解法、超声波法、高压蒸气法等。除锈或除腐蚀产物方法有机械法、酸洗法、火焰法、电火花法等。表面精整又分磨光和抛光等。磷化和氧化按被处理的材质不同，可分为金属和非金属的前处理。金属有钢铁、铜、铅、锌等，非金属有塑料、皮革等。按预处理方式又可分为浸渍处理、喷淋处理、滚筒处理等。

在一般情况下，去油污、除锈是分工序进行的，在特殊情况下有时也采用综合处理法，即去油除锈一步法或去油、除锈和磷化一步法，需要时还可采用去油、除伪、磷化和钝化一步完成的“四合一”处理工艺。

3.2 机械清理

3.2.1 机械清理的目的

机械清理就是借助机械力除去金属及非金属表面上的腐蚀产物、油污、旧漆膜及各种杂物，以获得洁净的表面，从而有利于后续工序的施工，并保证防护层的牢固附着和质量，延长产品的使用寿命。与化学清理比较，机械清理具有以下特点。

①适应性强。机械清理既可除去钢铁表面的油污、铁锈，又可除去用化学法较难清理的氧化皮、焊渣和铸件表面的型砂及其他金属表面的腐蚀产物。并且清理比较彻底，可保证前处理质量。

②清理效果比较好。机械清理对于用化学法难以除净的油污，如各种防锈油、防锈脂、压延油等，更能显示其优越性。

③可使表面粗化，增加涂抹附着力。

④机械清理不使用酸、碱或有机溶剂，特别适用于不宜采用化学法处理的铸件清理。因为铸件多细孔，渗入孔内的残余酸、碱不易冲洗干净，也难以完全中和。不使

用酸、碱和有机溶剂，既不腐蚀基体金属，也不腐蚀设备。此外，机械清理所需设备比较简单，操作比较方便，所以机械清理在表面处理中占有十分重要的地位。不足之处是本法较适合于结构简单的零部件，结构较复杂的零部件内部难以施工，劳动条件较差。

机械清理，其工作内容依其清理的目的不同，可分为除锈，除氧化皮，除腐蚀物，除型砂、泥土，除旧漆膜，除油污，粗化表面。非金属主要用于清除塑料表面的污垢，并使之粗化。依其底材不同，内容稍有差异。

在表面处理行业中，采用机械清理最广泛的部门，是大型造船厂、重型机械厂、汽车厂等，主要用于清除热轧厚钢板上的氧化皮、铸造件的型砂。

3.2.2 机械清理的方法

机械清理就是借助机械力除去材料表面上的腐蚀产物、油污及其他各种杂物。机械清理工艺简单，适应性强，清理效果好，适于除锈、除油、除型砂、去泥土和表面粗化等。机械清理方法主要包括磨光、抛光、滚光、光饰和喷砂等。

①磨光。磨光的主要目的是使金属部件粗糙不平的表面得以平坦和光滑，还能除去金属部件的毛刺、氧化皮、锈蚀、砂眼、焊渣、气泡和沟纹等宏观缺陷。

磨光是利用粘有金刚砂或氧化铝等磨料的磨轮在高速旋转下（10～30 m/s）磨削金属表面。根据要求，一般需选取磨料粒度逐渐减小的几次磨光，如依次采用120#、180#、240#、320#的金刚砂磨料。当然，对磨料的选用应根据加工材质而定，见表3-1。

表3-1　常用磨料及途径

磨料名称	主要成分	用途
人造金刚砂（碳化硅）	SiC	铸铁、黄铜、青铜、铝、锡等脆性、低强度材料的磨光
人造刚玉	Al_2O_3	可锻铸铁、锰青铜、淬火钢等高韧性、高强度材料的磨光
天然刚玉	Al_2O_3、Fe_2O_3	一般金属材料的磨光
石英砂	SiO_2	通用磨料，可用于磨光、抛光、滚光、喷砂等
浮石	SiO_2、Al_2O_3	适用于软金属、木材、塑料、玻璃、皮革等材料的磨光及抛光
硅藻土	SiO_2	通用磨光、抛光材料，适宜黄铜、铝等较软金属的磨光或抛光

磨光使用的磨轮多为弹性轮。根据磨轮本身材料的不同，可分为软轮和硬轮两种。对于硬度较高和形状简单、粗糙度大的部件，应采用较硬的磨轮；对于硬度低和形状复杂、切削量小的部件，应采用较软的磨轮，以免造成被加工部件的几何形状发生变化。

②机械抛光。机械抛光的目的是为了消除金属部件表面的微观不平，并使它具有镜面般的外观，也能提高部件的耐蚀性。表面工程技术中，机械抛光是电镀和化学镀

技术、气相沉积技术、离子注入技术必须进行的表面预处理工艺。

机械抛光是利用装在抛光机上的抛光轮来实现的。抛光机和磨光机相似，只是抛光时采用抛光轮，并且转速更高些。抛光时，在抛光轮的工作面上周期性地涂抹抛光膏。同时，将加工部件的表面用力压向高速旋转的抛光轮工作面，借助抛光轮的纤维和抛光膏的作用，使表面获得镜面光泽。抛光膏由微细颗粒的磨料、各类油脂及辅助材料制成。应根据需抛光的镀层及金属来选用抛光膏。常用的抛光膏的性能及用途见表3-2。

③滚光。滚光是将零件与磨削介质一起放入滚筒中做低速旋转，依靠磨料与零件、零件与零件之间的相互摩擦及滚光液对零件的化学作用，将毛刺和锈蚀等除去的过程。常用的滚筒多为六边形和八边形。滚光液为酸或碱中加入适量的乳化剂、缓蚀剂等。常用磨料有钉子头、石英砂、皮革角、铁砂、贝壳、浮石和陶瓷片等。

表3-2　常用抛光膏的性能及用途

抛光膏类型	特点	用途
白抛光膏	由氧化钙、少量氧化剂及胶结剂制成，粒度小而不锐利，长期存放易风化变质	抛光较软的金属及塑料，如镍、铜、铝及其合金、有机玻璃、胶木等
红抛光膏	由氧化铁、氧化铝和胶结剂制成，硬度中等	抛光一般钢铁零件；铝、铅零件的粗抛光
绿抛光膏	由氧化铬和胶结剂制成，硬面锐利，磨削能力强	抛光硬质合金钢、错层和不锈钢

滚光常用于形状不太复杂的中、小型零件的大批量处理，可以代替磨光和抛光。滚光可分为普通滚光和离心滚光等，都是利用滚动和振动原理的光饰方法。

④光饰。光饰处理的目的在于制备平整而光洁的表面。光饰可分为振动光饰和离心光饰等，振动光饰应用的相对比较广泛。振动光饰是在滚筒滚光的基础上发展起来的一种高效光饰方法。振动光饰机是将一个筒形或碗形的容器安装在弹簧上，通过容器底部的振动装置，使容器产生上下左右的振动，带动容器内的零件沿着一定的运动路线前进，在运动中零件与磨料相互摩擦，达到光饰的目的。振动光饰的效率比普通滚光高得多，适用于加工比较大的零件。振动频率和振幅是振动光饰的两个重要参数，振动频率一般采用20～30 Hz，振动幅度3～6 mm。

⑤喷砂。喷砂是用压缩空气将砂子喷射到工件上，利用高速砂粒的动能，除去部件表面的氧化皮、锈蚀或其他污物。喷砂不但可以清理零件表面，使表面粗化，提高涂层与基体的结合力，而且还可以提高金属材料的抗疲劳性能。

喷砂分干喷砂和湿喷砂两种。干喷砂用的磨料有石英砂、钢砂、氧化铝、碳化硅等，应用最广的是石英砂，使用前应烘干。干喷砂的加工表面比较粗糙，其工艺条件见表3-3。湿喷砂所用磨料和干喷砂相同，可先将磨料和水混合成砂浆，磨料的体积通常占砂浆体积20%～35%（体积分数），要不断地搅拌以防止沉淀，用压缩空气压入喷嘴后喷向工件。为了防止喷砂后零件锈蚀，必须在水中加一些亚硝酸铀或其他缓蚀剂，砂子在每次使用前要预先烘干。湿喷砂操作时对环境的污染较小，常用于较精密的加工。

表3-3　干喷砂的工艺条件

零件类型	石英砂粒度/mm	压缩空气压力/MPa
厚度3 mm以上的较大的钢铁零件	2.5～3.5	0.3～0.5
厚度1～3 mm的中型钢铁零件	1.0～2.0	0.2～0.4
小型薄壁黄铜零件	0.5～1.0	0.15～0.25
厚度1 mm以下的钢件钣金件、铝合金件	0.5以下	0.10～0.15

⑥喷丸。喷丸与喷砂相似，只是用钢铁丸和玻璃丸代替喷砂的磨料，而且没有含硅的粉尘污染。喷丸能使部件产生压应力，以提高其疲劳强度和抗应力腐蚀的能力，并可代替一般冷、热成形工艺，还可对扭曲的薄壁件进行校正。使用喷丸的硬度、大小和速度要根据不同的要求来进行选择。

3.3　碱洗除油

3.3.1　碱液清洗的目的

碱液清洗又称化学除油或化学脱脂，就是利用碱与油脂起化学反应除去工件表面上的油污，目的是增强表面防护层的附着力，保证涂层不脱落、不起泡、不产生裂纹，保证防锈封存、表面改性、转化膜质量，是后续工序顺利进行必不可少的工序。

碱液清洗随着清洗液配方的改进和操作方法的改善，使其具有去油能力强、操作简便、安全可靠，并可实现机械化或自动化等特点，因此在表面处理行业得到广泛的应用。

3.3.2　碱液清洗的方法

零件黏附各种油脂是难以避免的。机械加工过程需用油脂润滑；半成品储存运输时要涂防锈油脂；抛光过的零件上也黏附有抛光油脂等。无论是何种油脂，都必须在涂镀前除去。（工件表面的油脂主要分为矿物油和动植物油。其中，矿物油包括机械油、润滑油、变压器油、凡士林等。矿物油主要是各种碳氢化合物，它们不能与碱作用，故又称为非皂化油。去除这种油只能依靠乳化或溶解作用来实现。所有的动植物油主要成分是各种脂肪酸的甘油酯，它们都能与碱作用生成肥皂，故又称为皂化油，包括菜籽油、豆油、椰子油、猪油、花生油等。去除这类油脂可以依靠皂化、乳化和溶解的作用。)

除油又称脱脂。除油的方法很多，主要包括有机溶剂除油、化学除油、电化学除油、擦拭除油和滚筒除油。这些方法可单独使用，也可联合使用。若在超声场内进行有机溶剂除油或化学除油，速度更快，效果更好。常用的几种除油方法的特点及应用范围见表3-4。

表3-4　常用除油方法

除油方法	特点	适用范围
有机溶剂除油	速度快，能溶解两类油脂，一般不腐蚀零件，但除油不彻底，需用化学或电化学方法进行补充除油。多数溶剂易燃或有毒，成本较高	可对形状复杂的小零件、有色金属件、油污严重的零件或易被碱液腐蚀的零件进行初步除油
化学除油	设备简单，成本低，但除油时间较长	一般零件的除油
电化学除油	除油快，能彻底除去零件表面的浮灰、浸蚀残渣等机械杂质。但需直流电源，阴极除油时，零件容易渗氢，除深孔内的油污较慢	一般零件的除油或清除浸蚀残渣
擦拭除油	操作灵活，但劳动强度大，效率低	大型或其他方法不易处理的零件
滚筒除油	工效高，质量好	精度不太高的小零件

3.3.3　有机溶剂除油

有机溶剂除油是皂化油和非皂化油的普遍溶解过程。由于两种油脂都能被迅速除去，所以此法获得广泛应用。有机溶剂除油的特点是快速，对零件无腐蚀。但是不能做到彻底除油，因为有机溶剂挥发后，在零件上仍残留薄油层。所以有机溶剂除油之后，必须用化学除油或电化学除油进行补充除油处理。鉴于上述特点，有机溶剂除油多用于含油污严重的零件的预处理。有机溶剂除油的另一特点是溶剂易燃或有毒，使用时应特别注意安全。在多数情况下，有机溶剂除油比化学除油成本高一些。但若设备设计合理，可对有机溶剂反复蒸馏再生，循环使用，这一缺点也可弥补，并突出了它的速度快的优点。例如，含油污较多的零件化学除油需2～4 h，而采用三氯乙烯除油只需3～5 min，工效之高是显而易见的，零件数量大时，更能显示其优点。

有机溶剂除油重点用于使用了油封材料制造的工件。在化学除油之前宜先用有机溶剂洗刷一遍，以提高化学除油的除油效果。经油封保存的工件和工件的螺孔部位、角落部位油污比较多，倘若某个工件的两个螺孔内有油污，而有机溶剂洗刷时只洗去一个螺孔内的油污，另一个螺孔内的油污照样存在，仍然没有达到设计的效果。

生产中常用的有机溶剂有煤油、汽油、丙酮、甲苯、三氯乙烯、四氯乙烯、四氯化碳等。煤油、汽油及苯类属有机烃类溶剂，其特点是毒性较小，但易燃烧，对大多数金属无腐蚀作用，用冷态浸渍或擦拭除油。三氯乙烯、四氯化碳等属于有机氯化烃类溶剂，其特点是除油效率高，不燃，允许加温操作，因此可进行气、液相联合除油，而且能再生循环使用。除铝、镁外，对大多数金属无腐蚀作用。但是它们毒性大，有强烈的麻醉作用。使用这类溶剂时，零件应是干燥的，而且温度不能高。否则三氯乙烯会分解出盐酸和剧毒的光气，这一点要特别引起重视。

有机溶剂除油方法有浸洗法、喷淋法、蒸气除油法、联合除油法等几类。

(1) 浸洗法

将带油的工件浸泡在有机溶剂槽内，槽可安装搅拌装置及加热设备，根据实际情况的需要决定是否搅拌、加热。因为加热或搅拌都可以加速工件表面油污的溶解，但又容易使有机溶剂蒸发，造成损失，所以必须考虑既能提高除油的效率，又要节省溶剂及成本。为提高除油效果和速度，可以在槽内加入超声波，可加速油污脱离工件表面溶入溶剂中，特别是对有残留抛光膏的工件表面更为有效。

(2) 喷淋法

喷淋法是将新鲜的有机溶剂直接喷淋到工件表面，将表面的油污不断地溶解而带走，直至喷洗干净为止。喷淋液可以加热后再喷，加热喷淋的溶解效率高，但要有加热装置先加热。喷淋法还可以加速将大颗粒的铁粉、锈粒及粉尘除下。另外，喷淋法提高压力等级就成为喷射法，通过压力将溶剂喷射到工件的表面，油污受到冲击及溶解的作用而脱离工件的表面，该方法效率比喷淋法高，但只能用不易挥发及性能稳定的溶剂，且设备复杂，必须在特别而方便操作的密闭容器内进行，而且要配套安全操作规范。

(3) 蒸气除油法

蒸气除油是将有机溶剂装在密闭容器的底部，将带油的工件吊挂在有机溶剂的水平面上。容器的底部有加热装置将溶剂加热，有机溶剂变成蒸气不断地在工件表面上与油膜接触并冷凝，将油污溶解后掉下来，新的有机溶剂蒸气又不断地在表面凝结溶解油污，最终将油污除干净。由于有机溶剂多数是易燃、易爆、有毒及易分解的物质，特别是成为蒸气后更具危险性，所以要做好安全使用的工作，要有良好的安全设备及完善的通风装置，避免事故的发生。最好用三氯乙烯溶剂，由于三氯乙烯密度较大，故不易从槽口逸出，而且除油槽的上部设有冷却装置，有机溶剂蒸气进入冷却范围即冷凝成液体回流至槽底部。

(4) 联合除油

联合除油法就是用两种以上的方法进行有机溶剂除油，联合除油的效果要比单一方法除油的效果好，例如，采用浸洗加喷淋除油、浸洗加蒸气除油或采用浸洗→喷淋→蒸气 3 种方法联合除油。

对形状复杂、小件、小批量的有机溶剂除油操作可以选择：①形状简单的工件，用沾有溶剂的棉纱擦拭；②形状复杂的工件，浸泡在溶剂中用漆刷洗刷，洗刷后用干棉纱擦干；③小件，在溶剂中浸泡然后自然晾干，若溶剂较脏则需再用较干净的溶剂过一遍。

经有机溶剂中除油之后，在未曾充分晾干之前是不可直接进入化学除油工序的，否则不但难以除尽残留的油污，还会污染化学除油溶液。

3.3.4　化学除油

碱性化学除油虽除油速度不如有机溶剂快，但是它除油液无毒性、不燃烧，设备简单、成本低廉，除铝、镁、锌之外对许多金属无腐蚀性，因而经济合理，是目前生产上应用最普及的一种除油方法。

（1）皂化作用和乳化作用

油污中的动植物油与碱液发生皂化反应的通式如下：

$$(RCOO)_3C_3H_5+3NaOH \xlongequal{} 3RCOONa+C_3H_5(OH)_3 \quad (3-1)$$

油脂　　　碱　　　肥皂　　　甘油

当R是含17～21个碳原子的烃基时称为硬脂，硬脂发生皂化反应生成的就是普通的肥皂（硬脂酸钠），例如：

$$(C_{17}H_{35}COO)_3C_3H_5+3NaOH \xlongequal{} 3C_{17}H_{35}COONa+C_3H_5(OH)_3 \quad (3-2)$$

硬脂　　　碱　　　硬脂酸钠　　　甘油

所生成的肥皂和甘油都是易溶于水的，所以这类油脂比较容易除去。

矿物油与碱不发生上述化学反应，但在一定条件下，它在碱溶液中可进行乳化。所谓乳化就是零件表面上的油膜可变成许多很小的油珠，它们分散在碱溶液中形成乳浊液。只要设法不让这些油珠重新凝集在一起，而让它浮于液面上，就可以把它消除掉。由于碱液的乳化作用不够强，不能使矿物油迅速脱离金属表面，为此在配方中必须加入乳化剂。除油液中常用的乳化剂是水玻璃、有机表面活性剂等。

硅酸钠是无机物，其缺点是水洗性较差，含量高时会使除油后水洗困难。皂化反应能促进乳化作用，因为肥皂也是一种较好的乳化剂。而且皂化反应可以在油膜较薄的地方打开缺口。由于金属和碱溶液之间的表面张力比金属和油膜之间的表面张力大得多，这样溶液更容易排挤油污，使其分裂为油珠。

（2）工艺规范举例

生产上常用的碱性化学除油的配方及工艺规范见表3-5。

表3-5　碱性化学除油工艺规范

溶液成分及工艺	金属材料					
	钢件		铜及其合金		铝及铝合金	
	1	2	1	2	1	2
NaOH/(g/L)	50～80	30	5～10			
Na_2CO_3/(g/L)	15～20	50	35～40	10～20		

续表

溶液成分及工艺	金属材料					
	钢件		铜及其合金		铝及铝合金	
	1	2	1	2	1	2
$Na_3PO_4 \cdot 12H_2O$/(g/L)	15～20	70	40～60	10～20	40	10～30
Na_2SiO_3/(g/L)	5		5～10	5～10	10～15	3～5
OP 乳化剂/(g/L)	1～2	3～5	2～3	2～3		2～3
温度/℃	80～100	70～100	70～80	70	65～85	50～60

使用碱性溶液（并加入乳化剂），利用皂化作用和乳化作用除去工件表面油污。化学除油的优点是设备简单、操作容易、成本低、除油液无毒且不会燃烧，因此使用广泛。但常用的碱性化学除油工艺的乳化作用弱，对于镀层结合力要求高，电镀溶液为酸性或弱碱性（无除油作用）的情况，仅用化学除油是不够的。特别当油污中主要是矿物油时，必须用电解除油进一步彻底清理。另外，化学除油温度高，消耗能源，而且除油速度慢，时间长。

（3）影响因素

碱性化学除油配方通常包括以下组分：氢氧化钠、碳酸钠、磷酸三钠和乳化剂。氢氧化钠是保证皂化反应以一定速度正常进行的重要组分。当 pH 低至 8.5 时，皂化反应几乎停止；pH = 10.02 时，油脂将发生水解；氢氧化钠过高时皂化生成的肥皂溶解度降低，而且使金属表面发生氧化生成褐色膜，而不溶解的肥皂附着于金属表面使除油过程难以继续进行。一般对于黑色金属，pH 采用 12～14；对于有色金属和轻金属，pH 采用 10～11 为宜。

对铜及其合金，氢氧化钠的加入量要低得多，甚至不加。对铝及其合金则不允许使用氢氧化钠。

溶液中的碳酸钠和磷酸三钠起缓冲作用，保持除油液维持在一定碱度范围。当皂化反应进行时，氢氧化钠不断被消耗，此时，碳酸钠和磷酸三钠发生水解产生氢氧化钠，以补充其消耗。为了有足够的缓冲作用，这两种药品一般含量也较高。磷酸三钠除起缓冲作用外，因清洗性好，还可以帮助提高水玻璃的清洗性。因为水玻璃有一定的表面活性，对金属的吸附倾向大，容易形成一层吸附膜，不易被清洗，附着的水玻璃在后续工序的酸洗除锈时，会形成更难清除的硅酸，影响涂镀层的结合力。磷酸三钠的加入可帮助洗去水玻璃吸附膜。同时它还可使硬水软化，防止除油时形成的固体钙、镁肥皂覆盖于制品表面上。

选择乳化剂及其加入量要视金属制品黏附油脂的性质、数量及制品的几何形状而定。当零件形状简单、油多而且是矿物油时，可用水玻璃，水玻璃的乳化作用虽强，但不易洗去，故形状复杂的零件最好采用有机乳化剂。

温度升高对除油过程有促进作用。温度升高时，油脂变软，有利于除油剂的渗透和润湿作用，从而加速除油过程。另外，随温度升高，肥皂在其中的溶解度增加，这对清洗和延长除油液的使用寿命都是有利的。因此传统的碱性化学除油都是在接近溶液沸点的温度下进行。

但是高温除油能耗较高，在能源日益紧张的今天，低温除油工艺越来越受到人们的重视。低温除油工艺对于表面活性剂的依赖程度是很大的，表面活性剂的浓度要高达1%～3%。实践表明，非离子表面活性剂与阴离子表面活性剂配合使用有增效作用。为了促进表面活性剂的溶解，往往还要加入亲水基团较多的表面活性剂。用这样的除油液可以在40 ℃左右甚至在室温下有效地除油。

3.3.5　电化学除油

将欲除油的零件置于碱性溶液中，通入直流电，使制品作为阳极或阴极的除油方法叫作电化学除油或电解除油。化学除油与电化学除油液的组成大致相同。另一电极用镍板或镀厚镍的铁板，它只起导电作用。电化学除油速度一般比化学除油速度高几倍，而且除油更彻底，这是与电化学除油的机制分不开的。

电化学除油的机制可概述如下：当把带油污的零件浸入电解液后，油与溶液之间的界面张力降低，油膜便产生收缩变形和裂纹。同时，电极通电后产生电极极化，这使电极与碱溶液之间的界面张力大大降低，溶液对电极表面的润湿性加强，溶液便从油膜裂纹和不连续处对油膜发生排挤作用，因而油在金属上的附着力就大大减弱，与此同时，在电流作用下，电极上析出大量的气体，制品为阴极时析出氢气，金属制品作阳极时析出氧气。这些气体以大量小气泡形式逸出，对油膜产生强烈的冲击作用，导致油膜撕裂分散成极小的油珠，而小气泡又容易滞留在小油珠上，当气泡逐渐长大到一定尺寸后，就带着油珠离开电极而上升到液面。析出的气体对溶液发生强烈的搅拌作用，从而使油珠被乳化。总而言之，电化学除油过程是电极极化和气体对油膜的机械撕裂作用的综合，这种作用比乳化剂的作用强得多，故加速了除油过程。

电化学除油分为阴极除油、阳极除油和周期性变换极性联合除油3种方法。

（1）阴极除油

当被镀件与电源负极相连作为阴极，除油时在表面上进行的是还原并有氢气析出：

$$2H_2O+2e^- = H_2\uparrow +2OH^- \tag{3-3}$$

由于产生大量氢气，所以去油污能力强、速度快，但这种方法对氢敏感的材料容易产生氢脆现象。因此，阴极除油时，电流密度要高一些，使除油时间尽量短。

（2）阳极除油

当被镀件与电源正极相接作为阳极，除油时在表面进行的是氧化过程有氧气析出：

$$4OH^- -4e^- = O_2\uparrow +2H_2O \tag{3-4}$$

析出的氧气对表面油膜也有除去作用。由于阳极上产生的氧气泡数量少（只有阴极上产生氢气的一半），所以去油污能力较阴极除油法弱，速度慢。另外，在制品表面进行的是氧化反应，对基体金属有溶解作用，故此法不适用于有色金属的表面除油。

（3）联合除油

这是一种阴极与阳极交替进行的方法，充分利用二者的优点，弥补二者缺点，是一种很有效的方法。电化学除油的机制可以认为主要是油脂被电极上析出的气泡（氢气或氧气）所乳化。在整个过程中，电极表面的润湿现象与电极极化的关系也起着重要作用。当浸有除油液的镀笔与制品表面相接触时，首先是由于溶液中的离子和极性水分子对油分子的作用力比空气中气体分子对油分子的作用力强，而使油与除油液之间的表面张力下降；接触面增大，造成油膜变形以至破裂，见图 3-1。

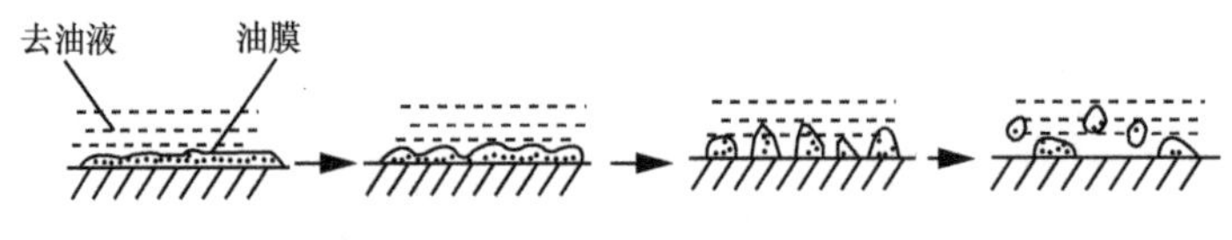

图 3-1　油膜被气泡乳化过程示意

在通电情况下，电极的极化作用使油膜与电极表面的接触角大大减小。同时，电极表面与除油液间的表面张力更加降低，很快增大了二者之间接触面积，提高了电极表面的润湿性，从而更加减弱了电极对油膜的胶附力，使油膜进一步破裂，形成小油珠。与此同时，电极上还不断析出许多小气泡，这些小气泡把附着于电极表面的油膜撕裂，然后脱离电极上浮，上浮过程中对除油液起搅拌作用，从而带动油珠脱离电极表面而上浮。由于电极表面的除油液不断更换，加速了皂化和乳化作用，这样新的气泡不断产生并逐渐变大上浮，因此，油珠在气泡的作用下脱离电极表面而被带到溶液表面上来，见图 3-2。

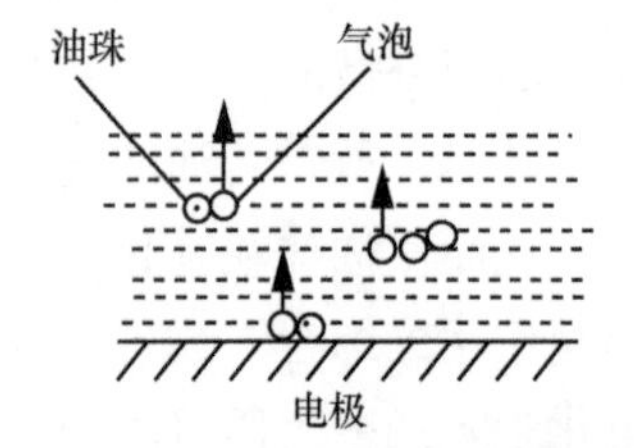

图 3-2　气泡对油珠脱离的影响示意

电化学除油时，电解液的温度和电流密度的大小对效果都是有影响的。电解液温度升高时，能提高溶解度，加速动植物油的皂化反应，也能使溶液加快循环，促进乳化过程。电流密度大时，析出的气泡多，对溶液的搅拌作用强，油珠脱离电极表面的速度快，所以提高电流密度，能提高除油速度。但也不能无限制地提高电流密度，这要根据油污的数量和允许除油的时间的长短来确定。

阴极除油的速度比阳极除油快，因为在相同的电流下，从阴极析出的氢气量比在阳极上析出的氧气量多一倍，而且阴极析出的氢气泡比阳极析出的氧气泡小得多，所以乳化能力更强。另外，由于氢离子的放电，阴极附近的液层中 pH 升高，这对除油又很有利。但是阴极除油新生态的氢原子能扩散到金属内部，造成结晶晶格歪扭，引起“氢脆”。氢气吸藏于零件的针孔、夹缝内部时，随后会引起镀层“鼓泡”。所以，高强度钢和弹性材料，不宜采用阴极除油。对于其他材料，为尽量减少渗氢，进行阴极除油时，宜用较高的电流密度，以缩短除油时间。另外，阴极除油时，某些金属杂质可能在零件上还原析出。实际生产中，常采用阴阳极交替电解除油新工艺，效果较好。

阳极除油时，产生的氧气量相对比氢少，而且气泡大，故乳化作用不如阴极除油。同时，阳极除油有些金属或多或少会溶解，特别是有色金属。有些金属又会被阳极氧化，形成一层氧化膜，影响涂镀层结合力。但是阳极除油没有“氢脆”的危险，也不会有金属杂质还原析出。对于有色金属及其合金和已经抛光过的零件不宜采用阳极除油。鉴于阴极和阳极除油各有其特点，在生产中多采用阴极和阳极联合除油，以取长补短。联合除油时，先进行阴极除油，利用其速度快的特点，然后进行短时间的阳极除油，驱除吸藏的氢和阴极还原物。由于时间短，阳极对零件的溶解和氧化的危险也不会发生。

对于黑色金属零件，大多数可采用联合除油方法，而承受重负荷的零件、薄钢片及弹性零件，为绝对避免渗氢造成的危害，只应采用阳极除油。

对于铜和铜合金，不能用阳极除油，要采用阴极除油。并且应尽量避免使用氢氧化钠。

常用的电化学除油的工艺规范见表3-6。

表3-6　电化学除油工艺规范

组分及工艺	钢铁	铜及铜合金	铝镁锌锡及其合金
氢氧化钠/(g/L)	10～20		
碳酸钠/(g/L)	50～60	25～30	5～10
磷酸三钠/(g/L)	50～60	25～30	10～20
温度/℃	60～80	70～80	40～50
电流密度/(A/dm^2)	5～10	5～8	5～7
时间	阴极 1 min 后阳极 15 s	阴极 30 s	阴极 30 s

电化学除油溶液的碱度可比化学除油低，因此时皂化作用已降到次要地位，而且也不必加乳化剂，特别是不能用有机表面活性剂，因为这些物质会产生大量气泡，覆盖于液体表面上，它们阻碍氢气和氧气的顺利逸出，当接触不良发生火花时还会引起爆炸事故。

为加快速度，电化学除油也应加温操作，温度升高可强化乳化作用，减少电能的消耗。通常采用在60～80 ℃下作业。

电流密度是影响电化学除油的重要因素，在一定范围内，除油速度随电流密度升高而加快，这一方面是由于电流密度升高电极极化增大，溶液对电极的润湿性更好；另一方面增加电极单位面积上的气体数量，从而使乳化作用也加强。但是电流密度也不能太高，否则会导致槽电压升高，电能消耗增大。

电化学除油，是在通电情况下，用镀笔蘸特制的除油液（电解液），在制品表面擦拭所进行的电解除油过程。它是除油过程中的最后一道工序，称为精除油。

电化学除油比上述任一种除油法的效果都要好。对不同的材料，都有适用的除油液。对某些经过精加工后看上去油污很少的表面，可直接用电化学法一步除油。对几乎所有的待镀件，电化学除油都必须作为最后一道除油工序。

3.3.6 超声波除油

超声波清洗是一种新的清洗方法，操作简单，清洗速度快，质量好，所以被广泛应用。

将带有油污的零件放入除油液中以一定频率的超声波辐射进行除油的过程，叫作超声波除油。在上面介绍的有机溶剂除油、化学除油和电化学除油过程中，都可以引入超声波。引入超声波可以强化除油过程，缩短除油时间，提高工艺质量，还可以使深孔和细孔中的油污彻底清除。当超声波作用于除油液时，会反复交替地产生强大的瞬间正、负压力，因而产生巨大的冲击波，对液体产生剧烈的搅拌作用，加强除油液的皂化和乳化作用，并形成冲刷零件表面油污的冲击力，从而提高了除油效率和质量。

超声波除油是利用超声波振荡使除油液产生大量的小气泡，这些小气泡在形成、生长和析出时产生强大的机械力，促使金属部件表面附着的油脂、污垢迅速脱离，从而加速脱脂过程，缩短脱脂时间，并使得脱脂更彻底。

超声波清洗效果取决于清洗液的类型、清洗方式、清洗温度与时间、超声波频率、功率密度、清洗件的数量与复杂程度等条件。

超声波清洗用的液体有有机溶剂、碱液、水剂清洗液等。

最常用的超声波清洗脱脂装置如图 3-3 所示。主要由超声波换能器、清洗槽及发生部分构成，此外还有清洗液循环、过滤器、加热及输运装置等。

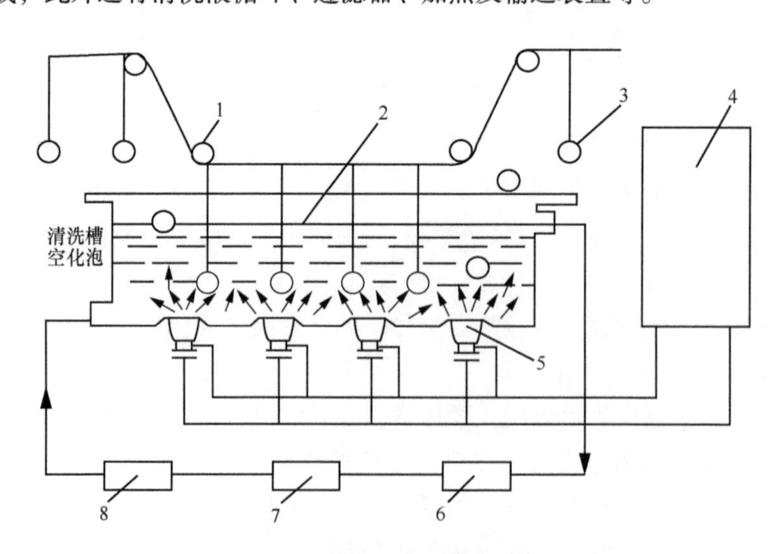

图 3-3 超声波清洗装置组成示意

1—传送装置；2—清洗液；3—被清洗零件；4—发生器；
5—换能器；6—过滤；7—泵；8—加热器

超声波脱脂的特点是对基体腐蚀小，脱脂和净化效率高，对复杂及有细孔、盲孔的部件特别有效。超声波除油一般与其他除油方式联合进行，一般使用15～50 kHz的频率。处理带孔和带内腔的复杂形状的小零件时，可使用高频超声波，频率为200 kHz～1 MHz。

3.4　溶剂清洗

3.4.1　溶剂清洗目的

溶剂清洗又称溶剂除油、有机溶剂除油，这是应用较为普遍的一种除油方法。其目的也是去除金属或非金属表面油污，使后续工序得以顺利施工，并增强防护层的结合力和抗腐蚀能力。

与碱液清洗比较，溶剂清洗具有以下特点。

①除油效果好。有机溶剂除油是物理溶解作用，既可溶解皂化油又可溶解非皂化油，并且溶解能力强，对于那些用碱液难以除净的高黏度、高熔点的矿物油，亦具有很好的效果。

②对黑色金属和有色金属均无腐蚀作用。使用时不受材质限制，一种溶剂可以清洗多种金属，适应性比较强。

③可常温下进行清洗，节省能源。用过的溶剂可回收利用，降低生产成本。并且清洗设备简单，操作方便，易于推广应用，但是溶剂价格较贵，大多数是易燃品，不安全，有些品种毒性较大，因此应用范围又受到一定的限制。

溶剂清洗，就其除油机制和除油效果而言，可用于金属、非金属、涂装、电镀和防锈封存等所有前处理的除油，限于种种原因，目前它在表面处理各行业中的应用规模是有差别的。

3.4.2　溶剂清洗材料

清洗用溶剂，一般要求对油污的溶解能力强，挥发性适中，无特殊气味，不刺激皮肤，不易着火，毒性小，对金属无腐蚀性，使用方便且价格较低。实际上很难找到这种理想的溶剂，在生产中只有根据具体情况来选择合适的溶剂。常用的除油溶剂有以下几种。

①石油溶剂。如200号溶剂汽油（又称松香水）、120号汽油（工业汽油）、高沸点石油醚及煤油等。这些溶剂对油污的溶解能力比较强，挥发性较低，无特殊气味，毒性低，价格适中，因此应用比较广泛。不足之处是易于着火，长期接触这些溶剂也有害于身体，使用时应加强通风。

②芳烃溶剂。常用的品种有苯、甲苯、二甲苯和重质苯等，对油污的溶解能力比石油溶剂强，但对人体的影响比较大，挥发性高，尤其是苯，均是易燃的危险品，在

生产中已很少应用。

③卤代烃。如二氯乙烷、三氯乙烯、四氯乙烯、四氯化碳和三氟三氯乙烷等。以三氯乙烯和四氯化碳应用最多，它们的溶解能力强，蒸气密度大，不燃烧，可加热清洗，但毒性较大，适合于在封闭型的脱脂机中使用。

此外，还可用松节油除油，临时性的除油亦可采用涂料用稀释剂或溶剂，如香蕉水等。

3.4.3 溶剂清洗方法

溶剂清洗一般可采用擦洗、浸洗、超声波清洗、喷射清洗和蒸气清洗等方法。

①擦洗。用棉纱或者旧布蘸溶剂擦除工作表面油污，方法简单，不需要专用设备，操作方便，但劳动强度大、劳动保护差，除油效果不好，只适用于生产条件较差、去油要求不高的场合。

②浸洗。将工件沉浸于有机溶剂中除油。设备简单，操作方便，室温下施工，适合于中小型工件除油清洗。为了去干净工件表面油污，可将工件依次浸入两个或三个以上的有机溶剂槽中，并用毛刷刷洗。最后一个槽中应盛有不断更换的完全洁净的溶剂。为了加快去油速度和提高清洗效果，还可采用溶剂超声波清洗法。

③超声波清洗。超声波清洗是一种新的清洗方法，操作简单。清洗速度快，质量好，所以被广泛用于科研和生产部门。超声波在液体中还具有加速溶解和乳化作用等，因此，对于那些采用常规清洗法难以达到清洗要求，以及几何形状比较复杂的零件的清洗，效果会更好。超声波清洗用介质除有机溶剂外，还可采用碱液、水剂清洗液等。

④喷射清洗。喷射清洗与碱去油方法类似，但应用较少。

⑤蒸气清洗。清洗介质多为卤代烃，如三氯乙烯、三氟三氯乙烷、三氯乙烷、四氯乙烯和四氯化碳等。三氯乙烯和三氟三氯乙烷相比，三氯乙烯应用更广泛。三氯乙烯溶解力强，不易燃烧，沸点低，易液化，蒸气密度大，但有一定毒性，因此适合于在封闭的“脱脂机”中进行蒸气清洗或气相除油。其装置分三部分：底部为有加热装置的三氯乙烯溶液的液相区，中部是蒸气区并挂有被处理的工件，上部是装有冷却管的自由区，加热三氯乙烯至沸点（87 ℃）而汽化。当碰到冷的工件时，冷凝成液滴溶解工件上的油污而滴下，以达到去油的目的，当工件与蒸气的温度达到平衡时，蒸气不再冷凝，去油过程结束。

三氯乙烯对金属无腐蚀性，但受光照或加热时会分解，有水分时生成盐酸，降低去油能力，造成金属腐蚀，因此在使用中应加入适量的稳定剂，如二乙胺和三乙胺等。

三氯乙烯与碱共热时，产生爆炸性气体，故为除去其中的酸时，不能使用强碱中和。

蒸气清洗时，混入清洗液中的油污不宜太多，一般应低于20%～30%，其混入量可根据密度测定。若混入量超过20%～30%，则应更换，并进行蒸馏。必须指出，铝镁及其合金不适于采用三氯乙烯除油，最好采用四氯乙烯。而三氟三氯乙烷虽毒性小，但价格贵，很少应用。

一般在有机溶剂除油后，还必须进行补充除油。因为当溶剂在工件表面挥发后，表面上总是留有薄的油膜。此时可再用碱液、电化学除油或清洗剂除油等。

3.5 酸浸蚀除锈

3.5.1 酸浸蚀除锈的目的

金属制品长期与大气接触或经过热处理，其表面就会生成一层锈蚀产物或氧化皮。从金属表面除掉锈蚀产物和氧化皮的过程称为除锈。除锈多用酸，故又称之为酸浸蚀。酸浸蚀分为化学浸蚀和电化学浸蚀。其中，化学浸蚀应用较普遍。

为保证酸浸蚀过程的顺利进行，浸蚀之前必须除油，否则浸蚀液不能与金属氧化物接触，化学溶解反应受阻；另外，应根据金属材料、氧化物性质及表面预处理后的要求选择酸浸蚀方法和浸蚀液组成。常见的几种金属的锈蚀特征如下。

（1）钢和铸铁的锈蚀特征

钢铁在大气中的腐蚀产物一般称为锈或铁锈，热加工的腐蚀产物称为氧化皮。锈的成分很复杂，含有铁的氧化物：氧化亚铁（FeO）、三氧化二铁（Fe_2O_3）、含水氧化铁（$Fe_2O_3 \cdot H_2O$）、四氧化三铁（Fe_3O_4）等。各成分的比例随环境而变化，采用近代物理方法测出，长时间大气腐蚀后，钢铁锈层的主要结晶性结构是由 γ-铁锈酸（γ-FeOOH）、α-铁锈酸（α-FeOOH）和四氧化三铁构成，三者之间的比例也是随环境而变。

铁锈的组成或结晶形态较多，它们的稳定性也大不相同，在铁锈中，比较稳定的是三氧化二铁、α-铁锈酸和四氧化三铁，后者在空气中长时间的氧化或受高温作用可以变成稳定的三氧化二铁。铁的其他氧化物是不稳定的。所以锈层的结构是疏松多孔的，对钢铁没有保护性。有些学者指出，钢铁表面上锈的形成会加速钢铁的腐蚀，此外疏松多孔的锈层也易吸收空气中的水分及其他有腐蚀性的介质，使底材继续遭受腐蚀。在疏松多孔的锈层上直接涂漆，涂层附着不牢，直接电镀或进行表面改性等施工，则表面无法成膜。为了增强防护层的附着力和防护性，消除产生腐蚀的内因，延长金属结构件的使用寿命，在进行表面处理过程中，金属表面必须除锈，直至呈现出金属的本色，然后才进行后续工序处理，否则无法保证表面处理的质量（图 3-4）。

（2）铜和铜合金的锈蚀特征

铜的锈蚀产物呈绿色，也有的呈红棕色或黑色。铝青铜表面的锈蚀产物呈白色、暗绿色及黑色。铅青铜的锈蚀产物有时呈白色。一般允许铜及其合金有轻微且均匀的变色。其锈蚀产物及色泽如下：CuO、Cu_2O—棕红色，CuS—黑色，$Cu(OH)_2$、$CuCO_3$—绿色。

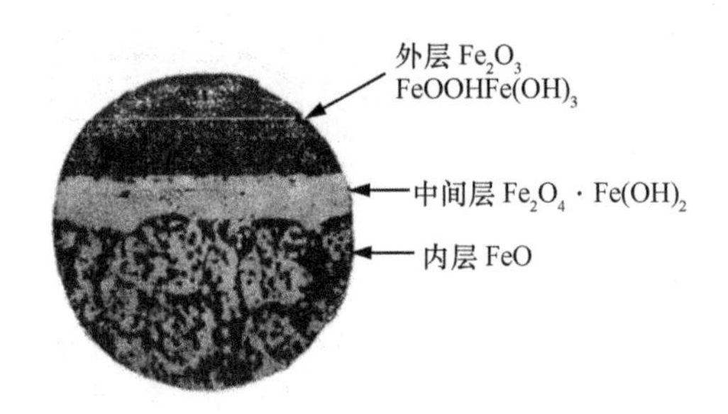

图 3-4　锈蚀表面的基本组成

（3）铝合金和镁合金的锈蚀特征

初期锈蚀表面呈白色或暗灰色的斑点，后期锈蚀则有白色或灰白色粉末状的锈蚀产物充满锈坑。特别是镁合金的锈蚀，其锈坑深度可达几毫米，呈深孔交错状。两种合金锈蚀产物及色泽如下：

$Al(OH)_3$、Al_2O_3、$AlCl_3$—白色，$Mg(OH)_2$、MgO、$MgCO_3$—白色。

（4）锌、铜、锡及其镀层的锈蚀特征

这些金属的氧化物、氢氧化物和碳酸盐均呈白色。腐蚀初期表面呈灰白色斑点，后期锈蚀后变成黑色、灰白色点蚀和白色粉末。

3.5.2　化学除锈

（1）酸洗原理

以最常见的碳素钢浸蚀为例。

碳素钢就是普通低碳、中碳、高碳钢。钢材在空气中形成的锈斑主要是 Fe_2O_3。例如，经热处理的钢材则有一层较厚的蓝色氧化皮。最外层为 Fe_2O_3，中间层为 Fe_3O_4，靠近金属的是 FeO，它们分子中氧的含量依次降低。由于热处理条件不同，每层的厚度也各不相同。同时生成的氧化皮不是完整无缺的，中间有孔隙。去掉氧化皮的浸蚀液可用硫酸、盐酸或两者混合酸。

当用硫酸浸蚀时，发生如下反应：

$$Fe_2O_3+3H_2SO_4 = Fe_2(SO_4)_3+3H_2O \tag{3-5}$$

$$Fe_3O_4+4H_2SO_4 = Fe_2(SO_4)_3+FeSO_4+4H_2O \tag{3-6}$$

$$FeO+H_2SO_4 = FeSO_4+H_2O \tag{3-7}$$

由于 $Fe_2(SO_4)_3$ 在硫酸中溶解度低，反应（3-5）和反应（3-6）进行得很慢。硫酸可通过氧化皮的孔隙直接与氧化皮中的铁屑或铁基体反应：

$$Fe+H_2SO_4 = FeSO_4+H_2\uparrow \tag{3-8}$$

反应（3-4）对浸蚀过程起重要促进作用，因生成的活性氢可将铁的高价氧化物还原成低价氧化物（$Fe_2O_3+2H^+ = 2FeO+H_2O$），低价氧化物易溶解，其产物溶解度也大，故加速浸蚀过程。另外，氢气是在氧化皮内部产生的，其强大的压力可将氧化皮机械地顶破和剥离，也加速浸蚀过程。

在硫酸中浸蚀主要是靠反应（3-8）析出氢气的机械剥离作用，所以酸的消耗少一些。但是会产生一系列不良后果，制品表面会局部过腐蚀和变粗糙、改变制品尺寸、渗氢造成氢脆等。为此应加缓蚀剂（如若丁等）。

当用盐酸浸蚀时，其反应与硫酸类似：

$$Fe_2O_3+6HCl = 2FeCl_3+3H_2O \quad (3-9)$$

$$Fe_3O_4+8HCl = 2FeCl_3+FeCl_2+4H_2O \quad (3-10)$$

$$FeO+2HCl = FeCl_2+H_2O \quad (3-11)$$

$$Fe+HCl = FeCl_2+H_2\uparrow \quad (3-12)$$

$FeCl_2$ 和 $FeCl_3$ 在盐酸中溶解度大，所以反应（3-9）、反应（3-10）、反应（3-11）的反应速度都比较快，而反应（3-12）比反应（3-9）小得多，所以单独用盐酸浸蚀比单独用硫酸浸蚀的消耗量要大一些，而对基体的腐蚀相对较少。

（2）酸的功能

硫酸与基体铁反应的有利方面是新生原子态氢能将溶解度小的硫酸铁还原为溶解度大的硫酸亚铁，加快化学溶解速度；硫酸通过氧化皮的间隙与基体铁反应造成铁的溶解和氢气的析出，在氧化皮后面生成的氢气又能对氧化皮产生机械顶裂和剥离作用。这些都可以提高酸洗效率。硫酸与基体铁反应的不利方面是硫酸与基体铁的反应可能造成基体的过腐蚀，使工件尺寸改变；析氢也可能造成工件渗氢，从而引起氢脆问题。

盐酸的作用主要是对氧化物的化学溶解。盐酸与铁的氧化物反应生成氧化亚铁和氯化铁，它们的溶解度都很大，所以盐酸浸蚀时机械剥离作用比硫酸小。对于疏松氧化皮，盐酸浸蚀速度快，基体腐蚀和渗氢少；但对于比较紧密的氧化皮，单独使用盐酸酸洗时酸的消耗量大，最好使用盐酸与硫酸的混合酸洗液，发挥析出氢气的机械剥离作用。

硝酸主要用于高合金钢的处理，常与盐酸混合用于有色金属处理。硝酸溶解铁氧化物的能力极强，生成的硝酸亚铁和硝酸铁溶解度也很大，析氢反应较小。硝酸用于不锈钢，由于其钝化作用不会造成基体腐蚀，但用于碳素钢，必须解决对基体的腐蚀问题。

氢氟酸主要用于清除含 Si 的化合物，如某些不锈钢、合金钢中的合金元素，焊缝中的夹杂焊渣，以及铸件表面残留型砂。其反应为：

$$SiO_2+6HF = H_2SiF_6+2H_2O \quad (3-13)$$

氢氟酸和硝酸的混合液多用于处理不锈钢，但氢氟酸腐蚀性很强，硝酸会放出有毒的氮化物，也难以处理，所以在应用时要特别注意，防止对人体的侵害。

磷酸有良好的溶解铁氧化物的性能，而且对金属的腐蚀较小，因为它能够在金属表面产生一层不溶于水的磷酸盐层磷化膜，可防止锈蚀，同时也是涂漆时良好的底层，一般用于精密零件除锈，但磷酸价格较高。采用磷酸除锈时，主要作用是变态。把氧化皮和铁锈变成易溶于水的 $Fe(H_2PO_4)_3$ 和难溶于水及不溶于水的 $FeHPO_4$、$Fe_3(PO_4)_2$，氢的扩散现象微弱。磷酸酸洗时产生的氢为盐酸酸洗、硫酸酸洗时的1/10～1/5，氢扩散渗透速度为盐酸酸洗、硫酸酸洗的1/2。

当制品表面的锈和氧化皮含高价铁的氧化物多时（棕锈或蓝色氧化皮），可采用混酸进行浸蚀。这样既发挥了氢气对氧化皮的撕裂作用，又加速了 Fe_2O_3 和 Fe_3O_4 的化学溶解速度。当制品表面只带有疏松的锈蚀产物时（主要是 Fe_2O_3），可单独用盐酸浸蚀，因盐酸溶解快，对基体腐蚀及渗氢造成的氢脆程度也小。当制品表面是紧密的氧化皮时，单用盐酸消耗量大，成本高，且对氧化皮的剥离作用比硫酸弱，此时，应该用两者的混合酸。

含钛的合金钢酸洗，还要加入氢氟酸。热处理产生的厚而致密的氧化皮，要先在含强氧化剂的热浓碱溶液中进行"松动"，然后在盐酸加硝酸或硫酸加硝酸的混酸中浸蚀。

除锈过程中氢的析出会带来很多不利的影响，由于氢原子很容易扩散至金属内部，导致金属性能发生变化，使韧性、延展性和塑性降低，脆性及硬度提高，即发生所谓"氢脆"。此外，氢分子从酸液中以气泡方式逸出，逸出后气泡破裂形成酸雾，对人体健康和设备、建筑的腐蚀产生极大的影响。这个现象在用硫酸酸洗时最为严重，因为去除氧化皮和铁锈，主要是利用溶解时生成氢泡的剥离作用。在盐酸洗时，铁的氧化物在盐酸中的溶解速度比在硫酸中快得多，所以酸雾现象不严重，同时向金属扩散氢而引起氢脆现象也不严重。

为了改善酸洗处理过程，缩短酸洗时间，提高酸洗质量，防止产生过蚀和氢脆及减少酸雾的形成，可在酸洗液中加入各种酸洗助剂，如缓蚀剂、润湿剂、消泡剂和增厚剂等。消泡剂和增厚剂一般仅应用在喷射酸洗方面。

（3）酸洗添加剂

酸洗液中必须采用缓蚀剂，一般认为缓蚀剂在酸液中能在基体金属表面形成一层吸附膜或难溶的保护膜。膜的形成在于金属铁开始和酸接触时就产生电化学反应；使金属表面带电，而缓蚀剂是极性分子，被吸引到金属的表面，形成保护膜，从而阻止酸与铁继续作用而达到缓蚀的作用。从电化学的观点来看，所形成的保护膜，能大大阻滞阳极极化过程，同时也促进阴极极化，抑制氢气的产生，使腐蚀过程显著减慢。氧化皮和铁锈不会吸附缓蚀剂极性分子而成膜，因为氧化物和铁锈与酸作用是普通的化学作用，使铁锈溶解，在氧化皮和铁锈的表面是不带电荷的，不能产生吸附膜。因此，在除锈液中加入一定量的缓蚀剂并不影响除锈效率。随着酸洗液温度的增加，缓蚀剂的缓蚀效率也会降低，甚至会完全失效。因此，每一种缓蚀剂都有一定的允许使用温度。

酸洗液中所采用的润湿剂，大多是非离子型和阴离子型表面活性剂，通常不使用阳离子型表面活性剂。这是由于非离子表面活性剂在强酸介质中稳定，阴离子表面活性剂只能采用磺酸型一种。利用表面活性剂所具有的润湿、渗透、乳化、分散、增溶和去污等作用，能大大改善酸洗过程缩短酸洗的时间。

为了减小基体的腐蚀损失和渗氢的影响，减少酸雾改善操作环境，酸洗液中还应加入高效的缓蚀抑雾剂。但需注意，缓蚀剂可能在工件表面形成薄膜，需要认真清洗干净，而且缓蚀剂减缓了析氢反应的机械剥离作用。

（4）酸洗用酸的种类、浓度及温度的选择

对浸蚀过程所用的酸浓度必须予以注意。一般随浓度增加浸蚀速率加快，但对应于最大浸蚀速率有一个最佳浓度。对硫酸来说，这个浓度约为25%，浓度进一步提高，浸蚀速率又重新下降，这是由于浓硫酸溶液里氢离子的活度下降的缘故。为减少铁基体的损失，一般用20%的盐酸；对盐酸而言，虽然随着浓度的增加浸蚀速率一直加快，但实验表明，当浓度超过20%时，基体的溶解速率比氧化物的溶解速率要快得多，因此，不宜用浓盐酸。为避免盐酸挥发损耗和污染环境，常采用15%左右的浓度。采用混合酸时，多用10%的硫酸和10%盐酸相混合。有时视具体情况调整。

浸蚀过程中，酸不断在消耗，浸蚀效率将逐渐降低，这是酸浓度降低和铁盐浓度升高的缘故。继续使用这种溶液就要加温作业，不然浸蚀时间就要延长，而且大量积累Fe^{2+}、Fe^{3+}对浸蚀不利，特别是Fe^{3+}，它与基体铁发生下列反应，使基体遭到更大损失：

$$2Fe^{3+}+Fe = 3Fe^{2+} \tag{3-14}$$

因此应当及时补充新酸，当溶液中含铁离子浓度大于90 g/L时，就要全部或大部分更换，此时溶液中的余酸为3%～5%。上述两个数字是浸蚀溶液的控制指标。表3-7是相同腐蚀程度的钢铁工件在盐酸和硫酸中的酸洗时间与酸浓度的关系。

表3-7 钢铁工件在盐酸和硫酸中的酸洗时间与酸浓度的关系

盐酸含量	酸洗时间/min	硫酸含量	酸洗时间/min
2%	90	2%	135
5%	55	5%	135
10%	18	10%	120
15%	18	10%	120
20%	10	20%	80
25%	9	25%	65
30%		30%	75
40%		40%	95

温度对化学浸蚀也有很大影响。随温度升高，浸蚀速率大为加快。但为减少基体的腐蚀和防止酸雾的逸出，一般不采用高温浸蚀，硫酸浸蚀不宜超过60 ℃，盐酸或混酸不宜超过40 ℃。表3-8是相同锈蚀程度的钢铁工件在盐酸和硫酸中的酸洗时间与温度的关系。

表 3-8　酸洗时间与温度的关系

酸含量	硫酸酸洗时间/min			盐酸酸洗时间/min		
	18 ℃	40 ℃	60 ℃	18 ℃	40 ℃	60 ℃
5%	135	45	13	55	15	5
10%	120	32	8	18	6	2

（5）钢铁工件酸洗工艺

酸洗除锈方法有浸渍酸洗、喷射酸洗及酸膏除锈等。浸渍酸洗的金属经脱脂处理后，放在酸槽内，待氧化皮及铁锈浸蚀掉，用水洗净后，再用碱进行中和处理，得到适合于涂漆的表面。传统金属材料的酸洗方法见表 3-9。

表 3-9　化学除锈的方法

序号	溶液的质量分数	操作方法	适用范围
1	H_2SO_4　7%～12% 若丁（硫脲）　0.3%～0.5% 水　余量	工件在 66～77 ℃下浸洗或喷射，继以中和及水洗	碳钢及低、中合金钢
2	HCl　8%～12% 若丁　0.3%～0.5% 水　余量	工件在 38～40 ℃下浸渍 5～15 min，继以中和及水洗	碳钢及低、中合金钢
3	NaOH　3.7%～5.7% Na_2CO_3　1.8%～2.8% $NaSiO_3$　1.5%～2.3% $Na_5P_3O_4$　0.4%～0.6% 阴离子表面活性剂　0.08%～0.12% 水　余量	工件在 77～93 ℃、电流密度为 5～15 A/dm^2 下进行阴极或阳极电解 2 min	精密钢件
4	HCl　2%（3.8%或7.4%） HF　2%	工件在室温下浸洗，继以中和及水洗	铸铁件
5	（1）H_2SO_4　28%～46% NaCl　4.8% 水　余量 （2）HNO_3　7%～17% HF　2.2%～5.0% 水　余量 （3）HNO_3　14%～43% 水　余量	工件先在（1）中 71～82 ℃下浸渍 30～60 min，水洗后再在（2）中温室至 49 ℃下浸 2～5 min，然后在（3）中 60～82 ℃下浸 5～15 min	不锈钢
6	（1）NaOH 浴 NaF　1.5%～2.0% （2）H_2SO_4　2%～10% （3）HNO_3　15%～30% HF　2%～4% 水　余量	工件先在（1）中 370～390 ℃下处理 5～20 min，取出水淬后再在（2）中温室下浸 1～3 min，然后在（3）中处理 5～15 min	含 Cr 高的合金和 Co、Cr、Ni 合金

续表

序号	溶液的质量分数	操作方法	适用范围
7	含 $NaNO_3$ 的 NaOH 浴 H_2SO_4　10%～40% HNO_3　10% HF　0.25%	工件先在（1）中400～480 ℃下处理5～20 min，取出水淬后在（2）中50～60 ℃下浸2～5 min，再在（3）中处理。（3）的组分根据氧化皮退除情况决定	铜合金锻件、挤压件、退火件的薄氧化膜
8	H_2SO_4　7%～28% 水　余量	工件在室温至60 ℃下浸洗0.25～5 min	铜合金锻件、挤压件、退火件的薄氧化膜
9	NaOH　0.7%～1.5% Na_2CO_3　1%～2% $NaSiO_3$　0.9%～1.8% $Na_5P_3O_{10}$　0.3%～0.6% 阴离子型表面活性剂　0.06%～0.12% 水　余量	工件在65～82 ℃、电流密度为1～5 A/dm^2 下进行阴极或阳极电解2 min	黄铜件
10	（1）HCl　12% $CuCl_2$　2% 水　余量 （2）H_2SO_4　15% $Na_2Cr_2O_7$　10% 水　余量	工件先在（1）中80 ℃下处理，水洗后放入（2）中处理，再水洗后用2% NH_4OH 溶液中和，再水洗	镀铜合金
11	H_2SO_4　56% HNO_3　44%	混合酸用10倍的水稀释，工件在室温下浸洗1 min	锌及合金
12	NaOH　0.6%～1.2% Na_2CO_3　0.8%～1.7% $NaSiO_3$　1.2%～2.3% $Na_2P_3O_{10}$　0.3%～0.6% 阴离子表面活性剂　0.06%～0.12% 水　余量	工件在54～65 ℃、电流密度为1～5 A/dm^2 下进行阴极或阳极电解25～45 s	锌合金压铸件
13	（1）CrO_3　3.4% H_2SO_4　14.7% HF　0.55% 水　余量 （2）浓 HNO_3	工件先在（1）中56 ℃下浸1～3 min，经水洗后在（2）中浸10～15 s	铝及其合金轧制件
14	（1）浓 HNO_3 （2）NaOH　4.3% （3）HNO_3　79% HF　21%	工件先在（1）中室温下浸10～15 s，经水洗后在（2）中65～70 ℃下浸10 s，再在（3）中浸3～5 s，然后在（1）中浸10～15 s	铝及其合金铸造件
15	CrO_3　15% 水　余量	工件在21～100 ℃下浸1～15 s	铝合金锻件

3.5.3 电化学酸浸蚀

电化学法除锈是在酸或碱溶液中对基体金属材料进行阴极或阳极处理来除去锈层的。它是将欲处理的基体金属材料置于浸蚀液中，以金属材料作为阴极或阳极，通直流电以除去锈蚀产物的过程。它可分为电化学强浸蚀和电化学弱浸蚀，也可分为阴极浸蚀和阳极浸蚀。当基体金属材料进行阴极浸蚀时，由于金属材料表面猛烈析出的氢气泡对氧化皮的机械剥离作用，以及初生态的氢将氧化物中的金属离子还原为金属的还原作用，而使氧化皮得以清除；而当基体金属材料进行阳极浸蚀时，氧化皮的除去是借助于金属的电化学和化学溶解，以及金属材料上析出的氧气泡对氧化皮的机械剥离作用来达到。

电化学浸蚀中的阳极浸蚀和阴极浸蚀各有特点。阳极浸蚀有可能发生基体金属材料的腐蚀现象，称为过浸蚀。因此，对于形状复杂或尺寸精度要求高的零件不宜采用阳极浸蚀。阴极浸蚀不会发生基体金属材料的溶解，但是由于阴极上有氢气析出，可能会发生渗氢现象而使基体金属出现氢脆。此外，浸蚀液中的金属杂质也可能在基体金属表面沉积出来，影响以后电镀镀层与基体金属材料之间的结合力。

表 3-10 列出了钢铁材料电化学浸蚀的工艺条件。

表 3-10　钢铁材料电化学浸蚀的工艺规范

溶液组成及工艺	阳极浸蚀		阴极浸蚀
硫酸/(g/L)	200～250		100～150
盐酸/(g/L)		320～380	
氢氟酸/(g/L)		0.15～0.30	
温度/℃	40～60	30～40	40～50
电流密度/(A/dm^2)	5～10	5～10	3～10
辅助电极材料	铁或铅	铁或铅	铅或铅锑合金
时间/min	10～20	10～30	10～15

电化学浸蚀的优点是浸蚀速度快，耗酸少。溶液中铁离子含量对浸蚀能力影响小。但需要电源设备和消耗电能。由于分散能力差，形状复杂的工件不容易除尽。当氧化皮厚而致密时，应先用硫酸化学强浸蚀，使氧化皮疏松后再进行电化学浸蚀。

为克服阴极浸蚀过程的渗氢，发挥阴极浸蚀速度快、不腐蚀基体金属的优点，可在电解液中加入少量铅离子和锡离子，或者在阳极上挂2%左右的铅板或锡板。这是因为在已除去氧化皮的铁基上很快会沉积出一层薄薄的铅或锡，它们的氢过电位高，防止了铁基上的氢离子还原和向金属内部扩散。

另外，为了克服阳极浸蚀和阴极浸蚀的不足之处，常采用阴极-阳极联合电化学浸蚀法。即先阴极浸蚀较长时间后再转入短时间的阳极浸蚀。阴极浸蚀不仅效率高，而且不会出现影响零件尺寸精度的现象。而转为阳极浸蚀后，一方面可以将阴极浸蚀过程中沉积的杂质从表面溶解除去，另一方面也可以消除阴极过程中产生的渗氢现象。值得注意的是阳极浸蚀的时间不能太长。

3.5.4　除油-除锈二合一处理

对于表面油污、锈迹不太严重的工件，其预处理过程的除油和除锈的步骤可以合并为除油-除锈二合一处理，以简化工序，减少设备及化工原材料数量。这种二合一处理的溶液由能除去油污的成分和能除去锈迹的成分组成，各成分的作用与单独的除油剂、除锈剂相同。

通常用于黑色金属除油-除锈二合一处理的溶液及工艺见表3-11。

表3-11　除油-除锈二合一处理溶液组成及工艺

溶液组成及工艺	1	2	3	4	5
H_2SO_4	13%～20%	16%～23%	15%～17%	18%～28%	46%～59%
HCl	—	—	—	30%～42%	—
硫脲	0.1%	1.0%～1.5%	—	—	—
6501-AS	2.9%	—	—	—	—
OP-10	0.3%	—		—	—
海鸥洗涤剂	—	4.8%～6.5%	—	—	—
MC 洗涤剂	—	—	1%～6%	—	—
PA51-L	—	—	—	4%～5%	—
PA51-M	—	—	—	—	4%～5%
水	余量	余量	余量	余量	余量
温度/℃	65～70	70～90	60～70	常量	45～60
时间/min	8	10～20	4～6	10～30	7～9

3.6　难镀材料的前处理

3.6.1　高强钢的前处理

高强钢和弹簧钢是应用比较广泛的金属材料，这类钢对氢脆比较敏感。在镀前处理时应注意以下几点。

为防止高强钢和弹簧钢在电镀过程中产生氢脆，在电镀前应在低于其回火温度10～25 ℃的条件下保温3 h以上，以消除内应力。当不知道其回火温度时，可在180～

200 ℃下保温 3 h 以上。

经过脱脂和强浸蚀后要进行弱浸蚀，使表面处于活化状态。一般要在 50～100 mL/L 的硫酸或盐酸溶液中，在室温下浸泡 0.5～2 min。如果下一步要进行氰化物电镀，还需在电镀前将部件浸入到碳酸钠溶液（30～80 g/L）中，在室温下浸泡 10～20 s 进行中和处理。

由于钢铁的电位比较负，在进入酸性镀液（如酸性镀铜）中进行电镀之前，可先预镀一层金属，例如，电镀氰化铜或电镀镍等。

3.6.2 不锈钢的前处理

目前，不锈钢的应用越来越广泛。对其电镀适当金属后，可改善和提高其钎焊性、导电性、导热性、抗高温、抗氧化性及润滑性等。由于不锈钢表面有一层薄而透明的氧化膜，除去后容易迅速再形成。因此，按一般钢铁部件进行镀前处理，往往不能得到结合力良好的镀层。要想获得结合力良好的镀层，应特别注意活化工艺。

通常采用如下两种活化工艺。

先用一般方法脱脂，见表 3-12。

表 3-12 一般脱脂方法

物质	用量
盐酸	60 g/L
硝酸	80～150 g/L
氢氟酸	2～5 g/L
缓蚀剂	适量

经过室温浸蚀后，分别进行活化和预镀。

①活化。阳极活化处理：硫酸（H_2SO_4，1.84 mol/L）250～300 mL/L，在室温下阳极活化 1.0～1.5 min，电流密度为 3～5 A/dm^2。

预镀盐酸（1.19 mol/L）180～220 mL/L，氯化镍（$NiCl \cdot 6H_2O$）20～25 g/L，在室温下预镀 2～3 min，电流密度为 3～5 A/dm^2。金属部件入镀槽后，先不通电，最好在槽内停放 20～60 s。

②预镀。脱脂后，在 500 mL/L 的盐酸溶液中浸蚀 1～10 min。若氧化层过厚时，可在盐酸溶液中加入适量的硫酸和氢氟酸，并适当延长时间。然后进行两次镀锌活化处理，即在普通镀锌液中电镀 1～4 min，接着在 500 mL/L 盐酸或硫酸溶液中浸数秒进行退镀，并重复一次。镀后在 200 ℃下加热 1～2 h 进行除氢。该法也适用于镍及镍合金镀前处理。

3.6.3 铝及铝合金的前处理

铝及铝合金是应用最广泛的金属之一，在其表面经过电镀适当的金属后，就能进一步提高使用性能。例如，提高表面硬度、耐磨性、耐蚀性，增加导电性，改善可焊性，便于和橡胶黏接等，以及提高装饰性、光学特性和润滑特性等。

由于铝具有很强的负电性，表面极易生成氧化膜，在镀液中易受到浸蚀而被置换出被镀金属，从而影响了镀层的结合力。为了获得结合力良好的镀层，通常采用以下措施。

①除去天然氧化膜，并防止在电镀前再形成新的氧化膜。如浸锌或浸锌-镍合金及盐酸浸蚀等方法。

②在铝及铝合金表面形成能提高镀层结合力的并具有特殊结构的人工氧化膜，如磷酸阳极化膜等。

③配合适当的预处理，在特殊的槽液中直接电镀，若部件在槽液中不发生置换反应，也能得到结合力良好的镀层。

由于铝及铝合金种类繁多，又可能存在不同的热处理状态，很难找到一种通用的预处理方法。

（1）脱脂处理

①有机溶剂脱脂。对于铝及铝合金表面油脂较多的部件，先用有机溶剂粗脱脂，通常用的有煤油、汽油、三氯乙烯或四氯化碳等。

②化学脱脂。化学脱脂配方如表3-13所示。

表3-13 化学脱脂配方

物质	用量
碳酸钠	30～40 g/L
磷酸三钠	50～60 g/L

注：温度50～60 ℃，时间1～3 min。

③阴极电化学脱脂。电化学脱脂配方如表3-14所示。

表3-14 电化学脱脂配方

物质	用量
碳酸钠	10 g/L
三聚磷酸钠	10 g/L

注：温度60 ℃，电解1 min以内，阴极电流密度10 A/dm^2。

（2）浸蚀处理

①碱浸蚀。除去自然氧化膜和粗糙表面，提高与基材的结合力。其配方如表3-15所示。

表3-15 碱浸蚀配方

配方	物质	用量
配方1	碳酸钠	25～40 g/L
	磷酸三钠	25～40 g/L
配方2	氢氧化钠	80～100 g/L

注：温度70～85 ℃，时间视表面情况而定。

②酸浸蚀（或称出光）。在脱脂和碱浸蚀后，铝合金中的铁、锰、铜、镁、硅等不溶于碱，常残留于铝表面上。酸浸蚀就是为了除去残留在表面的残渣，也能达到出光的目的。其酸浸蚀工艺如表 3-16 所示。

表 3-16　酸浸蚀配方

配方	物质	用量
配方 1	硝酸	15%～30%
配方 2	硝酸	60%
	硝酸	40%
配方 3	硝酸	85%～90%
	氢氟酸	5%～15%

注：一般铝制品在配方 1 和配方 2 的溶液中处理；含硅铝合金铸件在配方 3 溶液中处理。

温度 15～25 ℃，时间 10～30 s。

③中间预处理。当铝及铝合金表面清理干净后，应根据基体材料和镀层的不同要求进行浸锌、浸合金、磷酸阳极化或盐酸预浸蚀，以获得附着力良好的镀层。

a. 浸锌是应用最广泛的处理方法。操作时，将金属部件浸入到锌酸盐溶液中能清除掉表面的天然氧化膜，同时置换出一薄层致密而附着力良好的锌层。为了进一步提高基体与镀层的结合力，常采用两次浸锌（表 3-17，表 3-18）。

方法 1：

表 3-17　第一次浸锌工艺配方

物质	用量
氢氧化钠（$NaOH$）	200 g/L
亚硝酸钠（$NaNO_2$）	1～2 g/L
氧化锌（ZnO）	30 g/L
酒石酸钾钠（$KNaC_4H_4O_6 \cdot 4H_2O$）	50 g/L

注：温度 25～30 ℃，时间 40～50 s。

方法 2：

表 3-18　第二次浸锌工艺配方

物质	用量
氢氧化钠（$NaOH$）	120 g/L
硝酸钠（$NaNO_3$）	1 g/L
氧化锌（ZnO）	20 g/L
三氯化铁（$FeCl_3 \cdot 6H_2O$）	2 g/L
酒石酸钾钠（$KNaC_4H_4O_6 \cdot 4H_2O$）	50 g/L

注：温度 20～25 ℃，时间 40 s。

通常一次浸锌得到的锌层粗糙多孔，结合力还不够好，所以大都在 500 mL/L 的硝酸中将其溶解，然后再进行第二次浸锌（采用方法 1 或方法 2 都可以），所得锌层比较平滑致密，两次浸锌可在同一槽液中进行。

b. 浸合金。浸锌-镍合金工艺如表 3-19 所示。

表 3-19　浸锌-镍合金工艺配方

物质	用量
氢氧化钠（NaOH）	240 g/L
柠檬酸钠（枸橼酸钠，$Na_3C_6H_5O_7 \cdot 2H_2O$）	10 g/L
硫酸锌（$ZnSO_4$）	120 g/L
酒石酸钾钠（$KNaC_4H_4O_6 \cdot 4H_2O$）	120 g/L
硫酸镍（$NiSO_4 \cdot 6H_2O$）	60 g/L

注：室温，时间 20～30 s。

3.6.4　镁及镁合金的前处理

在镁及镁合金工件上电镀适当的金属后，可改善和提高其性能，如装饰性、硬度、耐磨性、抗蚀性、导电性和可焊性等。

镁及镁合金极易氧化，为了保证镀层具有良好的结合力，必须采取适当的预处理措施。预处理的方法很多，通常而且比较有效的方法主要有浸锌处理和化学镀镍两种方法，一般浸锌处理效果更好。使用的挂具用不锈钢或磷青铜制作，除接点外其余部位均需要进行良好的绝缘。生产上多采用浸锌处理法。

①脱脂可按铝及铝合金部件电镀前的脱脂方法进行处理。

②浸蚀对于不同的基体材料，采用不同的处理方法（表 3-20、表 3-21）。

表 3-20　一般镁和镁合金部件浸蚀工艺

物质	用量
铬酐（CrO_3）	180 g/L
硝酸铁［$Fe(NO_3)_3$］$\cdot 9H_2O$	40 g/L
氟化钾（KF）	3.5 g/L

注：温度 16～38 ℃，时间 5～30 min。

表 3-21　精密镁合金件的浸蚀工艺

物质	用量
铬酐（CrO_3）	180 g/L

注：温度 25～90 ℃，时间 2～10 min。

③活化处理工艺，见表 3-22。

表 3-22　活化工艺配方

物质	用量
磷酸（H_3PO_4）	200 mL/L
氟化氢铵（NH_4HF_2）	90 g/L

注：温度 16～30 ℃，时间 0.5～2.0 min。

④浸锌工艺，见表 3-23。

表 3-23　浸锌工艺配方

物质	用量
硫酸锌（$ZnSO_4 \cdot 7H_2O$）	30 g/L
焦磷酸钠（$Na_3P_2O_7 \cdot 10H_2O$）	120 g/L
碳酸钠（Na_2CO_3）	5 g/L
氟化锂（LiF）	3 g/L 或［氟化钠（NaF）5 g/L］

注：pH 10.2～10.4，温度 80～85 ℃，时间 3～10 min。

配浸锌溶液最好用氟化锂，当其浓度为 3 g/L 时就达到饱和。在塑料袋中放入过量的氟化锂，就能达到自动调节的目的。镁合金采用两次浸锌，即在活化液中退除锌层后再进行第二次浸锌，效果更好。

⑤预镀铜工艺，见表 3-24。

表 3-24　预镀铜工艺配方

物质	用量
氰化亚铜（CuCN）	40 g/L
氟化钾（KF）	30 g/L
氰化钾（KCN 总量）	68 g/L
氰化钾（KCN 游离量）	7.5 g/L

注：pH 9.6～10.4，温度 55～60 ℃。电流密度：先在 5～10 A/dm^2 电流密度下冲击镀，后降至 2.5 A/dm^2（预镀铜时要带电入槽）。

预镀铜后，即可进行电镀其他所需镀层。

思　考　题

1. 简述为什么要使用阴阳极联合处理除油方式。
2. 简述除油方式分别有哪些。

3. 简述相似相溶原理。

4. 简述皂化原理。

5. 简述乳化原理。

6. 简述如何判断除油效果。

7. 金属表面预处理的主要目的是什么?

8. 简述不同除油方法的特点和利弊。

9. 为什么高强度弹簧钢不宜采用阴极除油，而有色金属不宜采用阳极除油?

10. 用硫酸和盐酸进行的浸蚀在机制上有什么不同? 指出它们各自的常用浓度及处理温度。

11. 什么是弱浸蚀，为什么弱浸蚀不能忽视?

参考答案

1. 阴极除油易产生氢脆和析出杂质；阳极除油会产生阳极溶解；阴阳极联合除油的方式要求首先在阴极除油，快速除去大量油脂，然后通过外电源改变方向来改变阴阳极，阴极成为阳极，在短时间内将渗入金属内的氢排除，同时溶去表面上的沉积，获得洁净的表面。

2. 有机溶剂除油、化学除油、电化学除油、表面活性剂除油、超声波除油。

3. 物质易溶于结构相似或极性相同的溶剂中，称为相似相溶。相似是指溶质与溶剂在结构上相似或极性上相同。相溶是指溶质与溶剂彼此扩散、互溶。

4. 某些油脂（如动植物油）在热碱溶液中发生化学反应，将不溶于水的油污分解生成脂肪酸钠皂和甘油，这一过程称为皂化反应：

$$(RCOO)_3C_3H_5+3NaOH =\!=\!= 3RCOONa+C_3H_5(OH)_3$$

油脂　　　碱　　　硬脂酸钠　　甘油

5. 溶液中的表面活性剂能降低溶液与金属的界面张力，促使油膜剥离变成小液滴被表面活性剂包围分散于水中形成乳状液，这一过程称为乳化作用。

6. 将除油后的工件浸入纯水中，稍候取出观察工件表面覆盖的水膜，若水膜连续均匀，则除油效果良好，若有大粒水珠或水膜不连续，则除油效果不理想。

7. 除油，除锈，获得具有一定粗糙度的表面。

8. 有机溶剂除油：速度快，能同时溶解两类油脂，一般不腐蚀零件，除油不彻底，溶剂多易燃或有毒，成本高。

化学除油：设备简单，成本低，除油时间长。

电化学除油：除油快，彻底，能除去零件表面的灰及残渣，直流电源需电量大，阴极除油时易发生氢脆现象，处理深孔油污较慢。

9. 阴极除油易产生氢脆现象，引起镀层鼓泡。有色金属易被阳极氧化，形成一层氧化膜，影响镀层结合力。

10. 硫酸主要靠反应（$Fe+H_2SO_4 = FeSO_4+H_2$）析出氢气的剥离作用，常用浓度为20%，处理温度为60 ℃。

盐酸主要靠化学作用，在外部进行，前三步反应为主要反应，常用浓度为15%，处理温度为40 ℃。

11. 弱浸蚀是除去待镀期间生成的表层腐蚀物的过程。

弱浸蚀发生过浸蚀，对基体金属材料发生溶解。

第四章 电 镀

4.1 概 述

4.1.1 电镀的目的和定义

所谓电镀，就是在含有某种金属离子的电解质溶液中，将被镀工件作为阴极，通以直流电而使金属离子得到电子，不断在阴极沉积为金属的过程。

电镀工业所涉及的领域非常广泛，如机器制造、电子、仪器仪表、能源、化工、轻工、交通运输、兵器、航空、航天、原子能等。根据需要，电镀的目的主要有以下几方面。

①提高金属制品的耐腐蚀能力，赋予制品表面装饰性外观。

②赋予制品表面某种特殊功能，如提高硬度、耐磨性、导电性、磁性、钎焊性、抗高温氧化性、减小接触面的滑动摩擦、增强反光能力、防止射线的破坏和钢铁件热处理时的渗碳和渗氮等。

③提供新型材料，以满足当前科技与生产发展的需要，例如，制备具有高强度的各种金属基复合材料，合金、非晶态材料，纳米材料等。

电镀的种类很多，分类方法也不同，有单金属电镀（普通电镀、贵金属电镀）和合金电镀（二元合金、三元合金、四元合金电镀等）及功能性电镀（赋予镀层某些特殊的性能的电镀）等，还有一些特殊的电镀工艺如非晶态电镀、复合电镀、电刷镀、化学镀等。表4-1是目前常用的单金属和合金电镀的种类。

表4-1 目前常用的单金属和合金电镀的种类

单金属镀种	二元合金镀种	三元合金镀种	四元合金镀种
Zn，Cd，Cu，Ni，Cr，Sn，Au，Ag，Pb，Fe，Pd，Pt，Co，Mn，Rh，In，Re，Ru，	Cu-Zn，Cu-Sn，Cu-Cd，Sn-Ni，Sn-Zn，Sn-Co，Sn-Cd，Sn-Bi，Au-Cu，Au-Ag，Au-Co，Au-Ni，Au-Sb，Ag-Sb，Ag-Cd，Ag-Zn，Ag-Pb，Ag-Cu，Ag-Sn，Ag-Pd，Ag-Pt，Zn-Ni，Zn-Fe，Zn-Cd，	Cu-Zn-Sn，Cu-Sn-Ni，Ni-W-B，Ni-W-P，Ni-Co-Fe，Ni-Co-Cu，Cr-Fe-Ni，Sn-Ce-Sb，Sn-Ni-Cu，Sn-Co-Zn，	Cu-Sn-In-Ni，Co-Ni-Re-P，Au-Pd-Cu-Ni，等

续表

单金属镀种	二元合金镀种	三元合金镀种	四元合金镀种
Sb，Bi，等	Zn-Cd，Zn-Sn，Zn-Co，Pb-Sn，Ni-Co，Ni-W，Ni-Fe，Ni-P，Ni-Mo，Ni-Cu，Cr-Ni，Cr-Mo，Cr-Fe，Pd-Ni，Pd-Pt，Co-Fe，In-Pb，Re-Fe，Re-Co，等	Au-Pd-Cu，Ag-Pt-Pd，Zn-Ni-Fe，等	

4.1.2 镀层的分类

目前，传统的电镀层的分类方法有两种：按电镀层金属和基体金属的电化学关系分类和按镀层的用途分类。

按第一种分类方法可将镀层分为阳极性镀层和阴极性镀层两大类。

（1）阳极性镀层

即镀层在使用的工作介质中，镀层的静态电位负于基体的静态电位。例如，钢铁上镀锌，锌镀层就是阳极性镀层。当镀层有缺陷（如针孔、划伤等）而露出基体时，表面常常覆盖一层液膜，液膜中常常溶解二氧化碳等而使薄膜溶液呈弱酸性，这就形成了腐蚀电池。在腐蚀电池中，由于锌电极的静态电位负于铁的静态电位，锌镀层为阳极。锌镀层溶解，铁基体上只发生氢离子的还原反应而免遭腐蚀。因此，我们称锌为阳极性镀层。

（2）阴极性镀层

如镀锡钢板，在大气介质中镀锡钢板就是阴极性镀层，即镀层的静态电位比基体的静态电位正。当镀层有缺陷时，在所形成的腐蚀电池中，锡镀层为阴极（析氢），基体金属为阳极而遭受腐蚀。因此，我们称锡镀层为阴极性镀层。由上述讨论不难看出，阴极性镀层，只有当镀层完整无损时，它对基体金属才起机械保护作用。当镀层破损时，它对基体不仅无保护作用，反而加速基体的腐蚀。而阳极性镀层，当镀层完整无损时，它对金属起机械保护作用，当镀层破损时，它对金属仍有电化学保护作用。所以，从防止金属腐蚀的角度来说，应尽量选择阳极性镀层。

但值得指出的是，金属的静态电位是随它所处的介质而变化的。因此，金属镀层是阳极性镀层还是阴极性镀层视它所处的介质和条件而定。例如，锌对铁而言，在一般条件下是典型的阳极性镀层，但在70～80 ℃的热水中，锌的静态电位比铁正，因而变成了阴极性镀层。又如，锡对铁而言，在大气介质中是阴极性镀层，但在有机酸中，由于锡与有机酸形成络合物而使锡的静态电位比铁负，变成了阳极性镀层，所以镀锡钢板被大量应用于食品工业。

按镀层的用途可将镀层分为三大类。

（1）防护性镀层。它主要用于防止金属制品或结构件的腐蚀。根据各种使用环境选用不同的金属镀层来防止腐蚀。如黑色金属的制品，在一般大气条件下，可以用锌镀层来防护；在海洋气氛中，可以用镉镀层来防护。当要求镀层薄而耐蚀力强时，可以选用镉锡合金、镉钛合金代替单一的锌或镉镀层，这对一些紧固件尤为合适。

（2）防护-装饰性镀层

它不仅能防止金属制品的腐蚀，而且能赋予金属和非金属制品悦目的外观。如常用的铜-镍-铬，双层镍铁合金-铬、铜锡合金-铬等都属于此类。由上看出，这类镀层常常是多层镀层，因为单一镀层难以达到既耐蚀、耐磨又美观等综合性能，常常借多层镀层提高耐蚀性，并赋予美观和耐磨的外表，如小轿车、自行车、电风扇、钟表等产品的外露件均用此类镀层。

（3）功能性镀层

它所包括的镀层种类很多，而且随着工业和科学技术的发展会不断增加。目前，功能性镀层一般包括下述几种。

①耐磨和减磨镀层。据统计，世界上每年所生产的钢铁材料近一半消耗在摩擦作用上。由此直接或间接地损失大量材料。改善摩擦表面的摩擦、磨损性能可节约大量能源和资源。耐磨镀层的显微硬度比较高，HV 一般高于 1000。硬铬镀层和复合镀层（如镍-碳化硅、镍-氧化铝、镍-金刚石等）就属于此类。

耐磨层多应用于大型直轴和曲轴的轴颈、压印辊的辊面、发动机的气缸和活塞环、冲压模具的内腔、枪炮的内腔等。

减磨镀层多用于滑动接触面，在金属表面镀覆一层能起润滑作用的韧性金属，就可以减小滑动摩擦。如锡、铅锡合金、银铅合金、铅锡锑三元合金及复合镀层（镍-二硫化钼、镍-氟化石墨等）就是此镀层。减磨镀层多用于轴瓦和轴套上。

②热加工用镀层。不少机械零件，为了改善它们的表面物理、机械性能，常常要进行化学热处理。但是对某些部件而言，只是部分表面需要化学热处理，而其余表面不需要或要防止化学热处理。因此，在热处理之前，常常采用电镀的方法把这些表面保护起来。例如，为防止局部渗碳的镀铜，为防止局部渗氮的镀锡，这都是利用碳或氮在这些金属中难以扩散的特性来实现的。

③导电性镀层。在计算机、电器、无线电和通信技术中，大量使用提高导电性的镀层。铜镀层、银镀层、金镀层等金属属于此类镀层。若要导电镀层具有耐磨性能，则镀银锑合金、金钴合金、金锑合金等。

④修复性镀层。一些重要的机器零部件加工过度或磨损以后，弃之可惜，可以用电镀法加以修复，延长使用寿命。铬、铁、铜等镀层均属于此类镀层。例如，汽车、拖拉机的曲轴、齿轮、花键，纺织机械的压辊，深井泵轴等，均可以用硬铬镀层或铁加以修复。印刷用的字模或版模则可以用镀铁来修复。

另外，还有抗高温氧化镀层及磁性镀层、反光镀层、消光镀层等，不再一一列举。

4.2 电镀的电化学基础

4.2.1 电镀的基本概念

电镀过程是一种电沉积过程，也可称作电结晶过程，因为覆层的形成实际上是在阴极上沉积出金属，而镀层金属和一般金属一样，具有一定的晶体结构。因此，电镀层的形成是一个结晶形核与核长大的过程。

（1）电镀装置

电镀装置示意如图 4-1 所示。它由以下三部分组成。

①供给电能的直流电源和连接电极的导线，这部分称为外电路；

②电解质溶液；

③与电镀液相接触的两个电极。其中在电流通过电镀溶液时，发生氧化反应的电极为阳极，发生还原反应的电极为阴极（镀件）。

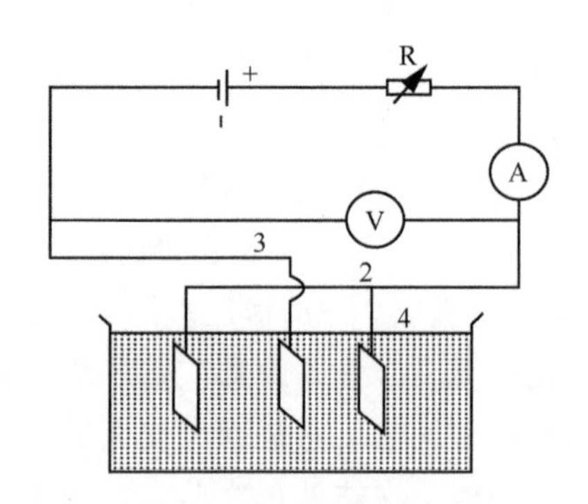

图 4-1　电镀装置示意

1—电源；2—电压表；3—阴极；4—阳极

电镀的 3 个组成部分相互联系，缺一不可，否则电路中就不会有电流通过，电镀过程便不能实现。

进行电镀时，电流在电镀槽的内部和外部流通，构成回路（图 4-2）。可是这种回路与一般电工学回路不同，它存在着两种不同的导体，即金属导体和电解质溶液导体。

金属导体，可以移动的电荷是电子，电流的方向与电子流动方向相反。

电解质溶液导体，可以移动的电荷是正离子和负离子。电流通过时，正、负离子向相反的方向移动。

（2）电极反应的实质

为了讨论方便，以电镀镍为例。要使电流能在整个回路通过，必须在两个电极的金属-溶液界面发生有电子参与的化学反应。

电源正端联结的电极金属上电子非常缺乏，因此发生氧化反应，即由金属原子或其他反应物质失去电子，镀镍时阳极为镍板，主要反应是镍原子失去电子变成镍离子进入溶液，电子通过金属板导入负极，即

$$Ni = Ni^{2+} + 2e^- \quad (4-1)$$

在电路的负极，即镀件上有多余的电子，溶液中的离子就会吸收电子，这样使离子沉积在阴极上，例如，在镀镍时，镀件上发生的反应 $Ni^{2+}+2e^- = Ni$，所以在电镀槽中进行的反应其实是氧化还原反应，但它和一般氧化还原反应有区别，这类氧化还原反应是在组成电极的金属和溶液的界面上进行的。随着氧化还原反应的不断进行，阳极不断地失去电子，有 Ni^{2+} 进入溶液中，而阴极不断地有 Ni 被沉积出来，使 Ni 沉积在阴极（镀件上），这样形成一个平衡，就形成了稳定的电镀过程。

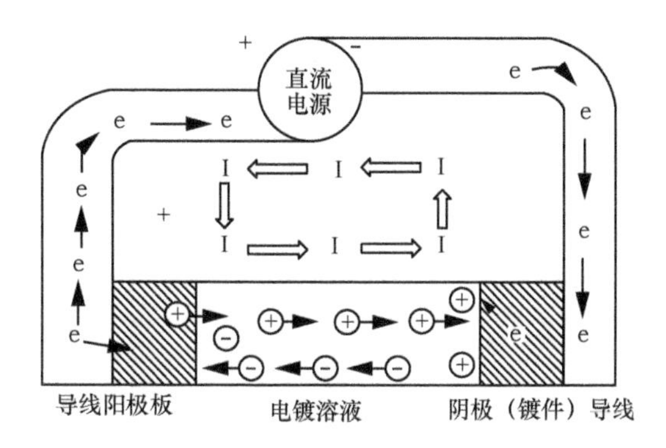

图 4-2　电镀过程方块示意

注：→表示电流方向。

4.2.2　电镀的基本运算

（1）电流效率

由法拉第电解定律可知：

$$m = kQ = kIt \quad (4-2)$$

式中，m 为电极上析出（或溶解）的物质的质量（g）；I 为电流强度（A）；t 为通电时间（h）；k 为比例常数，即电化当量［g/A·h］；Q 为通过的电量（A·h）。

在电极上每析出或溶解 1 mol 任何物质所需的电量都是 96 500 C，用 F 表示，称为 1 法拉第。在电镀生产中常用“A·h”（安培·小时）表示，其换算关系为：

$$96\ 500\ C = 1\ F = 26.8\ A \cdot h$$

法拉第定律是从大量实践中总结出来的，它对于电学和电化学的发展都起了巨大的作用，是自然界最严格的定律之一。温度、压力、镀液的组成和浓度、电极和电解槽的材料和形状、溶剂的性质等，对这个定律都没有任何影响。

按照法拉第定律，电镀时，通过96 500 C或26.8 A·h的电量，在阴极上应该获得1 mol当量的金属镀层，但实际上是由于电极反应存在着副反应，阴极得到的金属镀层往往少于1 mol当量。电流效率可以有效描述电流利用效率的问题。

所谓电流效率η，就是电解时，实际析出（或溶解）的物质的量与理论计算量之比，即：

$$\eta=\frac{m'}{m}\times100\%=\frac{m'}{kIt}\times100\% \tag{4-3}$$

式中，m'为电极上实际析出（或溶解）物质的质量（g）；m为按理论计算应析出（或溶解）物质的质量（g）。

阴极电极电流效率往往小于100%，而阳极电流效率有时小于100%，也可能因为阳极的化学自溶解，有时大于100%。

电流效率是评价镀液性能的一项主要指标。提高电流效率可加快沉积速率，减少电能消耗。因此，在电镀工艺中阴极电流效率是必须考虑的一个重要经济问题。

（2）电化当量

与电镀有关的某些元素的电化当量见表4-2。电镀合金的电化当量可根据合金质量比按公式（4-4）计算：

$$K=\frac{l}{\frac{m_A}{K_A}+\frac{m_B}{K_B}+\frac{m_C}{K_C}} \tag{4-4}$$

式中，K为合金的电化当量[g/(A·h)]；K_A为A金属的电化当量[g/(A·h)]；K_B为B金属的电化当量[g/(A·h)]；K_C为C金属的电化当量[g/(A·h)]；m_A为合金中A金属质量比（g）；m_B为合金中B金属质量比（g）；m_C为合金中C金属质量比（g）。

以含铜90%和含锡10%从氰化物镀液中电镀的低锡青铜为例，其电化当量为：

$$K=\frac{1}{\frac{90\%}{2.372}+\frac{10\%}{1.107}}\approx2.129\ (\text{g/A·h})$$

表4-2 与电镀有关的某些元素的电化当量

元素名称	元素符号	原子量	化合价	电化当量/[g/(A·h)]	电化当量/[m/(A·s)]
铁	Fe	55.84	3	0.694	0.193
			2	1.0416	0.289
金	Au	197.2	3	2.452	0.681
			1	7.357	2.0436
镉	Cd	112.41	2	2.097	0.582
钴	Co	58.94	2	1.099	0.305

续表

元素名称	元素符号	原子量	化合价	电化当量/[g/(A·h)]	电化当量/[m/(A·s)]
铜	Cu	63.57	2	1.186	0.329
			1	2.372	0.658
钼	Mo	93.95	6	0.597	0.166
			4	0.895	0.249
镍	Ni	58.69	2	1.095	0.304
钯	Pd	106.7	4	0.9951	0.551
			3	1.327	0.307
			2	1.990	0.615
锡	Sn	118.7	4	1.107	0.307
			2	2.214	0.615
铂	Pt	195.23	4	1.821	0.506
			2	3.642	1.0116
铑	Rh	102.91	6	0.637	0.178
			4	0.960	0.266
			2	1.280	0.356
铅	Pb	207.22	2	3.865	1.074
银	Ag	107.88	1	4.025	1.118
锑	Sb	121.77	5	0.909	0.252
			3	1.514	0.421
铬	Cr	52.01	6	0.323	0.0898
			3	0.647	0.1797
铈	Ce	140.13	3	1.743	0.484
锌	Zn	65.38	2	1.220	0.339
钛	Ti	47.90	4	0.447	0.124
			3	0.595	0.165
			2	0.894	0.248

根据法拉第定律、电化当量和电流效率的公式可以求出镀层厚度、电流效率和电镀所需时间。一些电镀溶液的电流效率见表4-3。

表 4-3　一些电镀溶液的电流效率

镀液名称	电流效率	镀液名称	电流效率
硫酸盐镀铜	95%～100%	氰化镀银	95%～100%
氟硼酸盐镀铜	95%～100%	氰化镀金	60%～80%
氰化镀铜	70%～75%	柠檬酸盐镀金	95%～100%
焦磷酸盐镀铜	95%～100%	镀铁	95%～98%
镀镍	95%～98%	氰化镀镉	90%～95%
镀铬	13%～26%	镀铑	40%～60%
氯化物镀锌	95%～98%	镀铂	30%～50%
氰化镀锌	65%～75%	镀钯	90%～95%
硫酸盐镀锌	95%～98%	氰化镀黄铜	60%～70%
硫酸盐镀锡	85%～95%	氰化镀低锡青铜	65%～70%
碱性镀锡	65%～75%	镀铅锡合金	95%～100%

（3）镀层厚度和电镀时间的计算

由式（4-3）可知：

$$m'=kIt\eta \tag{4-5}$$

由物理学知道，金属的质量等于金属的体积乘以它的密度，即

$$m'=V\times\rho=S\times\delta\times\rho \tag{4-6}$$

式中，V 为金属的体积（cm^3）；ρ 为金属的密度（g/cm^3）；S 为金属镀层的面积（cm^2）；δ 为金属镀层的厚度（cm）。

在电镀生产中，镀层厚度习惯上用 μm 作单位，面积用 dm^2 作单位。则式（4-6）可化成：

$$m'=\frac{S\delta\rho}{100} \tag{4-7}$$

因为

$$m'=kIt\eta$$

所以

$$kIt\eta=\frac{S\delta\rho}{100}$$

移项后得

$$\delta=\frac{kIt\eta\times100}{60\rho} \tag{4-8}$$

已知电流密度 D 为单位面积内通过的电流，即 $D=I/S$（阴极电流密度以 D_k 表示，阳极电流密度以 D_A 表示，常用 A/dm^2 作单位；同时阴极电流效率以 η_k 表示，阳极电流效率以 η_A 表示）。另外，式（4-5）中的 t 以小时为单位，在电镀生产中常以 min 为单位，所以式（4-6）可改写为

$$\delta=\frac{kD_k t\eta_k\times100}{60\rho} \tag{4-9}$$

式中，δ 为镀层厚度（μm）；k 为电化当量；D_k 为阴极电流密度（A/dm^2）；t 为电镀时间（min）；η_k 为阴极电流效率（%）；ρ 为金属的密度（g/cm^3）。

式（4-9）中的 δ 事实上是平均厚度，也就是假定镀层金属是均匀地分布在阴极表面上的。实际上，镀层在阴极表面上的厚度不一定是均匀的。

4.2.3 金属的电沉积基本理论

在外电流作用下，反应粒子（金属离子或络离子等）在阴极表面发生还原反应并生成新相——金属的过程，称为金属电沉积。

（1）金属离子还原的可能性

金属离子以一定的电流密度进行阴极还原时，电极的电极电位可表示为：

$$\varphi=\varphi_p+\eta_k \tag{4-10}$$

式中，φ_p 为该金属的平衡电极电位，η_k 是在此电流密度下的阴极过电位。原则上讲，只要使电极电位足够负，任何金属离子都可能在电极上还原并沉积。但由于溶液中氢离子和水分子的存在，阴极上会优先进行析氢反应或吸氧反应，使得一些还原电位很负的金属离子实际上不可能实现还原过程。考虑到平衡电位和过电位，可以利用周期表来大致说明实现金属离子还原过程的可能性（表4-4）。在水溶液中，位于铬族左方的金属元素不能单独在电极上电沉积。位于铬族右方的金属元素的简单离子都能较容易地自水溶液中沉积出来。若溶液中金属离子以比简单水化离子更稳定的离子形式存在，体系的 φ_p 变得更负，同时，络合剂等具有较强吸附能力，并阻滞金属阴极沉积过程，这些因素都会使金属析出较为困难。例如，在氰化溶液中，只有铜族元素及其右方的金属元素才能在电极上析出，即分界线的位置右移了。

表4-4 金属离子还原过程的可能性顺序

第3周期									Al	Si	P	S	Cl	Ar
第4周期	Ti	V	Cr	Mn	Fe	Co	Ni	Cu	Zn	Ga	As	Se	Br	Kr	
第5周期	Zr	Nb	Mo	Tc	Ru	Rh	Pd	Ag	Cd	In	Sn	Sb	Te	I	Xe
第6周期	Hf	Ta	W	Re	Os	Ir	Pt	Au	Hg	Tl	Pb	Bi	Po	At	Rn

（2）金属络离子的阴极还原

在电镀生产过程中，常见的问题不是金属不能析出，而是析出的结晶粗大，表面不光亮，为了得到结晶细致的镀层，往往向镀液中加入络合剂等电镀添加剂。电镀液中加入络合剂具有改变镀液的平衡电位，增大阴极极化率，使电镀的电流分布均匀等功能，从而获得光亮致密的镀层。

①络合体系的平衡电位络合剂与溶液中的金属离子络合形成络离子。例如：

$$[Cu(NH_3)_4]^{2+} \rightleftharpoons Cu^{2+} + 4NH_3 \tag{4-11}$$

式中，NH_3 为络合剂，$[Cu(NH_3)_4]^{2+}$ 为络离子。由于络合反应存在平衡，因此可用络合平衡常数来表示。上述平衡关系为：

$$K = \frac{[Cu^{2+}][NH_3]}{[Cu(NH_3)_4]^{2+}}$$

式中，K 为该络合物的平衡常数。

K 越小，该络离子就越稳定，溶液中金属离子和配位体的浓度就越小。平衡常数 K 可以从有关物理化学手册中查得。

由于络合剂的加入，使溶液中的简单金属离子的浓度减小，因而使电极体系的平衡电极电位变负。金属络离子体系的电极反应的标准平衡电极电位与该简单金属离子体系电极反应的标准平衡电极电位及 K 的关系如下：

$$\varphi^{\ominus}_{络} = \varphi^{\ominus} + \frac{0.059}{n}\lg K \tag{4-12}$$

式中，$\varphi^{\ominus}_{络}$ 为金属络离子电极反应的标准平衡电极电位（V）；$\varphi^{\ominus}$ 为简单金属离子电极反应的标准平衡电极电位（V）；n 为金属络离子还原成金属的电子数。

一般来说，金属络离子的 K 较小，使 $\varphi^{\ominus}_{络}$ 小于 $\varphi^{\ominus}$，即金属的还原反应越难进行。

②金属络离子在电极上放电在有络合剂的电镀液中，金属离子与络合剂之间存在着一系列“络合离解”平衡。由于 K 很小时，简单金属离子在溶液中的浓度很小，所以，大多数情况下，简单金属离子在电极上直接放电的可能性很小。当溶液中存在着配位数不同的多种络离子时，具有特征配位数的络离子是溶液中浓度最大的络离子品种，但由于它们的中心离子与配位体间作用很强，这种络离子放电时需要较高能量，因此它们在电极上直接放电的可能性也是较小的。而配位数较低的络离子具有适中的浓度和反应能力，因而这种络离子在电极上直接放电的可能性较大。

（3）添加剂对金属电沉积的影响

电镀时，为了提高金属电沉积的过电位，向镀液中加入少量有机表面活性物质，使金属电沉积行为改变。

有机添加剂在电极表面上吸附，增大了电化学反应的阻力，使金属离子还原反应变得困难，即电化学极化增大，从而有利于晶核的形成，有可能获得细小的晶粒；另外，加入的添加剂优先吸附在某些活性较高、生长速率较快的晶面上，使金属的吸附原子进入这些位置遇到困难，即有可能将各个晶面的生长速率拉匀，形成结构致密、定向排列整齐的晶体。

4.2.4 电极的极化

当电流通过时，电极上就会产生极化现象。根据极化产生的原因，可大致分为浓差极化和电化学极化。

（1）浓差极化

浓差极化也称浓度极化。它是由于反应物或反应产物在溶液中的扩散过程受到阻滞而引起的极化，也可以说是由于溶液中的物质扩散速度小于电化学反应速度而引起的极化。若扩散速率很慢，则扩散到电极附近的反应离子立即发生反应，从而使电极表面反应离子浓度为零，这时的浓差极化叫作完全浓差极化。此时，电极上的电流密度出现最大值称为极限电流密度。

在电沉积过程中，若使用的电流密度超过了极限电流密度，则在电极上会有其他的电化学反应发生，从而使阴极电流效率大大降低。此外，还会生成不合格的树枝状镀层。因此，在电镀中通常要采用机械搅拌、阴极移动、压缩空气搅拌等，以加强溶液的对流作用，提高阴极的极限电流密度，同时扩大允许使用的电流密度范围。

在通常的电沉积过程中，电化学极化和浓差极化是同时存在的。只是在不同情况下，它们各自占有的比重不同而已。在一般情况下，当使用的电流密度较小时，常以电化学极化为主，而在高电流密度时，浓差极化往往占有主要地位。

（2）电化学极化

电化学极化又称活化极化。它是由于电极过程中电化学反应受到阻滞而引起的极化，也可以说是由于电化学反应速度小于电子运动速度而引起的极化。

影响电化学极化的重要因素有电沉积过程中电解质溶液的浓度、电流密度、温度、电极材料的特性及其表面状态等。

在电沉积过程中，使阴极发生较大的电化学极化作用，可提高结晶镀层的质量。在一些电镀溶液中加入络合剂和添加剂，就可不同程度的增加阴极的电化学极化作用。若升高电镀工作温度，却会降低电化学极化。

电镀时，伴随金属离子在阴极上的放电，都有电化学极化产生。

1）简单金属离子还原时的极化

凡是能增加阴极极化的各种因素，都能促使形成结晶致密的沉积层；反之，则只能获得粗糙的或疏松的沉积层。

在电镀工艺中，通常把含有被沉积金属的盐类称为主盐。主盐可来自简单盐和络盐。当用简单盐的溶液进行电镀时，简单盐都能电离出简单金属离子，一般称为简单盐电解液；当用络盐配制电解液时，习惯上称为络盐电解液，金属离子以络合离子的形式存在。

简单金属离子在阴极上的还原，实质上就是简单盐在阴极上的还原过程。根据金属离子阴极还原时极化的大小，可将金属分为以下两类。①阴极还原时极化很小的，也即交换电流较大的金属，如铜、银、锡、铅、钛等，从简单盐溶液中沉积这些金属时，它们的极化都很小（即交换电流都很大），一般得到的这些金属沉积镀层都比较疏松、结晶粗大、不致密。②另一类金属如铁、钴、镍等，从其相应的硫酸盐或氯化物溶液中电沉积时，都有很小的交换电流，其阴极极化都很大。极化产生的原因是电化学极化引起的，由于极化较大，电沉积可以获得比较致密的镀层。

2）金属络离子还原时的极化

在络合物电解液中，沉积金属以络离子的状态存在。虽然络离子具有相当高的稳定性，但总有一部分（可能是非常少的）电离的，而且能建立电离平衡。其平衡常数常用$K_{平}$表示，$K_{平}$称为络离子在一定温度下的电离平衡常数，也称为络合物的不稳定常数，它表示络合物的稳定性。$K_{平}$的值越小，表明络合物的稳定性越大。

实践表明，对一些交换电流比较大的金属从简单盐电解液中电沉积时，往往获得比较粗糙的沉积层。例如，从硫酸盐或氯化物电解液中电沉积铜、镉金属时，就是如此。而从络盐溶液（如氰化物镀液）中则能得到细致均匀的沉积层。这种现象通常都用络盐电解液具有较高的电化学极化来解释。

在络合物电解液中存在着络合离子的电离平衡。沉积金属总是以一定配位数的络离子为其主要存在形式。在一般情况下，直接在电极上放电的总是配位数较低的络离子。

络离子在电极上的电化学还原历程大致如下。

①电解液中以主要形式存在的络离子，即浓度最大、最稳定的络离子，在电极表面上转化为能在电极上放电的表面络合物，即化学转化步骤。

②表面络合物直接在电极上放电。

这样，当金属从络合物电解液中电沉积时，呈现出较大的电化学极化，这与中心离子周围配体转化时的能量变化有关。

4.2.5 镀层在阴极上的分布

（1）镀液的分散能力

在电镀生产中，评定电解液的优劣，主要是看它能否在形状复杂的金属制品上沉积出结晶细致且排列紧密的、厚度均匀的镀层，这对所有的金属镀层而言都是很重要的。为了评定电解液所给出的镀层的均匀性，使用了“分散能力”（均镀能力）这一术语，电解液的分散能力越好，则在金属制品不同部位上所沉积出的镀层的厚度就越均匀一致。反之，则镀层厚度就相差越大。

根据法拉第定律，如果不考虑电流效率的影响，那么在制品（阴极）不同部位上沉积出金属的多少（镀层厚度），就决定于通过该部位上的电流的大小（对单位面积来说就是电流密度）。通过该部位上的电流密度越大，镀出的金属就越多，镀层也就越厚；反之，则越薄。因此，电镀时阴极表面不同部位所得镀层的厚薄，决定于电流在阴极不同部位上通过的多少。可以说，镀层厚度均匀与否，其实质就是电流在阴极表面上分布得是否均匀。

（2）电流在阴极上的分布

镀层厚度的均匀程度与电流在镀件表面上是否均匀分布有关。研究镀层厚度均匀问题，必须抓住电流在阴极上分布这一关键。下面着重讨论电流在阴极上分布规律及其影响因素。

为便于了解电流在阴极上的分布，下面先介绍一下电力线概念。

在电解槽中，由于外加电压的作用，阳极带正电，阴极带负电。根据电荷同性相斥、异性相吸的原理，溶液中的正离子被阳极排斥，受阴极吸引；负离子被阴极排斥，受阳极吸引。这样，溶液中的离子就会按照一定的方向进行运动。在外电场作用下离子运动的轨道称为电力线。电力线的分布规律依电极和容器的条件不同而定，如图 4-3 所示。

电力线在阳极表面上分布的疏密程度与电极之间的相对位置、电极形状和电解槽的形状几何因素有关，从图 4-3 中看出：当电极与电解槽的底部、边缘和液面存在距离时，电极的边缘或尖端有比较密集的电力线，这种在电极边缘或尖端集积过多电力线的现象称为边缘效应或尖端效应。

在电镀过程中，有时出现镀件边缘或尖端“烧焦”的现象，其原因就是电流在这些部位分布得较多。要消除这种“烧焦”现象，往往需要根据不同情况而采取不同的措施，如降低电流密度、调节镀液组成、添加适当的添加剂、改变镀液的 pH、应用阴极保护、改变阴极悬挂位置等。影响电流在阴极上分布的因素很多，而且也很复杂，如镀液的本性（即所谓内因）、温度、电流密度、电极的形状及相互排列位置（即所谓的外因）等。在这些多样而复杂的问题面前，首先要找出影响电流在阴极上分布的主要因素，必须先了解电流通过电镀槽时的情况。

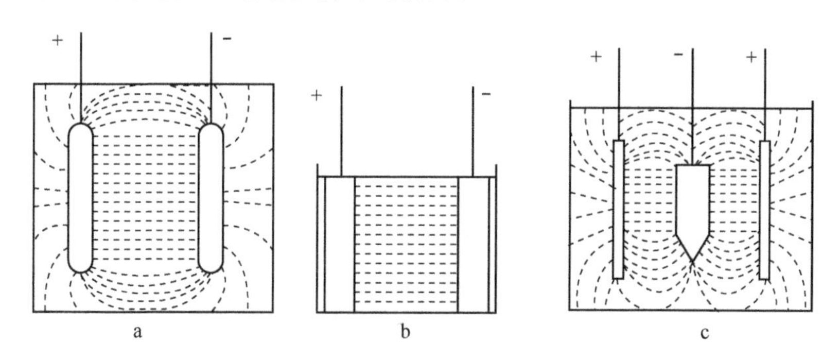

图 4-3　电力线的分布与电极和电容器的关系

当直流电流通过镀槽时，它会遇到阻力，这些阻力主要有以下 3 种。

①发生在电极与镀液的两相界面上的电阻。这种电阻是由于化学反应过程和扩散过程进行缓慢所引起，即由电化学极化和浓差极化所造成，所以称为极化电阻，以 $R_{极化}$表示。

②电镀液的电阻，以 $R_{电液}$ 表示。

③金属电极的电阻，以 $R_{电极}$ 表示。

其中，第三种电阻与前两种相比要小得多，可以忽略不计。

这样，电流通过电解槽所遇到的总阻力就等于电解液的阻力（$R_{电液}$）与极化阻力（$R_{极化}$）之和。

当直流电压加在电镀槽中的两极时，根据欧姆定律，通过阴极的电流为：

$$I = \frac{槽电压}{总阻力} = \frac{V}{R_{电解} + R_{极化}} \tag{4-13}$$

式中，I 为通过阴极的电流强度；V 为加在镀槽上的电压。

为了简化讨论，便于看出电流是怎样在阴极不同部位上分布的，假定如图 4-4 所示的装置设有两个平行布置的阴极，它们的面积为相同的单位面积，而与阳极的距离不同，两阴极间用绝缘板隔开。根据电学知识可以知道图 4-5 中近阴极与阳极间的电压值和远阴极与阳极间的电压值相等。设通过近阴极上的电流强度为 I_1，近阴极与阳极间电镀液的电阻为 $R_{电液1}$，近阴极和阳极的极化电阻为 $R_{极化1}$，则：

$$I_1 = \frac{V}{R_{电液1} + R_{极化1}} \tag{4-14}$$

同样，设通过远阴极上的电流强度为 I_2，远阴极与阳极间电镀液的电阻为 $R_{电液2}$，极化电阻为 $R_{极化2}$，则

$$I_2 = \frac{V}{R_{电液2} + R_{极化2}} \tag{4-15}$$

此时，电流在远、近阴极上的比就是：

$$\frac{I_1}{I_2} = \frac{\dfrac{V}{R_{电液1} + R_{极化1}}}{\dfrac{V}{R_{电液2} + R_{极化2}}} = \frac{R_{电液2} + R_{极化2}}{R_{电液1} + R_{极化1}} \tag{4-16}$$

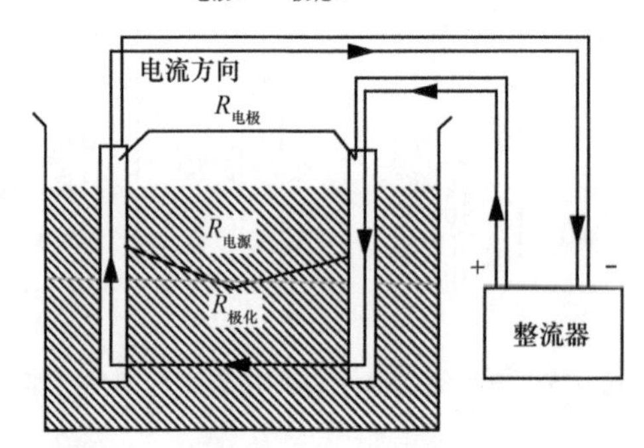

图 4-4 电流通过电解液时的 3 种电阻示意

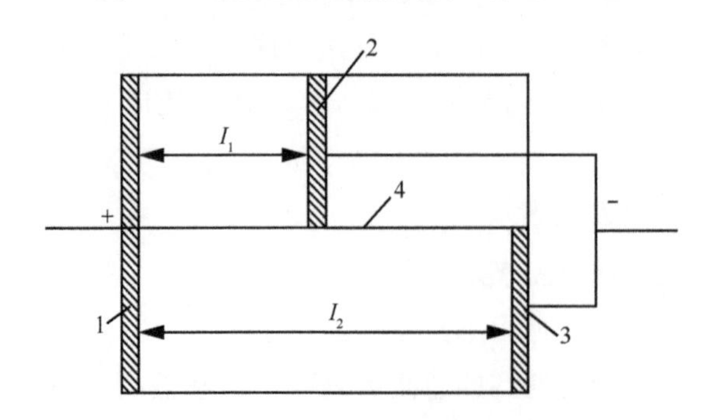

图 4-5 电解槽中电极的位置

1—阳极；2—近阴极；3—远阴极；4—绝缘隔板

从式（4-16）可以看出，电流在远近两阴极上的分布与电流到达该部位时受到的总阻力成反比，也就是说，若电流到达该部位受到的总阻力大，则到达该部位的电流就少，反之，则电流就大。由此可见，决定电流在阴极上分布的主要因素就是电镀液的电阻和极化电阻。

1）电流的初次分布

假设阴极与镀液的界面上的极化作用非常小，阳极极化作用也非常小，即极化电阻基本上不存在，则 $R_{极化}\approx 0$，那么由式（4-16）得：

$$\frac{I_1}{I_2}=\frac{R_{电液2}}{R_{电液1}} \tag{4-17}$$

如果采用的阴极面积都是单位面积，那么阴极上的电流强度就等于它的电流密度。设近阴极上的电流密度为 D_{K_1}，远阴极上的电流密度为 D_{K_2}，且相同截面导体的电阻与导体的长度成正比，因此式（4-17）可写为：

$$\frac{I_1}{I_2}=\frac{D_{K_1}}{D_{K_2}}=\frac{R_{电液2}}{R_{电液1}}=\frac{l_2}{l_1}=K \tag{4-18}$$

式（4-18）表示阴极和阳极与镀液相界面上不存在极化电阻时的电流分布，这种电流分布叫初次电流分布（用 K 表示）。初次电流分布等于远阴极与阳极间的距离 l_2 和近阴极与阳极间的距离 l_1 之比，如果电极布置已确定，则初次电流分布是一个常数。

当 $I_2=I_1$，即 $I_1/I_2=1$ 时，电流在远、近阴极上的分布最为均匀。

在初次电流分布中，由于 $l_2>l_1$，所以 $I_1>I_2$，这说明了初次电流分布是不均匀的，l_2 与 l_1 的差值越大，则电流分布越不均匀。

在实际电镀过程中，阴极不同部位之间的几何关系已经确定（零件各部位的关系是确定的），如果阴阳极之间的距离很小，则阴极（零件）上很小的凸起和凹下，都会剧烈地改变与阳极间的距离比和相对位置，电流分布将很不均匀。反之，当阴阳极之间距离加大时，阴极上同样的凸凹状况就显得相对地不明显，电流分布就会均匀一些。

2）二次电流分布（实际电流分布）

当阴极和阳极与镀液相界面上存在极化电阻时的电流分布称为实际电流分布（或称二次电流分布）。在实际生产中，不管哪一种电镀液，阴极和阳极与镀液相界面上总是或多或少地存在着极化，因此讨论极化存在时的实际电流分布比初次电流分布更具有现实意义。

近阴极上的电流总比远阴极上的大，根据阴极、阳极的极化总是随着电流的增大而增大，所以 $R_{极化1}$ 总大于 $R_{极化2}$。因为 $R_{电液2}>R_{电液1}$，当把极化电阻考虑在内时，则为式（4-16）。

$$\frac{I_1}{I_2}=\frac{R_{电液2}+R_{极化2}}{R_{电液1}+R_{极化1}}\approx 1 \tag{4-19}$$

式（4-19）的分母较小，分子较大，把极化电阻考虑在内后，式（4-16）的分母中加上了一个较大的 $R_{极化1}$，分子中加上了一个较小的 $R_{极化2}$，使分母与分子的数值更趋于近，即式（4-16）变为式（4-19），使 I_1/I_2 更趋近于 1，所以，电流的实际分布就比初次分布更为均匀。这说明极化的存在对电流在阴极上的均匀分布是有好处的。上面的讨论说明极化可使电流分布均匀，这样会得到一个错觉，极化越大，镀层质量越好，镀液的分散性越好，这种说法还是不严格的，这里涉及极化度的问题。

我们知道，远、近阴极与阳极间的电压是相同的。它等于阳极电位的差加上阴极与阳极之间的镀液内部的电压降。根据欧姆定律，阴极与阳极之间镀液内部的电压降=IR。已知单位截面导体的电阻与导体的长度成正比，即 $R\propto l$ 或写成 $R=\rho l$。

ρ 为比电阻，它是单位截面积单位长度导体所具有的电阻值。因此

$$R=\rho Il \tag{4-20}$$

设近阴极的电极电位为 φ_{K_2}；远阴极的电极电位为 φ_{K_1}；阳极的电极电位为 φ_A（假定阳极部分的电位都相同），则：

$$\varphi_{K_1}=-\varphi_{K_2}+\rho I_2 l_2 \tag{4-21}$$

一般的极化曲线（也就是电位随电流不同而变化的情况）如图 4-6 所示，所不同的仅是曲线的斜率程度不同而已。

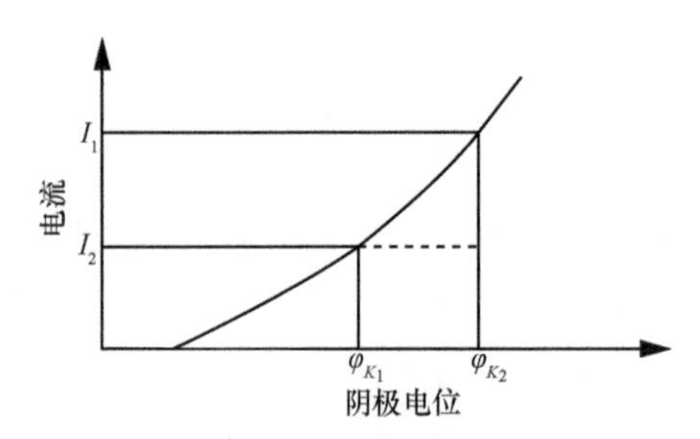

图 4-6　某镀液的阴极极化曲线示意

在图 4-6 上，可以找出 I_1 相对应的 φ_{K_1} 和 I_2 相对应的 φ_{K_2}。然后由图 4-6 可以看出：

$$\varphi_{K_1}=\varphi_{K_2}+(\varphi_{K_1}-\varphi_{K_2})=\varphi_{K_2}+\Delta\varphi=\varphi_{K_2}+\Delta\varphi\cdot\frac{\Delta I}{\Delta I}=\varphi_{K_2}+(I_1-I_2)\frac{\Delta\varphi}{\Delta I} \tag{4-22}$$

注意，式（4-22）中的 $\Delta\varphi$ 是从 φ_{K_1} 减去 φ_{K_2} 而得出，由于 φ_{K_1} 和 φ_{K_2} 都是负值，由图 4-6 看出 $\varphi_{K_1}<\varphi_{K_2}$，所以 $\Delta\varphi<0$，为使 $\Delta\varphi$ 的绝对值，即 $\Delta\varphi>0$，则式（4-22）可改写为：

$$\varphi_{K_1}=\varphi_{K_2}-(I_1-I_2)\frac{\Delta\varphi}{\Delta I} \tag{4-23}$$

将式（4-23）代入（4-21）式，则得：

$$-\varphi_{K_2}+(I_1-I_2)\frac{\Delta\varphi}{\Delta I}+\rho I_1 l_1=-\varphi_{K_2}+\rho I_2 l_2 \tag{4-24}$$

因为 $l_2=l_2-l_1+l_1=\Delta l+l_1$，则式（4-24）为

$$(I_1-I_2)\frac{\Delta\varphi}{\Delta I}+\rho I_1 l_1=\rho I_2(\Delta l+l_1) \tag{4-25}$$

变换处理式（4-25），可得

$$\frac{I_1}{I_2}=1+\frac{\Delta l}{\frac{1}{\rho}\cdot\frac{\Delta\varphi}{\Delta I}+l_1} \tag{4-26}$$

显而易见，要使 $I_1/I_2=1$（最均匀的电流分布），则必须使

$$\frac{\Delta l}{\frac{1}{\rho}\cdot\frac{\Delta\varphi}{\Delta I}+l_1}\to 0 \tag{4-27}$$

也就是说，能满足式（4-27）的因素就可以促使电流在阴极表面上均匀地分布。因此，电镀过程中为获得良好的镀层质量，很多控制因素可以从对式（4-27）的讨论中得出。

3）影响电流在阴极上分布的因素

要使电流在阴极表面上均匀分布，则必须满足式（4-28）：

$$\frac{\Delta l}{\frac{1}{\rho}\cdot\frac{\Delta\varphi}{\Delta I}+l_1}\to 0 \tag{4-28}$$

即应该使 Δl 和 ρ 越小越好，$\frac{\Delta\varphi}{\Delta I}$ 和 l_1 越大越好。下面进行具体的分析。

①使 $\Delta l\to 0$，也就是说，使远、近阴极与阳极间的距离趋于相等（即 $l_1=l_2$）。象形阳极就是利用这个道理来促使电流在阴极表面均匀分布。在电镀反射镜时，若采用一般平板阳极，如图 4-7 所示，则 l_2 与 l_1 的差值很大，显然电流在反射镜的深凹部分远小于它的边缘部分。若采用象形阳极，如图 4-8 所示，这样 l_2 与 l_1 的差值就很小，有利于电流在反射镜表面均匀分布。

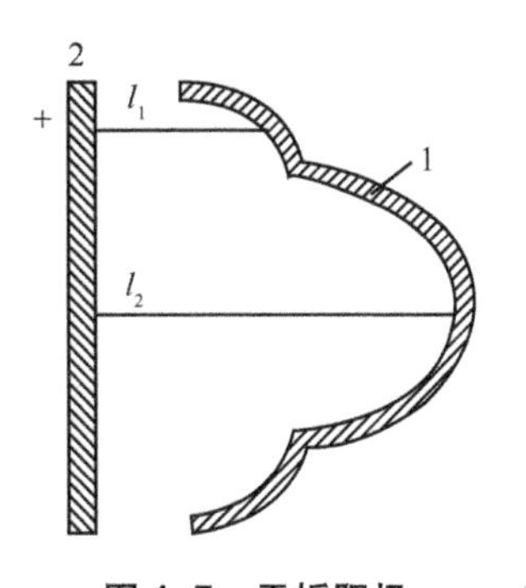

图 4-7 平板阳极

1—反射镜；2—平板阳极

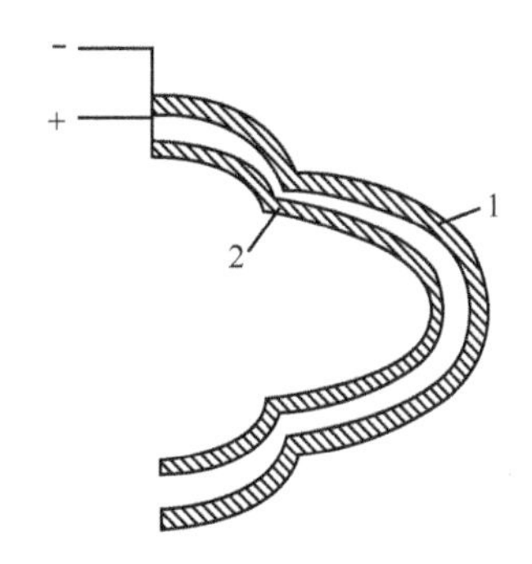

图 4-8 象形阳极

1—反射镜；2—象形阳极

根据以上的讨论，说明当 $\Delta l\to 0$ 时，不仅促使初次电流分布较均匀，同时也促使实际电流分布较均匀，因为这里的讨论是考虑了阴极极化作用存在的情况。但有一点必须说明，在实际电镀生产中，若被镀阴极是一块平板，它与平板阳极平行地悬挂在镀液中，这样，阴极各部位与阳极的距离是相等的，即 $\Delta l\to 0$，在这种情况下进行电

镀时，平板阴极各部位的电流密度是不是都一样呢？这要看具体的情况。因为上述讨论是有条件的，也就是说，讨论的条件是平板阴极的边缘都被镀槽和镀液所限制住的。凡符合这种条件，则平板阴极各部位的电流密度应该是相等的。但在实际生产中，平板阴极的边缘并不被镀槽所包封，而是悬挂在电镀液的中间。这样，阴极的边缘与镀槽和镀液液面存在着距离，如图 4-9 所示，因而，阴阳两极边缘的电力线就比较密集，边缘的电流密度就大于中间部位的电流密度。例如，用一块方形的平板进行镀铬时，把它的平均电流密度控制在 22 A/dm^2。实验证明，它的边缘部位的电流密度远大于平均值，而它的中间部位的电流密度则远小于平均值，实验测出它的电流分布如图 4-10 所示。这说明实际电镀生产时，边缘效应使得电流和金属在阴极表面上不能均匀地分布。为了减少边缘效应所产生的不良结果，生产上有时采用辅助阴极（或称保护阴极），如图 4-11 所示。这种方法防止镀件边缘或凸出部位集积过多的电力线，使金属分布趋于均匀。

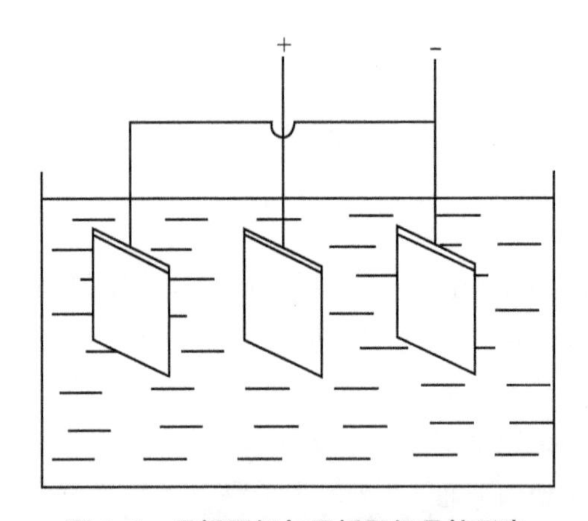

图 4-9　平板阴极与平板阳极悬挂示意

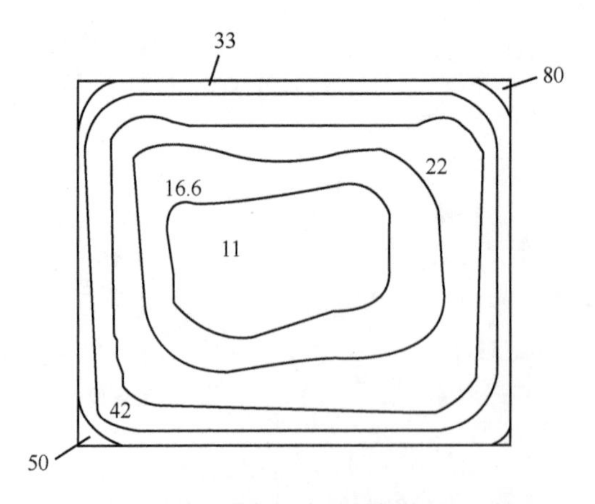

图 4-10　在镀铬槽中电流在平面阴极上的分布

（单位：A/dm^2，平均电流密度 22 A/dm^2）

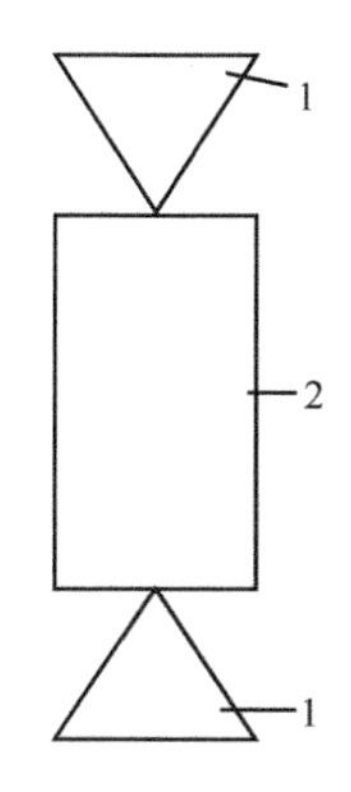

图 4-11 圆柱形零件电镀时的辅助阴极

1—辅助阴极；2—圆柱形零件

②增大 l_1，即增大阴极与阳极间的距离。实际电镀时，l_1 和 l_2 是指同一零件上的两点对阳极的距离，增大阴、阳极间的距离就是增大 l_1 的值，因为其他条件一定时，l_1 的增大，可促使 $I_1/I_2 \to 1$，所以在一般情况下，增大阴极与阳极间的距离，可以促使电流在阴极表面上均匀分布。但是，阴极与阳极间距离增大，电镀时所需的外加电压也要增大，这就要多消耗电能，而且在电镀生产中，电极间的距离常受到电镀槽尺寸的限制，因此电极间的距离不可能无限地增大，一般都保持在 10～30 cm。

③增大 $\Delta\varphi/\Delta I$ 之值。其他条件一定时，增大 $\Delta\varphi/\Delta I$ 的值可有利于达到式（4-26）所要求的条件，$\Delta\varphi/\Delta I$ 表明了阴极极化随着电流的增大而改变的程度，称为阴极极化度。阴极极化度越大，极化曲线沿着横轴倾斜上升，如图 4-12 中的曲线 1；阴极极化度小，则极化曲线沿着纵轴上升，如图 4-12 中的曲线 2。曲线 1 的电镀液阴极极化度 $\Delta\varphi/\Delta I$ 的值大，它能使电流在阴极表面上的实际分布比初次分布更为均匀；曲线 2 的电镀液阴极极化度 $\Delta\varphi/\Delta I$ 的值小，则它对电流的实际分布无甚影响。由此可见，电流在阴极上的分布，主要是与阴极极化度有关。人们发现镀铬液的分散性能差，其中一个原因是镀铬液的阴极极化度 $\Delta\varphi/\Delta I$ 很小。它的极化曲线在电流密度较大时几乎平行于纵轴上升，所以它的分散能力很差。

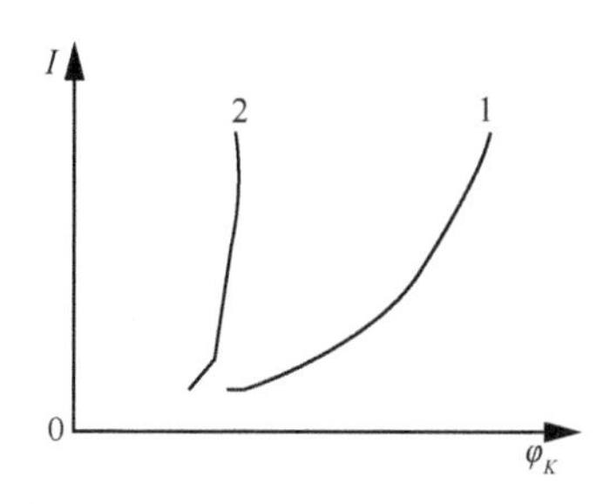

图 4-12 斜率不同的极化曲线

因此，得出这样一个结论：一切间接或直接促使阴极极化度增大的因素都能改善电流在阴极表面上均匀分布状况。如果某添加剂能增大阴极极化度，则电流在阴极表面上的分布也会改善。反之，降低阴极极化度的因素，会使电流在阴极表面上的分布恶化。

④降低镀液的比电阻ρ。降低比电阻就是增大导电性，镀液的导电性增加可以促使电流在阴极表面上均匀分布。从式（4-26）中可以看出，只有当镀液的阴极极化度$\Delta\varphi/\Delta I$不等于零时，增大镀液的导电性，才能改善电流在阴极表面上均匀分布状况，假若某种镀液的阴极极化度$\Delta\varphi/\Delta I$趋于零，那么增大镀液的导电性就不能改善电流在阴极表面上均匀分布了。如镀铬液在电流密度较大时$\Delta\varphi/\Delta I\to 0$，增大镀铬液的导电性也不能改善它的分散能力。

（3）电流效率的影响

根据镀层厚度的计算公式，金属坡层在阴极表面的分布是近阴极的镀层厚度d_1与远阴极的镀层厚度d_2之比：

$$\frac{d_1}{d_2}=\frac{\frac{cD_{K_1}\eta_1}{60r}}{\frac{cD_{K_2}t\eta_2}{60r}}=\frac{D_{K_1}\eta_1}{D_{K_2}\eta_2} \tag{4-29}$$

从式（4-29）可以看出，金属在阴极表面的分布不仅与电流（单位面积时为电流密度）分布有关，同时还与它在远、近阴极上析出时的电流效率有关。各种电镀液析出金属时的电流效率，不外乎如图4-13所示的3种情况。

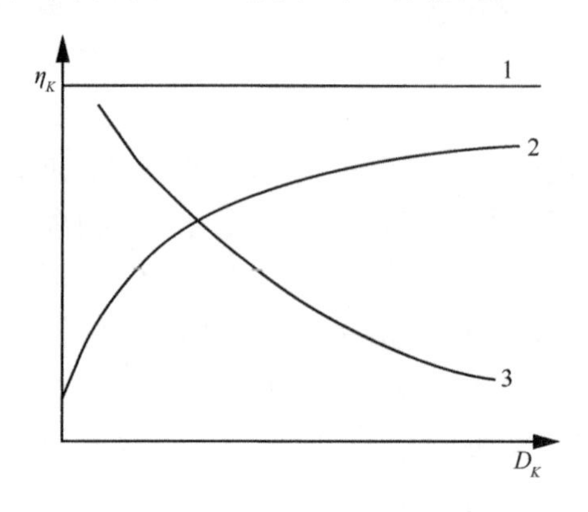

图4-13　η_K-D_K关系曲线

①电流效率不随电流密度而改变，如图4-13中的曲线1，硫酸镀铜电解液就是这种类型。这种电镀液的$\eta_1=\eta_2$，即$\eta_1=\eta_2=1$，所以在这种电镀液中，金属在阴极表面上的分布，实际上与电流在阴极表面上的分布相同。

②电流效率随着电流密度的增大而增大，如图4-13中的曲线2，镀铬电解液就是这种类型中的典型例子。由于近阴极上的电流密度常大于远阴极上的电流密度，所以，对于这种电解液，它使电流密度较大的近阴极上的电流密度比电流密度小的远阴极上的电流效率高，造成了金属在远、近阴极上的分布比电流在远、近阴极上的分布更不

均匀。这进一步说明了镀铬液分散能力很差的原因。

③电流效率随着电流密度的增大而减小，如图 4-13 中的曲线 3，一切氰化物电解液都是这种类型。在这种情况下，因为 $D_{K_1}>D_{K_2}$ 而造成 $\eta_1<\eta_2$，然后，从$\frac{d_1}{d_2}=\frac{D_{K_1}\eta_1}{D_{K_2}\eta_2}$中可知，这种电解液使金属在阴极表面上的分布比电流在阴极表面上的分布更均匀。这也进一步说明了氰化物电镀液常能取得均匀镀层的原因。

（4）基体金属的性质和表面状态的影响

除了前面讨论的几种因素之外，基体金属的本性和基体金属的表面状态也影响着电流和金属在阴极表面上的分布。

①基体金属性质的影响根据电化学的研究结果，在不同阴极材料上的氢过电位是不同的。倘若在某一基体金属上进行电镀，如果基体金属上的氢过电位较小，而镀层金属上氢过电位较大，那么氢气容易在这种基体析出，而不容易在新的镀层上析出（假使阴极上没有其他副反应）金属和氢的过电位之间所存在的关系可以这样表示：即在某一金属上氢的过电位越大，金属本身的过电位就越小。次序如下：

$$\xrightarrow{\text{氢的过电位增大}}$$

Pt、Pd、Fe、Ag、Cu、Pb、Ni、Zn、Sn、Hg、Cd

$$\xleftarrow[\text{金属的过电位增大}]{}$$

虽然这个次序并不永远正确，但是它表明了氢越容易析出的部分，金属就越难析出。在这种情况下，最初通电的一瞬间就具有决定性的意义，因为以后金属将比较容易沉积在新沉积的金属镀层上。倘若最初通电时，由于某种原因不能立即获得连续的镀层，那么在以后就更难使金属沉积在未镀层的基体上了。生产中，为了获得连续的镀层，常常在最初通电时采用高的电流密度，进行所谓“冲击”。

在某些情况下，为了改善镀层的连续性和保证镀层与基体金属之间具有必要的结合力，往往在基体金属上镀一层其他金属或合金作为中间镀层。如果金属在中间镀层上比在基体金属上容易析出，那么就有利于获得连续且比较均匀的镀层。

②基体金属的表面状态影响被镀金属的表面状态，这对电流的分布有着重大影响。大家都知道，金属在不洁净的电极表面（有氧化膜或被表面活性物质污染等）上沉积比在经过净化的表面上困难得多。倘若电极表面上不能完全除掉氧化物或表面活性物质，那么即使在最有利的几何因素和电化学因素的条件下，金属的沉积也是不均匀的，金属将易于沉积在较洁净的部分上。为了促使金属在难于析出的部位上沉积，在开始电镀时，可以采用高的电镀密度“冲击”，使其有可能获得较均匀的镀层。

金属表面的粗糙与否，也会影响金属的沉积，因为在粗糙的表面上，其实际面积比表观面积大得多，使得实际的电流密度比表现的电流密度小得多。如果某部分的实际电极电位达不到被镀金属的析出电位，那么该处就没有金属沉积。零件打过砂的部位比未打砂的部位易于镀上，就是这个原因。

4.3 电化学沉积镀层的形成与结合

4.3.1 金属电沉积过程

电沉积过程发生于电极-溶液的界面，因此要理解镀层沉积的原理，便要分析电极-溶液界面的基本反应和与此相联系的各个反应步骤。电沉积进行时，电流从一个固体相的电极通过界面流入溶液，然后又穿过溶液与另一电极的界面从这个电极流出。电荷的传递是由一连串性质不同的步骤串联而成的一种复杂过程，在有些情况下还可能包含某些并联的副反应。由于串联的约束，整个过程中的各个步骤的进行速度要被迫趋于相等，这样电极上不可逆反应速度才能进入稳定状态，电子才能按顺序正常地流动。

金属电沉积过程实际上是金属或其络合离子在阴极上还原成金属的过程。由于镀层金属和一般金属一样，具有晶体结构，所以电沉积过程又称为电结晶过程。金属的电结晶过程包括以下 3 个步骤。

①传质过程放电金属离子或金属络合离子从电解液中，通过扩散、对流、电迁移等步骤，不断输送至电极表面。

②电化学过程金属离子或金属络合离子脱水，并吸附在阴极表面上放电，还原成金属原子的过程。

③结晶过程金属原子在阴极上排列，形成一定形式的金属晶体。结晶通常分细小晶核的形成和晶核长大成为晶体两步进行。结晶的粗细由晶核的形成速度和晶核的长大速度决定。如果晶核的形成速度较晶核的长大速度快，则生成的结晶数目较多，晶粒比较细、镀层致密；反之，晶粒就比较粗，镀层粗糙。

（1）单金属电沉积的条件

单金属电沉积条件是其沉积电位等于它的平衡电位与过电位之和，即：

$$E_{析}=E_{平}+\eta \tag{4-30}$$

$$E_{析}=E^{\ominus}+\frac{RT}{nF}\ln a+\eta \tag{4-31}$$

式中，$E_{析}$为沉积电位（或称析出电位，V）；$E_{平}$为平衡电极电位（V）；n 为参加反应的电子数；η 为金属离子在阴极上放电的过电位，这由电极过程动力学因素以及有关参数所决定（V）；a 为金属离子的平均活度。

如果知道了金属的平衡电位和析出过电位，就可求出该金属的析出电位。

（2）金属共沉积的条件

目前，人们对单金属电沉积理论的了解还不够多，对于金属共沉积的理论则研究更少。由于金属共沉积需要考虑两种或两种以上金属电沉积的规律，因而对金属共沉积理论和规律的研究则更加困难。多数研究者仅能在实验结果的基础上进行综合分析和做出定性的解释，而定量的规律和理论显然就更不够完善。

金属共沉积的应用和研究，目前仅限于二元合金和少数三元合金方面。下面重点讨论二元合金共沉积的条件。

①合金中两种金属至少有一种金属能单独从水溶液沉积出来。有些金属（如钨、钼等）虽然不能单独从水溶液中沉积出来，但可与另一种金属（如铁、钴、镍等）同时在水溶液中实现共沉积。

②金属共沉积的基本条件是两种金属的析出电位要十分接近或相等。即：

$$E_{析1}=E_{析2} \tag{4-32}$$

$$E_{析1}=E_1+\frac{RT}{nF}\ln \alpha_1+\eta_1 \tag{4-33}$$

$$E_{析2}=E_2+\frac{RT}{nF}\ln \alpha_2+\eta_2 \tag{4-34}$$

在金属共沉积体系中，合金中个别金属的极化值是无法测出来的，也不能通过理论计算得到。因此，以上关系式的实际应用价值并不大。

从电化学顺序表中金属的标准电位来看，仅有少数金属可以从简单盐溶液中预测出金属共沉积的可能性。如铅（-1.26 V）与锡（-1.36 V）、镍（-0.25 V）与钴（-0.277 V）、铜（0.34 V）与铋（0.32 V）等，它们的标准电极电位比较接近，通常可以从它们的简单盐水溶液中共沉积出来。

一般金属的析出电位与标准电极电位具有较大的差别，而且影响的因素比较多，如离子的络合状态、过电位及金属离子放电时的相互影响等。因此，仅从标准电极电位来预测金属共沉积有很大局限性。

4.3.2 金属的电结晶过程

（1）电结晶过程的动力学

金属电结晶中，电场的影响使其不同于一般过饱和溶液等的结晶。电场直接影响结晶过程，电极电位决定成核方式，过电位提供镀层沉积生长的动力；电场也会间接地通过影响反应区的局部环境（如析氢导致 pH 变化，改变反应区的温度等）而使沉积物改变，也可促使形成氧化物、氢氧化物夹杂等。

晶面（电极表面）上占有不同位置的金属原子具有不同的能量。例如，在理想晶体的晶面上，金属原子可以占有如图 4-14 中所示的 a、b、c 三种位置，其能量顺次降低。晶面上的原子只有到达 c 位置才能稳定下来。据此，金属离子的放电结晶可按不同的方式进行。

①放电过程在“生长点”上发生（图 4-14 的过程Ⅳ）。放电步骤与结晶步骤合而为一。

②放电过程在晶面上的任何位置发生。放电后的粒子先在电极表面上吸附，成为

“吸附原子”（过程Ⅰ），然后通过表面扩散转移到“生长线”或“生长点”（过程Ⅱ、Ⅲ），以求能量达到最低。按这种方式，放电与结晶分开进行，而且电极表面上存在一定浓度的吸附原子。

③吸附原子在晶面上扩散的过程中，热运动导致彼此偶然靠近而形成新的二维或三维原子簇，以及新的生长点或生长线。如果这种原子簇达到了一定尺寸，还可能形成新的晶核。

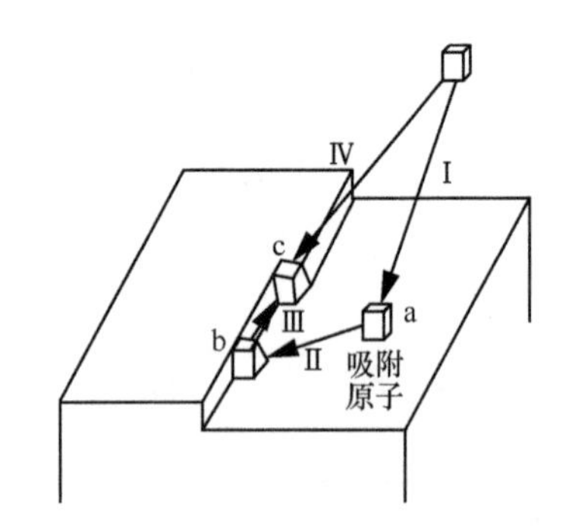

图 4-14　结晶过程的几种可能历程

在实际电镀条件下，被镀表面很少是单晶或单纯的指数面，一般都是含有不同指数的晶面或台阶。不同晶面的表面能并不相同，因而结晶过程的速度也不相同。不同的沉积速度会造成优势生长现象，其结果使得快生长面消失，低晶格指数面让位于高晶格指数面。在此过程中，一些原有的晶面可能逐渐消失而会形成一些新的晶面。这样往往会促成在一定的电结晶条件下得到一定的沉积层结构。

实际晶体中总是包含有大量的位错，如果晶面绕着位错线生长，特别是绕着螺旋位错线生长，生长线就不会消失（图 4-15）。在某些电沉积层的表面上，用低倍显微镜就可以观察到螺旋生长的台阶。一些“金字塔”形的晶粒则可能是一对方向相反的螺旋位错引起的。

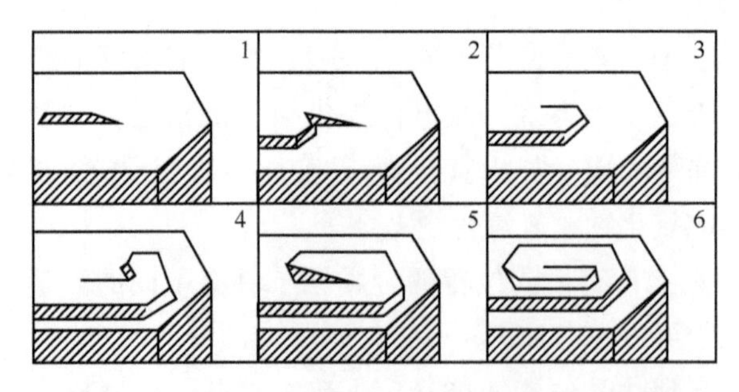

图 4-15　晶体沿着位错生长形成的螺旋位错形貌

生产条件下的研究结果表明，在被镀工件表面上，除了位错之外，针孔、气孔、划痕乃至微裂纹等缺陷都可以作为成核的中心。基材表面的杂质，特别是非金属夹渣也常是优先成核生长的部位。

（2）沉积物形态

电沉积层的结晶结构取决于沉积的金属本身的晶相学特征，但其形态与结构则在很大程度上取决于电结晶过程的条件。外加电位对基体金属自由能的影响和阴离子吸附等因素，是造成电结晶形态和结构不同于一般的结晶的直接原因，并因此造成镀层形态和结构的多样性。镀层的结晶形态通常有以下几种。

①层状。它是常见结构，有时每层还包括许多小的台阶。

②金字塔状。往往在低电流密度下出现，其尺寸随电流密度的增大而减小。

③块状。可看作截头锥体。往往是因杂质或表面活性物质的吸附使垂直方向的生长受抑制而形成。

④屋脊状。杂质或表面活性物质的吸附使层状结构转化成条形的屋脊状。

⑤立方层状。属于块状与层状之间的过渡结构。

⑥螺旋。螺旋形生长成金字塔形，成层排列地转上顶尖。

⑦枝晶。树枝状的结晶，可以是二维或三维的。易于从简单盐类镀液中出现。电流密度大或杂质夹带也易于形成类似矮枝或小的突疣。

⑧晶须。它属于线状的单晶。往往在高电流密度和带有有机杂质时出现。

⑨粉状。过高的电流密度，接近或超过极限电流密度时易于使镀层呈粉状。

此外，还可出现各类的中间或混合结构。这些结晶形态用电镜等表面分析方法都可容易观测到。

实质上，过电位才是决定结晶形态的首要因素，而过电位与电流密度又是密切相关的。显然，吸附原子（或吸附离子）的浓度和局部电流密度分布取决于过电位、晶核的临界尺寸、结晶生长过程中活性的阶梯数量实质上也取决于过电位。此外，对于结晶形态有着决定性影响的有机物质在电极表面上的吸附也取决于过电位。电位还间接影响溶液的表面张力等，这也影响到结晶的形态。

很高的电流密度会增强外向生长趋势而减弱层状生长。此时会因局部电流密度更高而导致枝晶的出现。

4.3.3 镀层的结合及其影响因素

（1）合金共沉积的特点

①合金共沉积的过程复杂。合金电镀工艺较单金属电镀工艺复杂，溶液成分和工艺参数对合金镀层成分的影响比较大。镀液中金属离子浓度比和镀层中合金成分比不是一个简单的正比关系，在合金电镀时决定合金组成的仅是金属离子共沉积的还原析出速度，而支配还原析出速度的主要因素是阴极过电位，影响析出电位的因素很多且比较复杂。

②合金镀层具有许多单金属镀层所不具备的特殊性能。

a. 合金镀层与组成它的单金属镀层相比，合金镀层有可能更平整、光亮、结晶细致。

b. 许多合金具有特殊的物理性能，例如，镍铁、镍钴或镍钴磷合金具有导磁性，低熔点合金镀层（如铅锡、锡锌合金）可用作钎焊镀层等。

c. 合金镀层中组分及比例选择合适，则该合金镀层就有可能比组成它们的单金属镀层更耐腐蚀，如锡锌、锌镍、锌铁合金镀层等。

d. 不能从水溶液中单独析出的钨、钼、钛、钒等元素，但可以和过渡元素（铁族）在水溶液中共沉积形成合金镀层，如镍磷、镍钨、铁钨、铁钼等。

e. 通过控制工艺条件改变镀层色调，如各种颜色的银合金、彩色镀镍及仿金镀层等。

f. 容易获得高熔点金属与低熔点金属形成的合金，如锌镍、锡锌合金镀层等。

③合金镀层具有与热熔法制备的合金所不具备的特点。

a. 可用电沉积方法获得平衡相图中没有的、与熔炼合金明显不同的物相。

b. 电沉积合金与热熔法所得到的同种合金相比，电镀合金硬度更大，耐磨性更好。

合金镀液的类型与单金属电镀相似，概括而言也可分为简单镀液、络合物镀液及有机溶剂镀液等类型。与单金属电镀溶液的主要区别在于，在合金镀液中除获得结晶细致的镀层之外，合金镀层中各元素可以按一定比例沉积，以期获得预定的性能。因此，合金镀液的设计是非常重要的。

（2）合金共沉积的基本条件

研究两种或两种以上金属的共沉积，无论在实践或理论上，都比单金属沉积更复杂。实际上，为获得性能合乎要求的合金镀层就必须考虑电镀工艺参数对所得合金镀层各组分含量的影响，而在单金属电镀时就无须考虑镀层的组成比例。

下面以目前工业上应用较多的二元合金共沉积为讨论的基础。

①合金共沉积的条件对单金属来说，金属离子在溶液中达到沉积电位就可以在阴极上还原析出。而两种金属离子共沉积除电镀单金属的一些基本条件外，还应具备以下两个基本条件。

a. 两种金属中至少有一种金属离子能从其盐的水溶液中沉积出来。有些金属（如钨、钼等）虽不能从其盐的水溶液中沉积出来，但它可以与铁族金属一同共沉积。所以作为金属共沉积的必要条件（不是充分条件），并不一定要求各组分金属都能单独地从水溶液中沉积出来。

b. 要使两种金属离子在阴极共沉积，它们的沉积电位必须十分接近或相等，如果相差太大的话，电位正的金属优先沉积，甚至完全排斥电位较负的金属析出。因此，金属共沉积的基本条件就是两种金属的析出电位要十分接近，即共沉积条件的通常表达式为：

$$\varphi_{析}=\varphi_{平}+\Delta\varphi=\varphi^{\ominus}+\frac{RT}{nF}\ln\alpha+\Delta\varphi$$

$$\left.\begin{aligned}\varphi_{析1}&=\varphi_1^{\ominus}+\frac{RT}{nF}\ln\alpha_1+\Delta\varphi_1\\ \varphi_{析2}&=\varphi_2^{\ominus}+\frac{RT}{nF}\ln\alpha_2+\Delta\varphi_2\\ \varphi_{析1}&=\varphi_{析2}\end{aligned}\right\}\quad(4-35)$$

上式表明，两种金属可在同一阴极电位下共沉积，获得合金镀层，这就是合金共沉积的基本条件。从金属的标准电极电位看，只有少数金属电位比较接近，可以从简单的盐溶液中预测出共沉积的可能。而实际上，一般金属的析出电位与标准电极电位有很大差别，因为析出电位受到溶液中金属离子的络合状态、析出过电位、放电离子等的相互影响。

②实现金属共沉积的措施。为了实现金属共沉积，一般可采用如下方法。

a. 改变金属离子的浓度。改变镀液中金属离子浓度，增大较活泼金属离子的浓度使它的电位正移，或者降低某种金属离子的浓度，使它的电位负移，从而使它们的析出电位互相接近。根据能斯特公式计算，从理论上是可行的，而在实践中离子的浓度受盐类溶解度的限制，故采用改变金属离子浓度的方法来实现共沉积是困难的。

b. 采用络合剂。为了使电位相差较大的金属离子实现共沉积，采用加入络合剂是一种有效常用的方法。在镀液中加入合适的络合剂，形成金属络合离子，使电位较正金属的平衡电位负移，与另一种离子的析出电位接近而实现共沉积。

如何选用络合剂？这需要根据络合剂和沉积金属的性质而定，大致可分为 3 种：

采用同一种络合剂同时与两种金属离子形成络合物，如氰化物或焦磷酸盐中沉积铜锌合金；

镀液中只有一种络合剂络合其中一种金属离子，另一种金属离子仍以简单的金属离子存在，如采用氯化物——氟化物镀液中沉积锡镍合金，锡以 SnF_4^{2-} 或 $SnF_2Cl_2^{2-}$ 的形式存在，而镍仍呈简单离子存在；

两种不同的络合剂分别络合各自的金属离子，例如，电沉积铜锡合金时，采用氰化钠（或焦磷酸盐）络合铜，锡与氢氧化钠形成 Sn 的络合离子。

c. 采用添加剂。在合金镀液中加入添加剂，也可以使两种金属的共沉积成为可能。添加剂对金属离子的平衡电位影响很小，而对金属沉积时的阴极极化产生明显的影响，并其影响具有选择性。一般添加剂用量不大，作用比较明显，但容易引起镀层有较大的脆性，所以采用添加剂时要对镀层脆性给予足够的重视。另外，在很多情况下，合金镀液中既加入络合剂，又使用添加剂，同样可以获得高质量的合金镀层。

（3）合金共沉积的类型及合金的相特点

根据合金共沉积的镀液组成和各个工艺参数对合金沉积层组成的影响特征，可将合金共沉积分为以下 5 种类型。

①正则共沉积。该沉积过程的特征是基本上受扩散控制。在此情况下，电镀工艺参数（包括镀液组成、工艺条件）通过影响金属离子在阴极扩散层中的浓度变化来影响合金镀层的组成。因此，可以通过调整镀液中金属离子的总含量、降低电流密度、提高温度和增强搅拌等增加阴极扩散层中金属离子浓度的措施，来增加电位较正金属在合金镀层中的百分含量。在单盐镀液中进行的共沉积属于正则共沉积，如镍、钴、铜、铋和铅锡等从单盐中实现的共沉积就属于这种情况。如果取样能测阴极与溶液界面上金属离子的浓度，就可以算出合金共沉积层的组成。在络合物镀液中也有可能出

现这种现象，其条件是两种金属离子在镀液中平衡电位相差很大，且共沉积时不能形成固溶体合金时，则容易发生正则共沉积。

②非正则共沉积。其特征是过程受扩散控制的程度较小，主要受阴极电位的控制。在这种共沉积过程中，阴极电位决定了合金镀层的组成。某些电镀工艺参数对合金沉积的影响遵守扩散理论，而另一些电镀工艺参数的影响却与扩散理论相矛盾。

非正则共沉积常见于采用络合物沉积的镀液体系。当组成合金的个别金属的平衡电位显著受络合剂浓度影响时（如铜和锌在氰化物镀液中的电位），或者两种金属的平衡电位十分接近且能形成固溶体时，更容易出现这种共沉积。

③平衡共沉积。当两金属从处于化学平衡的镀液中共沉积时，这种过程就是平衡共沉积。所谓两金属与有此两金属离子的溶液处于化学平衡状态，是指当把两种金属浸入含有此两金属离子的溶液时，它们的平衡电位最终将变为相等，即电位差等于零。平衡共沉积的特点是在低电流密度下（阴极极化非常小）合金沉积层中的各金属比等于镀液中的金属离子浓度比。只有很少几个共沉积过程是属于平衡共沉积，例如，铜和铋及铅与锡在酸性镀液中共沉积就属于这一类。

上述 3 种共沉积形式又统称为正常共沉积（或常规共沉积）。它们的共同特点是电位较正的金属优先沉积。这样就可以依据它们在溶液中的平衡电位来定性地推断出合金镀层中的金属相对含量，而且电位较正的金属总是优先沉积，即镀液中电位正的金属在镀层中的比例超过其在镀液中所占的比例。

④异常共沉积。异常共沉积的特点是电位较负的金属反而从镀液中优先沉积，它不遵循一般的电化学理论，而在电化学反应过程中还出现其他一些特殊的控制因素，因而超脱了一般的正常概念，故称为异常共沉积。含有铁族金属（铁、钴、镍）中的一个或多个的合金共沉积体系就属于这种情况，如镍钴、铁镍、锌镍和镍锡合金等。其合金镀层中电位较负的金属组分的含量总比电位较正的金属组分含量高。

⑤诱导共沉积。从含有钛、钼、钨等金属盐的水溶液中是不能单独沉积出纯金属镀层的，但可以与铁族金属形成合金而实现共沉积，通常把这一过程称为诱导共沉积。

上述异常共沉积及诱导共沉积又统称为非常规共沉积。

欲获得合乎性能要求的合金镀层，除合金中各金属比例一定外，对于镀层结构的研究也极其重要。不同的合金镀层，或者从不同镀液中获得的同一合金镀层，它们的结构形式并不完全相同。电沉积的合金与热熔法制备的合金相比较，其相结构和物理性能也有很大区别，合金镀层主要结构形式有以下 3 种。①机械混合物，也称为共晶合金。这不是真正的合金，是两种金属的混合，仍保持各自原有特性。在电镀合金中纯属这种结构的极少。②固溶体合金，它是一种均匀体系，在某些情况下改变了原有的金属特性，如溶解电位，许多合金属于这种结构。③金属间化合物，它具有某些独特的性质，例如，有固定的溶解电位和固定的熔点。

4.4 电镀溶液的组成及其作用

(1) 溶液组成的影响

电镀溶液的组成对电镀层的结构有着很重要的影响。不同的镀层金属所使用的电镀溶液的组成可以是各种各样的，但是都必须含有主盐。根据主盐性质的不同，可将电镀溶液分为简单盐电镀溶液和络合物电镀溶液两大类。

简单盐电镀溶液中主要金属离子以简单离子形式存在（如 Cu^{2+}、Ni^{2+}、Zn^{2+} 等）。其溶液都是酸性的。在络合物电镀溶液中，因含有络合剂，主要金属离子以络离子形式存在｛如 $[Cu(CN)_4]^{2-}$、$[Zn(CN)_4]^{2-}$、$[Ag(CN)_2]^-$ 等｝。其溶液多数是碱性的，也有酸性的。除主盐和络合剂外，电镀溶液中经常还加有导电盐、缓冲剂、阳极去极化剂及添加剂等，它们各有不同的作用。

1) 主盐

能够在阴极上沉积出所要求镀层金属的盐称为主盐。主盐浓度高，溶液的导电性和电流效率一般都较高，可使用较大的电流密度，加快沉积速率。在光亮电镀时，镀层的光亮度和整平性也较好。但是，主盐浓度升高会使阴极极化下降，出现镀层结晶较粗，镀液的分散能力下降，而且镀液的带出损失较大，成本较高，同时还增加了废水处理的负担。主盐浓度低，则采用的阴极电流密度较低，沉积速度较慢，但其分散能力和覆盖能力均比浓溶液好。

因此，主盐浓度要有一个适当的范围，并与溶液中其他成分的浓度维持一个适当的比值。有时，由于使用要求不同，即使同一类型的镀液，其主盐含量范围也不同。对于电镀形状复杂的零件或用于预镀、冲击镀时，要求较高的分散能力，一般多采用主盐浓度较低的电镀溶液。而快速电镀的溶液，则要求主盐含量高。

2) 导电盐

导电盐是能提高溶液的电导率，而对放电金属离子不起络合作用的物质。这类物质包括酸、碱和盐，由于它们的主要作用是用来提高溶液的导电性，习惯上通称为导电盐。如酸性镀铜溶液中的 H_2SO_4，氯化物镀锌溶液中的 KCl、NaCl 及氰化物镀铜溶液中的 NaOH 和 Na_2CO_3 等。

导电盐的含量升高，槽电压下降，镀液的深镀能力得到改善，在多数情况下，镀液的分散能力也有所提高。

导电盐的含量受到溶解度的限制，而且大量导电盐的存在还会降低其他盐类的溶解度。对于含有较多表面活性剂的溶液，过多的导电盐会降低表面活性剂的溶解度，使溶液在比较低的温度下发生乳浊现象，严重的会影响镀液的性能。所以导电盐的含量也应适当。

3）络合剂

在溶液中能与金属离子生成络合离子的物质称为络合剂。如氰化物镀液中的 NaCN 或 KCN、焦磷酸盐镀液中的 $K_2P_2O_7$ 或 $Na_4P_2O_7$ 等。

在络合物镀液中，最具重要意义的并不是络合剂的绝对含量，而是络合剂与主盐的相对含量，通常用络合剂的游离量来表示，即除络合金属离子以外多余的络合剂含量。

络合剂的游离量增加，阴极极化增大，可使镀层结晶细致，镀液的分散能力和覆盖能力都得到改善，但是，阴极电流效率下降，沉积速度减慢。游离量过高时，大量析氢会造成镀层针孔，低电流密度区没有镀层，还会造成基体金属的氢脆。对于阳极来说，它将降低阳极极化，有利于阳极的正常溶解。络合剂的游离量低，镀层结晶变粗，镀液的分散能力和覆盖能力都较差。

4）缓冲剂

缓冲剂是用来稳定溶液的 pH，特别是阴极表面附近的 pH 的物质。缓冲剂一般是用弱酸或弱酸的酸式盐，如镀镍溶液中的 H_3BO_3 和焦磷酸盐镀液中的 Na_2HPO_4 等。

任何一种缓冲剂都只能在一定的范围内具有较好的缓冲作用，超过这一范围其缓冲作用将不明显或完全没有缓冲作用，而且还必须要有足够的量才能起到稳定溶液 pH 的作用。由于缓冲剂可以减缓阴极表面因析氢而造成的局部 pH 的升高，并能将其控制在最佳值范围内，所以对提高阴极极化有一定作用，也有利于提高镀液的分散能力和镀层质量。过多的缓冲剂既无必要，还有可能降低电流效率或产生其他副作用。

5）稳定剂

稳定剂用来防止镀液中主盐水解或金属离子的氧化，保持溶液的清澈稳定。如酸性镀锡和镀铜溶液中的硫酸、酸性镀锡溶液中的抗氧化剂等。

6）阳极活化剂

阳极活化剂是在电镀过程中能够消除或降低阳极极化的物质，它可以促进阳极正常溶解，提高阳极电流密度。如镀镍溶液中的氯化物、氰化镀铜溶液中的酒石酸盐等。

7）添加剂

添加剂是指那些在镀液中含量很低，但对镀液和镀层性能却有着显著影响的物质。近年来，添加剂的发展速度很快，在电镀生产中占的地位越来越重要，种类越来越多，而且近年来更多地使用复合添加剂来代替单一添加剂。按照它们在电镀溶液中所起的作用，大致可分为如下类型。

①光亮剂。它的加入可以使镀层光亮。如镀镍中的糖精及 1，4-丁炔二醇、氯化物镀锌中的卞叉丙酮等。当在镀液中含有几种光亮剂或将几种物质配制成复合光亮剂时，常根据光亮剂的基团及其在镀液中的作用、性能和对镀层的影响等，又将它们分为初级光亮剂、次级光亮剂、载体光亮剂和辅助光亮剂等。

②整平剂。它是具有使镀层将基体表面细微不平处填平性质的物质。如镀镍溶液中的香豆素，酸性光亮镀铜溶液中的四氢噻唑硫酮、甲基紫等。

③润湿剂。它的主要作用是降低溶液与阴极间的界面张力，使氢气泡容易脱离阴极表面，从而防止镀层产生针孔。这类物质多为表面活性剂，其添加量很少，对镀液和镀层的其他性能没有明显的影响。如镀镍溶液中的十二烷基硫酸钠和铁盐镀锌中的海鸥洗涤剂。

④应力消除剂。它是能够降低镀层内应力，提高镀层韧性的物质。如 DE 型碱性镀锌溶液中的香豆素等。

⑤抑雾剂。这是一类表面活性剂，具有发泡作用，在气体或机械搅拌的作用下，可以在液面生成一层较厚的稳定的泡沫以抑制气体析出时带出的酸雾、碱雾或溶液的飞沫。选择的原则是它对镀液和镀层的其他性能没有有害的影响，而本身在溶液中相当稳定，如镀铬溶液中使用的 F53。抑雾剂的加入量一般都很少，过多会造成泡沫外溢或爆鸣，如果选择或使用不当则会在镀层上造成气流痕、针孔等。

⑥无机添加剂。此类添加剂多数是硫、硒、碲的化合物及一些可与镀层金属共析的其他金属盐。这些金属离子对镀层的性能会有显著的影响，而且这种影响是多方面的。例如，在镀镍溶液中加入镉盐可以得到光亮的镀层，在硫酸盐镀锡溶液中加入铅盐可防止镀层长锡须，在镀银或镀金溶液中加入锑或钴盐可以提高镀层的硬度等。但是这些金属的含量必须很低，否则将会使镀层恶化，如发黑、发脆、产生条纹等。

（2）电镀工艺规范对镀层质量的影响

电镀工艺规范包括电流密度、温度、搅拌和电源的波形等因素，都会对镀层产生影响。

1）阴极电流密度的影响

一般电流密度过低，阴极极化作用小，晶核的形成速度慢，而成长的速度快；继续增大电流密度，阴极极化逐渐提高，阴极过电位也不断增大，镀层结晶就越来越细；当电流密度继续增大到某一数值（电流密度上限）时，就出现烧焦的镀层，呈现疏松的海绵状，或色泽不正常的粗糙镀层。这是由于电流密度过大时，阴极附近严重缺乏放电金属离子，造成氢的急剧析出，使该处 pH 迅速升高，在阴极表面生成金属的氢氧化物或碱式盐夹附在镀层内，形成空洞、麻点、疏松和烧焦等。

在正常的电流密度范围内，提高电流密度，可以得到比较细致的镀层，而且还能加快沉积速度，提高劳动生产率。镀液电流密度范围的大小，通常是由镀液的性质、主盐浓度、镀液温度和搅拌等因素决定的。

2）温度的影响

提高镀液温度会降低阴极极化，导致镀层结晶变粗。这是因为放电金属离子在镀液温度高时，具有了更大的活化能，而降低电化极化；另外，温度提高增大了由于热运动而产生的离子扩散速度，降低了浓差极化。其综合结果就降低电沉积时的阴极极化。实际上，升高温度通常也能提高电流密度的上限，同时由于盐类的溶解度增大，容许配置更高浓度的镀液，这样又可使用更大的电流密度。而增大电流密度又可以提高阴极极化，有利于形成细晶镀层，所以只要配合恰当，升高镀液温度也会有利于形成良好镀层。另外，升高温度还有提高镀液的导电性、促进阳极溶解、减少镀层针孔、降低镀层内应力等优点。因此，在操作允许的温度范围内可以在高的温度下进行电镀。

有些镀种需要加温才能得到合格的电镀层，而有些镀种又必须在某个温度下工作才行。用加温或降温的方式来弥补镀液性能的不足是完全必要的。以光亮镀镍为例，当温度在 40 ℃以下时，尽管加入光亮剂，但也难镀出光亮效果的镀层。但将镀液加温至 50 ℃以上时，就能得到非常光亮的镀镍层。

3）搅拌的影响

采用搅拌可以增加电流密度范围，提高电镀效率，改善镀液的分散能力，提高镀层质量。通常在光亮镀镍和镀铜工艺中使用搅拌。搅拌能加强镀液的对流，减薄扩散层的厚度，使电沉积时的阴极表面的放电金属离子迅速得到补充，降低浓差极化。同时搅拌可提高容许的电流密度上限，使操作电流密度增大，增大阴极极化。有时搅拌还可以提高镀层整平性、消除条纹或橘皮状镀层的出现。

目前常用的搅拌镀液方法是阴极移动、压缩空气搅拌、镀液循环等多种方式。阴极移动有横向移动和垂直移动。压缩空气搅拌比较剧烈，它能使沉积于槽底的固体微粒浮起而分散到镀液中，所以使用压缩空气搅拌镀液时，一般都需要有连续过滤装置。否则，浮起的固体微粒会造成镀层粗糙或产生毛刺。对于一些易与同空气中的氧和二氧化碳作用的镀液，如镀铁和硫酸盐镀锡等，不宜采用这类搅拌。

4）基体金属对镀层的影响

①金属材料性质的影响。镀层金属与基体金属的结合是否良好，与基体金属的化学性质有着密切的关系。在某种电解液中，如果基体金属的电位负于镀层金属的电位，就不容易获得结合良好的镀层。像钢铁零件在硫酸盐镀铜电解液中，铁的电位比铜负，当把钢铁零件置入镀液中，铜离子就会被置换而附着在零件的表面。这种置换镀层疏松、结合力差，影响电镀层与基体金属的结合。还有一些电位很负的金属，如锌、铝等，它们的活性很强，置换的倾向更大。在这类金属上电镀，一定要在镀前进行特殊的预处理（预镀、浸锌等）。另外，有的金属（如不锈钢、铬合金等具有钝化性质的金属）表面很容易生成一层氧化膜，在这类金属上进行电镀时，若不经过特殊的活化处理，也很难获得与基体结合牢固的镀层。

②镀前加工性质的影响。镀前的加工状态和镀前的准备工作，对镀层的质量起着很重要的影响。铸造出来的生铁零件，其表面往往是凹凸不平及多孔的，在这样的表面上进行电镀往往容易得到粗糙而多孔的镀层。而且生铁中的石墨，它的氢过电位较低，氢容易在该处析出，阻碍了金属的沉积，甚至不能获得均匀连续的镀层。在有加工缺陷（气孔、裂纹）的零件上，要获得高质量的镀层也是困难的。因为镀在这种零件表面上的镀层，过一定时间后，表面便出现黑色的斑点，又称为泛点或渗点。

5）其他因素对电镀质量的影响

除了上述因素之外，实际上对镀层质量的影响的还有其他因素，如机械的、电学的和几何的因素，包括电源波形、槽体形状大小、挂具形状、阳极等。

①几何因素的影响。几何因素包括镀槽的形状、大小；阳极的形状和配置；挂具的形状及被镀零件的形状等。

a. 阳极。阳极以使用钛篮装载为最佳方式，既可保证阳极的表面积不发生大的波动，又可以使阳极的溶解利用率大大提高。阳极的表面积应该是阴极的1～2倍，特殊情况下阳极面积还要大些。线材电镀要保持阳极比阴极的面积大20倍以上才比较适宜，因为工作电流密度大，阳极就很容易钝化。

b. 被镀零件的形状。镀件的形状是决定电镀加工难易程度的重要因素之一。对于简单零件来说，如标准件或小零件，可以进行滚镀。对于条形件，可采用斜横悬挂。但对于异形管件、盲孔件等，要设计相应的挂具，有的还要设置辅助阳极，以解决深孔内壁等处的镀层分布问题，对于带有尖端、尖角部等突出的零件，在悬挂时要尽量使突出部分处于远离阳极的部位。利用零件本身做相互遮挡。在必要时采用保护阴极，防止被镀零件突出部位由于“尖端放电效应”而“烧焦”等。

对于每个被镀零件，都要计算其受镀的表面积以确定电镀加工时所给的电流大小。

②电学因素的影响。电镀电源常用的是直流整流器，选择不同的整流器电源对电镀质量也是有影响的。

a. 电源功率的影响。电镀电源的功率必须能承受被加工的零件所需的电流，并能连续工作而不出现故障。一般是按被镀产品的表面积和所镀镀种的正常电流密度范围计算出所需的总电流量，再加上一定的保险系数来确定选用多大的整流电源。针对不同镀种，选择电源和电压范围。一般电镀的槽电压在6 V以下。由于阳极钝化和溶液电导率（浓度、温度、搅拌等影响）的变化，槽电压会有所波动，有时会在10 V左右。因此，常规的电镀电源电压应在0～12 V，对镀铬、铝阳极氧化等工艺，电源电压应在0～24 V或更高一些。

b. 电源波形的影响。电镀一般采用直流电源，但对直流的理解往往有误差，并非从整流电源出来的电流就是平稳的直流，都带有一定脉冲，而脉冲量的大小，要看采用的是什么整流线路和器件。通常适合电镀的电源应该是三相桥式整流并加滤波的线路。特别对于镀铬来说，平稳的直流有利于镀铬过程。因为镀铬的电流效率只有10%～15%，如果直流电流中有较多的脉冲，会使其电流效率进一步降低，其分散能力也会下降，因此电镀质量就无法保证。

多数电镀采用直流电源，但是有的镀种使用非直流电源还能达到更好的镀层质量。目前常用的特殊波形的电镀电源有换向电流电源、脉冲电流电源、交直流叠加电源等。如贵金属电镀用脉冲电源，低温镀铁、氰化镀铜等工艺用交直流叠加电源和换向电源等。

所谓换向电流就是周期性的改变直流电的方向，其中正向电流就是将零件作为阴极，而反向就是把零件作为阳极。零件作为阳极退镀时，可除去零件表面的粗糙劣质镀层，减少或消除镀层上的毛刺；另外，还可在零件的凸处除去较多的镀层，使镀层厚度均匀，整平性提高；这种换向电流还可以降低阴阳极的浓差极化，减少镀层的孔隙率。

脉冲电流是单向（阴极）电流周期性的被中断的电流叫作脉冲电流，它与换向电流不同的是不把零件周期性的改作阳极，而是间歇的停止供电，由于间歇中断电流，阴极电位随时间周期性的变化，阴极附近的溶液成分得到及时补充，为提高镀层质量创造了条件。脉冲电流的波形有方波、正弦波、三角波、锯齿波等，使用脉冲电流电源电镀可以提高镀金层的硬度和导电性，降低镀层的孔隙率等。在焦磷酸盐电镀铜锡合金中，使用脉冲电流可提高镀层中的锡含量，还可以减少阴极氢的析出，提高阴极电流效率，从而减少镀层针孔、条纹等。

交直流叠加电流是把交直流叠加在一起进行电镀的电源。目前已应用于焦磷酸盐镀铜和铜-锡合金，可获得结晶细致、光泽较好的镀层，还可扩大阴极电流密度范围。

4.5 电镀锌

4.5.1 概述

锌是一种银白微带蓝色的金属。金属锌比较脆，只有加热到 100～150 ℃才有一定的延展性。锌的硬度低，耐磨性差。锌是两性金属，既溶于酸也溶于碱。特别是当锌中含有电位较正的杂质时，锌的溶解速度更快。但是电镀锌层的纯度高，结构比较均匀，因此在常温下，锌镀层具有较高的化学稳定性。

电镀锌是生产上应用最早的电镀工艺之一，工艺比较成熟，操作简便，投资少，在钢铁件的耐腐蚀镀层中成本最低，是防止钢铁腐蚀应用最广泛、最经济的措施。由于电镀锌层具有成本低、抗蚀性好、美观和耐贮存等优点，因此在机电、轻工、仪器仪表、农机、建筑五金和国防工业中得到广泛应用。近年来开发的光亮镀锌层，涂覆护光膜后使其防护性和装饰性都得到进一步的提高。

锌镀层主要镀覆在钢铁制品的表面，作为防护性镀层。锌镀层经钝化后形成彩虹色或白色钝化膜层，在空气中几乎不发生变化，在汽油或含二氧化碳的潮湿空气中也很稳定，这是因为钝化膜紧密细致及锌镀层表面生成的碱式碳酸盐薄膜，保护了下面的金属锌不再受腐蚀的缘故。但在含有 SO_2、H_2S、海洋性气氛及海水中，锌镀层的耐蚀性较差，特别是在高温、高湿及含有有机酸的环境中，锌镀层的耐蚀性极差。锌的标准电极电位为-0.76 V，比铁的电位负，因此，钢铁基体上的锌镀层在一般腐蚀介质中形成锌-铁原电池时，锌镀层是阳极，会对钢铁基体起到电化学保护作用；但是在高于 70 ℃的热水中，金属锌的电位要比金属铁的电位正，这时锌镀层变为阴极性镀层，只有当镀层较厚且致密无孔时，锌镀层才能对钢铁基体起到机械保护作用。

电镀锌采用的电解液的种类很多，按电解液的性质可分为碱性镀液、中性或弱酸性镀液和酸性镀液 3 类，或是氰化物镀液和无氰镀液 2 类。无氰镀液有碱性锌酸盐镀液、铵盐镀液和硫酸盐镀液（两种均为酸性）、氯化钾镀液（微酸性）等。

4.5.2 氰化物体系

氰化物镀锌工艺自20世纪初投入工业生产，并沿用至今。该工艺的特点是，电解液是以氰化钠为络合剂的络合物型电解液，具有较好的分散能力和深镀能力。允许使用的电流密度范围和温度范围都较宽，电解液对杂质的敏感性小，工艺容易控制，操作及维护都很简单。从该镀液中得到的锌镀层结晶均匀细致，光泽性好，适于镀覆形状复杂的零件。其缺点是阴极电流效率低（仅70%～75%），且不适于铸铁件的电镀，特别是氰化物剧毒，生产车间必须有良好的通风设备和必要的安全措施，废水处理费用较高。

（1）氰化物镀锌电解液的类型

目前使用的氰化物镀锌电解液可分为高氰、中氰、低氰和微氰4种类型。各种类型电解液的组成及工艺条件见表4-5。

在生产中一般多采用中氰镀锌工艺。这是因为在中氰镀锌电解液中氰化物的含量比在高氰镀锌电解液中低得多，对废水处理有利，而这两种类型镀液中氰化钠与金属锌的摩尔比却很接近，都在工艺控制的最佳范围内，镀层质量好。

表4-5 氰化镀锌工艺规范

镀液组成及工艺条件	高氰	中氰	低氰	微氰
氧化锌/(g/L)	35～45	17～22	10～12	12～14
氰化钠/(g/L)	80～90	38～55	10～12	3～5
氢氧化钠/(g/L)	80～90	60～75	70～80	100～120
硫化钠/(g/L)	0.5～5.0	0.5～2.0		
甘油/(g/L)	3～5			
890添加剂/(g/L)			1～2	
94添加剂/(g/L)				3～4
温度/℃	10～40	10～40	10～40	10～40
阴极电流密度/(A/dm^2)	1～5	1～4	1～3	1～3

（2）电极反应

在氰化物镀锌电解液中存在着两种能与Zn^{2+}络合的络合剂——NaCN和NaOH，并且它们都有一定的游离量。因此，在电解液中锌离子与氰离子和氢氧根离子以最稳定的络阴离子形式存在，即$[Zn(CN)_4]^{2-}$和$[Zn(OH)_4]^{2-}$。这两种络离子在电极表面形成表面络合物$Zn(OH)_2$。$Zn(OH)_2$在电极上得到电子还原为金属锌。因此阴极的主反应应为：

$$[Zn(CN)_4]^{2-}+4OH^- \longrightarrow [Zn(OH)_4]^{2-}+4CN^- \quad (4-36)$$

$$[Zn(OH)_4]^{2-} \longrightarrow Zn(OH)_2+2OH^- \quad (4-37)$$

$$Zn(OH)_2+2e^- \longrightarrow Zn+2OH^- \quad (4-38)$$

同时在阴极上还发生析氢的副反应：

$$2H_2O+2e^- \longrightarrow H_2\uparrow +2OH^- \quad (4-39)$$

氰化物镀锌的阳极主反应为：

$$Zn-2e^- \longrightarrow Zn^{2+} \quad (4-40)$$

Zn^{2+}离子再分别与CN^-离子和OH^-离子络合：

$$Zn^{2+}+4CN^- \longrightarrow [Zn(CN)_4]^{2-} \quad (4-41)$$

$$Zn^{2+}+4OH^- \longrightarrow [Zn(OH)_4]^{2-} \quad (4-42)$$

当阳极钝化时，还将发生析出氧气的副反应：

$$4OH^- -4e^- \longrightarrow O_2\uparrow +2H_2O \quad (4-43)$$

（3）电解液中各成分的作用

①氧化锌。氧化锌是镀液的主盐，提供被镀的金属离子Zn^{2+}。也可以用$Zn(OH)_2$来提供所需要的锌离子，它可由$ZnSO_4$与NaOH反应制取。当电镀溶液中NaCN和NaOH的含量不变时，提高锌离子的浓度可提高阴极电流效率，加快沉积速度，但阴极极化降低，分散能力下降，易使镀层变粗糙，凸出部位易烧焦，允许的电流密度上限反而下降。降低锌含量，虽然可以增大阴极极化，提高分散能力，使镀层结晶细致，但阴极电流效率下降，沉积速度减小。锌离子含量与氰化物的浓度有关，在高氰镀液中ZnO控制在30～45 g/L，中氰镀液中ZnO为15～25 g/L，低氰和微氰镀液中ZnO为10～15 g/L。

②氰化钠。在高、中氰镀液中氰化钠是主要络合剂。在镀液中锌以$[Zn(CN)_4]^{2-}$形式存在。配方中的NaCN的含量为总量，其中一部分与Zn^{2+}离子络合，另一部分作为游离量存在于电解液中，以使锌氰络离子足够稳定，造成比较大的阴极极化，来提高电解液的分散能力和深镀能力，改善镀层质量。在生产中通常不是控制NaCN的绝对含量，而是控制氰化钠与金属锌的比值。一般氰化钠与金属锌的最适宜的摩尔比为(2.0～3.2)：1。若NaCN的含量过高，则阴极电流效率下降，沉积速度降低；若NaCN含量过低，则镀层易粗糙，光泽性差。

在低氰和微氰镀液中的主要络合剂是氢氧化钠，在镀液中锌以$[Zn(OH)_4]^{2-}$形式存在。但在这种镀液中氰化钠的存在却对改善镀液和镀层的性能起着很重要的作用。这是由于氰化钠具有表面活性作用，很容易吸附在阴极表面形成表面络合物，使阴极极化增大，使镀层结晶细致，厚度均匀。

③氢氧化钠。在高、中氰镀锌溶液中，氢氧化钠对氰化钠具有稳定作用，可以减少氰化钠的水解消耗，提高溶液的电导和电流效率，并能促进阳极的溶解。当氢氧化钠含量过高时，锌阳极自溶解严重，锌离子浓度增加过快，使镀液难以控制，镀层结晶粗大；若氢氧化钠含量过低，将导致电解液中锌离子浓度下降，镀液电导也将下降。

在低氰镀液中氢氧化钠是主络合剂，其含量与锌酸盐镀锌相当，氢氧化钠与金属锌的质量比控制在(8～10)：1。

④硫化钠。镀锌电解液中常常带入一些铅、铜、镉等重金属杂质。由于这些金属的电位较正，易在阴极与锌共沉积而影响镀层质量。加入适量的Na_2S可使之生成硫化

物沉淀以保证镀层质量。

（4）工艺条件的影响

①电流密度。氰化物镀锌的阴极电流密度范围与氰化钠的含量有关。高、中氰镀液的电流密度范围宽一些，低氰镀液的要窄一些。电流密度过高，阴极电流效率降低，镀层粗糙，零件边缘或凸出部位易烧焦；电流密度过低，沉积速度慢，光泽差且易出现阴阳面。

②温度。氰化物镀锌通常在室温下操作。当温度低于 10 ℃时，镀液电导下降，允许电流密度减小，沉积速度减慢。当温度高于 40 ℃时，会加速下述反应：

$$2NaCN+2NaOH+2H_2O+O_2 = 2Na_2CO_3+2NH_3\uparrow \quad (4-44)$$

造成 NaCN 和 NaOH 的无谓消耗，使镀液稳定性下降，阴极极化降低，结晶粗糙。

（5）杂质的影响及去除

氰化物镀锌溶液对杂质的敏感性较小，但是，一些重金属离子和碳酸盐积累到一定量时还是会对镀层质量产生影响，因此，必须将其除去。

1）铜、铅、锡等重金属杂质

若锌阳极或其他试剂纯度不高时，则可将铜、铅、锡等重金属杂质带入镀液中。由于这些金属的电极电位比锌正，很容易与锌共沉积，使得镀层粗糙，颜色发黑，钝化后色泽发暗。而且含铜、铅的锌镀层耐蚀性差。去除这些重金属杂质可采用以下几种方法。

①因为铜、铅、锡等杂质金属的电极电位都比锌正，比锌容易从水溶液中电解析出。因此，用低电流密度（阴极电流密度为 0.1～0.2 A/dm^2）电解一定时间后，即可将它们除去。

②在不断搅拌下加入 Na_2S 2.5～3.0 g/L，使重金属杂质以硫化物的形式沉淀析出。Na_2S 的加入量不可过多，以免镀液中的锌损失过多。

③除去铜杂质还可以用加入锌粉的方法，使锌与 Cu^{2+} 发生置换反应将铜除去。加入锌粉后应充分搅拌，然后静置 2 h 就必须将溶液过滤，否则被置换出的铜又会重新溶解。

2）六价铬

六价铬可能由挂具上沾有钝化液而带入镀槽。六价铬会降低阴极电流效率，或造成局部无镀层。六价格可用锌粉处理。

3）铁杂质

氰化物镀锌对铁杂质的允许含量较高（可达 15 g/L）。铁杂质对镀层的外观影响不大，但铁与锌共沉积会降低锌镀层的耐蚀性。铁杂质可采用 Na_2S 处理除去。

目前市场上已有专用的除杂剂出售，加入镀液中可掩蔽或去除金属杂质，使用方便。

4）碳酸钠

镀液中的氰化钠及氢氧化钠与空气中的氧及二氧化碳作用将生成碳酸钠。镀液中碳酸钠含量过高，会使阴极电流效率降低，若碳酸钠结晶析出，将使镀层变粗糙，色泽发暗。除去碳酸钠的方法有以下两种。

①加入氢氧化钙，使之生成碳酸钙沉淀除去。

②将镀液温度降至 0 ℃以下，使碳酸钠结晶析出除去。

4.5.3 锌酸盐体系

早在20 世纪30 年代有人研究从单纯的锌酸盐电解液中只能得到疏松的海绵状的锌。为了获得有使用价值的锌镀层，人们寻找了各种添加剂，其中包括金属盐、天然有机化合物及合成有机化合物。直到50 年代后期才研制出合成添加剂，采用两种或两种以上的有机化合物进行合成，以其合成产物作为锌酸盐镀锌的添加剂，可以获得结晶细致而有光泽的镀锌层。我国于 70 年代初将这一添加剂应用于电镀锌的生产。

锌酸盐镀锌溶液成分简单稳定，操作维护方便。镀层结晶细致，光泽性好，钝化膜不易变色，电解液的分散能力和深镀能力接近氰化镀锌溶液，适合于电镀形状复杂的零件。镀液对设备腐蚀性小，废水处理简单。缺点是电流效率低（只有 65%～75%），镀层超过一定厚度（15 μm）时脆性增加，对铸、锻件较难镀覆。

（1）锌酸盐镀锌典型工艺（表4-6）

表 4-6 锌酸盐镀锌典型工艺

镀液组成及工艺	1	2	3
氧化锌/(g/L)	8～12	10～15	10～12
氢氧化钠/(g/L)	100～120	100～130	100～120
DE 添加剂/(mL/L)	4～6		4～5
香豆素/(g/L)	0.4～0.6		
混合光亮剂/(mL/L)	0.5～1.0		
DPEⅢ添加剂/(mL/L)		4～6	
三乙醇胺/(mL/L)		12～30	
KR 添加剂/(mL/L)			1.0～1.5
温度/℃	10～40	10～40	10～40
阴极电流密度/(A/dm^2)	1.0～2.5	0.5～3.0	1～4

（2）电极反应

1）阴极反应

电解液中的$[Zn(OH)_4]^{2-}$通过扩散达到阴极表面附近后，首先发生表面转化反应：

$$[Zn(OH)_4]^{2-} \longrightarrow Zn(OH)_2 + 2OH^- \tag{4-45}$$

$Zn(OH)_2$ 为表面络合物，它在电极上得到电子还原为金属锌：

$$Zn(OH)_2 + 2e^- \longrightarrow Zn + 2OH^- \tag{4-46}$$

在阴极上还将发生 H_2O 还原为氢的副反应：

$$2H_2O+2e^- \longrightarrow H_2+2OH^- \tag{4-47}$$

2）阳极反应

锌酸盐镀锌的阳极主反应是金属阳极的电化学溶解：

$$Zn-2e^- \longrightarrow Zn^{2+} \tag{4-48}$$

Zn^{2+}与OH^-络合，形成$[Zn(OH)_4]^{2-}$

$$Zn^{2+}+4OH^- \longrightarrow [Zn(OH)_4]^{2-} \tag{4-49}$$

另外，阳极上还将发生析出氧气的副反应：

$$4OH^- -4e^- \longrightarrow O_2\uparrow +2H_2O \tag{4-50}$$

（3）各成分的作用

1）氧化锌

氧化锌是镀液中的主盐，提供所需要的锌离子。氧化锌与氢氧化钠作用生成$[Zn(OH)_4]^{2-}$络离子：

$$ZnO+2NaOH+H_2O = [Zn(OH)_4]^{2-}+2Na^+ \tag{4-51}$$

锌含量对镀液性能和镀层质量影响很大。锌含量偏高，电流效率提高，但分散能力和深镀能力下降，镀层粗糙。锌含量偏低时，阴极极化增加，分散能力好，镀层结晶细致，但沉积速度慢，零件的边缘及凸出部位易烧焦。

2）氢氧化钠

在锌酸盐电解液中，氢氧化钠是络合剂，作为强电解质，它还可以改善电解液的电导，因此，过量的氢氧化钠是镀液稳定的必要条件。氢氧化钠与氧化锌的最佳比值（质量比）是12∶1，生产上一般控制在（10～13）∶1。氢氧化钠含量过高，将加速锌阳极的自溶解，使镀液的稳定性下降；氢氧化钠含量过低，将使阴极极化下降，镀层粗糙，且易生成$Zn(OH)_2$沉淀。

3）添加剂

在锌酸盐电解液中，添加剂对镀层质量起着决定性的作用，当镀液中不含添加剂时，只能得到黑色的疏松的海绵状锌。作为商品的添加剂种类很多，原则上可以分为以下两类。

①晶粒细化剂又称极化型添加剂，主要是有机胺和环氧氯丙烷的缩合物。这类添加剂都是长链的具有表面活性的共聚物，能特性吸附在阴极表面上，并有较强的吸附性能和较宽的吸附电位范围，将浓差极化控制的电极过程转变为电化学极化控制的电极过程，使镀层结晶细致，但镀层光泽性较差。

②光亮剂，包括金属盐、芳香醛、杂环化合物及表面活性剂。这类添加剂能使镀层更光亮、平滑，并且能降低镀层的应力。生产实践表明，只有同时加入两种或两种以上添加剂时，才能在较宽的电流密度范围内获得结晶细致、光亮的镀层。在生产过程中，各种添加剂和光亮剂的补加应以“少加、勤加”为原则，具体添加方法按产品使用说明书进行。

（4）工艺条件的影响

1）温度

锌酸盐镀锌电解液的操作温度一般控制在10～40 ℃。温度过高，将加速阳极的自溶解，使镀层变粗糙，电解液的分解能力和深镀能力均下降；温度低时，镀液的导电性能差，添加剂吸附强，但脱附困难，此时允许使用的电流密度范围缩小，沉积速度减慢。

2）电流密度

在锌酸盐电解液中，由于加入了添加剂，使允许使用的电流密度上限大大提高。但是，允许使用的电流密度范围与镀液温度有很大关系，在30～40 ℃时，宜用2～4 A/dm^2，而在20 ℃以下时，只能使用1.0～1.2 A/dm^2。

4.5.4 氯化钾体系

氯化物镀锌可以分为氯化铵镀锌和无铵氯化物镀锌两大类。氯化铵镀锌由于对设备腐蚀严重、废水处理困难等原因，已逐渐被淘汰。20世纪70年代后期发展起来的氯化钾（钠）镀锌，不仅完全具备了氯化铵镀锌的优点，而且还克服了其存在的缺点，因此得到了迅速发展。目前，根据粗略统计，在我国氯化钾（钠）镀锌溶液的体积已超过镀锌溶液总体积的50%。

（1）氯化钾（钠）镀锌工艺条件（表4-7）

表4-7 氯化钾(钠)镀锌工艺

镀液组成及工艺	1	2	3
氯化锌/(g/L)	60～70	55～70	55～70
氯化钾(钠)/(g/L)	200～230	180～220	180～25(NaCl)
硼酸/(g/L)	25～30	25～35	30～40
70% HW 高温匀染剂/(mL/L)	4		
SCZ 光亮剂/(mL/L)	4		
ZL-88 光亮剂/(mL/L)		15～18	15～20
DH-50 光亮剂/(mL/L)			
pH	5～6	5～6	5～6
温度/℃	5～65	10～65	15～50
阴极电流密度/(A/dm^2)	1～6	1～8	0.5～4.0

（2）电极反应

1）阴极反应

在氯化铵镀锌溶液中，锌与铵形成锌铵络合离子，但是这种络离子很不稳定，在阴极区域的电场作用下，易于离解：

$$[Zn(NH_3)_4]^{2+} \rightleftharpoons Zn^{2+} + 4NH_3 \quad (4-52)$$

在氯化钾镀锌的溶液中虽然 Cl^- 也能与 Zn^{2+} 络合，但络合能力很弱。因此，氯化钾镀锌仍属于简单盐电解液电镀。故氯化物镀锌的阴极反应如下。

Zn^{2+} 还原为金属锌，反应方程式如下：

$$Zn^{2+}+2e^- \longrightarrow Zn \tag{4-53}$$

同时还有可能发生 H^+ 还原为氢气的副反应：

$$2H^++2e^- \longrightarrow H_2\uparrow \tag{4-54}$$

2）阳极反应

氯化钾镀锌采用可溶性锌阳极，因此，阳极的主反应为金属锌的电化学溶解：

$$Zn-2e^- \longrightarrow Zn^{2+} \tag{4-55}$$

当阳极电流密度过高时，阳极进入钝化状态，此时还将发生析出氧气的副反应：

$$2H_2O-4e^- \longrightarrow O_2\uparrow +4H^+ \tag{4-56}$$

在 pH 低时，锌板还会化学溶解：

$$Zn+2HCl \longrightarrow ZnCl_2+H_2\uparrow \tag{4-57}$$

当阳极钝化时，会有氯气析出：

$$2Cl^--2e^- \longrightarrow Cl_2\uparrow \tag{4-58}$$

（3）镀液中各成分的作用

1）氯化锌

氯化锌是镀液中的主盐，其浓度可在较大范围（45～100 g/L）内变化。氯化锌含量偏低时，电解液的分散能力和深镀能力好，但易出现浓差极化，使允许使用的电流密度上限下降，在高电流密度区镀层容易烧焦。当氯化锌含量偏高时，电解液的分散能力和深镀能力下降，镀层粗糙，镀件出槽时带出的损失增加。在镀液温度较高并采用移动阴极或滚镀时，由于传质过程阻力小，不易出现浓差极化，可适当降低氯化锌含量。相反，在冬季宜采用偏高的浓度。

2）氯化钾（钠）

氯化钾（钠）是电解液中的导电盐，氯离子又是锌离子的弱配位体，当氯离子偏高而锌离子偏低时，可形成如 $K_4(ZnCl_6)$ 高配位络合物，能起到增加阴极极化和提高分散能力的作用。

氯化钾和氯化钠在电解液中的主要作用是改善电导，提高分散能力，并降低槽电压。生产中大多使用氯化钾。使用氯化钾比使用氯化钠有较多的优点：由于钾离子的浓度比钠离子大，因此钾盐的导电性比钠盐高，阴极极化大，使用的电流密度范围比钠盐宽，钾盐电解液的镀层脆性也比钠盐的小。氯化钠只是成本低，在一些零件形状简单或滚镀的场合还是可用的。氯化钾的浓度不宜过高，特别是在冬季温度低于 5℃ 时，容易析出结晶，所以冬季宜用 180～200 g/L，夏季则可达 220 g/L。氯化钾含量太低时，镀液的分散能力和深镀能力下降，光亮电流密度范围变窄。

3）硼酸

硼酸是缓冲剂。氯化钾镀锌电解液的 pH 一般维持在 5.0～6.5。作为缓冲剂，硼酸的含量一般控制在20～35 g/L为宜，含量过低，缓冲效果差；含量过高，在温度较低时易析出结晶。

4）光亮剂

氯化钾镀锌使用的是组合光亮剂，由主光亮剂、载体光亮剂和辅助光亮剂组合而成。

当前国内市场上已有各种牌号的组合光亮剂销售，可供选择使用。

（4）工艺条件的影响

1）pH

为了维持氯化钾镀锌的正常生产，一般将镀液的pH控制在5～6。pH过高，光亮剂易析出；pH过低，将使氢气大量析出而降低阴极电流效率，镀液的分散能力和深镀能力下降。pH过高，镀层粗糙不光亮，当pH>6.5时，将发生氯化锌水解为氢氧化锌的反应，氢氧化锌夹杂在镀层中，会使镀层发黑，脆性增加。若氢氧化锌黏附在阳极上，还会造成阳极钝化。

2）温度

氯化钾镀锌电解液的操作温度范围很宽，一般在10～50 ℃或更高一些，即夏季不需降温，冬季不需加温。电解液的操作温度取决于组合光亮剂的类型。若组合光亮剂的浊点较高，则允许的操作温度也较高。因为主光亮剂是靠载体光亮剂的增溶作用而分散在电解液中的，若电解液的温度高于载体光亮剂的浊点时，则载体光亮剂将失去对主体光亮剂的增溶作用，使镀液呈混浊状态，光亮剂失效。

3）电流密度

氯化钾镀锌的阴极电流密度与电解液中的Zn^{2+}的浓度、电解液温度及搅拌情况有关。若Zn^{2+}浓度较高，且有阴极移动装置，则可使用较高的阴极电流密度。

（5）氯化锌镀锌电解液中的杂质及去除方法

1）铁杂质

铁杂质进入电解液大都是由于在电镀过程中操作不慎，将零件掉入镀槽又未及时打捞所致。当铁杂质含量大于5 g/L时，镀层发暗，钝化困难。铁杂质含量太高还将使电解液的分散能力下降。

电解液中的铁杂质通常是以Fe^{2+}及Fe^{3+}的形式存在，在除去铁杂质时，应先将电解液中的Fe^{2+}氧化成Fe^{3+}。具体方法是，加入30%的双氧水0.5～1.0 mL/L，经充分搅拌后，用氢氧化钠将电解液的pH调至6.0～6.5，使Fe^{3+}生成氢氧化铁沉淀，经过滤后除去。

2）铜杂质

铜杂质主要是由阳极或药品中含有铜或铜极杠的腐蚀产物落入镀槽中所致。电解液中的Cu^{2+}超过10 mg/L时，镀层呈灰黑色，钝化处理后，灰黑色膜层将更加明显。去除铜杂质的方法有以下两种。

①向电解液中加入锌粉1～2 g/L，搅拌30 min，使电解液中的Cu^{2+}全部被锌置换成铜粉，然后经过滤除去。

②以瓦楞形铁板做阴极，阴极电流密度控制在0.10～0.15 A/dm^{2}进行电解处理，使Cu^{2+}在阴极上还原沉积。

3）铅杂质

主要是由于阳极材料或药品不纯而带入电解液中的。当铅杂质的含量超过5 mg/L时，会使镀层发灰，钝化后光泽性差。去除方法与去除铜杂质相同。

4）有机杂质

由于在电镀过程中部分有机添加剂分解，其分解产物积累到一定量后，会使镀层粗糙、发雾，钝化后无光泽，甚至覆盖能力下降。可加入3 g/L的活性炭，经充分搅拌，静置过夜后过滤。

当前市场上已有商品除杂剂出售，可延长镀液的使用周期。

4.5.5　硫酸盐体系

硫酸盐镀锌是最早使用的电镀方法，其特点是镀液成分简单，稳定性好，成本低，电流效率高（接近100%），沉积速度快。缺点是阴极极化小，分散能力与深镀能力差，镀层结晶也较粗，只适于加工形状简单的零件、线材及带材等。目前在线材和带材电镀锌生产中仍普遍使用硫酸盐镀锌工艺。

（1）硫酸盐镀锌工艺条件（表4-8）

表4-8　硫酸盐镀锌工艺规范

镀液组成及工艺	1	2	3	4
硫酸锌/(g/L)	360	470～500	300～400	250～450
硫酸钠/(g/L)		50		20～30
硫酸铝/(g/L)	30	30		
明矾/(g/L)	25	45～50		
硼酸/(g/L)	15		20～30	
氯化铵/(g/L)	15			
糊精/(g/L)				
硫锌-30光亮剂/(mL/L)			15～20	
DZ-300-Ⅰ光亮剂/(mL/L)			2	10～20
pH	3.8～4.2	3.8～4.4	4.5～5.5	3～5
温度/℃	室温	室温	10～50	5～55
阴极电流密度/(A/dm^2)				
挂镀	1～3	1～3		1～5
连续镀	10～15	10～20	10～30	10～40

（2）电极反应

硫酸盐镀锌是简单盐电镀，其电极反应也较简单。

1）阴极反应

硫酸锌在水中解离成 Zn^{2+} 和 SO_4^{2-}。电镀时，锌离子在阴极上还原为金属锌：

$$ZnSO_4 \longrightarrow Zn^{2+} + SO_4^{2-} \tag{4-59}$$

$$Zn^{2+} + 2e^- \longrightarrow Zn \tag{4-60}$$

同时，还可能有析出氢气的副反应：

$$2H^+ + 2e^- \longrightarrow H_2\uparrow \tag{4-61}$$

2）阳极反应

阳极的主反应是金属锌的阳极溶解：

$$Zn \longrightarrow Zn^{2+} + 2e^- \tag{4-62}$$

同时还有少量的析氧副反应：

$$4OH^- - 4e^- \longrightarrow 2H_2O + O_2\uparrow \tag{4-63}$$

（3）各成分作用

1）硫酸锌

硫酸锌是电解液的主盐，又是较好的导电盐，其含量范围在 200～500 g/L。锌浓度偏低，镀层结晶较细；锌浓度偏高，允许使用高电流密度，提高沉积速度。线材及带材电镀多采用高浓度电解液。

2）硫酸钠、氯化铵

硫酸钠及氯化铵是导电盐，能提高电解液的电导率，后者还有助于阳极的溶解。

3）硫酸铝、明矾和硼酸

这些化合物是缓冲剂，稳定镀液的 pH。硫酸铝、明矾在 pH 为 3～5 时缓冲性好；硼酸在 pH 为 4～5 时缓冲性好。

4）糊精、硫锌-30 光亮剂及 ZD-300-I 光亮剂

作为添加剂，它们能提高阴极极化，提高分散能力，使镀层结晶细化。硫锌-30 光亮剂及 ZD-300-I 光亮剂还有增光和整平作用，改善镀层的外观质量。

（4）工艺条件的影响

1）温度

一般在室温下操作。温度高可允许使用高电流密度，但不宜超过 60 ℃，温度过高镀层结晶粗糙；温度低于 5 ℃，易析出结晶，影响镀层质量。

2）pH

pH 一般控制在 3.8～5.0。pH 偏低，镀层光亮性好，但电流效率低；pH 偏高，镀层粗糙、发暗。在生产过程中 pH 呈上升趋势，故应经常检查，并用稀硫酸调整。

3）电流密度

阴极电流密度与电解液中的锌浓度、镀液温度、添加剂种类及镀件形状有关。一般来说，随电流密度升高，阴极极化增大，镀层光亮细致，覆盖能力好，沉积速度快。因此，只要镀层不烧焦，就可以尽量使用大电流密度进行生产。

4.5.6 镀后除氢处理

镀件在经过酸洗、阴极电解除油及电镀过程中都可能在镀层和基体金属的晶格中渗氢从而造成晶格歪扭变形使内应力增加，产生氢脆。氢脆对材料的力学性能危害比较大，特别对一些高强钢和弹簧钢等材料尤甚，如不除去，不仅影响部件的寿命，还可能会造成严重的破坏事故。因此，某些钢材和用于特殊条件下的部件，必须进行除氢处理，例如，高强钢和弹性部件上镀锌一定要进行除氢。

除氢前镀件必须彻底清洗干净，除氢时可把镀件埋在石英砂内，除氢后如果钝化有困难，可在钝化前先活化一下，用10%硫酸活化即可。

除氢就是采取热处理的方法，将氢从零件基体中赶出。除氢效果与温度和时间有关。除氢通常在烘箱内进行，除氢温度一般规定为180～230 ℃，时间为2～3 h，有的需要3 h以上。控制温度的高低和时间的长短应由基体材料和电镀工艺决定。

4.6 电镀镍

4.6.1 概述

镍表面存在一层钝化膜，因此化学稳定性很高。常温下与空气和水都不发生化学反应，易溶于稀硝酸，不溶于碱。镍具有银白色（略呈黄色）的金属光泽，并具有磁性。镍的密度为8.9 g/cm^3 点为1453 ℃。

镍的标准电极电位（-0.25 V）比铁正，在铁基体上的镀镍层是阴极性镀层。因此，只有当镀层完整无缺时，镍镀层才能使钢铁基体受到机械保护而免遭腐蚀。但是，一般的镍镀层是多孔隙的，所以很少单独使用镍镀层作防护性镀层，而常常与其他金属镀层组成多层镀层体系，以达到防护装饰目的。

经典的防护装饰性镀层主要采用铜-镍-铬镀层体系。镍镀层多用作该镀层体系的中间镀层。这种体系对基体没有电化学保护作用，须靠增加铜、镍镀层厚度来提高耐蚀性。目前，国内外主要研究、应用多层镀镍——微不连续铬镀层体系以取代经典的铜-镍-铬镀层体系。采用这一体系的目的是减少镍层的总厚度，以节约镍，同时又能明显地提高其防护-装饰性能。

镍镀层也越来越多地用作功能性镀层，如用于机器零件的修复、改进表面耐磨性、用作平板太阳能吸收器等。

4.6.2 镀镍溶液的分类

镀镍层的性能与采用的镀镍工艺有很大的关系，不同的工艺其镀层的性能有很大的不同。根据镀液组成的不同，镀镍溶液可分为瓦特型镀镍溶液、氯化物-硫酸盐镀液、氯化物镀镍溶液、全硫酸盐镀镍溶液、氟硼酸镀镍溶液、氨基磺酸盐镀镍溶液、络合型镀镍溶液及其他镀镍溶液。根据添加物的不同及需要和用途的不同又可分为普通镀镍工艺、光亮和半光亮镀镍工艺、电镀多层镍工艺、电镀黑镍及有特殊要求的镀镍工艺。

镀镍的溶液种类很多，大致可以分为电镀普通镍（无光泽镍）、冲击镍、半光亮镍、光亮镍等。还可以根据镀液的组成分为硫酸镍、氯化物镀镍、氨基磺酸盐镀镍等。目前，硫酸盐低氯化物镀液应用最为普及。

4.6.3 普通镀镍

（1）镀暗镍

普通镀镍也叫镀暗镍。镀暗镍工艺是最基本和最简单的，其他的镀镍工艺都是在镀暗镍的基础上发展起来的。镀暗镍有瓦特镀镍和一般的镀暗镍，都是以硫酸镍、少量氯化物和硼酸为基础成分。它镀出的镍镀层结晶细致，易于抛光、韧性好、耐蚀性也比亮镍好，常作为底镀层使用。镀暗镍的组成与工艺条件见表4-9。

表4-9 镀暗镍的镀液与工艺条件

镀液组成及工艺	瓦特镀镍	氯化物镀镍	硫酸盐镀镍	预镀镍
硫酸镍/(g/L)	250～350		300	150～200
氯化镍/(g/L)	30～60	300		
氯化钠/(g/L)				
硼酸/(g/L)	30～40	30	40	30～35
十二烷基硫酸钠/(g/L)				0.05～0.10
温度/℃	45～65	55～70	4.5	18～35
pH	3～5	2	3～5	5.0～5.5
阴极电流密度/(A/dm^2)	1.0～2.5	2～8	2～10	0.5～1.0

（2）电极反应

1）阴极过程

从配方中看出，普通镀镍液中含有Ni^{2+}、H^+、Mg^{2+}、Na^+ 4种阳离子，其中Mg^{2+}和Na^+电极电位很负，不可能在阴极上发生还原反应。而Ni^{2+}、H^+可发生还原反应。从标准电位看，镍的电位比氢离子负，氢有可能优先析出。然而，普通镀镍的电流效率却高达95%以上，其原因有两点：一是镀镍溶液的pH在3.5～5.5，多在4.5～5.5使用，即H^+浓度为10^{-5}～10^{-4}mol/L，H^+浓度低放电析出亦少。若pH小于2，氢离子浓度大，就会发生氢的竞争还原，甚至无镍的析出。所以镀液维持一定的pH范围是镀镍的必要条件之一。二是氢在任何溶液中电析都有一定的氢过电位，氢在镍上电析有一定的电位（镍属中氢过电位金属），所以氢电析比镍困难。

镀镍过程主要是受电化学步骤控制的，当阴极电流密度较高时，将由电化学和扩散两步骤联合控制。

$$Ni^{2+}+e^- \longrightarrow Ni^+;\ Ni^++e^- \longrightarrow Ni \tag{4-64}$$

阴极上还有氢的还原：

$$2H^++2e^- \longrightarrow H_2\uparrow \tag{4-65}$$

析氢导致双电层中 pH 比溶液本体高，当 pH 达到 6.6 时，就有 $Ni(OH)_2$ 形成，夹杂在镀层中，造成晶粒歪扭而引起镀层发脆。

2）阳极反应

镀镍采用可溶性镍阳极，它的阳极反应为金属镍的电化学溶解：

$$Ni-2e^- \longrightarrow Ni^{2+} \tag{4-66}$$

由于金属镍有强烈的钝化倾向，当溶液中无阳极活化剂时，若电流密度偏高则会导致电极电位正移，镍表面则生成一种褐色的氧化膜，镍的溶解几乎停止，并发生如下副反应：

$$2H_2O-4e^- \longrightarrow O_2\uparrow+4H^+ \tag{4-67}$$

$$2Ni+3[O] \longrightarrow Ni_2O_3 \tag{4-68}$$

$$2Cl^--2e^- \longrightarrow Cl_2\uparrow \tag{4-69}$$

当镍阳极处于钝态后，电解液中镍离子浓度降低，而氢离子浓度增加，导致阴极电流效率下降，电力线分布不均，从而恶化了镀层质量。目前，防止镍阳极钝化的有效方法是加入一定量的氯化物。由于氯离子的活化作用，使阳极保持正常溶解状态。当有足够的氯离子存在时，阳极则不发生钝化，或者钝化膜中的氧被氯离子所取代，变成可溶性氯化物而使阳极活化。

（3）镀液各成分的作用

1）硫酸镍

硫酸镍是主盐。镀镍电解液的主盐可以采用硫酸镍、氯化镍，其中硫酸镍应用较广泛，因为硫酸镍的溶解度大，纯度高，价格低廉。另外，虽然氯化镍也具有较高溶解度，但氯离子含量过高，会使镀层内应力加大，并加剧设备的腐蚀。

镍盐的含量允许在较大范围内变化，一般控制在 100～350 g/L，含量低的电解液分散能力好，镀层结晶细致，易于抛光，但沉积速率慢。含量高的电解液也能获得色泽均匀的暗镍层，且允许使用电流密度高，沉积速率快，适用于快速镀镍。含量过高，则阴极极化降低，分散能力变差，同时镀液的带出损失较大。

2）氯化镍或氯化钠

氯化镍或氯化钠是阳极活化剂。在镀镍中，由于阳极容易钝化而溶解不正常。为了防止阳极发生钝化，保证其正常溶解，在镀镍液中通常要加入阳极活化剂。作为阳极活化剂，可以采用氯化钠或氯化镍。氯化钠来源容易解决，价格低廉，通常多采用氯化钠作为阳极活化剂。在快速镀镍电解液中，为了减少钠离子的影响，可采用氯化镍作为阳极活化剂。

3）硼酸

硼酸是缓冲剂。pH 在电镀镍工艺中非常重要。pH 过低，阴极的电流效率下降；pH 过高，镀层的脆性和孔隙率增加。在镀镍工艺中常用的缓冲剂有硼酸、柠檬酸、乙酸及它们的碱金属盐类。其中硼酸的效果最好，同时它还能改善镀层的性能。

硼酸含量在 25 g/L 以下时，它的缓冲作用不好，当含量达 30 g/L 以上时，其缓冲作用才比较显著。因此，在一般镀镍电解液中，硼酸的含量通常维持在 30～35 g/L 为宜。

4）硫酸钠和硫酸镁

硫酸钠和硫酸镁是导电盐。在硫酸盐低氯化物电解液中，由于硫酸镍的电导率较低，因而电解液的导电性能比较差。必然造成电解液的分散能力差、槽电压高。而且允许使用的电流密度也低。为此在电解液中加入硫酸钠和硫酸镁以改善电解液的电导。同时，硫酸镁还具有增大阴极极化，使镀层结晶细致柔软，易于抛光的作用，所以在普通镀镍中普遍使用。但是，这些局外电解质的加入，增大电解液的总浓度，双电层被压缩，因而使镍离子放电时的过电位增大，析氢增加，结果阴极表面附近生成镍的氢氧化物或碱式盐，这些化合物黏附于电极表面，造成氢气泡的滞留，使镀层出现针孔。如果夹杂在镀层中，则镀层变脆。因此，导电盐不宜过多。在现代的快速镀镍液中，采用较低的 pH，增加金属主盐含量，采用加温和搅拌电解液等多措施来提高电导，一般不增加导电盐。

5）十二烷基硫酸钠

十二烷基硫酸钠是润湿剂。润湿剂的加入可以防止针孔的产生，而产生针孔是因为氢气泡在电极表面的滞留所致。十二烷基硫酸钠是一种阴离子型表面活性剂，能特性吸附在阴极表面，从而降低了电极表面与溶液之间的界面张力，使溶液充分润湿电极表面。气泡在电极上的润湿接触角增大，气泡在很小时就离开电极表面，这样就可以防止或减轻镀层产生针孔。但是，当电解液被油或有机物质沾污，或零件除油不彻底时，尽管镀液中含有十二烷基硫酸钠，也不能避免产生针孔。

（4）工艺条件的影响

1）pH

溶液 pH 对镀液性能、镀层外观等影响较大。pH 过低，镀液的电流效率下降，镀层容易出现针孔；pH 过高，镀液浑浊，阴极附近出现碱式镍盐沉淀的倾向并夹杂在镀层中，镀层变得结晶粗糙。

2）温度

在温度较高的镀液中获得的镀层内应力小、延展性好，升高温度可以提高盐类的溶解度、增加镀液的电导。当温度升高时，阳极极化和阴极极化均有所降低，阳极不易钝化，阴极电流效率也随温度的升高而增加。但随着温度的升高，盐类水解及氢氧化物沉淀倾向增大，镀层易出现针孔，镀液的分散能力降低。

3）阴极电流密度

阴极电流密度与温度、镍离子浓度、pH 和搅拌等有密切的关系。一般情况下，溶液浓度较高、pH 较低，并在加温和搅拌时，允许使用较高的阴极电流密度；反之，在温度和浓度都较低的镀镍溶液中，只能采用较小的阴极电流密度。

4）搅拌

搅拌可以防止因阴极表面附近液层中镍离子和氢的贫乏而引起 pH 的增加，pH 增加容易产生氢氧化物沉淀，夹杂在镀层中，使镀层的内应力增加，搅拌镀液有利于氢气泡从阴极表面逸出，减少镀层的针孔。搅拌方式可采用阴极移动、净化压缩空气吹及溶液高速循环等。快速镀镍可采用压缩空气搅拌及连续循环过滤装置。

（5）电解液中杂质的影响及去除

1）铁

溶液中铁杂质的允许范围为 pH 较低时小于 0.05 g/L，pH 较高时小于 0.03 g/L。超过允许范围则镀层会出现针孔，变得粗糙，甚至产生龟裂。此时应将 pH 调至 3，用双氧水把铁全部氧化为三价铁，再将 pH 调至 6 使之生成 $Fe(OH)_3$ 沉淀并过滤。

2）铜

铜的允许含量必须低于 0.01 g/L。超过允许含量时，低电流密度区镀层发暗且粗糙，含量更高时还会出现海绵状。可将镀液 pH 调至 3，用 0.05～0.10 A/dm^2 的电流密度电解处理。也可加入亚铁氰化钾等能与铜形成沉淀的物质使铜沉淀，过滤后便可除去铜杂质。

3）锌

锌的允许含量为 0.02～0.10 g/L。超过此范围，镀层发脆，出现黑条纹，低电流密度区发黑。除去的方法有化学法和电解法。化学法是将 pH 调至 6，加入 5～10 g/L 的碳酸钙至 pH 为 6.3，加热至 70 ℃，搅拌 1～2 h，静置过滤。用化学法处理时镍盐会损失 10% 左右。电解法是以镀镍的瓦楞型铁板为阴极，以 0.2～0.4 A/dm^2 的电流密度，在搅拌的条件下电解处理。

4）六价铬

六价铬允许含量必须低于 0.01 g/L。超过允许含量时，镀层发黑，阴极电流效率降低，镀层与基体的结合力下降，当含量达到 0.1 g/L 时完全镀不出镍。除铬的方法有硫酸亚铁法和保险粉法，具体如下。

硫酸亚铁法：首先用硫酸将溶液的 pH 调至 3，然后根据六价铬的含量加入适量的硫酸亚铁，搅拌 1 h，使 Cr^{6+} 还原为 Cr^{3+}。再加入适量的双氧水将多余的 Fe^{2+} 氧化为 Fe^{3+}，pH 至 6.2，加温至 60 ℃，静置过滤。

保险粉法：将镀液的 pH 调整至 3，在搅拌下加入保险粉（连二亚硫酸钠）0.2～0.4 g/L，使 Cr^{6+} 还原为 Cr^{3+}。搅拌 1 h 左右，然后调 pH 为 6.2，使之形成 $Cr(OH)_3$ 沉淀，净置数小时后过滤。然后再加入适量的双氧水以除去多余的保险粉，最后将 pH 调回正常值，即可电镀。

5）铅

铅对镍镀层的影响与六价铬的影响相似。可用0.5 A/dm^2 的电流密度电解镀镍溶液来除去铅杂质。

6）硝酸根

微量硝酸根的存在可使镀层发灰、发黑，脆性增大。当含量达0.2 g/L时，阴极电流效率降低，镀层呈黑色。除去的方法为：调节 pH 至1～2，在高电流密度电解，使 NO_3^- 还原为氨，再逐渐把电流密度降至0.2 A/dm^2 左右，一直电解至镀液正常。

7）有机杂质

有机杂质增多会使镀层发脆，变黑，产生斑点、针孔、条纹等缺陷，严重时可造成局部无镀层。有机杂质可用活性炭除去：将3～5 g/L 粉末状活性炭在不断搅拌下慢慢加入电解液中，加热至60～80 ℃，继续搅拌，静置过滤。当有机杂质多时，可先用2～3 mL/L 30%的双氧水使有机杂质氧化，再加活性炭处理。对于不能用活性炭处理的杂质，可用低电流密度电解除去。

4.6.4 光亮镀镍

从电镀槽中直接镀取高整平的半光亮镍或全光亮镍镀层具有很大的技术经济意义：可减轻繁重的机械抛光，改善生产条件；节约金属和辅助材料，降低总成本；可大大减少工序，便于自动化生产；所用电流密度高，可提高工效；光亮镍层比暗镍硬度高，耐磨性提高，可避免因抛光造成棱、角处露底或镀层过分减薄的问题，有利于提高整体的耐蚀性。基于上述原因，人们都十分重视光亮电镀的研究和应用，尤其重视光亮镀镍的研究，所投入的人力、物力超过大多数镀种，所得成果也最突出。

（1）光亮剂作用机制简介

大家知道，我们肉眼所见到的光泽与颜色都与光波的选择性吸收和反射有关系，因而认为金属的光泽与金属表面的粗糙度和结晶粒子的大小这两个因素有关。金属表面越平整，镀层沉积时的粒子越细小，则金属的表面就越光亮。

光亮剂的作用机制必然与降低基体金属表面粗糙度和细化结晶粒子有关。关于光亮剂的作用机制有各种不同的理论解释，虽然叙述角度不同，但都围绕着填平金属微观粗糙表面和细化结晶这两个基本因素来阐述其观点。

①原子理论。1974 年日本学者马场用原子观点来解释光亮镀层发光的原理，他指出镀层上电子的自由流动是镀层产生光亮的原因。金属结晶中充满着自由流动的电子，一旦接受光能，自由电子迅速将能量传递到全部结晶中去，并立即把光放出来，它一点也不吸收光子，这就是金属显示光亮的原因。这种理论的基础是镀镍采用含硫添加剂，在阴极过程中硫化物也夹杂在金属晶格中，金属硫化物具有半导体的电子传导性，可以沟通结晶之间的电子流，因而镀层显示光泽。

电子自由流动的观点可以说明镀层光亮的原因及结晶粗糙度对光亮度的影响，

但是用硫化物半导体性能来解释光亮剂的作用机制是比较勉强的。因为有些光亮剂并不含硫，且含硫的光亮剂也并非都要还原为硫化物才有光亮效果。此外，含双键和三键的光亮剂的还原产物并无半导体性质，这也是电子自由流动观点难以解释的。

②扩散理论。认为光亮剂的电极过程由表面步骤和扩散步骤组成，即光亮剂在电极表面上由于吸附、还原和在镀层中夹杂而消耗，靠从溶液中扩散来补充。当扩散步骤为过程的控制步骤时，光亮剂的阻化能力取决于扩散能量，阴极微凹处扩散层厚，扩散流量小，阻化小，电流大，金属沉积多。相反，在微凸处扩散层薄，扩散流量大，阻化强，电流小，金属沉积量少，这样就填平了微观沟痕。镀层变得平滑而光亮。

目前，扩散理论被许多学者认可。但由于金属电沉积机制，特别是电结晶过程及添加剂阴极吸附还原机制还不十分清楚，所以光亮剂的作用机制还有待进一步研究。

尽管各种理论解释的角度不同，也都不同程度地存在局限性，但以下各条是共通的：有光亮剂作用的添加剂必定能提高阴极极化，这是必要条件，但有极化作用的添加剂并非都具有光亮作用。所有光亮剂的作用都与降低金属表面粗糙度、提高平滑度和细化结晶有关。光亮剂和整平剂的区别在于对极化影响的大小不同。前者提高 10～30 mV 即可，而后者必须提高 50 mV 以上。所以后者兼有光亮和整平的双重作用。

目前光亮剂主要有第一类光亮剂（初级光亮剂）——芳香族的含有磺酰基的化合物，其通式可表示为：

$$R_i—SO_x—P_y$$

如奈二磺酸、奈二磺酸钠、对甲苯磺酰胺、糖精等。

第二类光亮剂（次级光亮剂）——含双键和三键的不饱和基团的有机化合物，如香豆素、丁炔二醇、丙炔醇等。

（2）半光亮镀镍和光亮镀镍工艺

半光亮镀镍和光亮镀镍是现代镀镍体系中最基本、最重要的镀层。主要用途是作为镀铬的底层，也是多层镀镍体系的基本组合镀层，使镀层之间产生电位差，使镀层体系具有良好的防护-装饰效果。

半光亮镀镍采用不含硫的第二类光亮剂，它主要不是为获得半光亮镍镀层，而是为整平微观粗糙表面和提高耐蚀性的特殊要求，做双层或三层镀镍的底层，它的稳定电位必须比亮镍层正 100 mV 以上，在任何多层镍体系中半光镍的厚度要占镀镍总厚度的 70%～80%。近年来，半光镍多采用香豆素-甲醛和丁炔二醇-醋酸两种类型的添加剂。为改善添加剂的性能，先后开发出 SB、NS-21 等添加剂。

半光亮镀镍工艺见表 4-10；光亮镀镍工艺见表 4-11。

表 4-10　半光亮镀镍的工艺规范

镀液组成及工艺	1	2	3
$NiSO_4$/(g/L)	300～350	280～320	200～300
$NiCl_2$/(g/L)	25～40	35～40	30～40
H_3BO_3/(g/L)	35～40	35～45	35～40
SB-1 低泡润湿剂/(mL/L)	0.8～1.5		
SB-2 低泡润湿剂/(mL/L)	0.5～1.5		
NS-21 低泡润湿剂/(mL/L)		2～4	
NS-71 低泡润湿剂/(mL/L)		3～5	
香豆素/(g/L)			0.15～0.30
甲醛/(g/L)			0.15～0.20
十二烷基硫酸钠/(g/L)			0.1
pH	3.8～4.5	3.8～4.8	3.8～4.2
温度/℃	45～55	50～60	45～50
阴极电流密度/(A/dm^2)	2～3	1～4	3～4
搅拌方式	阴极移动	阴极移动或空气搅拌	阴极移动或空气搅拌

注:SB-1、SB-2 低泡润湿剂均由上海日用五金研究所研制;NS-21、NS-71 低泡润湿剂均由广州电器科学研究所研制。

表 4-11　光亮镀镍工艺规范

镀液组成及工艺	1	2	3
$NiSO_4$/(g/L)	250～350	300～350	300～350
$NiCl_2$/(g/L)	45～55	40～60	
NaCl/(g/L)		12～15	15～20
H_3BO_3/(g/L)	40～50		40～45
糖精/(g/L)			1～3
791/(g/L)			2～4
NS-11/(mL/L)		1.5～2.0	
NS-12/(mL/L)		1.5～2.0	
NS-13/(mL/L)		8～10	
BH-90(开槽剂)/(mL/L)	8～12		

续表

镀液组成及工艺	1	2	3
BH-90(补给剂)/(mL/L)	0.8～1.2		
十二烷基硫酸钠/(g/L)		0.05～0.10	0.10～0.15
pH	4.0～4.8	4.5～4.8	4.0～4.5
温度/℃	50～60	55～65	40～45
阴极电流密度/(A/dm^2)	2～8	2.5～8.5	2～4
搅拌方式	阴极移动	阴极移动	阴极移动

注:791 由上海轻工研究所研制;NS-11、NS-12、NS-13 由广州电器研究所研制;BH-90 由广州市二轻研究所研制。

（3）半光亮镍和光亮镍生产维护要点

①镀液中的镍盐、硼酸和氯离子要定期分析补充。

②镀液添加剂的维护是镀取优质镀层的关键，要遵循“少加、必要时勤加”的原则进行补充。添加剂的消耗速度对产品光亮度、整平性要求、溶液温度、电流密度、搅拌方式、操作技能等因素有关。通常采用高电流密度比低电流密度消耗的添加剂要少，这是由于高电流密度下添加剂的吸附夹杂量少。补充方式采用连续滴加法为好。参考说明书上每千安时添加量进行补充。

③光亮剂对杂质都比较敏感，要以预防为主，谨防带入和零件掉落，并经常进行处理，净化处理时要少用或不用双氧水，以防破坏光亮剂。有条件时最好采用连续过滤方式。

④镀液的 pH 每次实验前都要进行测定，一般不得大于 5 并及时调整。使用中 pH 呈升高趋势，用硫酸或与盐酸相和的混合酸调。

⑤为提高光亮度和整平性，镀液必须搅拌，可用阴极移动或空气搅拌与连续过滤相结合，采用空气搅拌时必须使用低泡润湿剂。

⑥阳极一定要用尼龙布包裹，以防阳极泥掉入槽中，最好用钛篮装挂的含硫活性镍块，以减少阳极泥和节约镍。

⑦半光亮镍镀液对光亮镍镀液无害，故镀半光亮镍后可不经水洗直接电镀光亮镍。

（4）高耐腐蚀多层镀镍

根据半光亮镍镀层（不含硫）的电位较正、耐腐蚀性较高，亮镍镀层含硫而电位较负的特点，将半光亮镍镀层作为低镀层，在其上再镀光亮镍，从而提高镀镍层的耐腐蚀性。因为在腐蚀介质的作用下，对于半光亮镍镀层，光亮镍镀层是一个阳极性镀层，若光亮镍镀层中存在孔隙，将下部的半光亮镍镀层暴露在外时，形成了光亮镍镀层为阳极、半光亮镍镀层为阴极的微电池，使腐蚀沿着横向在光亮镍镀层中发展，保护了半光亮镍镀层不被腐蚀，从而进一步保护了基体材料，达到了电化学保护的目的。

这样还可以用较薄的镍镀层达到提高耐腐蚀性和节约用镍的目的。通常在双层镍体系中，半光亮镍的厚度占 2/3，光亮镍的厚度占 1/3，两层镍之间的电位约相差 130 mV，若电位相差过少，则起不到电化学保护作用。

电镀三层镍是在半光亮镍与光亮镍层之间增加一层含硫量很高的（比光亮镍镀层高约 0.15%）薄镍层（0.7～1.0 μm）。由于该镀层中含硫量高，其电位更负，所以当光亮镍镀层存在孔隙时，这层高硫镍镀层成为阳极，保护了半光亮镍镀层与光亮镍镀层都不受腐蚀，从而进一步提高了镀层的耐腐蚀性。

（5）特殊要求的镀镍

①缎状镍。缎状镀镍层是一种具有柔和光泽的平滑镀层，比较适合于如汽车内部零件、照相机、光学仪器上的零件等。获得缎状镍的方法是在瓦特镀镍液中加入直径为 15 μm 的惰性微粒，由于这些微粒与镀镍层的复合沉积，表面的微粒不导电而影响了镍镀层及随后电镀铬层的外观，使其具有柔和典雅的光泽。另外，由于微粒的共沉积，使上面的铬镀层不连续，在发生腐蚀的情况下，分散了腐蚀电流，这样就可以大大提高镀层体系的耐腐蚀性。

获得缎状镍的另一种方法是在瓦特镀镍液中加入第一类光亮剂和一种特殊的有机化合物（非离子型表面活性剂），当镀液温度升高到某一临界点（浊点）时，这种有机化合物形成极细的液滴沉淀析出，而影响镀镍层的结构，使其产生缎状的外观。用于产生缎状镍的这种有机化合物必须有在镀镍溶液中起光亮作用的分子团并具有润湿性，通过这些化合物的吸附来影响镍层的结构，所以电镀缎状镍时需严格控制添加有机化合物的浓度及镀液的温度和 pH。

②黑镍。黑镍是一种特殊的、表面具有乌黑色外观的镀层。可用于一些办公用品、照相机零件及某些精密的光学仪器上，它的耐腐蚀性及耐磨性比较差。常镀在暗镍或光亮镍镀层表面，镀完黑镍后还需浸油、上蜡或罩清漆等后处理。

电镀黑镍的溶液有硫酸盐与氧化物两类，这两类黑镍镀液中均含有大量的 Zn^{2+} 与 CNS^-，就是这些离子的加入使镀层中含有较多的锌与硫，显示出黑色。使用硫酸盐镀液必须严格控制镀液的温度、pH 与电流密度，才能获得黑色均匀的镀层。氯化物镀液允许镀液组成、酸度、电流密度在一定范围内变化。由于黑镍镀层具有脆性，不能镀得太厚，一般镀层厚度控制在 2 μm 以下。

在钢铁零件上直接镀黑镍，镀层与基体结合力不好，用铜作中间层耐蚀性差，用镍作中间层，结合力和耐蚀性均可提高。黑镍镀层还可用于仿古镀层，在铜镀层或黄铜镀层表面上电镀黑镍，然后用擦光、抛光或磨光等方法部分除去黑镍镀层，使在铜或黄铜的色调中附加上黑色，得到古色古香的外观。可用于灯具、烟具及其他日用五金零件上。

目前发展比较快的枪黑色镀镍，实际上是锡-镍或锡-镍-铜合金镀层。它具有枪黑色的美丽装饰外观，耐腐蚀性和表面硬度远远高于黑镍层，近年来得到了很大的发展。

4.7 电镀铬

4.7.1 概述

铬是蓝白色的金属，在大气中具有强烈的钝化能力，能经久不变色。铬又有极高的硬度（1000 HV 左右）和优良的耐磨性及耐热性。加热到 500 ℃时，其外观和硬度仍无明显变化。铬镀层的反光能力仅次于银镀层。它在碱液、硫酸、硝酸和有机酸中很稳定，但能溶于盐酸、氢氟酸和加热的浓硫酸中。

铬的化合价有2、3、6三种。2价铬不稳定，因此大多以3价和6价的形式存在。铬镀层的密度为6.9～7.1 g/cm^3，熔点为1890 ℃，硬度为750～1050 HV。

从常用的铬酸电解液中镀铬，其工艺特点如下。

①镀铬溶液的主要成分不是金属铬盐，而是铬酸。电镀时，阴极电流效率很低（10%～18%），同时阴极过程比较复杂，往往有几种电化学反应同时进行。另外，镀铬溶液中还必须加入少量具有催化作用的阴离子，如硫酸根、氟硅酸根等，才能使电镀过程正常进行。②电解液的分散能力很低，不易得到均匀的镀层。对于形状比较复杂的零件，需采用象形阳极或辅助阴极，对挂具的要求也比较严格。③镀铬使用的电流密度很高，阴极电流密度常在24 A/dm^2 以上，比一般镀种高10倍以上。由于阴极和阳极大量析出气体，使电解液的电阻增大，因而，所用电压也较高（6～12 V）。其他镀种一般用3～6 V即可。④阳极采用不溶性阳极，而不能用金属铬作阳极。通常使用的阳极有铅、铅-锑合金和铅-锡合金等。

镀铬工艺存在的问题如下。

①铬酸有较高的毒性，对人的身体健康危害甚大，废气和废液必须经过处理，因而耗资较多。

②由于电流效率很低，而槽电压又高，因此电能消耗较大。

③由于使用高电流密度，所以电源设备投资增加。

④由于采用不溶性阳极，消耗的金属铬需经常补充铬酐，才能保持电解液中各成分的相对稳定。

⑤由于阴极大量析氢，致使镀层和基体金属产生氢脆。

4.7.2 性质及用途

镀铬液按化合价分有两大类，即六价铬和三价铬镀液。在六价铬镀液中又可分防护-装饰性镀铬和功能性镀铬。就防护-装饰性镀铬而言，按铬酐浓度可分为高、中、低3种镀铬液；按催化剂又可分为标准镀铬液、复合镀铬液、自动调节镀铬液和四铬酸盐镀铬等；按获得镀层的性质可分为无裂纹镀铬、微裂纹镀铬、微孔镀铬、松孔镀铬等；按镀层外观可分为光亮镀铬、乳白色镀铬和镀黑铬；按电镀方式可分为挂镀铬和滚镀铬等。就单金属电镀而言，镀铬溶液的配方品种最为繁多。

铬在大气中具有强烈的钝化能力，能长久保持光泽，在碱液、硝酸、硫酸、硫化物及许多有机酸中均不发生作用，但铬能溶于氢卤酸和热的浓硫酸中。镀铬层有很高的硬度和优良的耐磨性及较低的摩擦系数，还有较好的耐热性，在空气中加热到500 ℃时其外观和硬度仍无明显的变化。铬层的反光能力强，仅次于银镀层。铬层厚度在0.25 μm时是微孔性的；厚度超过0.5 μm时，铬层出现网状微裂纹；铬层厚度超过 20 μm时，对基体才有机械保护作用。

镀铬按用途可分为两种：一种为装饰性镀铬，镀层较薄，主要是提高对零件的表面装饰效果；另一种为镀硬铬，镀层较厚，可提高机械零件的表面硬度、耐磨、耐蚀和耐热等性能。

（1）防护-装饰性镀铬

通常作为多层电镀的最外层，如铜锡合金-铬、镍-铬和铜-镍-铬等，这样既可防止基体金属锈蚀，又具有装饰性光亮外观。经过抛光的零件表面镀装饰铬后，可获得银蓝色镜面光泽，在大气中比较稳定，经过抛光后具有很高的反射能力（如用于反射镜）。广泛应用于仪器、仪表、日用五金、家用电器、飞机、汽车、火车等部件。镀层的厚度一般在0.25～2.00 μm。

（2）硬铬（耐磨铬）镀层

硬铬镀层具有很高的硬度和耐磨性能，可提高零件的耐磨性，延长使用寿命。例如，应用于工具、模具、量具、卡具、切削刀具及易磨损零件（如机床主轴、汽车、拖拉机曲轴）等。镀层的厚度一般在10～100 μm。另外还可用于修复磨损零件的尺寸。例如，严格控制镀铬工艺过程，将零件准确地镀覆到图纸规定的尺寸，镀后可不进行加工或进行少量加工，因此又被称为尺寸镀铬。

（3）乳白铬镀层

乳白铬镀层的韧性好，硬度稍低，镀层表面微裂纹、孔隙都较少，表面光泽柔和不反光，主要用在各种量具上。在乳白铬镀层上加镀光亮耐磨铬镀层，既能提高抗蚀性能又可达到耐磨目的，称为防护-耐磨双层铬镀层。

（4）松孔铬镀层

零件镀铬后进行阳极松孔处理，使镀层的网状裂纹扩大并加深，以储存润滑油，降低摩擦系数，达到延长使用寿命的目的。目前主要用于内燃机汽缸内腔、活塞环、转子发电机内腔等耐热、耐蚀、耐磨的零件表面。

（5）黑铬镀层

黑铬镀层主要用作降低反光性能的防护装饰性镀层，主要应用于仪表、光学仪器和照相器材等。

4.7.3 电镀普通铬

（1）普通镀铬及复合工艺（表4-12）

表 4-12 常用镀铬工艺规范

镀液组成及工艺		普通镀铬			复合镀铬
		低浓度	中浓度	高浓度	
CrO_3/(g/L)		70～150	200～250	300～320	250
H_2SO_4/(g/L)		0.28～1.20	2.0～2.5	3.0～3.2	1.25
H_2SiF_2/(g/L)					5
LC-1/(mL/L)		12			
装饰镀铬	温度/℃	30～50	48～53	48～56	45～55
	阴极电流密度/(A/dm²)	10～30	15～30	15～30	20～40
镀硬铬	温度/℃		55～60		53～60
	阴极电流密度/(A/dm²)		50～60		50～80

注:LC-1 由广州电器科学研究所研制。

(2) 电极反应

普通六价铬镀铬溶液主要由铬酐和硫酸组成。溶液中存在着 $Cr_2O_7^{2-}$ 和 CrO_4^{2-} 的平衡，即：

$$Cr_2O_7^{2-}+H_2O \rightleftharpoons 2CrO_4^{2-}+2H^+ \tag{4-70}$$

当 pH>6 时，CrO_4^{2-} 为主要存在形式。

阴极反应用示踪原子法已证明，六价铬电镀是在阴极上由六价铬直接放电还原生成金属铬的，并有一个铬酸盐胶体膜的多步还原过程，即：

$$CrO_4^{2-}+8H^++6e^- \longrightarrow Cr+4H_2O \tag{4-71}$$

同时还放出氢气，并有一部分六价铬还原为三价铬：

$$2H^++2e^- \longrightarrow H_2\uparrow \tag{4-72}$$

$$Cr_2O_7^{2-}+14H^++6e^- \longrightarrow 2Cr^{3+}+7H_2O \tag{4-73}$$

反应（4-71）、(4-72)、(4-73）同时存在，当工作条件合适，且镀液中 CrO_3 与 H_2SO_4 比值适当时，反应（4-71）得以顺利进行；当无硫酸或硫酸太少时，以反应（4-72）为主。

阳极反应：

$$2H_2O-4e^- \longrightarrow O_2\uparrow +4H^+ \tag{4-74}$$

$$2Cr^{3+}+7H_2O-6e^- \longrightarrow Cr_2O_7^{2-}+14H^+ \tag{4-75}$$

反应（4-73）、(4-75）是分别在阴极和阳极上进行的 Cr^{6+} 与 Cr^{3+} 的转化反应。

(3) 镀液中各成分的作用

①铬酐。CrO_3 是普通镀铬液的主要成分，CrO_3 中常含有 SO_4^{2-}，一般要求 SO_4^{2-} 含量小于 0.2%。通常镀铬液中，CrO_3 浓度在 100～450 g/L 范围变动，当工艺条件一定时，CrO_3 浓度变化越小越好。CrO_3 浓度高，镀液导电率高，镀液分散能力较好，对

CrO_3 浓度变化和杂质的敏感性小。CrO_3 浓度低，电流效率较高，所得镀层的硬度较高。

②硫酸。硫酸根是镀铬的催化剂，它的作用是降低阴极表面铬酸盐膜的电阻，控制铬酸盐膜的生成，加速 Cr^{6+}还原为金属铬的过程。

硫酸根与 CrO_3 浓度需保持一定比例，普通镀铬液中，一般 CrO_3 与 H_2SO_4 的质量比为 100∶1。硫酸含量太低，低电流区呈现褐色或彩虹色；硫酸含量太高，电流效率下降，阴极析氢严重，镀液分散能力下降，如果被镀表面有小孔，出现孔边缘无镀层。多余的硫酸根可用碳酸钡除去，2 g $BaCO_3$ 可沉淀 1 g SO_4^{2-}。

③氟硅酸或氟硅酸钾：能提供氟离子，也是一种催化剂。在复合镀铬和自动调节镀铬中要用它做催化剂，可使用较高的电流密度，提高沉积速度，并提高电流效率，也改善了镀液的分散能力和覆盖能力，还能使镀层表面活化，当二次镀铬时仍可得到光亮镀层。但缺点是对阳极和设备腐蚀性强，对杂质也比较敏感，以及镀硬铬时对低电流区腐蚀并对环保不利。因此，不提倡用氟化物。

自调节的镀铬将硫酸银和氟硅酸钾加入到镀液中，使镀液中有过剩的没有溶解的盐，这些盐的溶解度恰好可保证镀液中的这些物质的含量，从而使镀液中 SO_4^{2-} 浓度保持稳定。因此这类镀液维护温度稳定很重要，同时由于溶解平衡需要时间，最好在不工作时也维持镀液的温度。

④三价铬。在镀铬的阴极反应中存在着 CrO_4^{2-}（或 $Cr_2O_7^{2-}$）离子还原为 Cr^{3+}的副反应，在阳极上存在着 Cr^{3+}氧化为 $Cr_2O_7^{2-}$ 的反应。阴极上产生的 Cr^{3+}参与了阴极表面膜的形成，为 CrO_4^{2-} 还原为金属铬创造了条件。

镀液中三价铬一般为总 Cr 的质量分数 0.5%～2.0%，少量 Cr^{3+}对改善镀液分散能力有利，Cr^{3+}含量高，超过 7 g/L 光亮镀层的电流密度范围变小，太高时将使镀层无光泽、粗糙，且槽电压显著增大。过多的 Cr^{3+}多是由阳极面积不够大所致。

（4）工作条件的影响

①对镀层外观的影响。当镀液中铬酐浓度一定时，改变温度和电流密度，可以获得不同的铬镀层，如光亮铬、乳白铬和硬铬。其中，光亮铬镀在镍封镀层上称为微孔铬，光亮铬镀在高应力镍镀层上称为微裂纹铬。乳白铬镀层外观乳白色，镀层孔隙率低，抗蚀性好，但硬度比其他铬镀层低。硬铬镀层再经过化学或电化学处理，扩大镀层的网纹，增加抗蚀能力，又称为松孔铬。

②对沉积速度的影响。一般当温度一定时，阴极电流密度越高，电流效率越高，沉积速度越快。当阴极电流密度一定时，温度越高，电流效率越低，沉积速度越慢。

③对镀层硬度的影响。光亮铬的镀层硬度为 900～1000 HV，当镀液中 H_2SO_4 比例一定时，铬酐浓度降低，镀层硬度提高，故硬铬适于在低浓度镀液中电镀。当硫酸浓度高时，铬层硬度降低，这时只能通过提高温度和阴极电流密度给予补偿。镀液中 CrO_3 太少所获得的灰色镀层硬度不够。为提高镀层硬度和增加亮度，可加入 H_3BO_3 5～10 g/L。

（5）镀铬使用的阳极

使用不溶性阳极，一般是含锡质量分数为7%～12%的铅-锡阳极。也有用铅-锡-银阳极，可改善阳极导电，槽电压降低，阳极使用寿命延长。

阳极面积一般为阴极面积的1～2倍，阳极面积对镀液中Cr^{3+}的浓度影响很大，要根据阴极施镀面积的大小及时调整。

阳极形状、长短和阴阳极间距离，都与镀层质量有关。特别是镀硬铬，因为电镀时间长，阳极的形状、长短、与阴极间的距离直接影响到电力线分布的均匀性，也就是镀层厚度的均匀性。当然最好的阳极是钛上镀铂和钛上镀钌的阳极。圆柱形阳极使电流从正反面通过，有助于获得良好的电流分布，但也要根据阴极形状，不可一概而论。

阳极挂钩要保证导电良好，应直接铸入或压入阳极中，铸入部分要镀一层锡以保证与基体的结合，挂钩由铜或铜合金制作，阳极铸成后，可进行一次压延或用铁锤敲打，使其更加致密，不易被电解腐蚀。

新阳极最好带电入槽，这样阳极表面生成一层棕黑色导电良好的PbO_2，它能阻止铬酸对阳极的侵蚀，并促进Cr^{3+}转化为Cr^{6+}，保持镀液中Cr^{6+}的稳定。阳极表面不导电的黄色铬酸铅，会增加电能消耗，所以在镀液停用时，应将阳极取出，再次使用时应刷去表面附着物，然后放入镀液。

（6）镀液使用要点

按要求控制CrO_3和H_2SO_4的比值。

控制Cr^{3+}含量在工艺范围内，当SO_4^{2-}太高时，容易导致Cr^{3+}升高。阳极面积太小或导电不良也会导致Cr^{3+}升高。降低Cr^{3+}可用大阳极电解处理：阳极面积：阴极面积=（10～30）：1，电流密度1.5～2.0 A/dm^2，通电1 h，大约可减少Cr^{3+}0.3 g。

温度和电流密度要相互匹配，按镀层要求合理选择温度和电流密度。

镀液中的杂质及其清除方法如下。

①金属杂质。Cu^{2+}、Zn^{2+}、Ni^{2+}、Pb^{2+}、Na^{+}等将导致镀液深镀能力下降，光亮范围变窄，可以用强酸型阳离子交换树脂处理。

②氯离子。氯离子含量在0.3～0.5 g/L时，将导致镀液深镀能力下降，镀层粗糙或发灰。为防止氯离子进入镀液，配液时用去离子水，镀件入槽前的活化液用硫酸而不用盐酸。消除氯离子可在60～70 ℃下低电流电解，使生成氯气析出。

③硝酸根。NO_3^-达到1 g/L时，镀层失光变黑，只有在极高的电流密度下才能沉积，硝酸根浓度再高，镀液无铬沉积。消除硝酸根可在65～70 ℃下电解，使其在阴极上还原生成氨气除去。

4.7.4 三价铬镀铬

三价铬电镀具有毒性低、分散能力与覆盖能力好等优点，它是最有希望取代六价铬电镀的工艺之一。其主要优点如下：毒性低，毒性仅为六价铬的1%，电镀时不产生有害的铬酸雾，三价铬的含量只有六价铬的1/7，污水处理简单，有利于环保；镀液的分散能力和覆盖能力好，光亮电流密度范围宽，适合于形状复杂的零件镀铬；电流效率比六价铬镀铬高，铬酸镀液的电流效率为9%～13%，而三价铬的电流效率可达到12%～25%；使用电流密度仅为六价铬电镀的1/4，并可在常温下工作，节约能源；使用电流密度范围宽（在3～100 A/dm^2），通常可在较低电流密度下工作；电镀过程中，不受电流中断的影响。随着工艺的改进和对环保要求，三价铬镀铬必会继续向前发展并得到广泛应用。

（1）三价铬镀铬工艺（表4-13）

表4-13　三价铬镀铬工艺规范

镀液组成及工艺	工艺条件
硫酸铬/(g/L)	20～25
甲酸铵/(g/L)	55～60
硫酸钠/(g/L)	40～45
溴化铵/(g/L)	8～12
氯化铵/(g/L)	90～95
氯化钾/(g/L)	70～80
硼酸/(g/L)	40～50
浓硫酸/(g/L)	1.5～2.0
pH	2.5～3.5
温度/℃	20～30
阴极电流密度/(A/dm^2)	1～100
阳极	石墨

（2）镀液中各成分的作用

①主盐。$Cr_2(SO_4)_3$（或$CrCl_3$）是三价铬镀铬的主盐，但氯化物体系对设备腐蚀。

②络合剂。羧酸盐类（如甲酸盐）可作为镀液的络合剂。尿素、氨基乙酸、乳酸都可以作为络合剂。

③导电盐。氯化钾、氯化镁、氯化钠是导电盐，可以提高溶液导电度和深镀能力。

④抑制剂。常用的是还原剂，如溴化铵、亚硫酸盐和醛类或某些稀土元素化合物，可以抑制氯气生成和防止六价铬的产生。也可加入适宜的络合剂达到抑制的目的。

⑤缓冲剂和润湿剂。通常使用的缓冲剂是硼酸。润湿剂可用十二烷基硫酸钠等。

（3）镀液使用要点

①主要成分根据分析结果调整。

②零件带电入槽，挂钩最好用钛。电流密度升高，覆盖能力提高。反之，覆盖能力下降。

③pH 维持稳定，pH 太低（小于 2）时，沉积速度加快，但覆盖能力下降。反之，覆盖能力提高，电镀速度下降。pH 可用氨水或盐酸调整。

④采用阴极移动或微弱空气搅拌，若搅拌力过强，覆盖能力下降，金属分布不均匀。

⑤镀液对杂质敏感，允许金属杂质含量：Fe 10～30 mg/L；Ni 50 mg/L；Cu 10 mg/L；Pb 5 mg/L；Zn 30 mg/L；Cr^{6+} 5 mg/L；氟化物小于 5 mg/L；溴化物小于 5 mg/L。

（4）三价铬电沉积的电极过程

从热力学角度来看，Cr^{3+}还原成单质态的铬是完全可能的。但成为配体的三价铬，其析出电势低于氢气的析出电势，此时阴极过程析氢剧烈，给阴极过程的研究带来较大困难。对于三价铬电沉积机制的研究目前尚无统一说法和定论，研究认为含 H_2O 和其他配体 L 的配位离子，在阴极的反应分为两步进行，参见下面的阴极过程。

1）阴极过程

①第一步，三价铬的配位离子得到一个电子成为二价铬配位离子，该反应为单电子准可逆反应：

$$[Cr(H_2O)_5L]^{2+} + e^- \longrightarrow [Cr(H_2O)_5L]^+ \quad \varphi^\ominus = -0.42\ V(vs.\ SHE) \tag{4-76}$$

式中，L 表示配体。

②第二步，将二价铬配位离子还原为金属铬 Cr(s)：

$$[Cr(H_2O)_5L]^+ + 2e^- \longrightarrow Cr(s) + 5H_2O + L \quad \varphi^\ominus = -0.91\ V(vs.\ SHE) \tag{4-77}$$

其还原标准总电势（25 ℃）为

$$\varphi^\ominus = -0.74\ V(vs.\ SHE) \tag{4-78}$$

有资料报道，三价铬电沉积过程的控制步骤是$[Cr(H_2O)_5L]^{2+}$配位离子向阴极表面传递的过程。

阴极上还有氢气的析出：

$$2H_2O + 2e^- \longrightarrow H_2\uparrow + 2OH^- \quad \varphi^\ominus = -0.12V(vs.\ SHE)(pH=2.0) \tag{4-79}$$

2）阳极过程

氧析出：

$$2H_2O - 4e^- \longrightarrow 4H^+ + O_2\uparrow \tag{4-80}$$

三价铬氧化为六价铬（可能的副反应）：

$$Cr(\text{Ⅲ}) - 3e^- \longrightarrow Cr(\text{Ⅳ}) \tag{4-81}$$

氯的析出（在氯化物体系中）：

$$2Cl^- - 2e^- \longrightarrow Cl_2\uparrow \tag{4-82}$$

国内外学者对三价铬电沉积过程中的控制步骤进行了较多的研究，但到底是以扩散步骤控制为主还是以电化学步骤控制为主呢？在不同的体系之中，配位剂不同，Cr^{3+}的放电机制可能会不同，控制步骤也可能不同。到目前为止，对 Cr^{3+}的电沉积反应机制有 3 种看法。邓姝皓等认为 Cr^{3+}在 DMF 体系中分两步放电。第 1 步：Cr^{3+}得到 1 个电子变成 Cr^{2+}。第 2 步：Cr^{2+}得到 2 个电子变成 Cr 原子。Cr^{3+}转化为 Cr^{2+}的反应为控制步骤，Cr^{2+}转化为Cr(s)的过程为准可逆过程。第1步反应遵循Tafel公式，总反应为电化学控制。Szynkarczuk等认为当$HCOO^-$作配位体时Cr^{3+}分两步放电，第1步得到1个电子不可逆，第2步得到2个电子仍为不可逆过程。

Hsieh等认为，当CH_3COO^-作配位体时，Cr^{3+}可直接还原为Cr，不经过中间过程。在甲酸盐体系中，王先友等认为电极过程受电荷传递极化控制。陈磊等认为在硫酸盐和氯化物混合体系电镀中，Cr^{3+}转化为Cr^{2+}的过程为准可逆过程，在低超电势条件下电化学控制为主，高超电势条件下主要是由扩散控制为主。Song等认为在氯化物-甲酸-乙酸体系中，阴极区的反应主要是受Cr^{3+}配位化合物离子扩散控制为主。

马立文等认为在氯化物-羧酸盐-尿素体系中两步反应均为不可逆过程，且Cr^{3+}电沉积过程中存在电活性中间体在电极表面的吸附，电沉积过程中主要受电化学反应的控制。杨余芳等研究认为Cr^{3+}的电沉积为电化学步骤控制过程，该电化学反应分两步进行：第1步是Cr^{3+}获得2个电子还原为Cr^+，为控制步骤和不可逆过程；第2步是Cr^+获得1个电子还原为金属Cr，为准可逆过程，Cr^{3+}在电沉积过程中无前置转化反应存在，但有电活性的中间产物吸附在电极表面上。

4.8 合金电镀

合金电镀是指两种或两种以上的元素在水溶液中发生共沉积并在零件表面形成合金镀层的过程。一般来说，不同金属组成的合金镀层可以具有各种特殊的表面性能。如高的耐腐蚀性、低氢脆性、耐磨性、电磁性能、装饰性能等。由于使用电镀法得到的合金镀层具有比单金属镀层好的性能，同时也比热熔法得到的合金镀层具有一系列明显的优点，因此，近年来，合金电镀尤其是功能性合金电镀受到了人们的青睐，并开展了比较深入的研究，有许多新的合金电镀工艺已经在电子、机械、化工、航空航天等行业得到广泛应用。

4.8.1 合金电镀的特点

与单金属镀层相比，合金镀层具有如下主要特点。

①合金镀层更平整、光亮、结晶细致。

②合金镀层的耐磨、耐蚀、耐高温性能优于单金属镀层，并有更高的硬度和强度，但延展性和韧性通常有所降低。

③合金镀层具有单一金属所没有的特殊物理性能，如Ni-Fe、Ni-Co或Ni-Co-P合金具有导磁性，低熔点合金镀层如Pb-Sn、Sn-Zn合金可用作钎焊镀层等。

④通过控制工艺条件可改变镀层色调，获得各种颜色的Ag合金、彩色镀Ni及仿金等合金镀层。

⑤可获得非常致密、性能优异的非晶态合金镀层，如Ni-P、Co-P、Fe-W等。

4.8.2 合金电镀的类型

根据镀液组成和工作条件的各个参数对合金沉积层组成的影响特征，可将合金分为正常共沉积和非正常共沉积两大类，具体如下所示。

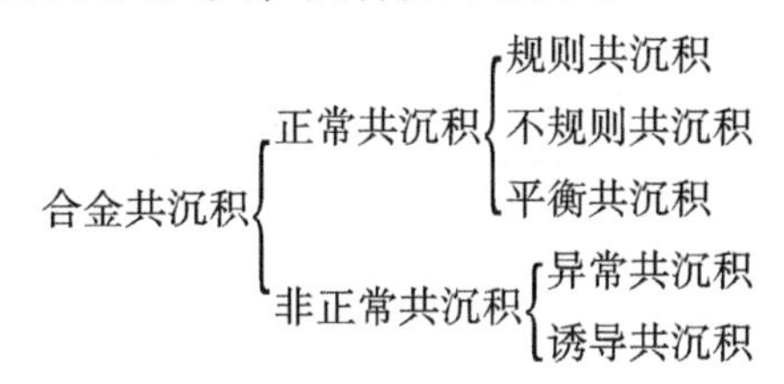

（1）正常共沉积

正常共沉积分为规则共沉积、不规则共沉积和平衡共沉积 3 种类型，其共同特征是电位较正的金属优先沉积，这样就可以依据它们在溶液中的平衡电位来定性地推断出合金镀层中的金属相对含量。其中，规则共沉积过程基本上受扩散控制，电位较正的金属在镀层中的含量随阴极扩散层中金属离子总浓度的增大而提高，主要出现在单盐镀液中。不规则共沉积过程受扩散控制的程度小，主要受阴极电位的控制，常见于络合物镀液体系中。平衡共沉积则在低电流密度情况下发生，合金镀层中的金属含量比等于镀液中的金属离子的浓度比，仅有很少几个共沉积过程属于平衡共沉积体系。

（2）非正常共沉积

非正常共沉积分为异常共沉积和诱导共沉积两种类型，其共同特征是电位较负的金属反而优先沉积，不遵循电化学理论，故称为非正常共沉积。对于给定的镀液，只有在某种浓度和电解条件下才出现异常共沉积，因此非正常共沉积较少见；对于 W、Mo、Ti 等金属不能从水溶液中单独沉积，但可与铁族金属实现共沉积，这一过程称诱导共沉积。同其他共沉积相比较，诱导共沉积更难推测各个电镀参数对合金组成的影响。

4.8.3 电镀锌基合金

已得到商业应用的电镀锌合金层有 Zn-Ni、Zn-Co、Zn-Fe、Sn-Zn 等。此电镀层亦需要经铬酸盐钝化后处理来提高其耐蚀性。电镀锌-铁合金镀层具有良好的熔焊性和延展性。镀覆于钢卷和钢带上，用于制造汽车车体。用含铁 10%（质量分数，下同）的电镀锌-铁合金的材料作车体。它适宜采用深黑色铬酸盐钝化。电镀锌-铁合金层的耐蚀性一般都比其他锌合金的低，这尤其表现于高温条件。

电镀锌-钴合金层（含钴 0.6%～2.0%）已广泛用于相对低值的制件，用以提高其耐蚀性和耐磨性。例如，厚度为 8 μm 的锌-钴含金（含钴 1%）镀层经适当的铬酸盐钝化之后，能够耐受 500 h 的同中性盐雾试验而不发生红锈，其独特的性能是能耐受二氧化硫加速腐蚀实验，它适用于含硫的腐蚀性环境。

电镀锌-镍合金镀层的耐蚀性居于所有电镀锌合金层之首，此镀层中的镍含量为 5%～15%。

碱性电镀锌-镍可在飞机和军事工业中取代镉电镀层。它可进行透明、彩虹、青铜色、黑色等铬酸盐钝化处理。

电镀锡-锌合金层（含锡70%～90%，含锌10%～30%）可从氰化物、酸性、中性商业化镀液镀得。这些镀液要采用特别制造Sn-Zn阳极，以致其操作成本高。此镀层的钎焊性、延展性和耐蚀性都极好，只能进行黄色或透明铬酸盐钝化处理。其镀态呈半光亮，它正越来越多地应用于机动车和电子行业，并用于取代电镀镉层。

（1）锌-镍合金

目前应用的锌镍合金镀液主要有硫酸盐、氯化物和碱性锌酸盐等类型。根据工艺条件的变化可获得不同含Ni量的锌-镍合金镀层。

①氯化物、硫酸盐镀锌-镍合金。氯化物镀锌镍合金具有镀液成分简单、电流效率高、镀层外观光亮等优点，但也存在着阳极溶解太快和镀层的脆性大、分散能力差等缺点。镀层成分随电流密度、pH、搅拌及温度而变化。硫酸盐镀锌-镍合金由于价格便宜，镀液对设备腐蚀性小而广泛用于钢带快速电镀。可获得含锌10%～15%的锌-镍合金镀层，镀液稳定，镀层外观质量好。但镀液分散能力较差。可以在硫酸盐镀液中加入氯化物成分，以综和两者的优点。

氧化物型镀锌-镍合金镀液的组成及工艺条件见表4-14。锌-镍合金电镀是属于异常共沉积，较活泼的锌优先沉积。在电镀过程中各种成分的作用如下。

表4-14　锌-镍合金镀液成分与工艺条件

镀液组成与配方	工艺条件					
	氯化物1	氯化物2	氯化物3	硫酸盐1	硫酸盐2	硫酸盐与氯化物
氯化锌/(g/L)	120～130	208	75～85			
氯化钾/(g/L)	230	350	200～220			
硫酸锌/(g/L)				100	70	50
氯化镍/(g/L)	110～130	26	75～85			10
硫酸镍/(g/L)				200	150	90
硼酸/(g/L)			25～35	20		20
硫酸钠/(g/L)				100	60	
氯化铵/(g/L)			50～60			
硫酸铵/(g/L)				20		
添加剂/(g/L)	适量		3～5	适量	适量	适量
磺基苯酰亚胺/(g/L)		1				
葡萄糖酸钠/(g/L)						60
聚乙酰亚胺/(g/L)		0.005				

续表

镀液组成与配方	工艺条件					
	氯化物 1	氯化物 2	氯化物 3	硫酸盐 1	硫酸盐 2	硫酸盐与氯化物
苯甲酸/(g/L)		2				
奈磺酸-甲醛缩合物/(g/L)		0.05				
pH	5～6	4	5～6	3	2	2～4
温度/℃	25～40	60	30～36	40	50	20～50
阴极电流密度/(A/dm^2)	0.1～4.0	3～6	1～3	10	30	2～7

a. 主盐。$ZnCl_2$ 和 $NiCl_2 \cdot 6H_2O$ 主要是向镀液提供共沉积的 Zn^{2+}、Ni^{2+}，通过改变这两种离子的含量，可以改变镀层中的含 Ni 量。一般是 Ni^{2+} 含量高于 Zn^{2+} 离子含量。对于硫酸盐镀液来说，主盐是硫酸锌、硫酸镍。同样改变这两种离子的含量，可以改变镀层中的含 Ni 量。

b. 导电盐。KCl 有比较好的导电性，可提高镀液的导电性，进而提高镀液的分散能力。而且 NH_4Cl 和 KCl 还具有一定的络合缔合作用，和 NH_3、Zn^{2+}、Ni^{2+} 络合，形成稳定的络合离子。另外，NH_4Cl 的加入，可使形成 $Zn(OH)_2$ 胶体膜的临界 pH 上升（由 4.7 升到 6.5）。这样就可以通过控制 NH_4Cl 的加入量来改变镀层中的 Ni 含量。在硫酸盐镀液中，导电盐是硫酸钠时，会起同样的作用。

c. 缓冲剂。H_3BO_3 作为镀液的缓冲剂，可保持镀液的 pH 稳定在一定范围内。即使电镀时阴极析出氢气，而镀液的 pH 也不会变化太快。因而保持镀液的稳定。

d. 添加剂。加入添加剂可提高阴极极化，镀层外观光亮细致。有些锌-镍合金添加剂还会对镀层成分造成影响。为了防止出现针孔，加入十二烷基硫酸钠、十二烷基磺酸钠等润湿剂，作为添加剂的还有醛类（如胡椒醛等）、有机酸类（如苯甲酸、氨基乙酸等）、磺基苯、酰亚胺、木质素磺酸钠等。也可以在市售的锌-镍镀液添加剂中选用。

e. pH。通常情况下随着镀液 pH 的升高，镀层中的含 Ni 量升高，当 pH 太高时，易造成镀液稳定性变差，出现白色沉淀，但 pH 太低时，镀层变暗，起条纹。因此要严格控制锌-镍合金氯化物镀液的 pH，保证镀层中的含 Ni 量和镀层表面质量。对于硫酸盐镀液 pH 太高时，容易生成氢氧化物沉淀，使镀层粗糙、发脆；pH 太低时，锌阳极溶解太快，溶液的稳定性变差。

f. 电流密度。对于氯化物镀液，一般是随阴极电流密度的增加，镀层中的含 Ni 量增加。实际上，在 1～3 A/dm^2 电流密度范围内，镀层含 Ni 量变化不大。再者，由于添加剂类型不同也会影响镀层中的含 Ni 量，有些情况下随着阴极电流密度的升高，镀层中的含 Ni 量也会下降。硫酸盐镀液多用于电镀钢板和钢带，所以使用的电流密度较高。

g. 温度的影响。随着氯化物镀液温度的升高，镀层中的 Ni 含量也升高，在低电流密度范围内这种影响比较明显。在使用的电流密度范围内，一般控制在 30 ℃左右。温度过高，镀层外观不亮；温度过低，电流效率降低。硫酸盐镀液的温度一般在 40～50 ℃，主要是高速电镀需要较高的温度范围。

②碱性镀锌-镍合金。镀液成分和工艺操作简单，容易控制镀层最佳耐蚀性的含 Ni 量，但电流效率较低。碱性工艺沉积得到的镀层呈柱状结构，为零件卷边或弯曲（如散热管）等应用场合提供好的延展性。碱性工艺趋向于沉积均匀的合金成分，也能提供良好的分散能力。碱性镀锌-镍合金的阳极是纯锌和钢板并用，以免由于高阳极效率（100%）和低的阴极效率（50%～70%）而引起的锌积累。连续过滤及机械搅拌是重要的。通过添加浓缩液补充镍离子，按安培小时添加浓缩液及光亮剂。需要注意的是超过使用温度范围会导致镍含量提高、难于钝化等现象。表 4-15 是碱性镀锌-镍合金镀液组成和工艺条件。

表 4-15　碱性镀锌-镍合金镀液组成和工艺条件

镀液组成及工艺	配方				
	1	2	3	4	5
氧化锌/(g/L)	20～30	6～15	6～8	8～14	4～10
氢氧化钠/(g/L)	120～160	100～150	100～120	80～140	70～120
硫酸镍/(g/L)	20～40	30～60		8～12	8～12
三乙醇胺/(mL/L)	40～50	2			
柠檬酸钠(枸橼酸钠)/(g/L)		10			
酒石酸钠/(g/L)		30	24～60		
添加剂 A/(mL/L)	10～20		4～6		
ZN-1 添加剂/(mL/L)			4～6		
ZN-2 添加剂/(mL/L)			6～12		
ZN-3 添加剂/(mL/L)					
NZ-918A 添加剂/(mL/L)				4～6	
NZ-918B 添加剂/(mL/L)				4～6	
NZ-918C 添加剂/(mL/L)				40～60	
ZN-11 添加剂/(mL/L)					0.5～3.0
温度/℃	室温	15～30	15～35	10～35	15～65
阴极电流密度/(A/dm^2)	1～3	1～3	0.5～5.0	0.5～6.0	2～10

③锌-镍合金的物理性能。锌-镍合金镀层中含 Ni 量不同，对相结构和镀层性能有很大影响。锌-镍合金镀层具有比锌镀层高的显微硬度值，镀层中含 Ni 量越高，则镀层硬度也越高。一般 HV 为 300～360，含 Ni 为 10%～15% 的镀层硬度为普通镀锌层的 3～5 倍。

关于锌-镍合金镀层的机械性能，有数据表明含 Ni 为 5%～10% 的锌-镍镀层的延展性与镀 Ni 层相同。镀锌-镍合金的钢板可塑性好，甚至在剧烈扭曲变形的情况下，镀层也不剥落。碳钢零件电镀锌-镍后并不会使基体屈服强度、抗拉强度和延展率降低。镀层具有良好的焊接性能。含 Ni 为 7% ~9% 的镀层为压应力，当含 Ni 量在 10% 以上时，镀层呈张应力。当然，镀液中的添加剂成分会影响锌-镍合金的内应力大小和类型。

含 Ni 为 10% ~15% 的锌-镍合金耐蚀性是普通镀 Zn 层的 3～6 倍。一般来说，镀层中的含 Ni 量对镀层耐腐蚀性的影响很大。含 Ni 在 13% 左右的镀层最耐蚀，腐蚀电流最小，基体出红锈的时间最迟，对钢铁基体的防护作用最佳。

电镀锌-镍合金具有低氢脆性。在高强度钢上锌-镍合金进行缺口持久拉伸试验，在拉伸试验机上，施加试棒材料抗拉强度 75% 的载荷，抗断裂时间达 200 h 以上。而且不管是从氯化物镀液，还是从碱性镀液中得到的锌-镍合金，都具有低氢脆性。

（2）锌-铁合金

作为代镉镀层的镀层除了锌镍之外，还有锌-铁（表 4-16）、锌-钴等合金镀层。从耐蚀性上讲，这些镀层是可以代替镉的镀层，并且超过镉镀层，因此这些镀层同样显示出良好的应用前景。钢带连续生产采用镀锌-铁合金，可以提高零件的耐蚀性、焊接性、可涂漆性、可成形性，及取得深暗色铬酸盐膜层（乌黑发亮），适于装饰性应用。镀液有硫酸盐、氯化物、碱性镀液等。

表 4-16 锌-铁合金镀液组成与工艺条件

镀液组成及工艺	配方				
	硫酸盐	氯化物 1	氯化物 2	碱性 1	碱性 2
氯化锌/(g/L)		80～100	80～100		
硫酸锌/(g/L)	5～40				
氧化锌/(g/L)				10～15	14～16
氢氧化钠/(g/L)				100～150	140～150
氯化亚铁/(g/L)				1	
抗坏血酸/(g/L)		0.5～1.0			
聚乙二醇/(g/L)		1.0～1.5	1.0～1.5		
硫酸铵/(g/L)	100～120				
硫酸亚铁/(g/L)	200～250	5～12	8～12		1.0～1.5
氯化钾/(g/L)	10～30	200～230	200～220		
柠檬酸/(g/L)	5～10				6～12
硫脲/(g/L)		0.5～1.0			
ZF 添加剂/(mL/L)		8～10			
添加剂/(mL/L)			14～18	10	
光亮剂/(mL/L)				8	4~6

续表

镀液组成及工艺	配方				
	硫酸盐	氯化物 1	氯化物 2	碱性 1	碱性 2
pH	1.0～1.5	3.5～5.5	4～5		
温度/℃	40	5～40	15～38	10～35	15～35
阴极电流密度/(A/dm^2)	20～30	0.8～2.5	1～5	1～3	1.0～2.5

锌-铁合金镀层有高铁和低铁两种，含 Fe 7%～25%的为高铁合金，这种镀层与油漆结合力好，易磷化，但不易钝化，耐腐蚀性比低铁合金差，多从硫酸盐镀液中获得。应用最多的是含 Fe 0.3%～0.8%的低铁合金镀层，这种镀层具有良好的耐腐蚀性，可以得到彩色、黑色钝化膜层，黑钝化膜层的耐腐蚀性是镀锌层 10 倍，中性盐雾试验可达 1000 h。低铁合金镀层多从碱性、氯化物镀液中获得。

（3）锌-钴合金电镀

锌-钴合金镀层可从酸性或碱性溶液中得到。氯化物溶液配方类似于酸性氯化物镀锌。同样在添加剂的作用下获得光亮锌-钴合金镀层，显示出极好的整平能力，镀层含 0.2%～0.6%的钴，经过铬酸盐钝化的镀层耐腐蚀性是锌镀层的 2～3 倍。另外还具有较好的抗 SO_2 特性。酸性氯化物锌-钴镀液得到的镀层经过铬酸盐蓝白色钝化后具有类似镍-钴合金镀层的外观。该锌合金被认为具有最大的整平及光泽。但是镀层的可钎焊性、硬度及延展性通常比锌-镍合金镀层差些，因此没有锌-镍合金应用广泛。

表 4-17 是镀锌-钴合金的镀液组成与工艺条件。同样有多种镀液体系可以进行锌-钴合金的电沉积，但应用较多的是酸性氯化物镀锌-钴和碱性镀锌-钴工艺。酸性氯化物镀锌-钴工艺具有接近 100%的电流效率。高的 pH、温度、电流密度及钴浓度有利于钴的沉积，加强搅拌有利于锌沉积。碱性镀液具有优良的分散能力覆盖能力，比较适合于复杂零件的电镀，因此碱性镀锌-钴工艺发展得很快。

表 4-17　锌-钴合金镀液组成与工艺条件

镀液组成及工艺	配方			
	氯化物 1	氯化物 2	碱性 1	碱性 2
氯化锌/(g/L)	78～90	80		
氧化锌/(g/L)			8～14	10～20
氯化钾/(g/L)	200～250	190		
氢氧化钠/(g/L)			80～140	70～150
氯化钴/(g/L)		30		
硫酸钴/(g/L)			1.5～3.0	

续表

镀液组成及工艺	配方			
	氯化物 1	氯化物 2	碱性 1	碱性 2
金属钴/(g/L)	2～4			0.3～0.5
硼酸/(g/L)	20～30	30		
苯甲酸钠/(g/L)		3		
添加剂/(mL/L)	5～6		6～10	
ZC 稳定剂/(g/L)			5～7	
pH	5～6	4.7		
温度/℃	18～35	20～35	10～40	20～40
阴极电流密度/(A/dm^2)	0.05～4.00	1～2	1～4	0.1～4.0

4.8.4 电镀铜锡合金

现已开发的电镀铜合金有黄铜(主要为铜与锌的合金)、青铜(主要为铜与锡的合金)、Cu-Au、Cu-Au-Ni 等。其中以黄铜和青铜的研究、开发和应用最广泛。

(1)镀铜-锡合金

铜-锡合金镀层是一种广泛采用的代镍镀层,它具有孔隙率低、耐腐蚀性好、容易抛光和直接镀铬等优点。铜-锡合金俗称青铜,按镀层的含锡量分为低锡、中锡和高锡 3 种。低锡含锡在 15% 以下,含锡为 7% ～8% 时,镀层外观为红色,可以作为防渗氮镀层。中锡含 15% ～40% 的锡,含锡超过 40% 的为高锡青铜合金。低锡青铜对钢铁基体为阴极镀层,其孔隙率随锡含量升高而下降,镀层的耐腐蚀性提高,但在空气中容易变色,不宜单独作表面层。中锡青铜呈金黄色,其耐腐蚀性和硬度介于低锡和高锡之间,光亮的金黄色镀层通常含 30% ～35% 的锡。高锡青铜呈银白色,其硬度介于镍、铬之间,抛光后有良好的反光性能,在大气中不容易变色。

另外,含 55% 铜、30% 锡及 15% 锌的合金已用作光亮银镀层的廉价代用品,且具有比银好得多的耐磨性。但是电镀三元合金从溶液及合金成分的控制方面来讲,对工艺参数控制的要求会更严格。

目前工业上采用的氰化物-锡酸盐镀铜-锡合金工艺成熟,应用广泛。其他如焦磷酸盐、柠檬酸盐、酒石酸盐镀液,由于镀液稳定性和镀层质量的原因应用不是很广泛。

表 4-18 是氰化物铜-锡合金镀液组成与工艺条件。镀液中的铜和锡分别与氰化钠、氢氧化钠络合,而且相互对另一金属的平衡电位和阴极极化影响很小,因此可利用这一特点调节合金镀层成分。镀液中游离氰化钠的含量影响铜氰络离子的稳定性,提高游离氰化物含量,使铜氰络离子稳定性增加,阴极极化增大。另外,随着游离氰化钠含量的提高,在溶液中可生成配位数更高、更加稳定的络离子。当几种不同形式的络离子同时存

在时,在阴极上放电的首先是配位数和负电荷较少的络离子。当镀液中游离氰化钠足够高时,从而使阴极极化进一步提高。因此镀液中游离氰化物的多少,能影响镀层中铜的含量,随着溶液中游离氰化钠含量的增加,镀层中铜含量降低。由于 NaCN 与镀液中的 Sn 不发生化学作用,因此 NaCN 游离含量对 Sn 的析出没有直接影响。

表 4-18　铜-锡合金镀液组成与工艺条件

镀液组成及工艺	配方					
	低锡 1	低锡 2	中锡 1	中锡 2	高锡 1	高锡 2
锡(以锡酸钠形式加入)/(g/L)	16～18	6～9	7		30～45	42
氯化亚锡/(g/L)				1.6～2.4		
游离氰化钠/(g/L)	18～20	7～13	5～7	2～4	18～20	12
铜(以氰化亚铜形式加入)/(g/L)	20～28	11～21	8.5～10.0	8.5～10.0	10～15	8
氢氧化钠/(g/L)	10～20	8～10	22		7～8	95
酒石酸钾钠/(g/L)				25～30		37
焦磷酸钾/(g/L)				50～100		
磷酸氢二钠/(g/L)				50～100		
明胶/(g/L)				0.3～0.5	0.3～0.5	
十二烷基硫酸钠/(g/L)		0.02				
铜-锡 91 光亮剂/(mL/L)	6					
CSNU-A 光亮剂/(mL/L)		8～12				
电流密度/(A/dm^2)	2～4	2～4	1～2	1.0～1.5	2～2.5	3
温度/℃	45～55	55～60	55	50～60	60～65	65

镀液中，锡是以锡酸钠形式加入的，随着镀液中游离氢氧化钠的增加，会使得锡络离子的稳定性增加，镀层中的锡含量降低。而镀液中游离氢氧化钠对铜的析出则影响不大。

在镀液中加入明胶作光亮剂，此外还采用硒、钼、银盐等无机光亮剂，硫氰酸钠、乙醇酸等也有一定的光亮效果。CSNU-A 光亮剂、铜-锡 91 光亮剂通常是由主光亮剂（胺基或亚胺基长链聚合物）、增光剂（含炔烃和二烯烃的直链化合物）、表面活性剂、稳定剂（含两个以上羟基的碳水化合物）等复配而成的，可获得全光亮的低锡青铜。

在电镀过程中，电流密度对镀层质量有很大影响，随电流密度的增加，镀层中锡含量下降，而电流密度的提高，会使电流效率下降、镀层变粗。但电流密度太低时，会影响镀层的沉积速度。

温度的变化也会影响合金成分和镀层质量，提高镀液温度，镀层中的锡含量随之提高。但温度过低，不仅镀层中锡含量减少，电流效率下降，镀层光泽度差，而且阳极溶解也很不正常。

（2）镀铜-锌合金

由电镀获得的铜-锌合金镀层，铜、锌质量比为（70～80）：（20～30），俗称黄铜层。具有金黄色的外观，故广泛用作装饰性镀层。在亮镍上闪镀黄铜，或镀含少量锡的 Cu-Zn-Sn 三元合金，是应用较多的仿金镀层，可仿制 18K 金合金和 20K 纯金层的装饰。

黄铜镀层与橡胶有较好的黏结力，被广泛用作钢铁零件与橡胶热压时的中间镀层，镀层中的含铜量要控制在 71%～75%，过高和过低都会影响镀层与橡胶的结合力。

由于铜和锌的标准电极电位相差很大，必须采用络合物镀液，目前主要是采用氰化物镀液。无氰镀液研究的较多，如硫酸盐、酒石酸盐、锌酸盐、三乙醇胺、焦磷酸盐等，但都没能得到很好的工业应用。

①镀黄铜的溶液组成及工艺条件（表 4-19）是几种类型的镀黄铜溶液组成及工艺条件。不管是氰化镀还是无氰镀，一般都在氰化预镀铜后镀光亮镍，使零件表面光亮度提高，然后再镀黄铜，就可以得到光亮的装饰效果。用 Cu-Zn-Sn 三元合金进行仿金镀，得到的金色装饰效果会更好。

表 4-19　镀黄铜溶液组成与工艺条件

镀液组成及工艺	配方				
	焦磷酸	一般装饰用 1	一般装饰用 2	橡胶黏结用	Cu-Zn-Sn 仿金
硫酸铜/(g/L)	4.8～6.2				
氰化亚铜/(g/L)		22～27	32～45	8～14	15～18
游离氰化钠/(g/L)	1	16	12～14	5～10	5～8
氰化锌/(g/L)		8～12	13.0～17.5	5～15	7～9
硫酸锌/(g/L)	4.4～6.0				
锡酸钠/(g/L)					4～6
焦磷酸钠/(g/L)	50～60				
亚硫酸钠/(g/L)		5		5～8	
氢氧化钠/(g/L)					4～6
酒石酸钾钠/(g/L)		10～20			30～35
碳酸钠/(g/L)		20～40	30～50	15～25	8～12
草酸/(g/L)	10～15				
硼酸/(g/L)	4～5		1～2		2.0～2.5

续表

镀液组成及工艺	配方				
	焦磷酸	一般装饰用 1	一般装饰用 2	橡胶黏结用	Cu-Zn-Sn 仿金
氯化铵/(g/L)		2～5	5～7		
氨水/(g/L)				0.5～1.0	
电流密度/(A/dm^2)	0.8～1.2	0.2～0.5	1～4	0.3～0.5	0.5～1.0
温度/℃	18～30	20～40	35～45	60	20～35
pH	9.5		10.3～11.0	10	11.5

②氰化镀黄铜溶液成分及工艺条件的影响。

a. 铜盐和锌盐。氰化铜和氰化锌是提供被沉积的金属离子的主盐。当铜含量高时，镀层偏红；当锌多时，镀层发白。当铜锌质量比为 4∶1 或者氰化铜与氰化锌质量比为 3∶1 时，可以获得 70%～80% 的黄铜层。

b. 游离氰化物。随着游离氰化物含量的增加，铜析出困难，镀层中锌含量相对增加；而且阴极电流效率也会显著降低。游离氰化物含量低时，会造成阳极溶解困难，镀层粗糙，色泽不均匀。

c. 碳酸钠。适量的碳酸钠能提高镀液的导电性和分散能力。

d. 其他成分。加入其他成分如砷（0.0075～0.030 g/L），会产生更光亮、更硬的黄铜层。氰化镍也能起到光亮及硬化作用。加入氨水能产生更具金黄色的外观。

e. 镀液 pH。提高 pH，镀层中的锌含量增加。pH=10.3 时，镀液最稳定，pH 超过 11.5，镀层表面就会发灰、发暗。

f. 镀液温度。改变镀液的温度，对镀层成分和色泽有显著的影响。随温度升高，铜在合金中含量明显增加，所以要严格控制镀液温度，一般控制在 30 ℃以下。

g. 阴极电流密度。提高阴极电流密度，阴极电流效率会降低，在一般情况下，阴极电极密度升高，镀层中铜含量降低，镀层发灰。因此控制好电流密度范围是很重要的。

③镀黄铜层的后处理。零件在镀黄铜后，会在空气中很快失去光泽，表面发暗变色，影响使用效果。因此为了有效地提高黄铜镀层的抗变色能力，要在镀后进行钝化或涂漆处理。目前使用的铜和铜合金钝化，主要有含铬钝化和无铬钝化两类。含铬的钝化处理是将镀黄铜的零件浸在重铬酸盐或铬酐溶液中，在表面获得一层铬酸铜和氧化物的混合膜，这种膜在镀层上结合牢固，有很好的抗变色能力。无铬钝化是将镀黄铜的零件浸在含有有机缓蚀剂（如苯并三氮唑质量分数为 0.1%～0.5%，浸 30 s，pH 7.0～8.5，60～70 ℃）的溶液中，这些有机缓蚀剂吸附在镀层表面形成吸附膜，这层吸附膜具有抗氧化、抗变色的作用，而且与镀层结合良好。

除上述几种电镀合金外，目前在生产中应用较广泛的还有铅-锡、锡-铋合金等。

4.8.5 电镀镍基合金

此类镀层现已用于工程的有 Ni-Fe、Ni-Co、Ni-Mn 和 Zn-Ni。其中，电镀 Ni-Fe 合金主要靠铁来降低其成本，有时也利用此合金镀层的磁性。合金元素 Co 和 Mn 用于提高电镀镍层的强度和硬度。Ni-Mn 电镀合金层可承受加热硫所导致的脆性。厚度为 20～50 μm 的电镀 Ni-Mn 层比纯电镀镍层的硬度更大、更耐蚀，但其延展性降低大约 1%。

（1）电镀镍-铁合金

随着电子计算机的发展，电镀磁性镍-铁（含铁为 21%）合金大量用于磁性记忆元件等方面。光亮镍-铁合金作为装饰性镀层在套铬时的覆盖能力比较好，合金镀层的硬度高，而且镀层的韧性比光亮镍好，但是由于它的耐腐蚀性与光亮镀镍差不多，所以不宜作表面镀层，最好用作底层或中间层，可广泛用作汽车、家用电器、日用五金等产品的防护装饰性镀层。镀镍-铁合金根据含铁量分为高铁合金和低铁合金：高铁合金含铁 25%～35%，常用于底层；低铁合金含铁 10%～15%，常用于表层。

镍-铁合金镀液的类型很多，有硫酸盐、氯化物、柠檬酸、焦磷酸等。表 4-20 是镍-铁合金镀液的组成与工艺条件。

表 4-20 镍-铁合金镀液的组成与工艺条件

镀液组成及工艺	配方			
	1	2	3	4
硫酸镍/(g/L)	180～230	180～200	45～55	125
氯化镍/(g/L)	40～55		100～105	20
硼酸/(g/L)	45～55	40	27～30	40
氯化钠/(g/L)		30～35		
柠檬酸钠(枸橼酸钠)/(g/L)		20～25		
硫酸亚铁/(g/L)	15～30	20～25	17～20	15(低铁合金,含铁4%)
琥珀酸/(g/L)			0.2～0.4	
苯磺酸钾/(g/L)		0.3	0.2～0.8	
抗坏血酸/(g/L)			1.0～1.5	
十二烷基硫酸钠/(g/L)		0.05～0.10	0.05～0.10	0.2
糖精/(g/L)		3	2～4	3
BNT 稳定剂/(mL/L)				15
NT 稳定剂/(mL/L)	15～20			
BNT 光亮剂/(mL/L)				1
光亮剂/(mL/L)	适量	适量		
pH	3～4	3.0～3.5	3～4	3.0～3.5

续表

镀液组成及工艺	配方			
	1	2	3	4
温度/℃	58～68	60～65	55～65	55～65
电流密度/(A/dm²)	2～10	2.0～2.5	2～10	2～5

(2) 锡-镍合金镀层

锡-镍合金镀层由于具有良好的外观色泽（类似于不锈钢），具有良好的耐腐蚀性（明显优于单金属的锡镀层或镍镀层）和抗变色能力，并且镀层有合适的硬度和耐磨性，另外镀层属于非磁性。这些引人注目的特点受到了广泛的欢迎。目前它除了应用于防护-装饰性镀层外，还在电子电器、精密机械零件、光学仪器、化学器具等方面得到了应用。

锡-镍合金镀层可用于需要进行钎焊的铜合金零件、导电零件及需要进行保护-装饰性精修的零件。对于需要进行钎焊的钢零件和需要进行保护-装饰性精修的钢零件，在镀锡镍合金前应先预镀铜。由65%锡和35%镍组成的合金镀层，能耐各种不同的气候条件（在空气中不发暗，长期保存光泽）；镀层能长期保存并具有钎焊性，在长期保存和使用过程中镀层表面不会出现“晶须”。但是锡-镍合金镀层不能承受多次反复弯曲，因为在这种情况下有可能会引起开裂和脱落。

镀锡-镍合金的溶液主要有氟化物镀液、焦磷酸镀液等。使用氟化物作络合剂的镀液，使锡的析出电位向负方向移动，使锡和镍的析出电位接近而实现锡-镍的共沉积。获得含锡质量分数为65%的锡-镍合金镀层。这种镀液分散能力高，可以用于形状复杂的零件。但氟化物会引起废水污染，另外氟化物浓度高，腐蚀性强，在65～80 ℃的条件下工作，对人体健康和电镀设备都不利。因此，最好使用焦磷酸型的锡镍合金镀液。

表4-21是常用的锡-镍合金镀液组成和工艺条件。氯化镍和二氯化锡分别是氟化物镀液中的主盐，提高主盐含量可以提高电流效率。氟化钠和氟化铵是络合剂，可以形成稳定的锡络合离子，对提高镀液的阴极极化、细化镀层结晶有利，但是过量的氟化物容易引起镀层中含锡量降低，内应力增加。在规定的电流密度范围内，改变镀液温度对镀层成分的影响不大，镀层含锡质量分数为65%～72%。温度低时，镀层容易发暗。游离氟化物高时，电流密度增加，镀层中的含锡量减少；反之，电流密度增加，镀层中含锡量提高。

表4-21　常用的锡-镍合金镀液组成与工艺条件

镀液组成及工艺	配方				
	氟化物	焦磷酸型1	焦磷酸型2	黑镀层1	黑镀层2
氯化镍/(g/L)	250～300	48	30	75	75
二氯化锡/(g/L)	40～50		28	10	

续表

镀液组成及工艺	配方				
	氟化物	焦磷酸型1	焦磷酸型2	黑镀层1	黑镀层2
硫酸镍/(g/L)				20	
氟化钠/(g/L)	25～30				
焦磷酸亚锡/(g/L)		20			10
巯基丙氨酸/(g/L)				5	
焦磷酸钾/(g/L)		250	200	250	250
含硫氨基酸/(g/L)					3～5
氨基乙酸/(g/L)			20		
氟化铵/(g/L)	30～33				
柠檬酸铵/(g/L)		10			20
光亮剂/(mL/L)			1	适量	适量
pH	3.5～4.5	8.7	8	8.5	8.5
温度/℃	65～80	60	50	50	50
阴极电流密度/(A/dm^2)	1～3	0.5～6.0	0.1～1.0	2	0.1～6.0
镀层含锡量	63%～73%	67%～92%	65%～90%	60%～62%	59%～62%

在表4-21中还列出了焦磷酸型镀液，加入含硫氨基酸、巯基丙氨酸等成分，可以使锡-镍合金镀层产生黑色光亮色泽。镀层含锡量在59%～62%，含锡高时，镀层发白，含锡低时，镀层黑度变差。往镀液中加入少量铜离子，可以得到枪黑色或黑珍珠色的镀层，其装饰效果会更好，可广泛应用于灯具、首饰、日用五金等产品。

（3）电镀镍-钴合金

镍-钴合金具有银白色的外观，含钴量在40%以下时，镀层具有良好的耐腐蚀性和较高的硬度及良好的耐磨性。含钴在15%以下的合金，矫顽力较低，可以用于手表元件、模具及化工、医药工业中的需要耐磨、耐腐蚀的元件上电镀。在铝合金基体上电镀高钴（含钴大于40%）的镍钴合金镀层，用于电子计算机的磁鼓和磁盘的表面磁性镀层，以达到体积小、质量轻和存储密度大的要求。

镍和钴在简单盐的镀液中析出电位比较接近，因此可以在简单盐溶液中共沉积。常用的镍-钴合金镀液有硫酸盐、氯化物、硫酸盐与氯化物混合型等。表4-22是根据获得的镀层成分不同分别进行电镀得到装饰耐磨性和磁性镍-钴合金的镀液组成与工艺条件。

表 4-22　电镀装饰耐磨和磁性镍-钴合金的镀液组成与工艺条件

镀液组成及工艺	配方				
	装饰耐磨 1	装饰耐磨 2	磁性 1	磁性 2	磁性 3
氯化镍/(g/L)		45	50		
硫酸钴/(g/L)	5～8	15		120	108
氯化钴/(g/L)			50		
硫酸镍/(g/L)	200～220	240		120	135
氯化钠/(g/L)	10～15			10	6～7
硼酸/(g/L)	25～30	30	40	30	17～20
萘二磺酸钠/(g/L)	5～8				
甲酸钠/(g/L)	8～22				
磷酸钠/(g/L)			12	0～15	
甲醛/(g/L)	1.0～1.2	2.5			
硫酸钠/(g/L)	25～30				20
甲酸/(mL/L)		30			
pH	5.6～6.0	4.0～4.2	3.5	4	4.5～4.8
温度/℃	25～30	55～60	50	40	42～45
阴极电流密度/(A/dm^2)	1.0～1.2	3～8	1.0～1.5	1～6	3
镀层含钴量	12%～28%	18%～30%	66%	36%～84%	60%～80%

4.9　镀液废水处理

4.9.1　电镀液废水的来源

电镀废水主要包括电镀漂洗废水、钝化废水、镀件酸洗废水、刷洗地坪和极板的废水及由于操作或管理不善引起的“跑、冒、滴、漏”产生的废水，另外还有废水处理过程中自用水的排放及化验室的排水等。

（1）镀件漂洗水

镀件漂洗水是电镀废水中主要的废水来源之一，几乎要占车间废水排放总量的80%以上，废水中绝大部分的污染物质是由镀件表面的附着液在清洗时带入。因此，减少镀件表面附着液的带入和消除生产过程中的“跑、冒、滴、漏”是降低电镀废水和减少污染的很重要的环节。

不同镀件采用不同工艺和漂洗方式，废水中污染物质的浓度和废水量是不相同的，如高浓度槽液与低浓度槽液、手工操作与机械化或自动化生产线、“常流水”漂洗与逆流水漂洗等，这些工艺和方式的废水量差异很大，因此在设计上首先要对电镀工艺的镀种、槽液组成、操作方式、电镀产量、镀件品种、工作班次、各工序间镀槽的技术要求等做详细的了解和分析，在此基础上，结合地区、工艺等具体条件来选用镀件带出液量指标、清洗方式、废水量和排水方式等。在力求满足工艺要求的情况下，达到减少镀件表面附着液的带出量、多回收或降低排放水量的目的。

（2）镀液过滤和废镀液

过滤也是电镀废水的重要来源之一。主要来自三个方面。第一，镀液过滤后，常在渡槽底部剩有浓的、杂质多的液体，如氰化镀锌、碱性无氰镀锌的槽底泥渣液，化学或电化学除油的槽底泥渣液。这些泥渣有时难以单独处理，即冲稀排入废水中。第二，过滤前后，特别是过滤后，在对滤纸、滤布、滤机和滤槽等进行清洗时，漂洗水连同滤渣一起注入废水中。第三，过滤过程中滤机（尤其是泵体）的渗漏。需要减少该部分的废水量，应有良好的过滤机械，细心的过滤操作及对过滤残液、残渣的专门收集与处理。

（3）电镀车间的“跑、冒、滴、漏”

电镀车间的“跑、冒、滴、漏”大部分起因于管理不善，如镀槽、管路和地沟（坑）的渗漏，风道积水，打破酸坛事故，车间运输时化学试剂或溶液的洒落及由于不按规程操作引起的意外泄漏等。这部分废水一般与冲刷设备、地坪等冲洗废水一并考虑处理，其量的大小与各单位管理水平和车间的装备有关。

（4）废水处理过程中自用水的排放

这部分废水根据所用的废水处理方法而异，例如，采用离子交换法时就会有废再生液、冲洗树脂等用水的排放；采用蒸发浓缩法时就会有冷却水和冷凝水的排放；当选用过滤装置时就有冲洗水的排放；污泥脱水过程中会产生污泥脱出水和冲洗滤布、设备等废水的排放，以及在逆流漂洗系统和循环水系统中更新水的排放等。这部分废水一般都应经过无害化处理达到排放标准后才能排放。

（5）化验用水

化验用水主要包括电镀工艺分析和废水、废气检测等化验分析用水，其水量不大，但成分较杂，一般排入电镀混合废水系统统一处理后排放。

4.9.2 电镀液废水处理方法概述

在选择电镀废水处理方法之前，应当对各种处理方法的效果、投资、占地面积、原材料有较为全面的了解。各种处理方法详见本书的后续章节。为了便于说明选择的原则，这里对主要的处理方法做一简述。

（1）化学法

化学处理法就是向废水中投加一些化学试剂，通过化学反应改变废水中污染物的化学性质，使其变成无害物质或易于与水分离的物质，再进一步从废水中除去的处理方法。化学法在电镀废水处理中应用广泛。据统计，我国约有41%的电镀厂采用化学法处理废水。目前，国内处理电镀废水常用的化学法有以下几种。

1）化学还原法

在电镀废水处理中，化学还原法主要用于含铬废水的处理。最常用的方法是亚硫酸法。另外还有 SO_2 法、$FeSO_4$ 法、硫化物法及水合肼还原法等。这类方法的优点是设备简单、投资少、处理量大，能将毒性很大的六价铬还原成毒性次之的三价铬，利于回收利用。

2）电化学腐蚀法

电化学腐蚀法是20世纪70年代末期发展起来的一种处理技术，主要是利用微电池的腐蚀原理，采用铁屑处理电镀含铬废水。以后又进行改进，出现了铁碳内电解法。这种方法净化效果好，而且设备简单，投资少，但是处理时间长，铁屑容易结块，影响处理系统。

3）铁氧体法

铁氧体法是在硫酸亚铁法的基础上发展起来的一种方法。1974年首先由大连造船厂等单位试验，并用于处理电镀废水取得成功，后又被应用于多种金属离子电镀混合废水的处理。采用铁氧体法处理电镀废水一般有3个过程，即还原反应、共沉淀和生成铁氧体。该方法具有净化效果好、设备简单、无二次污染等优点，曾在沈阳、上海、大连等电镀厂均有应用，效果良好。

4）碱性氯化法

碱性氯化法是废水在碱性条件下，采用氯系氧化剂将氰化物氧化破坏而去除的方法。常用的氧化剂有次氯酸钠、漂白粉和液氯等。该方法适用于含氰废水的处理，特别是对含氰浓度低于250 mg/dm^3 的废水，效果更佳。碱性氯化法分为“一级处理工艺”和“二级处理工艺”。现在广泛采用的是二级处理工艺，其最终产物是无毒的 CO_2 和 N_2，较彻底解决了氰化物的污染问题。

5）中和法

中和法主要用来处理电镀厂的酸洗废水。一般常用方法有自然中和法、投试剂中和法、过滤中和法和滚筒式中和法。也有的电镀厂在滚筒中和设备中采用白云石作滤料，解决了中和滤料易被硫酸钙包围而降低处理效果的问题。另外，用电石渣作为中和剂处理酸性废水，也有较好的处理效果。

6）钡盐法

1972年开始试验研究钡盐法处理电镀含铬废水，并在一些电镀厂使用。采用这种方法主要是利用固相碳酸钡与废水中的铬酸接触反应，形成溶度积比碳酸钡小的铬酸钡，以除去废水中的六价铬。该方法除铬效果好，且工艺简单，但由于钡盐货源、沉淀物分离及污泥的二次污染问题尚待进一步解决，影响了这种方法的使用。

7）不溶性淀粉黄原酸酯处理

不溶性淀粉黄原酸醋是20世纪70年代发展起来的一种新型重金属离子去除剂。从20世纪80年代开始试验研究，并取得了一定的成绩，以后出现了用木屑代替黄原酸醋去除重金属离子的方法，使处理费用得以降低。

（2）物理化学法

1）离子交换法

离子交换法既可以净化废水又可以回收利用废水中的有害成分。在20世纪70年代中期，上海光明电镀厂、北京北郊木材厂等单位首先用离子交换法处理含铬废水，实现了既除铬害又可回收铬酸及大量水得到循环回用的目的。20世纪70年代末期，北京木材厂又将离子交换法应用于含氰废水的处理，实现了氰化物的回收。离子交换法曾一度在我国电镀行业被广泛使用。1980年左右，仅沈阳市就有100多家电镀厂或车间采用离子交换法除铬。但该法技术要求较高，一次性投资大，而且在回收的铬酸中还有余氯，影响回收利用。目前国内除一些技术条件较好的企业坚持使用外，离子交换法的应用日趋减少。

2）电解法

电解法是我国在20世纪70年代兴起的方法。在应用实践中，不断得到改进。从原来的坐式迂回式改进为不易短路的挂式翻腾式，又改进为节能的双极性小极距电解法，后又出现节约铁板的铁屑阳极电解法。由于电解法耗电多，目前已较少采用。但电解法流程简单，操作方便，回收的金属纯度也高，在某些场合下采用电解法处理浓废液，其经济效益还是可观的。

3）活性炭吸附法

活性炭吸附法是处理电镀废水的一种有效方法，主要用于含铬、含氰废水。国内从20世纪70年代开始，有不少单位进行试验研究工作，并有部分投入生产使用，但该方法存在活性炭再生操作复杂和再生也不能直接回镀槽利用等问题。另外，对处理工艺的有关技术参数和条件还需进一步研究，尤其是洗脱液的综合利用问题还需进一步解决。

（3）物理法

目前应用于电镀废水治理中的物理法主要有蒸发浓缩法、晶析法及膜分离法。

1）蒸发浓缩法

蒸发浓缩法的原理是通过蒸发手段减少镀液中的水分，进而达到浓缩镀液的目的。一般蒸发浓缩法不单独使用，而是作为组合处理中的一个单元。

2）晶析法

晶析法是固液分离技术中的一种方法，主要是利用盐类物质在其过饱和溶液中可以析出较纯的结晶盐这一特征，使一些金属盐以晶体的形式得以回收，一般用于氰化镀锌和镀镍液等电镀液的回收处理。

3）膜分离法

膜分离法技术包括液膜分离法和采用固膜分离的反渗透法。20世纪70年代，国内首先将反渗透法用于镀镍漂洗水的回收处理，此后又应用于镀铜、镀锌等漂洗液的处理。现在又扩展到镀镉及含镉废水的治理。反渗透技术的关键是半透膜的选择，目前以日本的反渗透膜最为优秀。我国的北京工业大学及中国科学院等单位也有生产高性能、高质量半透膜的技术。膜分离法不仅能够作为净化技术，同时可以回收金属，并且具有分离效率高、耗能低的优点，因此是一项很有前途的分离技术，这种方法特别适用于低浓度的电镀液。

（4）组合法

由于电镀废水种类繁多，各工厂的废水成分也不相同，因此电镀废水的治理方法难以达到统一。任何一种治理方法都有优缺点，采用一种方法往往达不到理想的治理效果，因而，需要两种以上的方法组合在一起，相互补充，以达到最好的技术经济效果。例如，采用离子交换-铁氧体法可较好地解决离子交换法所存在的二次污染问题；利用电解-铁氧体法解决电镀污泥的利用问题；将化学沉淀法与气浮法结合在一起，可强化重金属离子的去除效果；还有人将离子交换法和反渗透法组合在一起，从而解决了再生液的重复利用问题。多元组合技术尚在发展中，主要方向是多功能化、小型化及控制的自动化。

从开始的单纯“治废”发展到现在的综合治理，总体来讲，我国电镀废水在治理方面已取得了较大的成绩。但也应该看到在某些方面仍存在问题，如含铬废渣的二次污染问题、离子交换洗脱液的回用问题、一些贵稀金属的回收问题及多功能组合方法和组合装置的研究与开发问题，还有电镀工艺、漂洗工艺、镀件形式及吊挂方式的改革问题。另外，制定合理的废水排放标准，加强电镀废水治理设施的日常运行管理，最终实现清洁生产也是个不容忽视的问题。只有彻底地解决这些问题，才能取得较好的经济效益和社会效益。

思 考 题

1. 电镀的基本条件是什么？

2. 什么是阴极？什么是阳极？可溶性阳极与不可溶性阳极的定义及各自的作用是什么？常见的可溶性阳极与不可溶性阳极各有哪些（至少列出一个）？

3. 电镀时，析氢对镀层有何影响？如遇析氢较严重的镀液，我们可采取的办法有哪些（不少于3种）？

4. 什么是周期换向电流？画图说明其波形图。该波形用于电镀对镀层有何影响？

5. 镀液的成分有哪些？分别在电镀中起什么作用？

6. 写出下面金属原子和金属离子的失电子能力和得电子能力从大到小的顺序。

Zn K Mg Au H Hg Cu Sn

Na^{+} Ag^{+} Ca^{2+} H^{+} Pb^{2+} Al^{3+} Cu^{2+}

7. 在电镀铜中，已知 $D_k=3\ A/dm^2$，被镀零件的表面积为 6 cm^2，假设阴极的电流效率为100%，问电镀 1 h 后，阴极上应该增加多少克铜？（铜的原子量为64）

8. 如何进行镀铜液的维护？

9. 电镀铜时为什么要采用磷铜阳极？阳极中含磷量多少为最宜？

10. 写出电镀镍的阴极、阳极的电极反应（主要反应及副反应）。

11. 实际生产中，什么情况下电镀单层镍-铁合金体系，什么情况下电镀多层镍-铁合金体系？

12. 正式电镀前电解数小时的目的是什么？

参考答案

1. ①直流电源；②阴极材料要能导电；③阳极材料要能导电（可溶性阳极，不溶性阳极）；④要有一定浓度的电解质溶液；⑤需要一定的条件（工艺条件）。

2. ①阴极：发生还原反应的电极为阴极。②发生氧化反应的电极为阳极。③可溶性阳极：通电后，阳极失去电子，阳极溶解，体积越来越瘦小的为可溶性阳极。④可溶性阳极作用：导电，控制电流在阴极表面分布，向镀液中提供被镀金属离子。⑤可溶性阳极举例：铜、镍、锡-铅合金。⑥不可溶性阳极：通电后，阳极不失去电子，阳极不溶解，只是充当导体，体积形状不发生变化的为不可溶性阳极。⑦不可溶性阳极作用：导电，控制电流在阴极表面分布。⑧不可溶性阳极举例：铂、镀铂钛、316 号不锈钢。

3. 在电镀过程中大多数镀液的阴极反应都伴随着有氢气的析出，氢的析出对镀层质量的影响是多方面的，其中以氢脆、针孔、鼓泡最为严重。如当析出的氢气黏附在阴极表面上会产生针孔或麻点；吸附在基体金属细孔内的氢，当周围介质温度升高时对镀层施加压力，有时会使镀层产生小鼓泡；当一部分还原的氢原子渗入基体金属或镀层中，使基体金属及镀层的韧性下降而变脆，叫“氢脆”。镀铬时吸氢量大，最易产生“氢脆”。氢脆对高强度钢及弹性零件产生的危害尤其严重。

要降低析氢，就要增大氢的超电位，增大氢的超电位的措施有：

①选择氢在其上超电位较大的材料做阴极。

②阴极材料的表面状态对析氢有较大影响，零件表面光滑电流密度大，超电位增大，气体不易析出，所以把阴极零件处理得光滑一些析氢会减少。

③电流密度对析氢有较大影响。从理论上来说不论何种电极，电流密度增加，氢的超电位也增大，析氢困难，但在实际生产中，电流密度加大时，一般镀液的金属的超电位的增加大于氢的超电位的增加，使金属析出量相对变少，而氢的析出则相对变多。所以，对于一般镀液，降低电流密度会使析氢减少。

④镀液的温度升高使电极反应加速，也使离子扩散速度加快，降低析氢时的极化

作用，使氢的超电位降低，析氢容易。所以，尽量降低温度，降低搅拌速度会使析氢降低。

⑤镀液中的成分对氢的超电位有影响，例如，配盐镀液比单盐镀液析氢要多，这是因为配盐中金属离子是以配离子形式出现，在阴极放电困难，而氢离子放电就容易得多。所以，尽量采用单盐镀液。

⑥调整镀液的 pH，在酸性溶液中氢的超电位随 pH 增大而变大，而在碱性溶液中随 pH 增大而变小。

4. 换向电流就是周期性地改变直流电的方向。电流为正向时，镀件为阴极；电流为反向时，镀件为阳极。周期换向电流的良好作用表现为：当镀件为阳极时，表面尖端及不良的镀层优先溶解，使镀层周期性地被整平；当电流反向时，阴、阳极的浓差极化都减小，提高了允许电流密度的上限。

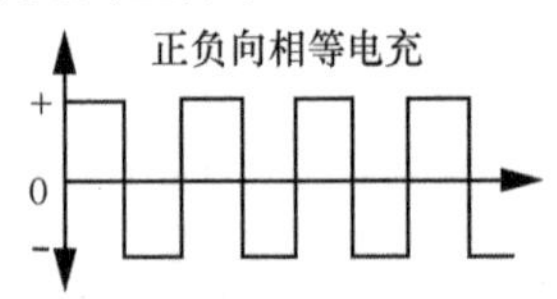

5. （1）主盐

主盐是溶液中能在阴极上沉积出所要求镀层金属的盐。对于确定的镀液来说，主盐浓度都有一个适宜的范围或与镀液中其他成分维持适当的浓度比值。主盐浓度高的镀液，一般是阴极电流密度的上限、溶液的电导率和阴极的电流效率都较高。

（2）导电盐

导电盐是指能提高溶液电导率，对放电金属不起配合作用的碱金属或碱土金属的盐类（包括铵盐）。导电盐除了能提高溶液的电导率外，还能稍微提高阴极极化，使镀层略微细致一些。但也有一些导电盐却会降低镀液的阴极极化，不过它们往往会扩大阴极电流密度范围，使实际操作时的阴极电流密度值提高。阴极电流密度值的提高，又促使阴极极化增大。总体来说，导电盐的加入，对镀层的结晶组织不会有不利的影响。

（3）缓冲剂

缓冲剂一般是由弱酸和弱酸盐或弱碱和弱碱盐组成的。这类缓冲剂加入溶液中，能使溶液在遇到酸或碱时，溶液的 pH 变化幅度缩小。

（4）阳极去极化剂

阳极去极化剂是指在电解时能使阳极电位变负、促进阳极活化的物质。

（5）配合剂

在电镀生产中，一般将能配合主盐中金属离子的物质称为配合剂。游离配合剂含量高，阳极溶解好，阴极极化作用大，镀层结晶细致，镀液的分散力和覆盖能力较好，但是阴极电流效率降低，沉积速度减慢，过高时，还会使镀件的低电流密度处镀不上镀层；配合剂含量低，镀层的结晶粗，镀液的分散能力和覆盖能力较差。

（6）添加剂

添加剂是指镀液中不会明显改变电性（导电性、平衡电位等）而能显著改善镀层性能的少量物质。添加剂的品种很多，按它在镀液中所起的作用分类有：

①光亮剂（亦称发亮剂或发光剂）。它是能使镀层光亮的添加剂。

②整平剂。它是能使镀件的微观谷处比微观峰处镀取更厚镀层能力的添加剂。

③润湿剂。它是降低电极/溶液间界面张力，使溶液易于在电极表面铺展的添加剂。

④应力消减剂。它是能降低镀层内应力，提高镀层韧性的添加剂。

⑤镀层细化剂。它是能使镀层结晶细致的添加剂。

6. 金属原子失电子能力：K、Mg、Zn、Sn、H、Cu、Hg、Au。

金属离子得电子能力：Ag^+、Cu^{2+}、H^+、Pb^{2+}、Al^{3+}、Na^+、Ca^{2+}。

7. $M=KIt\eta=KD_kSt\eta=1.186\times3\times0.06\times1\times100\%=0.213$ g。

8. 镀液需要良好的维护，才能保证镀层质量的稳定。

①定期分析调整镀液中硫酸铜、硫酸和氯离子的浓度，使之经常处于最佳状态。镀液的分析周期可根据生产量大小来决定，一般每周至少分析调整一次，若生产量大则几乎每天都要分析调整。增加 10 mg/L 的氯离子，可以加入 0.026 mL/L 的试剂级盐酸。

②添加剂的补充。在电镀过程中，添加剂不断消耗，可以根据安时数，按供应商提供的添加量进行补充，但还要考虑镀件携带的损失，适当增加 5%～10%。经常进行赫尔槽试片的检查也是确定镀液中添加剂含量是否正常的方法，根据赫尔槽试片调整的结果，补加添加剂就比较客观和可靠。

③定期用活性炭处理。在电镀过程中，添加剂要分解，同时干膜或抗电镀油墨分解物及板材溶出物等都会对镀液构成污染，因此要定期用活性炭净化。一般每年至少用活性炭处理一次。

④定期做“假电镀”处理。采用小电流电解法除去有害金属离子对镀层质量的影响。

9. 不含磷的铜阳极在镀液中溶解速度快，导致镀液中铜离子累积，大量 Cu^+ 进入溶液，从而形成很多铜粉浮于液中，使镀层粗糙，产生节瘤，同时阳极泥也增多。使用优质含磷铜阳极，能在阳极表面形成一层黑色保护膜，像栅栏一样，能控制铜的溶解速度，使阳极电流效率接近阴极电流效率，镀液中的铜离子保持平衡，防止了 Cu^+ 的产生，并大大减少了阳极泥。

阳极中磷含量以 0.040%～0.065% 为最宜。

10. 阴极反应为：

$Ni^{2+}+2e^-\longrightarrow Ni$

$2H^++2e^-\longrightarrow H_2\uparrow$

镀镍一般采用金属镍为阳极材料，常用的有电解镍、铸造镍、含硫镍等。正常情况下，镍阳极溶解的反应为：

$Ni-2e\longrightarrow Ni^{2+}$

此时镍阳极呈活化状态，表面为灰白色。但由于金属镍易钝化，使溶解电位变正，导致镍溶解受阻，其他离子可能放电，主要发生的反应为：

$4OH^- - 4e^- \longrightarrow 2H_2O + O_2\uparrow$

$2Cl^- - 2e^- \longrightarrow Cl_2\uparrow$

11. 防腐性能要求低的产品可用单层镍-铁合金，防腐性能要求高的产品，可用双层或三层镍-铁合金，即高铁-低铁或低铁-高铁-低铁。

12. 活化镀液，除去镀液中的杂质金属元素。

实验1　电镀铜实验

一、实验目的

1. 理解电镀等电化学方法的基本原理。
2. 了解钢铁表面电镀铜的一般工艺，掌握电镀铜的操作方法。
3. 理解电镀液的选择和影响镀层质量的因素。

二、实验原理

在电镀时，将待镀的工件作为阴极，用作镀层的金属作为阳极，两极置于欲镀金属的盐溶液（即电镀液或电解液）中。在适当的电压下，阳极上发生氧化反应，金属失去电子而成为阳离子进入溶液中，即阳极溶解（若为不溶性阳极，则一般是溶液中的 OH^- 失去电子放出 O_2）；阴极发生还原反应，金属阳离子在阴极镀件上获得电子析出，沉积成金属镀层。一般地，电镀层是靠镀层金属在基体金属上结晶并与基体金属结合形成的。

电镀液的选择直接影响电镀质量。例如，镀铜工艺中，用基本成分为 $CuSO_4$ 和 H_2SO_4 的酸性镀铜液，往往使镀层粗糙，与基体金属结合不牢。

本实验采用焦磷酸盐镀铜液，能获得厚度均匀、结晶较细密的镀铜层，而且操作简便，成本较低，污染小。这种电镀液的主要成分是 $CuSO_4$ 和 $K_4P_2O_7$（焦磷酸钾）。$CuSO_4$ 在过量 $K_4P_2O_7$ 溶液中形成配位化合物——$K_6[Cu(P_2O_7)_2]$（焦磷酸铜钾），化学反应方程式为：

$$CuSO_4 + 2K_4P_2O_7 = K_6[Cu(P_2O_7)_2] + K_2SO_4$$

该配位化合物中的配离子 $[Cu(P_2O_7)_2]^{6-}$ 比较稳定，稳定常数 $K_{稳} = 1\times10^9$，因此溶液中游离的 Cu^{2+} 浓度很低，阴极上的电极反应为：

$$[Cu(P_2O_7)_2]^{6-} + 2e^- \longrightarrow Cu + 2P_2O_7^{4-}$$

在具体电镀工艺过程中，镀液的 pH、温度及搅拌程度、电流密度、极板间距、施镀时间等因素对镀层质量均有一定影响。

三、实验仪器

分析天平，数控超声波清洗器，集热式加热搅拌器，直流电源，笔式 pH 计。

四、实验配方

五水硫酸铜	15～20 g/L
三水焦磷酸钾	200～300 g/L
氨三乙酸	20～40 g/L
氨水	4～20 g/L
氢氧化钾	50～70 g/L

五、实验步骤

预处理：用砂纸打磨钢片的正反面，至表面锈层、毛刺除尽，然后用去离子水洗干净，挂在电极挂钩上，放入温度 50 ℃的除油液中进行除油。除油、洗净、吸干后称量质量 m_1。打磨漆包线、导线、鳄鱼夹等。

镀铜：装配仪器，选择是否加入搅拌器。将钢板和铜片挂在挂钩之上，保证两块板正对平行，且处在同一高度上，板间距为 2 cm。将两块板完全浸入电镀液中，通电，调节电流粗调旋钮至 0.06 A（0.12 A）后马上开始计时，时间为 20 min（10 min）。

厚度测定：电镀结束后，将钢板取出，用去离子水洗净。观察钢板的电镀情况，以及正反两面的电镀区别。吸干后称量质量 m_2，并测量钢板的长 a 和宽 b。利用这些数据计算镀层的厚度。

六、工艺规范

温度：30～35 ℃；　　pH：8.5～9.0。

实验 2　合金电镀实验

一、实验目的

1. 理解合金电镀等电化学方法的基本原理。
2. 了解合金电镀的配方及工艺条件。

二、实验原理

合金电镀就是在同一电镀液中，利用电化学的方式使两种或两种以上的金属共沉积，从而在金属表面形成致密的金属层的过程。在合金金属之中，每一个单个金属的含量最低都必须大于1%。电镀合金镀层有许多新的优良性能。因此在人们的生活和生产中广泛应用。

合金金属能够发生电沉积必须具备有以下两个条件：二元或二元以上合金中至少有一种能在水溶液中沉积析出；两者的沉积电位必须接近或相同。

三、实验仪器

分析天平，数控超声波清洗器，集热式加热搅拌器，直流电源，笔式 pH 计。

四、实验配方

采用 HEDP 碱性体系，以 $CuSO_4 \cdot 5H_2O$、$ZnSO_4 \cdot 7H_2O$ 和 $Na_2SnO_3 \cdot 3H_2O$ 为主盐。

镀液的成分及工艺条件	含量
Cu^{2+}	0.18 mol/L
Zn^{2+}	0.06 mol/L
Sn^{4+}	0.05 mol/L
HEDP	100 mL/L
Na_2CO_3	25 g/L
$Na_3C_6H_5O_7 \cdot 2H_2O$	22.664 g/L
NaOH	适量

五、实验步骤

预处理：打磨试片→除油→水洗→除锈→水洗→去离子水洗→电镀→水洗。

镀液配制：将硫酸铜、硫酸锌、锡酸钠、柠檬酸钠（枸橼酸钠）和碳酸钠分别用少量水溶解，再加入络合剂；因为锡酸钠难溶于水，易溶于碱性溶液，所以溶解时应加入少量氢氧化钠（因最后要用 NaOH 调节 pH，故 NaOH 量不用具体称量，使锡酸钠溶液呈几乎澄清状即可）；定容到 100 mL，调节 pH 在 13.0～13.5，待用。然后在温度为 25 ℃、pH 为 13.0～13.5 的镀液中进行电镀。

第五章　化学镀

5.1　概　述

与电镀相比，化学镀是一种比较新的工艺技术。电镀是利用外加电流将电镀液中的金属离子在阴极上还原成金属的过程；而化学镀是不外加电流，在金属表面的催化作用下，通过控制化学还原法进行金属的沉积过程。由于金属的沉积过程是纯化学反应且反应必须在具有自催化性的材料表面进行，所以人们将这种金属沉积工艺称为“化学镀”或“自催化镀”，它充分反映出了该工艺过程的本质。

从金属盐的溶液中沉积出金属是得到电子的还原过程，反之，金属在溶液中转变为金属离子是失去电子的氧化过程。化学镀过程的实质是氧化还原反应，在这一过程中，虽然无外加电源提供金属离子还原所需要的电子，但仍有电子的转移。金属离子还原所需要的电子，是靠溶液中的化学反应来提供的，确切地讲，是靠化学反应物之一的还原剂来提供的。

化学镀过程是一种自催化的化学反应过程，镀层的增厚度与经过的时间成一定的关系，因此没有镀厚的限制，也不存在电镀过程中由于电流分布不均匀而引起的镀层厚度差异的问题。化学镀一般使用次磷酸钠（NaH_2PO_2）、硼氢化钠（$NaBH_4$）、二甲基胺硼烷［$(CH_3)_2HNBH_3$］、肼（N_2H_4）、甲醛（HCHO）等作为还原剂，当其在催化活性表面上被氧化时，会产生游离电子，这些游离电子可在催化表面还原溶液中的金属离子，只要沉积出的金属层对于还原剂具有催化活性，就可以不断地沉积出金属。当工艺条件一定时，可以通过控制时间来获得特定厚度的镀层。

5.1.1　化学镀的发展历史

化学镀的发展最早以化学镀镍开始。1844 年，A. Wurtz 就发现次磷酸盐可以在水溶液中还原出金属镍。美国国家标准局的 A. Brenner 和 G. Rid-dell 在 1947 年提出了沉积非粉末状镍的方法，弄清了形成涂层的催化特性，使化学镀镍技术的工业应用有了可能性。化学镀镍的最早工业应用出现在第二次世界大战后美国的通用运输公司（GATC），并在系统研究该技术后，于 1955 年建立了第一条生产线，发展出化学镀镍溶液商品。20 世纪 70 年代，又发展出以次磷酸钠作还原剂的 Durnicoat 工艺、用硼氢化钠作还原剂镀 Ni-B 层的 Nibodur 工艺，以后又出现了用肼作还原剂的化学镀镍方法。化学镀镍技术的历史还很短暂，真正大规模工业应用还是20 世纪70 年代末期的事；早期只有含磷5%～8%（质量）的中磷镀层，80 年代初发展出含磷 9%～12%（质量）的高磷非晶结构镀层，使化学镀镍向前迈进了一步；80 年代末到 90 年代初又发展出含磷 1%～4%（质量）的低磷镀层。含磷量不同的镀层物理化学性能也不同。

化学镀镍技术的核心是镀液的组成及性能，所以化学镀镍发展史中最值得注意的是镀液本身的进步。在20 世纪60 年代之前，由于镀液化学知识贫乏，只有中磷镀液配方，镀液不稳定，往往只能稳定数小时，因此，为了避免镀液分解只有间接加热，在溶液配制、镀液管理及施镀操作方面必须十分小心，为此制定了许多操作规程予以限制。此外，还存在沉积速度慢、镀液寿命短（使用的循环周期少）等缺点。为了降低成本、延长镀液使用周期，只好使镀液“再生”，再生的实质就是除去镀液中还原剂的反应产物，即次磷酸根氧化产生的亚磷酸根。当时使用的方法有弃去部分旧镀液添加新镀液、加 $FeCl_3$ 或 $Fe_2(SO_4)_3$ 以沉淀亚磷酸根｛形成 $Na_2[Fe(OH)(HPO_3)_2]\cdot 20H_2O$（黄色沉淀）｝、离子交换法等，这些方法既麻烦又不适用。20 世纪 70 年代以后，多种络合剂、稳定剂等添加剂的出现，经过大量的实验研究、筛选、复配后，新发展的镀液均采用“双络合、双稳定”，甚至“双络合、双稳定、双促进”配方。这样不仅使镀液稳定性提高、镀速加快，更主要的是大幅增加了镀液对亚磷酸根的容忍量，最高达600～800 g/L $Na_2HPO_3\cdot 5H_2O$，这就使镀液寿命大幅延长，一般均能达到4～6 个周期，甚至10～12 个周期，镀速达 17～25 μm/h。这样，无论从产品质量还是从经济效益角度考虑，镀液已不值得进行“再生”，需直接作废液处理。近年来，为了改善镀层质量、减少环境污染，已改用新型有机稳定剂，不再使用重金属离子，显著提高了镀层的耐蚀性能。目前，化学镀液均已商品化，根据用户要求，有各种性能化学镀的开缸及补加浓缩液出售，施镀过程中只需按消耗的主盐、还原剂、pH 调节剂及适量的添加剂进行补充，使用十分方便。

在化学镀镍溶液质量提高的基础上，化学镀镍生产线的装备和技术发展很快，逐渐从小槽到大槽，从手工操作、断续过滤、人工测定施镀过程中各种参数到自动控温、槽液循环过滤和搅拌。微机控制的生产线能自动监测镀浴 pH 变化及 Ni^{2+}含量，并立即补加到位，大幅提高了产品质量和生产效率。C. Graham 在“89 美国化学镀年会”上提出用统计学过程控制方法来管理化学镀镍实施过程，无疑是在保证镀层质量、降低成本、生产自动化方面又前进了一步。

有关化学镀铜技术的报道晚于化学镀镍。1947 年，Narcus 首先报道了化学镀铜溶液。现代化学镀铜技术于 1957 年由 Cahill 提出，为碱性酒石酸镀浴，甲醛作还原剂。20 世纪 50 年代即出现商品化学镀铜液，主要用于制造印刷电路板，其后开发出一系列用于多层印刷电路板通孔镀的化学镀铜浴。化学镀铜技术目前广泛用于材料表面金属化、电连接、电磁屏蔽等方面。

化学镀钴及其合金具有很好的磁性能，随着计算机工业的发展而迅速开展起来。

化学镀贵金属银（Ag）、金（Au）、钯（Pd）、铂（Pt）等均有报道，专利多，部分已经工业化，如化学镀金在电子工业领域的应用。值得注意的是化学镀镍技术的新进展。为了满足更复杂工况的要求，化学复合镀、化学镀镍基多元合金、Ni-P 层的着色等工艺逐渐发展起来。例如，Ni-P/SiC、Ni-P/PTFE 复合镀层比 Ni-P 镀层具有更佳的耐磨性及自润滑性能；Ni-Fe-P、Ni-Co-P 及 Ni-Cu-P 等三元镀层在计算机及磁记录系统中的应用；黑色 Ni-P 镀层的出现，又开辟了一个新的市场。

由于电子计算机、通信等高科技产业的迅猛发展，为化学镀技术提供了巨大的市场。20 世纪 80 年代是化学镀技术研究、开发和应用飞跃发展的时期，西方工业化国家化学镀镍的应用，在与其他表面处理技术激烈竞争的形势下，年净增长速率曾达到 15%，这是金属沉积史上空前的发展速度。预计化学镀技术将会持续高速发展，平均年净增长速率将降至 6%，而进入发展成熟期。

与国际相比，我国的化学镀市场起步晚、规模小，但近几年发展极其迅速，不仅有大量的论文发表，还举行了全国性的专业会议，相信在今后几年各领域会越来越广泛地应用该项技术，并逐步走向稳定和成熟。

5.1.2　化学镀的分类

由于从金属盐溶液中沉积金属的过程（又称湿法沉积过程）可以从不同途径得到电子，由此产生了各种不同的金属沉积工艺。温法沉积过程可分为 3 类：

（1）置换法

将还原性较强的金属（基材、待镀的零件）放入另一种氧化性较强的金属盐溶液中。还原性强的金属是还原剂，它给出的电子被溶液中金属离子接收后，在基体金属表面沉积出溶液中所含的那种金属离子的金属涂层。最常见的例子是铁件放在硫酸铜溶液中沉积出一层薄薄的铜。这种工艺又称为浸镀（Immersion-plating），应用不多。原因是基体金属溶解放出电子的过程是在基体表面进行的，该表面被溶液中析出的金属完全覆盖后，还原反应就立刻停止，所以镀层很薄；而且由于反应是基于基体金属的腐蚀才得以进行的，镀层与基体结合力不佳；另外，适合浸镀工艺的金属基材和镀液的体系也不多。

（2）接触镀法

将待镀的金属零件与另一种辅助金属接触后浸入沉积金属盐的溶液中，辅助金属的电位应低于沉积出的金属的电位。金属零件与辅助金属浸入溶液后构成原电池，后者活性强，是阳极，被溶解放出电子，阴极（零件）上就会沉积出溶液中金属离子还原出的金属层。接触镀与电镀相似，只不过接触镀的电流是靠化学反应供给，而电镀是靠外电源。接触镀法虽然缺乏实际应用意义，但在非催化活性基材上引发化学镀过程时是可以应用的。

（3）还原法

在溶液中添加还原剂，由它被氧化后提供的电子还原沉积出金属镀层。这种化学反应如不加以控制，在整个溶液中进行沉积是没有实用价值的。目前讨论的还原法是专指在具有催化能力的活性表面上沉积出金属镀层。由于施镀过程中沉积层仍具有自催化能力，所以该工艺可以连续不断的沉积形成一定厚度且有实用价值的金属镀层。还原法就是我们所指的“化学镀”工艺，置换法和接触镀法只不过在原理上同属于化学反应范畴，但不用外电源。用还原剂在自催化活性表面实现连续不断地金属沉积的方法是唯一能用来代替电镀法的湿法沉积过程的方法。

5.1.3 化学镀的特点

与电镀工艺相比，化学镀具有以下特点。

①镀层厚度非常均匀，化学镀液的分散力接近100%，无明显的边缘效应，几乎是基材形状的复制，因此特别适合形状复杂工件、腔体件、深孔件、盲孔件、管件内壁等表面施镀；电镀法因受电力线分布不均匀的限制则是很难做到的。由于化学镀层厚度均匀、易于控制、表面光洁平整，一般不需要镀后加工，适宜做加工件超差的修复及选择性施镀。

②通过敏化、活化等前处理，化学镀可以在非金属（非导体），如塑料、玻璃、陶瓷及半导体材料表面上进行，而电镀法只能在导体表面上施镀，所以化学镀工艺是非金属表面金属化的常用方法，也是非导体材料电镀前作导电底层的方法。

③工艺设备简单，不需要电源、输电系统及辅助电极，操作时只需把工件正确悬挂在镀液中即可。

④化学镀依靠基材的自催化活性起镀，其结合力一般优于电镀。镀层有光亮或半亮的外观、晶粒细、致密、孔隙率低，某些化学镀层还具有其他特殊的物理化学性能。

不过，电镀工艺也有其不能为化学镀所代替的优点：可以沉积的金属及合金品种远多于化学镀；价格比化学镀低得多，工艺成熟，镀液简单易于控制。化学镀镀液内氧化剂（金属离子）与还原剂共存，镀液稳定性差；而且沉积速度慢、温度较高、溶液维护比较麻烦、实用可镀金属种类较少。因此，化学镀主要用于非金属表面金属化、形状复杂件而需要某些特殊性能等不适合电镀的场合。

化学镀方法具有的这些特点使其用途日益广泛，目前在工业上已经成熟且普遍应用的化学镀种主要是镍和铜，尤其是镍。与电镀镍相比，化学镀镍具有以下特点：

①用次磷酸盐或硼化物作还原剂的镀浴得到的镀层是Ni-P或Ni-B合金，控制磷量得到的Ni-P非晶态结构镀层致密、无孔、耐蚀性远优于电镀镍，在某些情况下甚至可以代替不锈钢使用。

②化学镀镍层不仅硬度高，而且可以通过热处理调整提高硬度，故耐磨性良好，在某些工况下甚至可以代替硬铬使用。化学镀镍层兼备了良好的耐腐蚀与耐磨性能。

③根据镀层中的含磷量，可控制为磁性或非磁性镀。

④钎焊性能好。

⑤具有某些特殊的物理化学性能。

化学镀镍已在电子、计算机、机械、交通、能源、石油天然气、化学化工、航空航天、汽车、矿冶、食品机械、印刷、模具、纺织、医疗器件等各个工业部门获得广泛的应用。按化学镀镍的基材分类，应用最多的基材是碳钢和铸铁，约占71%，铝及有色金属约占20%，合金钢约占6%，其他（塑料、陶瓷等）约占3%。

5.1.4 化学镀的机制

化学镀还原沉积时的反应式为：

$$AH_n+Me^{n+}=\!=\!=A+Me+nH^+ \qquad (5-1)$$

式中，AH_n 为还原剂；Me^{n+} 为被沉积金属离子；Me 为还原的金属；A 为类金属物质。

化学镀同样具有局部原电池（或微原电池）的电化学反应机制，如图 5-1 所示。原剂分子 AH_n 先在经过处理的基体表面形成吸附态分子 AH_n，受催化的基体金属活化后，共价键减弱直至失去电子被氧化为产物 A（化合物、离子或单质）和 H^+ 或释放出 H_2。金属离子获得电子被还原成金属，同时吸附在基体表面的类金属单质 A 与金属原子共沉积形成了合金镀层。

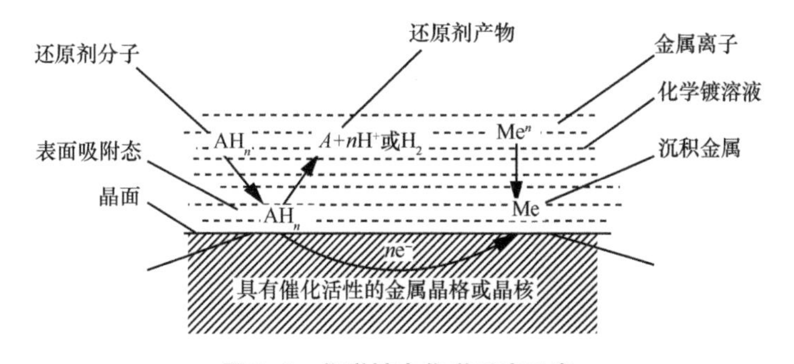

图 5-1 化学镀电化学反应示意

5.2 化学镀镍机制

5.2.1 化学镀镍层的性质

化学镀镍层是镍磷合金镀层，主要特性是耐腐蚀。含磷较高的镀层在许多介质中的耐蚀性显著优于电镀镍，可代替不锈钢和纯镍；镀镍层硬度为 500～600 HV（电镀镍的硬度为 160～180 HV），经热处理可达 1000 HV 以上；耐磨效果好，可代替镀硬铬。

（1）密度

镍的密度在 20 ℃时为 8.91 g/cm³，含磷量 1%～4% 时为 8.5 g/cm³，含磷量 7%～

9%时为8.1 g/cm³，含磷量10%～12%时为7.9 g/cm³，镀层密度变化的原因不完全是溶质原子质量的不同，还与合金化时点阵参数发生变化有关。

（2）热学性质

化学镀Ni-P（含磷量8%～9%）的热膨胀系数在0～100 ℃时为13 μm/（m·℃）。电镀镍相应值为12.3～13.6 μm/（m·℃）。化学镀镍的热导率比电镀镍低，在4.396～5.652 W/（m·K）。

（3）电学性质

Ni-P（含磷量6%～7%）比电阻为52～68 μΩ·cm，碱浴镀层只有28～34 μΩ·cm，纯镍镀层的比电阻小，仅为6.05 μΩ·cm。镀层比电阻的大小与镀浴的组成、温度、pH，尤其是与磷含量关系密切。另外，热处理也明显影响着电阻率的大小。

（4）磁学性质

化学镀Ni-P合金的磁性能决定于磷含量和热处理制度，也就是其结构属性——晶态或非晶态。含磷量大于等于8%的非晶态镀层是非磁性的，含磷量为5%～6%的镀层有很弱的铁磁性，只有含磷量小于等于3%的镀层才具有铁磁性，但磁性仍比电镀镍小。

（5）钎焊性能

铁基金属上化学镀镍层不能熔融焊接，因高温作业后磷会引起基材产生脆性，但钎焊是可行的。在电子工业中，轻金属元件用化学镀镍改善其钎焊性能，如Al基金属。镍磷合金层的钎焊性随磷含量的增加而下降，镀液中有些添加剂也能显著影响焊接性能，如加1.5 g/L糖精有利于钎焊。

（6）均镀能力及厚度

化学镀是利用还原剂以化学反应的方式在工件表面得到镀层，不存在电镀中由于工件几何形状复杂而造成的电力线分布不均、均镀能力和深镀能力不足问题。无论是有深孔、盲孔还是深槽或形状复杂的工件，均可获得厚度均匀的镀层。镀层厚度从理论上讲似乎是无限的，但太厚了应力大，表面会变得粗糙，又容易剥落，有报道称最厚可达400 μm。

（7）结合力及内应力

一般来讲，化学镀镍的结合力是良好的，在软钢上为210 M～420 MPa、不锈钢上为160 M～200 MPa、Al上为100 M～250 MPa。

5.2.2 化学镀镍的热力学

化学镀镍是用还原剂把溶液中的镍离子还原沉积在具有催化活性的表面上。其反应式：

$$NiC_m^{2+} + R \xlongequal{} Ni + mC + O \tag{5-2}$$

式中，C为络合剂；m为络合剂配位体数目；R、O分别为还原剂的还原态和氧化态。上式分解为：

阴极反应 $NiC_m^{2+} + 2e^- \longrightarrow Ni + mC$ (5-3)

阳极反应 $R \longrightarrow O+2e^-$ (5-4)

该氧化还原反应能否自发进行的热力学判据是反应自由能的变化 ΔG_{298}。以次磷酸盐还原剂作例子，计算化学镀镍自由能的变化如下：

还原剂的反应 $H_2PO_2^-+H_2O \longrightarrow HPO_3^{2-}+3H^++2e^-$ $\Delta G_{298}=-96\ 894$ J/moL (5-5)

氧化剂的反应 $Ni^{2+}+2e^- \longrightarrow Ni$ $\Delta G_{298}=44\ 570.4$ J/moL (5-6)

总反应 $Ni^{2+}+H_2PO_2^-+H_2O \longrightarrow HPO_3^{2-}+Ni+3H^+$ (5-7)

该反应自由能的变化 $\Delta G_{298}=[44\ 570.4+(-96\ 894)]=-5232.60$。反应自由能变化 ΔG 为负值，且比零小得多，所以从热力学判据得出的结论表明，用次磷酸盐作还原剂还原 Ni^{2+}是完全可行的。体系的反应自由能变化 ΔG 是状态函数，凡是影响体系状态的各个因素都会影响反应过程的 ΔG 值。以上计算虽然是从标准状态下得到的，状态变化也会变化，但仍不失其为判断反应能否进行的指导意义。

众所周知，对于电化学反应 $\Delta G=-nFE$，n 是反应中电子转移数目，F 是法拉第常数，E 是电池电势。因此，可逆电池电势 E 也可以直接用来作该电化学反应能否自发进行的判据。例如

阳极反应 $H_2PO_2^-+H_2O \longrightarrow H_2PO_2^-+2H^++2e^-$，$E_a^\Theta=-0.50$ V (5-8)

阴极反应 $Ni(H_2O)_6^{2+}+2e^- \longrightarrow Ni+6H_2O$，$E_b^\Theta=-0.25$ V (5-9)

总反应 $Ni(H_2O)_6^{2+}+H_2PO_2^-+H_2O \longrightarrow Ni+H_2PO_2^-+2H^++6H_2O$ (5-10)

该电池反应电势 $\Delta E^\Theta=-0.25-(-0.50)=+0.25$ V（SHE），ΔE^Θ 为正值，表示自由能变化 ΔG 是负值，即反应能自发进行。从标准电极电位 E^Θ 值即可看出：只要还原剂的电位比 Ni^{2+}还原的电位负，该反应即可自发进行。直接用电池电势 ΔE 作反应能否自发进行的判据更简单。还原剂氧化的电位与 Ni^{2+}还原电位的差值越大，镍沉积的可能性越大，且沉积速度也越快。在镀液中加入络合剂以后，Ni^{2+}的还原电位均会不同程度地负移，如下：

$$E^\Theta[Ni_3(C_6H_5O_7)_3^{3+}/Ni]=-0.37\ V, E^\Theta[Ni(NH_3)_6^{2+}/Ni]=-0.49\ V \quad (5-11)$$

$$E^\Theta[Ni(Gly)_2^{2+}/Ni]=-0.58\ V, E^\Theta[Ni(CN)_4^{2-}/Ni]=-0.90\ V \quad (5-12)$$

式中，Gly 为氨基乙酸。显然，在酸性介质中用次磷酸盐作还原剂只能还原出以柠檬酸作络合剂的 Ni^{2+}，用 NH_3 作络合剂的体系反应就很困难，而用甘氨酸和 CN^-作络合剂的体系，该还原反应就不可能发生，因它们的还原电位比 $E^\Theta(H_2PO_3^-/H_2PO_2^-)$更负。但在氨、碱性溶液中反应是可以进行的，因为在碱性介质中 $H_2PO_2^-$ 氧化的电位变得更负。

$$H_2PO_2^-+3OH^- \longrightarrow HPO_3^{2-}+2H_2O+2e^-,\ E^\Theta=-1.75\ V \quad (5-13)$$

这时，在用 CN^-作络合剂的条件下，$\Delta E^\Theta=-0.90-(-1.57)=0.67$ V。由电池电势 ΔE^Θ 为正值，确认该反应可以自发进行。

由此可见，化学镀镍反应能否自发进行与溶液的 pH 密切相关，所以也可以用 pH-电位图来作判据。图 5-2 是 Ni-H_2O 系和 P-H_2O 系的 pH-电位图，用其来说明化学镀镍的可能性问题。

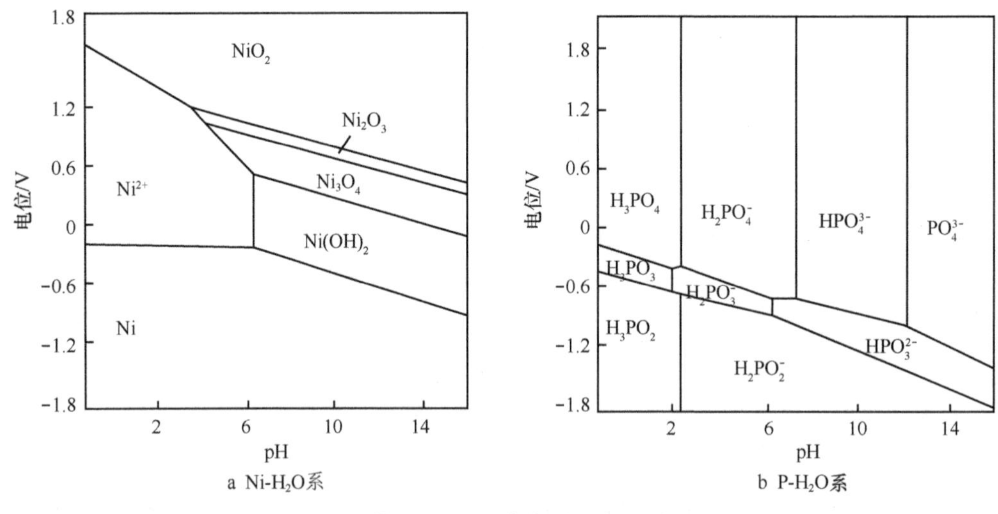

图 5-2　pH-电位（25 ℃）

从 Ni-H_2O 系 pH-电位图可看出，Ni、Ni^{2+}和 NiO_x、$Ni(OH)_2$（氧化物或氢氧化物）3 个稳定区的条件：电位低，在整个 pH 范围内 Ni 都是稳定的，当电位增加（$E> -0.25$ V）时，Ni 被氧化，在酸性介质（pH<6）以 Ni^{2+}形式存在，pH 增加，在高电位区则以 Ni 的氢氧化物或氧化物存在。从 P-H_2O 系的 pH-E 图可看出，酸、碱两个稳定区，即 pH<6 的 $H_2PO_2^-$～$H_2PO_3^-$ 的酸稳定区与 pH>6 的 $H_2PO_2^-$～HPO_3^{2-} 的碱稳定区。可见在酸、碱介质中用次磷酸盐均可沉积出镍，在碱性介质中次磷酸盐氧化的电位更负，其还原能力远比在酸性介质中强。要想在碱性介质中化学镀镍，为了保证镀液稳定不析出沉淀，只能用整合能力强的络合剂，如果不是次磷酸盐具有更强的还原能力，碱性介质化学镀 Ni-P 合金将不可能了。

温度变化，pH-电位也相应有所变化，但总趋势是不会变的。

5.2.3　化学镀镍的动力学

在获得热力学判据证明化学镀镍可行的基础上，几十年来，人们不断探索化学镀镍的动力学过程，提出各种沉积机制、假说，以期解释化学镀镍过程中出现的许多现象，希望推动化学镀镍技术的发展和应用。虽然化学镀镍的配方、工艺千差万别，但它们具有以下几个共同点：

①沉积 Ni 的同时伴随着 H_2 析出。

②镀层中除 Ni 外，还含有与还原剂有关的 P、B 或 N 等元素。

③还原反应只发生在某些具有催化活性的金属表面上，但一定会在已经沉积的镍

层上继续沉积。

④产生的副产物 H^+促使槽液 pH 降低。

⑤还原剂的利用率小于 100%。

无论什么反应机制都必须对上面的现象做出合理的解释，尤其是化学镀镍一定在具有自催化的特定表面上进行，机制研究应该为化学镀提供这样一种催化表面。

在工件表面化学镀镍，以 $H_2PO_2^-$ 作还原剂在酸性介质中的反应式为：

$$Ni^{2+}+H_2PO_2^-+H_2O \longrightarrow H_2PO_3^-+Ni+2H^+ \tag{5-14}$$

它必然有几个基本步骤：

①反应物（Ni^{2+}、$H_2PO_2^-$ 等）向表面扩散；

②反应物在催化表面上吸附；

③在催化表面上发生化学反应；

④产物（H^+、H_2、$H_2PO_3^-$ 等）从表面层脱附；

⑤产物扩散离开表面。

这些步骤中按化学动力学基本原理，最慢的步骤是整个沉积反应的控制步骤。

以次亚磷酸盐为还原剂的化学镀镍槽液中发生的化学反应，已经提出的几种理论有“原子氢理论”、“氢化物理论”和“电化学理论”等。在这几种理论中，得到广泛承认的是“原子氢理论”。它的化学反应方程式为：

$$H_2PO_2^-+H_2O \longrightarrow H^++HPO_3^{2-}+[H] \tag{5-15}$$

$$Ni^{2+}+2[H] \longrightarrow Ni+2H^+ \tag{5-16}$$

$$H_2PO_2^-+[H] \longrightarrow H_2O+OH^-+P \tag{5-17}$$

$$H_2PO_2^-+H_2O \longrightarrow H^++HPO_3^{2-}+H_2\uparrow \tag{5-18}$$

在具有催化表面和足够能量的情况下，次亚磷酸离子氧化成亚磷酸离子，其中一部分氢放出被催化表面吸附[式(5-15)]，之后通过吸附的活性氢还原催化表面上的镍离子[式(5-16)]，形成镍镀层，同时有些吸附氢被催化表面上少量的次亚磷酸离子还原成水、羟基和磷[式(5-17)]，槽液中大部分次亚磷酸离子被催化氧化成亚磷酸根和氢气[式(5-18)]。它们与镍和磷的沉积无关，由此可见，化学镀镍的效率是比较低的，一般还原 1 kg 镍需要次亚磷酸钠 5 kg，平均效率为 37%。

最初使用的化学镀镍配方含有氨，并在 pH 较高条件下操作。后来找到的低 pH 酸性化学镀镍配方，它与碱性化学镀镍槽液相比，大致有以下一些优点：①较快的沉积速度；②槽液较为稳定；③易于控制；④镀层中含磷量较高，均大于 8.5%，形成非晶态，提高了镀层的抗蚀性等。缺点是酸性槽液工作温度较高，通常均超过 80 ℃，如操作不当，槽液消耗很快。

5.3 化学镀镍的溶液及其影响因素

5.3.1 化学镀镍的溶液组分

化学镀镍溶液的分类方法很多，按 pH 分有酸浴和碱浴两类，酸浴 pH 一般在4～6、碱浴 pH 一般大于8，除次磷酸盐作还原剂外，还有硼氢化物及硼烷衍生物，前者得到 Ni-P 合金、后者得到 Ni-B 合金镀层。如按温度分类则有高温浴（85～92 ℃）、低温浴（60～70 ℃），还有室温镀浴的报道。低温浴是为了在塑料基材上施镀而发展的。按镀液镀出镀层中磷含量又可以分为：高磷镀液，由于镀层的非晶结构使其耐蚀性能优良，又因其非磁性而广泛用于计算机工业中；中磷镀液，是目前应用最普遍的化学镀镍品种，其特点是镀液沉积速度快、稳定性好、寿命长；低磷镀液，用低磷镀液得到的镀层镀态硬度高、耐磨，特别耐碱腐蚀。近年来还开发了一些三元 Ni-P 合金镀液。

化学镀镍溶液由主盐（镍盐）、还原剂、络合剂、缓冲剂、稳定剂、加速剂、表面活性剂及光亮剂等组成，以下分别讨论各组分的作用。

（1）主盐

化学镀镍溶液中的主盐就是镍盐，如硫酸镍（$NiSO_4$）、氯化镍（$NiCl_2 \cdot 6H_2O$）、醋酸镍[$Ni(CH_3COO)_2$]、氨基磺酸镍[$Ni(NH_2SO_3)_2$]及次磷酸镍[$Ni(H_2PO_2)_2$]等，由它们提供化学镀反应过程中所需要的Ni^{2+}。早期曾用过氯化镍作主盐，由于氯化镍的存在不仅会降低镀层的耐蚀性，还会产生拉应力，所以目前已不再使用。同硫酸镍相比，用醋酸镍作主盐对镀层性能的有益贡献因其价格昂贵而被抵消。最理想的Ni^{2+}来源是次磷酸镍，使用它不至于在镀池中大量的积存，也不至于在补加时带入过多的Na^+，但其价格贵、货源不足。目前使用的主盐主要是硫酸镍。

因为硫酸镍是主盐，用量大，在施镀过程中还要不断补加，所含的杂质元素会在镀液中积累浓缩，造成镀液镀速下降、寿命缩短，甚至报废。因为镀液质量不佳还会影响镀层性能，尤其是耐蚀性将明显降低。所以在采购硫酸镍时，应力求供货方提供可靠的成分化验单，做到每个批量的质量稳定，尤其要注意对镀液有害的杂质元素锌及重金属元素含量的控制。

（2）还原剂

化学镀镍所用的还原剂有次磷酸钠、硼氢化钠、烷基胺硼烷及肼等，它们在结构上的共同特征是含有两个或多个活性氢，还原就是靠还原剂的催化脱氢进行的。用次磷酸钠得到 Ni-P，硼化物得到 Ni-B 合金镀层；用肼则得到纯镍镀层。

用得最多的还原剂是次磷酸纳，原因在于它的价格低、镀液容易控制，而且，Ni-P 合金镀层性能优良。次磷酸钠（$NaH_2PO_2 \cdot H_2O$）在水中易于溶解，水溶液 pH 为6。

其制备方法简单，即把白磷溶于 NaOH 中，加热得到次磷酸盐与磷化氢。副产物亚磷酸氢根（$H_2PO_3^-$）加 $Ca(OH)_2$ 生成 $CaHPO_3$ 除去，反应式如式（5-19）：

$$4P+3NaOH+3H_2O \rightleftharpoons 3NaH_2PO_2+PH_3 \tag{5-19}$$

次磷酸 H_3PO_2 虽然有 3 个氢原子，但它是中等强度的一元酸，$K_a=10^{-2}$，结构式为 $\begin{array}{c} \quad\quad\ \ O \\ \quad\quad\ \ \| \\ H—O—P—H \\ \quad\quad\ \ | \\ \quad\quad\ \ H \end{array}$，而不是 $\begin{array}{c} HO—P—OH \\ | \\ H \end{array}$。X 射线检测结构表明 $H_2PO_2^-$ 离子结构是四面体，其中两个氢原子与磷原子直接相连。所以，次磷酸钠结构式应写成 $Na\left(\begin{array}{ccc} H & & O \\ & P & \\ H & & O \end{array}\right)$，与其他中间氧化态化合物一样，次磷酸加热会发生歧化反应生成最高和最低价磷化物，反应式为：

$$4H_3PO_2 \rightleftharpoons 2PH_3+2H_3PO_4$$

同时还生成 H_3PO_4、P、P_2H_4 等磷化物。说明化学镀镍溶液空载长期加热对次磷酸盐是不适宜的。次磷酸盐是强还原剂、很弱的氧化剂，在酸或碱介质中标准电极电位值为：

$$H_3PO_2+H_2O \rightleftharpoons H_3PO_3+2H^++2e^-,\ E^\ominus=-0.51\ V \tag{5-20}$$

$$H_3PO_2+H^++e^- \rightleftharpoons P+2H_2O,\ E^\ominus=-0.39\ V \tag{5-21}$$

$$H_2PO_2^-+3OH^- \rightleftharpoons HPO_3^{2-}+2H_2O+2e^-,\ E^\ominus=-1.57\ V \tag{5-22}$$

$$H_2PO_2^-+e^- \rightleftharpoons P+2OH^-,\ E^\ominus=-1.82\ V \tag{5-23}$$

镀 Ni-B 合金用得最多的还原剂是硼氢化钠 $NaBH_4$，结构式为 $Na^+\left(\begin{array}{c} H \\ | \\ H—B^-—H \\ | \\ H \end{array}\right)$，25 ℃时的溶解度为 55 g/100 gH_2O。它在水中缓慢解析出 H_2，反应式为：

$$NaBH_4+2H_2O \rightleftharpoons NaBO_2+4H_2$$

水解速率与温度、pH 等因素有关。工业上制备 $NaBH_4$ 的方法是将硼硅酸盐与金属钠作用，在 H_2 气氛中 450～500 ℃下加热，反应式为：

$$NaB_4O_7+7SiO_2+16Na+8H_2 \rightleftharpoons 4NaBH_4+7Na_2SiO_3$$

在室温下加压用液氨萃取出纯 $NaBH_4$。

近年来发展应用的烷基胺硼烷 $R_3N \cdot BH_3$，由于在水中溶解度的限制，实际只用二甲基胺硼烷（$(CH_3)_2NHBH_3$(DMAB)）及二乙基胺硼烷（$(C_2H_5)_2NHBH_3$(DEAB)）。烷基胺硼烷的结构式为 $\begin{array}{ccccc} R & & & & H \\ & \diagdown & & \diagup & \\ & & N^+—B^-—H & & \\ & \diagup & | & \diagdown & \\ R & & H & & H \end{array}$。二乙基胺硼烷的制造方法是把硼氢化钠与盐酸二

乙基胺在水-有机溶剂混合物中制得，其反应式为：

$$NaBH_4+(C_2H_5)_2NHHCl \longrightarrow (C_2H_5)_2NHBH_3+NaCl+H_2$$

用联氨作还原剂得到纯镍，失去了 Ni-P 或 Ni-B 合金的优异性能，再加上镀液稳定性小，故实际应用很少。肼（联氨）$H_2N—NH_2$ 结构式为 $\begin{matrix} H & & H \\ & N—N & \\ H & & H \end{matrix}$，市售商品一般是其盐类 $N_2H_4 \cdot HCl$、$N_2H_4 \cdot H_2O$。

（3）络合剂

化学镀镍溶液中除了主盐与还原剂以外，最重要的组成部分就是络合剂。镀液性能的差异、寿命长短主要决定于络合剂的选择及其搭配关系。

①防止镀液析出沉淀，增加镀液稳定性并延长使用寿命。如果镀液中没有络合剂存在，由于镍的氢氧化物溶解度较小（$K_{sp}=2\times10^{-5}$），在酸性镀液中即可析出浅绿色絮状含水氢氧化镍沉淀。硫酸镍溶于水后形成六水合镍离子，它有水解倾向，水解后呈酸性：

$$Ni(H_2O)_6^{2+} \longrightarrow Ni(H_2O)_5OH^++H^+ \longrightarrow Ni(H_2O)_4(OH)_2+2H^+ \quad (5-24)$$

这时，即析出了氢氧化物沉淀。如果六水合镍离子中有部分络合剂分子（离子）存在，则可以明显提高其抗水解能力，甚至有可能在碱性环境中以 Ni^{2+} 形式存在（指不以沉淀形式存在）。不过，pH 增加，六水合镍离子中的水分子会被 OH^- 取代，促使水解加剧，要完全抑制水解反应，Ni^{2+} 必须全部螯合，以得到抑制水解的最大稳定性。镀液中还有较多次磷酸根离子存在，但由于次磷酸镍溶解度比较大［$Ni(H_2PO_2)_2 \cdot 6H_2O$ 溶解度为 37.65 g/100 g H_2O］，一般不致析出白色 $NiHPO_3 \cdot 7H_2O$ 沉淀（50℃时 $NiHPO_3 \cdot 7H_2O$ 溶解度 0.29 g/100 gH_2O）。加络合剂以后，溶液中游离 Ni^{2+} 浓度大幅降低，可以抑制镀液后期亚磷酸镍沉淀的析出。

镀液使用后期报废原因主要是 HPO_3^{2-} 聚集的结果。当 pH 为 4.6，温度为 95 ℃时，$NiPO_3 \cdot 7H_2O$ 溶解度为 6.5～15.0 g/L，加络合剂乙二醇酸后提高到 180 g/L。该溶解度值也称为亚磷酸镍的沉淀点，沉淀点随络合剂种类、含量、pH 及温度等条件不同而变化。由此可见，络合剂能够大幅提高亚磷酸镍的沉淀点，或者说增加了镀液对亚磷酸根的容忍量，使施镀操作能在高含量亚磷酸根的条件下进行，也就是延长了镀液的使用寿命。因此，从某种意义上讲，一个镀液寿命的长短，也就是它对亚磷酸根容忍量的大小。

镀液中加入络合剂以后不再析出沉淀，其实质也就是增加了镀液稳定性，所以配位能力强的络合剂本身就是稳定剂。镀层性能要求高，所用的溶液中元稳定剂只用络合剂。

②提高沉积速度，加络合剂后沉积速度增加的数据很多。例如，不加任何络合剂，沉积速度只有 5 μm/h，非常缓慢，无实用价值。加入适量络合剂，如乳酸，沉积速度提高到 27.5 μm/h、加乙二醇酸可提高到 20 μm/h、加琥珀酸可提高到 17.5 μm/h、加

水杨酸可提高到12.5 μm/h、加柠檬酸可提高到7.5 μm/h。加入络合剂，使镀液中游离Ni^{2+}浓度大幅下降，从质量作用定律看，降低反应物浓度反而提高反应速度是不可能的，所以，这个问题只能从动力学角度解释。简单的说法是，有机添加剂吸附在工件表面后，提高了它的活性，为次磷酸根释放活性原子氢提供更多的激活能，从而增加了沉积反应速度。络合剂在此也起了加速剂的作用。

③提高镀浴工作的pH范围。亚磷酸镍沉淀点随pH而变化，如pH=3.1时是20 g/L，要提高到180 g/L、pH必须小于或等于2.6。加络合剂后，这种情况立即得到改善。例如，用乙二醇酸提高亚磷酸镍沉淀点至180 g/L，pH可以维持在4.8甚至5.6，也不至于析出沉淀，该pH是化学镀镍工艺能接受的。

④改善镀层质量。镀液中加络合剂后，镀出的工件光洁致密。

（4）稳定剂

1）稳定剂的作用

化学镀镍溶液是一个热力学不稳定体系，由于种种原因，如局部过热、pH过高或某些杂质影响，不可避免地会在镀液中出现一些活性微粒——催化核心，使镀液发生激烈的自催化反应，产生大量Ni-P黑色粉末，导致镀液短期内发生分解，逸出大量气泡，造成不可挽救的经济损失。这些活性微粒往往只有胶体粒子大小，其来源为外部灰尘、烟雾、焊渣、清洗不良带入的脏物、金属屑等。溶液内部产生的氢氧化物（有时pH并不高，却也会局部出现）、碱式盐、亚磷酸氢镍等表面吸附有OH^-，从而导致溶液中Ni^{2+}与$H_2PO_2^{2-}$在这些粒子表面局部反应析出海绵状的镍：

$$Ni^{2+}+2H_2PO_2+2OH^- \longrightarrow 2HPO_3^{2-}+2H^++Ni+H_2$$

这些黑色粉末是高效催化剂，它们具有极大的比表面积与活性，加速了镀液的自发分解，几分钟内镀液将变成无色。

稳定剂的作用就在于抑制镀液的自发分解，使施镀过程在控制下有序进行。稳定剂是一种毒化剂，即反催化剂，只需加入痕量就可以抑制镀液自发分解。稳定剂不能使用过量，过量后轻则降低镀速，重则不再起镀。稳定剂吸附在固体表面抑制次磷酸根的脱氢反应，但不阻止次磷酸盐的氧化作用。也可以说，稳定剂掩蔽了催化活性中心，阻止了成核反应，但并不影响工件表面正常的化学镀过程。

2）稳定剂的分类

目前人们把化学镀镍中常用的稳定剂分成4类：

①第ⅥA族元素S、Se、Te的化合物一些硫的无机物或有机物，如硫代硫代酸盐、硫氰酸盐、硫脲及其衍生物巯基苯骈噻唑（MET）$C_6H_4SC(SH)N$、黄原酸酯。

②某些含氧化合物，如AsO_2^-、IO_3^-、BrO_3^-、NO_2^-、MoO_4^{2-}及H_2O_2。

③重金属离子，如Pb^{2+}、Sn^{2+}、Sb^{3+}、Cd^{2+}、Zn^{2+}、Bi^{3+}及Ti等。

④水溶性有机物含双极性的有机物阴离子，至少含6个或8个碳原子，有能在某一定位置吸附形成亲水膜的功能团，如由—COOH、—OH或—SH等基团构成的有机物。如不饱和脂肪酸马来酸$(CHOOCH)_2$，甲叉丁二酸［又名乌头二酸$(CH_2)_2C$

(COOH)] 等。

第一、第二类稳定剂使用浓度在（0.1～2.0）$\times 10^{-6}$mol/L，第三类为 10^{-5}～10^{-3}mol/L，第四类在 10^{-3}～10^{-1}mol/L 范围。有些稳定剂还兼有光亮剂的作用，如 Cd^{2+}，它与 Ni-P 镀层共沉积后，使镀层光亮平整。

（5）加速剂

为了增加化学镀的沉积速度，在化学镀镍溶液中还加入一些化学药品，它们有提高镀速的作用而被称为加速剂。加速剂的作用机制被认为是还原剂 $H_2PO_2^-$ 中氧原子可以被一种外来的酸根取代形成配位化合物，或者说加速剂的阴离子的催化作用是由于形成杂多酸所致。在空间位阻作用下使 H-P 键能减弱，有利于次磷酸根离子脱氢，或者说增加了 $H_2PO_2^-$ 的活性。实验表明，短链饱和脂肪酸的阴离子及至少一种无机阴离子，有取代氧促进 $H_2PO_2^-$脱氢而加速沉积速度的作用。

化学镀镍中许多络合剂即兼有加速剂的作用，常用的加速剂如下所述：

①未被取代的短链饱和脂肪族二羧酸根阴离子，如丙二酸、丁二酸、戊二酸及己二酸。己二酸价格虽然便宜，但溶解度小，不常用；丙二酸价昂也不常用；丁二酸则在价格和性能上均为人们所接受。

②短链饱和氨基酸。这是优良的加速剂，最典型的是氨基乙酸，它兼有缓冲、络合及加速 3 种作用于一身。

③短链饱和脂肪酸。从醋酸到戊酸系列中最有效的加速剂首推丙酸，其效果虽不及丁二酸及氨基酸明显，但价格便宜。

④无机离子加速剂。目前发现只有一种无机离子的加速剂就是 F^-，但必须严格控制浓度，用量大不仅会减小沉积速度，还对镀液稳定性有影响。它在 Al、Mg 及 Ti 等金属表面化学镀镍有效。

（6）缓冲剂

化学镀镍过程中由于有 H^+产生，使溶液 pH 随施镀进程而逐渐降低，为了稳定镀速及保证镀层质量，化学镀镍体系必须具备缓冲能力，也就是说使之在施镀过程中 pH 不至于变化太大，能维持在一定 pH 范围内的正常值。某些弱酸（或碱）与其盐织成的混合物就能抵消外来少许酸或碱，以及稀释对溶液 pH 变化的影响，使之在一个较小范围内波动，这种物质称为缓冲剂。缓冲剂缓冲性能好坏可用 pH 与酸浓度变化图来表示，显然，酸浓度在一定范围内波动而 pH 却基本不变的体系缓冲性能好。

化学镀镍溶液中常用的一元或二元有机酸及其盐类不仅具备络合 Ni^{2+}能力，而且具有缓冲性能。在酸性镀浴中常用的 HAC-NaAC 体系就有良好的缓冲性能，但 AC^-的络合能力却很小，它一般不作络合剂用。在碱性镀浴中则常用铵盐或硼砂体系。

即使镀液中含有缓冲剂，在施镀过程中也必须不断加碱以提高 pH 到正常值。镀液使用后期 pH 变化较小，HPO_3^{2-} 聚集也可能具有一定缓冲作用。

（7）其他组分

与电镀镍一样，在化学镀镍溶液中也加入少许的表面活性剂，它有助于气体（H_2）

的逸出、降低镀层的孔隙率。另外，由于使用的阳面活性剂兼有发泡剂作用，施镀过程中在逸出大量气体搅拌情况下，镀液表面形成一层白色泡沫，它不仅可以保温、降低镀液蒸发损失、减少酸味，还使许多悬浮的脏物夹在泡沫中而易于清除，以保持镀件和镀液的清洁。

表面活性剂是这样一类物质，在加入很少量时就能大幅度地降低溶剂（一般指水）的表面张力（或指液/液）界面张力，从而改变体系状态。在固-液界面上由于固体表面上原子或分子的价键力是未饱和的，与内部原子或分子比较能量相对较高，尤其金属表面是属于高能表面之列，它与液体接触时表面能总是减小的。换句话说，金属的固气界面很容易被固-液界面代替（润湿定义就是固体表面吸附的气体为液体取代）。在化学镀中，工件虽然主要金属，气泡不易滞留在表面上，但由于伴随着 Ni-P 合金的沉积析出的 H_2 气量太多（沉积 1 mol Ni，要析出 1.76～1.93 mol H_2）；如果气泡不能及时逸出离开工件表面，长期滞留的结果必然在工件表面造成孔隙，形成气孔和“彗尾”。所以，即使在容易润湿的高能表面—金属工件上也加入润湿剂，以减少气泡在工件表配上的滞留时间，有利于 H_2 气泡逸出，提高镀层质量。当然，只靠加少许表面活性剂还不够，还必须注意工件挂放的位置，是否有利于气体排除，这时，工件的转动、溶液的搅拌也是有益的。另外，极快的沉积速度往往也容易出现针孔。

化学镀镍中常用的表面活性剂是阴离子型表面活性剂，如磺酸盐——十二烷基苯磺酸钠或硫酸酯（盐）——十二烷基硫酸钠。

表面活性剂是一种两亲分子，其分子中一部分具有亲油性质，即烷基或烷基苯疏水基团；另一部分具有亲水性质，即磺酸或硫酸根部分。在化学镀浴中用量不宜过多，否则使镀层发花、变黑，降低镀速。用量一般不超过 0.05 g/L，可以在加热条件下配制成较浓溶液在施镀过程中逐渐加入，使镀浴上覆盖一层白色泡沫即可，消耗后再适当补加。

其他一些阳离子型及非离子型表面活性剂也有应用的报道。

5.3.2 化学镀镍过程的影响因素

（1）pH

从化学镀镍总反应式可知，沉积 1 mol Ni 同时产生 4 mol H^+，使镀液［H^+］增加，即 pH 下降。pH 的这种变化首先表现在催化样品的表面，用玻璃电极测得乳酸、柠檬酸、二丁酸、焦磷酸盐及乙二胺等镀浴 pH 降低了 3 个单位不等，所以必须随时加碱调整 pH 在正常工艺范围之内。pH 对镀液、工艺及镀层的影响很大，它是工艺参数中必须严格控制的重要因素。

pH 变化的影响首先表现在沉积速度上，因为 pH 增加使 Ni^{2+} 的还原速度加快，在酸性镀浴中沉积速度随 pH 增加沉积速度几乎直线增加。实验条件是温度 87 ℃ Ni^{2+} 6 g/L、羟基乙酸 25 g/L、$NaH_2PO_2 \cdot H_2O$　0.25 g/L。由于 pH 对沉积速度影响非常敏感，不同条件下的实验结果未必完全一致。如有实验得到 pH=5，镀速是 10 μm/h；pH=4，镀速则降到 8 μm/h，但有降到 3.5 μm/h 的报道，不过 pH 越低、镀速越慢的事实是肯定的。

pH 对镀层性能影响首先表现在镀层中磷含量的变化上。与沉积速度的变化相反，pH 增加磷量降低。反之，pH 低镀层中磷量高，这是配制高、低磷镀液要掌握的基本原则。pH 对磷量影响数据多，但因实验条件不同数据未必一致，其规律却完全一致。

pH 变化还会影响镀层中应力分布，pH 高的镀液得到镀层磷低，表现为拉应力，反之 pH 低的镀液得到镀层磷高，一般表现为压应力。镀液 pH 还影响到镀层的结合力，实验发现碳钢在 pH=4.4 的镀液中获得的镀层结合力为 0.42 MPa，当 pH 增加到 6.6，结合力下降为 0.21 MPa。pH 高的镀液容易使基材表面钝化，这是结合力下降的原因，但是镀液 pH 太低，使腐蚀性强、镀速慢、基材表面容易被腐蚀，也会导致结合力降低。一般酸浴的 pH 以 4.5～5.2 为宜。

现在讨论镀液 pH 大小对镀液本身的影响。众所周知，络合剂的主要作用就在抑制镀液中析出沉淀，保证镀液稳定。但并不是说在强有力的络合剂存在下就可以忽视 pH 的影响。pH 不同的化学镀镍中可以出现两种亚磷酸盐的反应产物，其中酸度大、pH 低以亚磷酸二氢根离子为主：

$$Ni^{2+}+H_2PO_2^-+H_2O \longrightarrow H_2PO_3^-+2H^++Ni \tag{5-25}$$

反之，酸度小、pH 高则以亚磷酸氢根离子为主：

$$Ni^{2+}+H_2PO_2^-+H_2O \longrightarrow HPO_3^{2-}+3H^++Ni \tag{5-26}$$

从以上两个反应式可以看出 pH 较低的镀液只产生 2 个 H^+，比 pH 高的镀液产生的 H^+数量少，换句话说 pH 较低镀液在施镀过程中 pH 的变化会小一些，也可以说它的缓冲性能较好。

$H_2PO_3^{2-}$ 与 HPO_3^{2-} 均与 Ni^{2+}形成沉淀，但 $NiHPO_3$ 沉淀溶解度远小于 Ni（H_2PO_3）$_2$，所以化学镀过程中主要是析出 $NiHPO_3$ 沉淀，而不是 Ni（H_2PO_3）$_2$。多元酸 H_2PO_3 的离解也受 pH 控制，酸度大以 $H_2PO_3^-$，酸度低则以 HPO_3^{2-} 为主。镀液 pH 低 $H_2PO_3^-$ 多，它与 Ni^{2+}形成的 Ni（H_2PO_3）$_2$ 沉淀溶解度大而不易析出。反之，镀液 pH 较高时 HPO_3^{2-} 量多，很容易析出溶解度小的 $NiHPO_3$ 沉淀而使镀液混浊。这就是络合剂一节介绍的亚磷酸镍沉淀点问题，而 pH 又是影响沉淀点一个重要因素。

实验是在含 0.13 mol/L Ni^{2+}、0.1 mol/L NaH_2PO_2 条件下进行的。

还值得注意的是 pH 太高会使 $H_2PO_2^-$ 的催化还原反应变成均相反应而导致镀液分解。镀液在使用后期 pH 比较稳定，变化小一些，这是聚集的弱酸 H_3PO_3 也有缓冲作用所致。

pH 影响归纳为：pH 高、镀速快、镀层中磷低、镀层结合力降低、张应力加大，易析出 $NiHPO_3$ 沉淀，镀液易分解，但 NaH_2PO_2 的利用率高。反之，pH 低则镀速慢、镀层中磷高、结合力好，应力往压应力方向移动，镀液不易混浊、稳定性好，但 NaH_2PO_2 利用率低。由此可见，施镀过程中严格控制 pH 在规定范围内是多么的重要。

（2）温度

众所周知，温度是影响化学反应动力学的重要参数，因为温度增加离子扩散快、反应活性加强，所以它是对化学镀镍速度影响最大的因素。化学镀镍的催化反应一般只能在加热条件下实现，只有在 50 ℃以上才有明显的反应速度，在 60 ℃左右沉积速度很慢，只有在 80 ℃以上沉积反应才能正常进行。

值得注意的是温度高、镀速快，镀层中含磷量下降，因而也会影响镀层性能，同时镀层的应力和孔率也会增加，这样就降低其耐蚀性能。由此可见，化学镀镍过程中温度控制均匀十分重要，最好能在 12 ℃范围内波动，并要避免局部过热，以免影响镀层成分变化而形成层状组织，严重时甚至会出现层间剥落现象。

（3）搅拌及工件放置

为了使工件各个部位能均匀地沉积上镍磷合金，将工件吊挂在镀槽中时必须注意位置，除了施镀面彼此不能紧贴外，还不能出现因气体无法排放而在聚集部位产生的漏镀现象，形状复杂的工件尤其要注意。但只做到这一点还不够，为了使浴中温度均匀、消除工件表面与镀槽整体溶液间的浓度差异、排除工件表面的气泡等，在化学镀实施过程中进行适当的搅拌是必要的。

搅拌方式一种是转动工件，但它只适用于批量生产某种定型的产品，在镀槽设计的同时就制作好适当的夹具。大型工件、不规则或多品种的零部件要转动就比较困难。另一种是用泵循环并同时过滤镀液，也可用无油压缩空气或机械搅拌。实验发现 pH 6～8，用空气搅拌能提高镀速，pH 10～12，用超声波搅拌也能提高镀速，但后者因降低了镀液稳定性及设备投资大尚未推广应用。

搅拌加快了反应产物离开工件表面的速度，同时流入新鲜镀液，有利于提高沉积速度、保证质量，镀层表面不易出现气孔或气带及发花等缺陷。但过度搅拌也是不可取的，因为过度搅拌容易导致工件尖角部位漏镀，并使容器壁和底部沉积镍，严重时甚至会造成镀液分解。还值得注意的是搅拌方式及强度也会影响镀层的磷量。

5.4　化学镀镍配方及工艺规范

5.4.1　化学镀镍与基体材料

电镀产品质量问题的 80% 以上都出在前处理工序。从化学镀定义可知，化学镀的前提条件一方面是基体表面必须具有催化活性，这样才能引发化学沉积反应；另一方面化学镀层本身也必须是化学镀的催化表面，这样沉积过程才能持续下去，达到所需要的镀层厚度。化学镀镍层本身就是化学沉积反应的催化剂，然而，化学镀镍的基体材料几乎可以是任何一种金属或非金属材料。根据对于化学镀镍过程的催化活性，基体材料可分为如下 3 类：

第一类本征催化活性的材料；

第二类无催化活性的材料；

第三类催化毒性的材料。

对于次磷酸钠化学镀镍浴，元素周期表中第ⅧB 中的金属，如铂、铱、锇、铑、钌及镍，均属于第一类本征催化活性的材料，这些金属可以直接化学镀镍。

大多数材料属于第二类，即无催化活性的材料。这些材料表面不具备催化活性，必须通过在它表面沉积的第一类本征催化活性的金属，使这种表面具有催化活性之后才能引发化学沉积。

铅、镉、铋、锑、锡、铂、汞、砷、硫均属于第三类催化毒性材料。基体合金成分中含有这些元素超过某一百分数时，假如浸入镍浴，不仅基体表面不可能镀上，还会溶解而且进入镍浴的这些材料的离子将阻滞化学镀镍反应，甚至停镀。因此这类材料进入化学镀浴之前须进行预镀，如采用电镀镍或其他方式在其表面形成一层具有足够厚度的完整致密的预镀层。预镀层一方面引发化学镀镍的催化活性，另一方面阻止催化毒性元素的溶出。

基体材料对于化学镀镍反应的催化活性及其分类也不是一成不变的。基体材料在不同的镀浴中具有不同的催化活性，特别是受还原剂和镀浴 pH 的影响很大。例如，金属钴在碱性次磷酸钠化学镀浴中具有本征催化活性，属于第一类材料。再次磷酸钠镀浴中属于第二类材料的铜、铂、钨、金、银和石墨等基体材料，在硼氢化钠镀浴中可以直接催化化学镀浴对基体材料的影响也是应该考虑的重要因素之一。镁、铝、锌、铜等是在强碱性镀浴中易腐蚀的基体材料，上述有色金属在中性或弱酸性的胺基甲硼烷镀浴中沉积镍硼合金是比较有利的。同样，某些不耐温的非金属材料，如塑料等应该采用低温化学镀浴进行施镀。

除基体材料的化学成分和性质对化学镀镍有显著影响之外，基体材料的表面形貌的影响也是十分突出的。由于化学沉积时无外加电场的影响，化学镀镍层是十分分均匀，对于集体材料的表面原有缺陷和粗糙形貌几乎没有任何整平和掩盖的作用；因此，只有在缺陷较少和表面粗糙度较低的基体材料表面上才能获得高质量的化学镀镍层。

化学镀镍层覆盖基体材料，赋予基体材料本身所不具备的表面功能。根据冶金学观点，基体与镀层之间存在外延、扩散、结合和形貌 4 种相互作用。在重视基体材料对镀层的影响时，同样应该注意镀层对基体材料的影响。由于化学镀镍层具有比较高的硬度、抗张强度和弹性模量，以及比较低的延展性，几乎对所有化学镀镍后的零件刚性都有提高，但塑性和弹性变形性能降低。据报道在某些情况下，镀层零件的抗疲劳强度明显降低。化学镀镍层对基体材料的这些不良影响可以通过镀后处理的方式得一定程度的克服，如镀后烘烤除氢、较高温度下热处理提高抗疲劳强度等。然而，对基体的不良影响往往起源于基体材料，产生于化学镀镍全过程。例如，氢脆即氢原子扩散渗透进入基体金属所造成的某些形式的损伤。金属零件在电解除油、酸洗、施镀，甚至在使用中遭腐蚀时，凡是在金属表面有原子态氢存在的过程中都可能引起氢致损伤。不同的基体材料对于氢原子渗入的敏程度是不同的，某些高强钢内应力和硬度较大的基体金属则特别危险。若从基体材料前处理开始，贯彻化学镀镍全过程，始终注意这些问题，就有可能将对基体材料的不良影响降低到最低程度。对于基体金属的镀前处理具体规定可参照国际标准 ISO 4527、国家标准 GB/T 13913。

5.4.2 不同材料基体表面预处理

（1）预先脱脂

有大量油污、抛光膏等污物的零件应进行预先脱脂。宜先采用化学或有机溶剂脱脂。

高温碱液脱脂是既便宜又易管理且使用广泛的化学脱脂方法。碱液中氢氧化钠含量不易过高，对钢铁零件脱脂，碱液（含氢氧化钠质量浓度应<100 g/L；对铜及其合金件处理，含氢氧化钠质量浓度应<20 g/L。而锌、锡、铅、铝及其合金件则不能用浓碱液脱脂，最好用碱性盐碳酸钠、磷酸三钠等。碱液脱脂只能是皂化动植物油脂，加入少量乳化剂如硅酸钠、皂粉、OP 乳化剂、海鸥洗涤剂等表面活性剂可以除去矿物油脂。

（2）电解清洗

电解清洗的方式有阴极除油、阳极除油和阴阳极联合除油 3 种方法。

阴极除油在阴极表面进行还原反应，析出氢气，乳化作用大，除油速度快，且不腐蚀零件，但易对零件产生渗氢，电解液中金属杂质在阴极上析出，造成零件的挂灰，适用于对零件强度没有高要求的钢铁零件。阳极除油与阴极除油相比，除油速度低，易对零造成腐蚀，适于对表面粗糙度要求不高而强度要求较高的零件。采用阴阳极联合除油，可以发挥二者的优点，是最有效的电解除油方法。在实际生产中，根据不同的金属材料、性质及其对零件的强度要求，表面粗糙度要求，有选择地使用除油方法。

（3）浸酸活化

对于表面有氧化皮及锈蚀的零件应进行酸浸蚀。可根据零件表面氧化皮及锈蚀严重程度、基材的类型等选择下列方式进行渣蚀处理。

浸蚀包括一般浸蚀、光亮浸蚀和弱浸蚀。一般浸蚀可除去金属零件表面上的氧化皮和锈蚀物；光亮浸蚀可溶解金属零件的薄层氧化膜，除去浸蚀残渣，并使零件呈现出基体金属的结晶组织，以提高零件的光泽；弱浸蚀可中和零件表面的残碱（铝件碱洗），除去表面预处理中产生的薄氧化膜，使表面活化，提高基体金属与镀层的结合强度。

（4）脱脂浸蚀法

当零件油污不太严重时，为简化工序减少设施，可把脱脂和浸蚀工序合并一起进行，即用乳化能力较强的乳化剂（OP_{10} 乳化剂、平平加）直接和浸蚀剂配合使用，这样可同时达到去油脂和去锈的目的。

经过酸浸蚀的零件表面上常常会残留一些灰（残渣），通常称为挂灰，可以将零件放入 800～1200 g/L 硝酸中在≤45 ℃下浸泡 3～10 s。

（5）碳钢和低合金钢的前处理

碳钢及其低合金钢 Ni-P 非晶态镀膜工艺如下。

①化学除油，含清洁剂的碱性脱脂浴，70～80 ℃，10～20 min。

②热水清洗，70～80 ℃，2 min。

③冷水清洗（两次逆流漂洗或喷淋），2 min。

④电解清洗，含清洁剂的碱性脱脂浴，70～80 ℃。

⑤热水清洗，70～80 ℃，2 min。

⑥冷水清洗（两次逆流漂洗或喷淋），2 min。

⑦浸酸活化，利用盐酸（150～360 g/L）室温浸蚀 1～5 min。

⑧冷水清洗，1 min。

⑨去离子水清洗，70～80 ℃，3 min。

⑩非晶态镀膜，85～95 ℃，采用聚丙烯镀槽。

⑪冷水清洗，室温，2 min。

⑫钝化处理，93 g/L 重铬酸钾溶液，60 ℃，5～10 min。

⑬冷水清洗（两次逆流漂洗或喷淋），室温，2 min。

⑭干燥。

对于有锈蚀或氧化皮的零件，在初步除油之后，宜采用喷砂或钢丝刷清除。良好的前处理非常重要，不仅有助于延长镀液寿命，而且这样获得的镀膜可以保证具有优异的耐腐性能。

（6）其他材料零件的镀前处理

1）铸铁件的镀前处理

铸铁有许多种类，常见铸铁件为灰铸铁，含碳量 2%～4%，主要以石墨相的形式存在。铸轶件表面疏松多，特别是当铸造质量不高的情况下，铸铁件表面缺陷尤为突出。因此，铸铁化学镀镍比较困难，废品率较高。主要表现在镀层结合强度差、镀层孔隙率高、镀件容易返锈。因此铸铁件的前处理应十分仔细，酸洗时间不宜过长，否则造成工件表面碳富集，在镀层与基体之间形成夹心层，降低镀层结合强度。

2）不锈钢、高合金钢的镀前处理

由于不锈钢和高镍、铬含量合金钢的表面上有一层钝化膜，若按常规钢铁件表面预处理的方式进行前处理，化学镀层的结合强度很差。因此，在对不锈钢、高合金钢件碱性除油之后，应在浓酸中进行阳极处理。

3）铜及铜合金的镀前处理

在以次磷酸钠为还原剂的化学镀镍浴中，铜属于非催化性金属，因此，铜及铜合金件与钢铁件前处理的主要不同之处在于活化工序。铜件化学镀前的活化方法有多种，对于纯铜和黄铜零件，特别是小型件，镀前用已经活化的具有催化活性的金属接触进入镀浴中的活化方法是简单有效的；然而对含有催化毒性元素的铜合金（如铅黄铜等)，则建议使用其他活化方法。对于形状复杂的工件，采用预浸氯化钯溶液的活化方法比较合理，但是浸钯之后，镀前应彻底清洗，要防止钯离子带入化学镀浴。预电镀镍活化法不仅可十分有效地防止黄铜中有害金属离子溶解出污染化学镀浴，而且对于保证镀层结合强度是有利的；但是由于电镀受电场分布影响，分散能力差，对于复杂形状的工件，如深孔、盲孔的内表面难以获得预镀镍层。

4）铝及铝合金的镀前处理

铝及铝合金的密度小，导热、导电性能较好，是一种强度、质量比高的材料。然而铝及铝合金本身却存在易腐蚀、不耐磨、接触电阻大、焊接难等缺点。由于采用阳极氧化、涂装、电镀等表面保护技术，促进了铝和铝合金的广泛应用。化学镀镍作为铝和铝合金理想的表面改性技术之一，其重要性正在不断增加。铝是一种难镀的金属基体，由于铝与氧有很强的亲合力，铝基体表面极易生成氧化膜，这种自然氧化膜与其表面覆盖层的结合强度很差。为克服这个问题，通常在脱脂清洗、刻蚀活化工序之后采用以下 3 种技术途径：

①利用专门的浸镀、溶液的腐蚀性，除去铝的氧化膜。在受控置换反应下，在铝件表面浸镀上一层尽可能薄的、比较不容易氧化的中间金属层；浸镀层是暂时性的或过渡性的，如浸锌法、浸镍法；然后转入预镀层工序，如预电镀镍或预化学镀镍。

②在铝合金表面形成特殊结构的人为氧化膜，防止铝的氧化，提高后续镀层的结合强度，如磷酸阳极氧化法。

③直接化学镀镍，如某些弱碱性化学镀镍浴法等。

至今为止，研究开发和已经生产验证的工艺方法相对集中于采用浸锌预镀层方法。

5.4.3 化学镀镍的工艺

化学镀液经各公司或厂家研究配方和工艺后已经商品化，人们可以根据所需要的镀层性能选用。商品化渡液一般分开缸液和补加液两种，均配制成高倍的浓缩液，使用时按比例稀释即可。例如，美国安美特化学有限公司化学镀镍溶液由 L-开缸（体积百分含量 6% 稀释）、L-603 开缸（体积百分含量 10% 稀释）两种浓缩液配制成开缸液，补加液有 L-600 及 L-604 两种，等体积使用，十分方便。虽然目前从公开出版物或专利中能查阅到许多配方，但值得提起读者注意的是这些技术文献一般不会提供完整的配方，许多镀液的配方往往只在实验室进行一些实验后随即公开发表，距工业应用还有很长一段路要走。随着人们对化学镀镍机制及化学认识的深化，许多文献上介绍的配方也只能是历史了。本章第 2 节已详尽地为读者剖析了镀液各组元的作用及诸多影响因素，如读者有兴趣可以根据这些基本原理，更进一步查阅资料，进行实验，去补充、改善已有的镀液配方，开发一些新品种。本节介绍的一些公开资料上的配方及工艺，并不是要推荐读者去直接使用它，只供参考而已。

化学镀镍溶液用的最广的是次磷酸钠溶液，尤其是酸浴，见表 5-1。它与氨碱性镀浴相比具有溶液稳定、镀浴温度高、沉积速度快、易于控制、镀层性能好等特点。

表 5-1 次磷酸钠镀镍的配方及工艺

镀液名称	用量
$NiCl_2 \cdot 6H_2O$/(g/L)	30
羟基乙酸钠/(g/L)	50
$NaH_2PO_2 \cdot H_2O$/(g/L)	10
pH	4～6
温度/℃	88
沉速/(μm/h)	15

以次亚磷酸盐为还原剂的大部分槽液 pH 介于 4.0～5.5。表 5-2 列出有关碱性和酸性的化学镀镍配方。

表 5-2 化学镀镍配方及工艺

组分和条件	碱性槽液	酸性槽液	
		1	2
硫酸镍/(g/L)	30	24	30
次亚磷酸钠/(g/L)	30	24	35
焦磷酸钠/(g/L)	60		
三乙醇胺/(mL/L)	100		
乳酸/(mL/L)		28	
苹果酸/(mL/L)			35
丙酸/(mL/L)		2.2	
琥珀酸/(g/L)			10
铅/(mg/L)		1	
硫脲/(mg/L)			1
pH	9.5～10.5	4.3～4.6	4.5～5.5
温度/℃	35～55	88～95	88～95
沉积速率/(μm/h)	3	25	25

某些工件，如塑料、半导体材料不适合在酸性浴较高温度下施镀，从而发展了中、低温碱性次磷酸盐镀浴。这类溶液沉积速度不快、镀层不光亮、孔率较多。由于镀液 pH 高，为了避免沉淀析出，必须用大量络合能力强的络合剂，如柠檬酸盐、焦磷酸盐及三乙醇胺等。

用硼氢化钠做还原剂的化学液 Ni-B 合金镀浴均是碱性。

镀液配制须按一定的程序进行，配制方法不当将会造成镀液迅速分解而失效。化学镀镍一般可按下述方法配制：

①称取计算量的镍盐、还原剂、络合剂、缓冲剂和添加剂，将它们分别用蒸馏水溶解。将络合剂和缓冲剂溶液相互混合，然后将镍盐溶液加入并充分搅拌。在搅拌状态下将除还原剂以外的其他溶液依次加入，并搅拌均匀。

②在强搅拌下加入还原剂溶液。用蒸馏水稀释至规定体积，再用酸或碱调溶液至所需 pH。

③过滤溶液。

表 5-3 给出了化学复合镀配方及工艺。

表 5-3　化学复合镀配方及工艺

组分及工艺	复合 SiO_2 镀镍
硫酸镍/（g/L）	25
次亚磷酸钠/（g/L）	30
乙酸钾/（g/L）	20
稳定剂 A/（mL/L）	20
丙酸/（mL/L）	10
二氧化硅（气相白炭黑）/（g/L）	1.0
pH	4.1～4.6
温度/℃	80
施镀时间/h	2
搅拌方式	电动搅拌

加料顺序及操作方法：在 2/3 体积去离子水中，依次加入硫酸镍、乙酸钾、次亚磷酸钠、稳定剂 A、丙酸，添加其余的水。搅拌下升温至所需温度后，加入称量好的白炭黑微粒。搅拌 5～10 min 后放入预处理好的试片，施镀 2 h。取出后，用去离子水清洗，自然晾干。

5.4.4　化学镀镍液的维护

（1）化学镀镍液的稳定性

化学镀镍的工艺要求比一般电镀严格，镀液使用、调整维护问题较多，不作特殊处理镀液很难维持使用 6 个周期以上。因此化学镀镍液的配制与调整维护是一个很值得注重研究的课题。

在电镀镍时金属离子的不足是靠阳极镍溶解来补充的，而在化学镀镍时每时每刻消耗的镍离子都无处补给，镀液会逐渐不平衡，需要加镍盐补充镍离子的不足。随着化学镀的进行，还原剂的含量也会发生变化，一方面反应过程消耗还原剂，另一方面还原剂也会被氧化生成有害物质。例如，以次磷酸盐作还原剂的酸性镀液，次磷酸盐被氧化生成亚磷酸盐是不可避免的，而亚磷酸盐对化学镀镍是有害物质。此外，镀液尚有自然分解、pH 随时改变等问题。

因此，可以说化学镀镍液从一开始使用就存在自然分解、pH 变化、主盐浓度降低、还原剂浓度降低诸多问题，随时影响化学镀镍液的稳定性。这也是化学镀镍工艺难以掌握的原因所在。以上是说明化学镀镍液不稳定的根源，具体地分析镀液不稳定的原因还与镀液的配制方法、各成分比例、镀前工件处理、操作工艺条件等因素有关。

1）关于镀液自然分解现象

化学镀镍液使用与不使用都会发生自然分解现象，出现这种情况若不及时采取有效措施自然分解会越来越快。自然分解表面现象是镀液产生大量气泡，严重时溶液会呈现泡沫状，这时会使镀层发黑或镀层生成许多形状不规则的黑色粒状沉淀物，使生产无法进行下去。

除了镀液生成气泡外，镀液的颜色开始变浅。因此当发现镀液生成气泡、颜色变浅，这就显示镀液已发生自然分解，应尽快进行处理，如补加络合剂等，使其不再继续分解。

2）镀液的成分配比影响

如果镀液中次磷酸盐浓度过高，虽可以提高沉积速度。但也会造成镀液的自然分解，尤其对于酸性镀液，且当 pH 偏高时，镀液自然分解的趋势就会越严重。当次磷酸盐浓度过高时，会加速镀液内部的还原作用，这时如存在其他不稳定因素（局部温度过高、在加热器附近或有浑浊沉淀物等）特别容易诱发镀液自然分解。

此外，溶液中次磷酸盐含量过高，容易产生亚磷酸盐的沉淀。因为当次磷酸盐含量过高且 pH 也偏高时，亚磷酸镍的允许浓度（也称极限浓度，高于此浓度即会生成沉淀）就大幅降低；因此，在较低浓度下就会发生沉淀，使镀液处于不稳定状态。如果溶液中镍盐浓度偏高且 pH 也较高时，就容易生成亚磷酸镍和氢氧化镍沉淀，使溶液浑浊，极易发生自发分解现象。

络合剂应选择合适，既能充分地络合镍离子，又能提高镀液中亚磷酸镍的沉淀点。实验表明，当镀液中镍盐浓度、温度、pH 一定时，亚磷酸镍在溶液中的溶度积也是一定的，这时如果溶液中络合剂浓度偏低，同样能降低亚磷酸镍的允许浓度，使镀液不稳定。

在镀液中其他成分不变的条件下，如果过高地增加 pH 调整剂的浓度，容易产生二磷酸镍及氢氧化镍沉淀，同时也易加速还原剂的分解。亚磷酸盐的允许浓度与溶液 pH 有着密切的关系，石桥等人实验结果证明，当 pH=4.0 时，极限浓度为 0.25 mol/L；当 pH=5.0 时，极限浓度为当 0.03 mol/L；当 pH=6.0 时，极限浓度为 0.003 mol/L。这说明 pH 越高，亚磷酸盐浓度的允许极限越低。因此，可以看出，当酸性镀液的 pH>5 后，镀液稳定性变坏。

在酸性镀液加入乳酸，在碱性镀液加入柠檬酸盐，不仅对镍离子有络合作用，而且有提高亚磷酸盐极限浓度的作用。

3）镀液配制方法的影响

次磷酸盐在配制时加得过快或未完全溶解，都会使局部的次磷酸盐含量过高，产生亚磷酸镍沉淀，造成镀液不稳定。

配制溶液时或生产过程中调 pH 时，加碱时不能过快，否则会使镀液局部的 pH 过高，容易产生氢氧化镍沉淀。

配制溶液时顺序不当也会造成镀液不稳定。

镀前处理是电镀工作者十分重视的工序，它不仅影响电镀件的质量，同时还会影响到镀液的稳定性。因为将镀前处理的酸性或碱性溶液带入镀槽，会污染镀液，并会使化学镀镍液的 pH 发生变化。如果将其他具有催化活性的金属杂质带入镀液，就可能成为溶液自发分解的触发剂。因此，镀件在进入镀槽前必须清洗干净，尤其是需要用钯盐活化后才能进行化学镀镍的非金属零件，若未将钯金属离子清洗干净而将其带入镀槽，将在其上优先还原出镍，沉淀在镀液中，对镀液稳定性影响极大。

4）操作工艺方法的影响

化学镀镍槽如果采用电炉、蒸气直接加热，就会使镀液局部过热（温度超过 96 ℃），且当 pH 偏高时，很容易引起镀液自然分解。

镀液的负荷过高或过低，尤其在负荷过低时对槽液稳定性影响较大，因为此时沉积速度过高，所获得的镀层比较疏松，镍结晶颗粒可能从镀层上脱落到镀液中，形成自催化还原中心，促使溶液自发分解。

使用的工装夹具，应进行防蚀保护，以防止镀液对其腐蚀，否则一旦挂具被腐蚀，势必增加镀液的杂质，影响镀液的稳定性。

（2）化学镀镍液的调整与维护

1）镍离子浓度的调整

镍离子浓度的调整控制是化学镀镍工艺最基本的管理项目，因为它决定了镍层的沉积速度及镀层质量。

对镍离子的调整，首先应化验镍离子含量，准确称量所需硫酸镍或氯化镍量，然后溶解、络合后严格按配制工艺顺序加入。镍离子浓度分析化验，补充镍盐是较简单的问题，然而在现场工作时还需注意镀液的体积和液面的正确计算。镀液体积大小的精确计算往往被人们忽视。镀液体积精确计算，最容易忽视的问题是没有把镀槽内的加热管、过滤器等部分所占的体积从总槽容量中减去。只有把镀液体积计算准确才能把镀槽成分调整准确。另外，镀槽内溶液不可能完全装满，一定要有一个空余高度，因此现场正确测量液面高度，对于准确计算镀液体积就会有实际意义，不应忽略这一问题。

2）pH 的调整

镀液 pH 的高低将会影响化学镀镍液的稳定性，同时对沉积速度和镀层质量也都有影响。镀液的 pH 要调整控制在某一个水平是办得到的，并可以对其进行自动控制。然而即使是维持刚配制时的 pH，当镀液工作几个周期后，仍不能保持原定沉积速度，这是由于溶液老化和亚磷酸盐缓慢蓄积。所以，此时应把 pH 适当地调高一些，从而保证沉积速度。

3）次磷酸钠浓度的调整

次磷酸钠的消耗与镍离子的沉积量是相关的。关于次磷酸钠的消耗情况，可以从镀层总沉积量来计算。在化学镀镍时，除镍离子还原外，还会有氢气的产生，氢气的产生也会消耗次磷酸钠。可以根据下式计算出次磷酸钠的利用率。

$$\text{利用率}(\%)=\frac{\text{析出镍的物质的量}}{\text{被消耗的次磷酸钠的物质的量}}\times 100\%$$

根据不同配方，利用率在20%～35%，在实际工作中，每析出1 g镍时，应该补充5.6 g次磷酸钠。

4）工作温度的控制

槽液温度对沉积速度有较大的影响，因此现场工作应特别把镀液的温度控制好。场应使用温度敏感度为±1 ℃的温度计来进行固定位置的温度测量。这个固定位置应能代表镀件所在的恰当位置。

5）其他条件的控制

镀液的密度、亚磷酸盐、络合剂、稳定剂、促进剂等的浓度也应列入调整控制项目。

由于溶液老化而伴随的亚磷酸盐的积累使得络合剂含量的化学分析不太精确。因此控制亚磷酸盐的浓度，就成了一项十分重要的内容。在国外已发明一整套自动控制系统进行自动加入化学药品或控制 pH，在国内大型化学镀工厂很少使用自控装置。这里主要介绍两种控制亚磷酸盐浓度的方法。

①化学法即加入三氯化铁法。根据溶液中亚磷酸盐含量，通过计算将三氯化铁需要用量的1/3溶解后，加入到化学镀镍液中，反复搅拌，生成黄色沉淀物{$Na_2[Fe(OH)(HPO_3)_2]\cdot 2H_2O$}，待沉淀完全后再进行过滤，以除去过多的亚磷酸钠。操作时溶液温度应控制在50～60 ℃，pH 控制在5左右。化学药品也可采用硫酸高铁或硫酸高铁铵，其加入法与加入三氯化铁相同。

②提高镀液 pH 法。此法是根据镀液在不同的 pH 下，都有一个亚磷酸钠浓度的极限值，并可以根据不同配方做出本工艺 pH-亚磷酸钠极限值曲线图，作为本工艺控制亚磷酸钠浓度的原始依据。根据此图，即可提高 pH 到某值，就可知道此时溶液中存在多少 $Na_2HPO_4\cdot 5H_2O$，超过此值的 $Na_2HPO_4\cdot 5H_2O$ 就沉淀下来，过滤除去。最后将溶液再调整回工艺要求的 pH。

6）化学镀镍液的维护管理

在日常工作中应注意维护镀液清洁，杜绝催化活性颗粒进入镀槽。首先应加强镀件的镀前处理工作，做到清洗干净再入槽；其次镀液使用后应及时加盖以免铁丝、铜丝等金属物品掉入槽内。特别是铅和铬，若它们镀液中质量浓度超过5 mg/L，就会对化学镀镍层产生不良影响，应严格避免带入镀槽。

镀液中如有沉淀物应立即清除。镀槽、加热管、挂具表面如有镍层，应随时退除，千万不能等到第 2 天。特别是镀槽中加热器表面的镍层，必须随时退除，否则一段时间后，这些有镀镍层的地方，将继续发生化学镀反应，消耗镀液。

严格控制工艺条件也是槽液维护管理的重要内容之一。有的工厂将工艺操作规程称为执行工艺纪律，不可违反，必须严格执行。具体来说，应该严格做到加温均匀，不得超过工艺规范要求的上限；装载量应符合工艺规定；镀液温度达到工艺要求后，应尽快进行化学镀；严格控制镀液的 pH；加强镀液的分析化验工作。

5.4.5　化学镀镍后处理的要求

（1）去氢脆热处理

在非晶态 Ni-P 合金镀层施镀结束之后必须进行清洗和干燥，目的在于除净镀件表面残留的镀液，使镀层具有良好的外观，并且防止在零件表面形成“腐蚀电池”条件，保证镀层的耐蚀性。除此之外，还可以进行以下后续处理。

消除氢脆的镀后热处理：零件在较高温度下进行短时间的热处理，可以有效地降低氢脆，并提高镀层的硬度。

零件应在回火温度 50 ℃以下进行热处理，表面间距应在 190～220 ℃下进行≥1 h 的热处理。高温下进行热处理将降低基体表面硬度。

（2）钝化处理

为使非晶态 Ni-P 合金具有优良的耐蚀性，对镀层进行钝化处理是非常必要的，钝化膜的防护作用是因为膜层致密，从而使金属表面与腐蚀介质隔离。

处理方法是采用 m（重铬酸钾）：m（去离子）= 7：93 的钝化液在 70 ℃下钝化 15 s，某些商品的铬酸浴中还含有成膜剂、润湿剂等添加剂，除钝化作用之外，还兼有封闭成膜作用，因此提高化学镀镍层的抗变色性能和耐腐蚀性能的效果是明显的。

（3）封孔处理

采用封孔剂对镀层封孔处理将有效提高镀层的耐蚀性能，按规定比例配制好封孔液后，将钝化后的零件浸入其中，完全湿润后提出进行干燥处理。使用中对存放封孔剂塑料桶等容器注意加盖保存，使用一段时间后由于水分的挥发会导致液体变稠，可以酌情加水稀释。使用中注意节约，零件提出后尽量将滴挂液体流回容器。

（4）提高镀层硬度的热处理

为提高化学镀镍层的硬度并达到技术要求的硬度值，热处理技术条件应综合滤热处理温度、时间及镀层合金成分的影响。

通常为获得最高硬度值，采用得最多的热处理工艺是在 400 ℃下保温 1 h。因此，确定提高镀层硬度的热处理工艺的正确方法是：化学镀镍层的供方应按其实施生产条件制备镀层试样，分析测试镀层化学成分；参考选择热处理工艺参数，通过实验验证达到需方技术要求之后方可实施热处生产工艺。

5.5 化学镀铜的概述

5.5.1 化学镀铜的基本原理

（1）化学镀铜的热力学条件

化学镀铜发生在水溶液与具有催化活性的固体界面，由还原剂将铜离子还原为金属铜层，其氧化还原反应得失电子过程可以表达为：

还原反应　　$Cu^{2+}+2e^- \longrightarrow Cu$

氧化反应　　$R \longrightarrow O+2e^-$

式中，R 为还原剂，O 为还原剂的氧化态；铜离子的还原电子全部由还原剂提供。

相关金属离子及还原剂的氧化还原电极电位列入表 5-4。由表可见还原剂的电位皆比铜离子的电位负。所以从热力学上判断，用甲醛、次磷酸盐还原 Cu^{2+} 是可行的。

表 5-4　标准电极电位(25 ℃)

氧化还原反应	电位/(V_{vs}·SHE)
$O_2+4H^++4e^- \rightleftharpoons 2H_2O$	1.229
$Cu^++e^- \rightleftharpoons Cu$	0.522
$Cu^{2+}+2e^- \rightleftharpoons Cu$	0.3402
$Cu^{2+}+e^- \rightleftharpoons Cu^+$	0.158
$HCOOH+2H^++2e^- \rightleftharpoons HCHO+H_2O$(pH=0)	0.056
$2H^++2e^- \rightleftharpoons H_2$	0.0000
$Ni^{2+}+2e^- \rightleftharpoons Ni$	-0.23
$H_2PO_3^-+2H^++2e^- \rightleftharpoons H_2PO_2^-+H_2O$(pH=0)	-0.500
$HCOO^-+2H_2O+2e^- \rightleftharpoons HCHO+3OH^-$(pH=14)	-1.070
$HPO_3^-+2H_2O+2e^- \rightleftharpoons H_2PO_2+3OH^-$(pH=14)	-1.650

化学镀的理论条件可以从金属以及还原剂中主要元素的 pH-电位 Pourbaix（布拜）图上确定。布拜图是一种电化学平衡图表示在某一电位和 pH 的条件下，体系的稳定物态或平衡物态，故又称 pH-电位图。pH-电位图上有 3 种形式的平衡线。

图 5-3 及图 5-4 分别为与化学镀铜有关的铜-水体系及碳-水体系的 pH-电位图。

当电位高于0. 337 V时，在酸性溶液中的铜离子处于热力学稳定状态。为了使铜离子沉积为金属，基体的电极电位必须低于上述电位值并处于金属铜（还原态）的稳定区。由碳-水体系pH-电位图可见，在电位正的方向上，从电位低于0. 337 V_{vs} · SHE起，在整个pH范围内甲醛将被氧化为甲酸或甲酸盐阴离子。若将这两张图叠加，如图5-5，理论上发生化学镀铜的电位和pH范围由图上阴影线区域表示。在这个区域内，即在酸性溶液中电极表面发生的电化学反应可以表达如下。

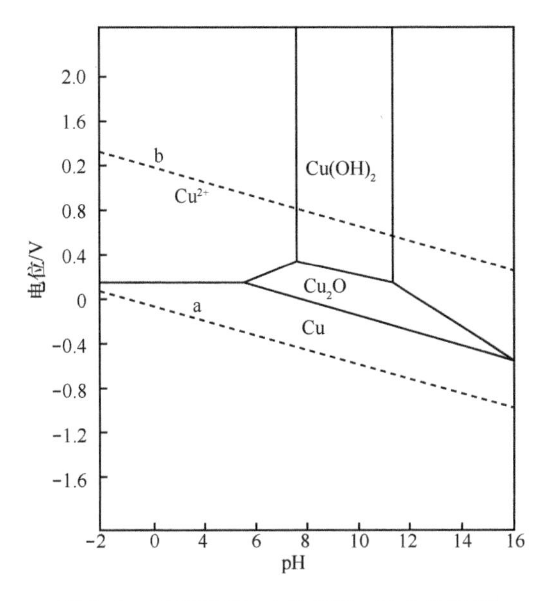

图5-3　25 ℃时铜-水体系的pH电位平衡

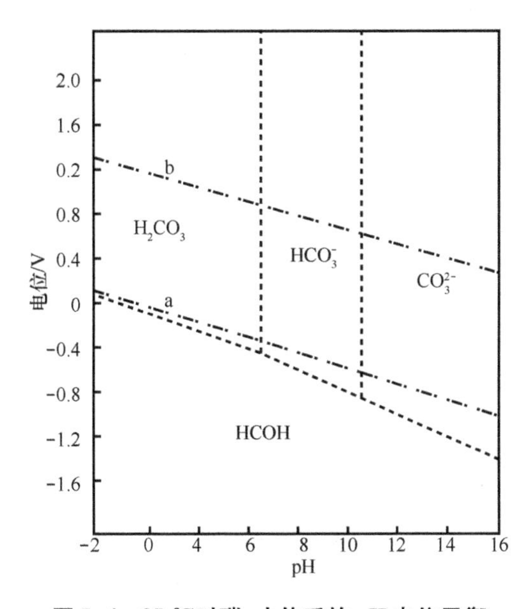

图5-4　25 ℃时碳-水体系的pH电位平衡

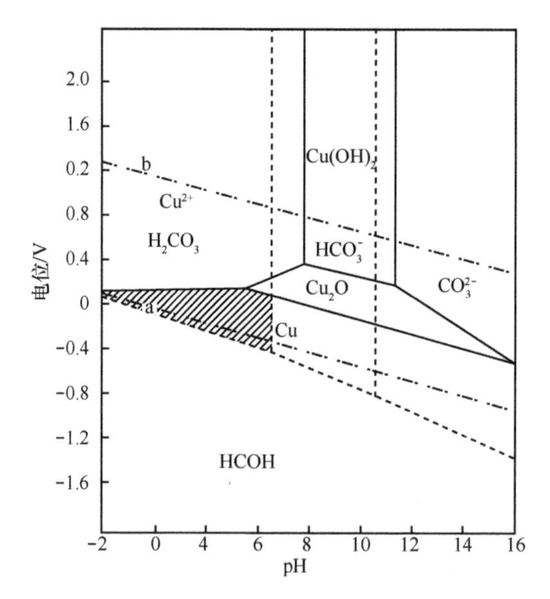

图 5-5　铜-水体系和碳-水体系 pH-电位图的叠加

（阴影区域表示化学镀铜的电位和 pH 范围）

阴极　　$Cu^{2+}+2e^{-} \longrightarrow Cu$　$E=0.340$

阳极　　$HCHO+H_2O \longrightarrow HCOOH+2H^{+}+2e^{-}$　$E=0.0564$

由表 5-3 可见甲醛在 pH=0 时的电位与在 pH=14 时的电位相差超过 1.0 V。因此从热力学上讲在碱性溶液中还原铜是有利的。图 5-5 也说明了这一点；然而 pH 电位图也说明在碱性溶液中化学镀铜会产生 $Cu(OH)_2$ 或 Cu_2O 沉淀，为降低溶液中游离的铜离子浓度，防止沉淀，必须在镀液中加入络合剂。商品化学镀铜溶液组成如表 5-5 所示，络合剂的选择和使用又必须十分仔细地加以控制；若络合剂浓度过大或选择的络合物稳定常数过高，则可能造成镀液过于稳定而无镀速。还原剂的氧化反应产生涉及形成 H^{+}；因此镀液的 pH 是变化的；并且影响镀速和镀层性质；所以镀液中应添加缓冲剂，以便维持镀液的 pH 在有利的范围内。

表 5-5　助剂类型

还原剂	络合剂	稳定剂	加速剂
甲醛	酒石酸钾钠	硫脲	丙基肼
二甲基胺硼烷（DMAB）	乙二胺四乙酸（EDTA）		
次磷酸钠	烃基乙酸	二巯基苯噻唑（MBT）	邻二氮杂菲
	三乙醇胺	二乙基二硫代氨基甲酸盐五氧化二钒	菲啰啉

人们希望化学镀铜的化学反应只发生在工件表面。但是，从热力学上看，化学镀铜体系本质上是不稳定的。若存在活化核心，如灰尘或某些金属微粒，就随时可能导

致在溶液本体发生氧化还原反应。正常浓度的络合剂并不能阻止镀液的自发分解；为防止这个问题，镀液中必须添加像二巯基苯并噻唑（MBT）这一类的稳定剂；稳定剂添加量很小，它们竞争吸附在活性核心表面阻止其与还原剂反应；如果稳定剂过量使用，化学镀铜可能被完全停止。

有时镀液中添加络合剂之后，镀速十分慢；加入某种添加剂增加镀速至适当水平，又不至于损害镀液的稳定性。这类添加剂叫促进剂或加速剂；通常是阴离子，如 CN^- 等。

总之，在水溶液中用甲醛、次亚磷酸盐等还原剂还原铜离子是满足热力学条件的。在碱性溶液中对化学镀铜反应有利；但镀液中必须含有适当的络合剂、缓冲剂和稳定剂。

（2）化学镀铜的动力学问题

除热力学上成立之外，化学反应还必须满足动力学条件。化学镀铜如其他催化反应一样需要热能才能使反应进行；这是化学镀液达到一定温度时才有镀速的原因。理论上化学镀铜的速度可以反应产物浓度增加和反应物浓度减少的速度。由于实际使用的化学镀铜溶液中含有某些添加剂，目的是稳定镀浴和提高镀层性能。但是这些添加剂的存在使得影响因素过多、情况变得太复杂；自化学镀铜技术诞生以来，科学工作者不断地探索其异相表面催化沉积的动力学过程；提出了各种化学沉积的机制、假说，试图对化学镀钢的实验事实做出合理的解释，增加对化学镀铜现象的本质认识。迄今为止，研究工作中采用的最多的是电化学研究方法，鲍罗维克（M. Paunovic），宾得拉（P. Bindra）等人曾经对此做过十分详尽的综述。现仅就部分重要的研究结果加以介绍。

化学镀铜阴极反应即铜离子还原历程的可能性如下：

$$(CuEDTA)^{2+}+2e^- = Cu+EDTA^{4-} \tag{5-27}$$

$$(CuEDTA)^{2-}+e^- \xrightarrow{rds} (CuEDTA)^{3-}+e^- = Cu+EDTA^{4-} \tag{5-28}$$

$$(CuEDTA)^{2-}+e^- = (CuEDTA)^{3-}+e^- \xrightarrow{rds} Cu+EDTA^{4-} \tag{5-29}$$

阴极部分电极（阴极池）的极化曲线的 Tafel 斜率为-165 mV/dee。基于双电子跃迁需要非常高的活化能，因此式（5-27）被排除。对于式（5-29），与实测电化学参数不符，也不能成立。因此铜离子的还原历程只可能按式（5-28）进行，即为双电子分步骤跃迁；$Cu^{2+} \longrightarrow Cu^+$ 步骤为阴极反应的速度控制性步骤。这一反应历程与在酸性硫酸铜溶液中电镀铜的机制类似。

$$HCHO+H_2O = H_2C(OH)_2 \tag{5-30}$$

$$H_2C(OH)_2+OH_{ad}^- = H_2C(OH)O_{ad}^-+H_2O \tag{5-31}$$

$$H_2C(OH)O_{ad}^- \xrightarrow{rds} HCOOH+0.5H_2+e^- \tag{5-32}$$

$$HCOOH+OH^- = HCOO^-+H_2O \tag{5-33}$$

在水溶液中的甲醛主要以具有电化学活性的水合物形式存在。反应（5-30）表示在高 pH 的水溶液中甲醛水合反应的动态平衡。甲醛的水合物与吸附在电极表面的 OH^- 反应而生成水合物的阴离子，即具有电化学活性的亚甲基二烃基阴离子；反应（5-31）表示上述动态过程。反应（5-32）表示电子跃迁即氧化过程，甲醛的氧化态为甲酸。

在化学镀铜溶液中，阳极极化曲线的 Tafel 斜率为 210 mV/dee（恒电位法）、-185mV/dee（恒电流法）。这种大值 Tafel 斜率的电极行为是催化反应的特征；表示反应粒子是特性，并且电子跃迁发生于亥姆霍兹双电层的内层，电子跃迁步骤（5-32）为镀液中阳极反应的速度控制性步骤。

阴极极化曲线的 Tafel 斜率，为什么在部分阴极电极（阴极池）中与在镀浴中相差甚远。这种表观机制的改变显然是由于镀液中存在有还原剂和阳极部分反应，化学镀反应历程是通过两个连贯的反应才能发生，电子在阳极部分反应中释放，电子在阴极部分反应中消耗，因此，化学镀总的反应速度由这两个部分电极反应之中较慢的一个所控制。通常在化学镀铜溶液中（在平衡电位时），甲醛氧化的交换电流密度比铜沉积反应的交换电流密度要小 1～2 数量极（$i_e^0 \leqslant i_c^0$）。因此，无论阴极池沉积铜的机制如何，化学镀铜反应均受甲醛氧化过程的动力学控制，即铜沉积部分反应完全受阳极部分反应控制。因此，可以认为化学镀铜反应中两个部分电极反应不是相互独立的。

支持这一论点的进一步证据是：甲醛在阳极池中氧化反应 Tafel 斜率为 110 mV/dee（恒电流法）；-115 mV/dee（恒电位法），同样与其在镀浴中的 Tafel 斜率相差很大。这说明在镀液中甲醛的氧化受铜离子还原反应的影响，毕竟甲醛的氧化反应发生在同时产生沉积铜的表面。

通过化学沉积与电沉积的比较，有助于认识化学镀铜的形核和生长。图 5-6 为化学沉积和电沉积过程的示意，化学沉积过程中吸附的甲醛分子在催化活性表面的阳极氧化反应，一分子甲醛可以提供一个电子和一个氢原子。就铜离子的还原反应而论，化学沉积与电沉积的唯一区别就是化学沉积的电子来源于还原剂；电沉积的电子来源于外接电源。

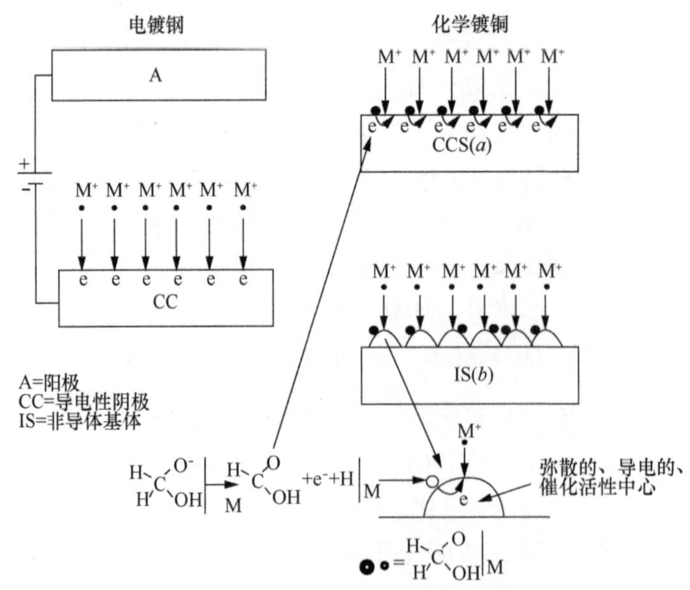

图 5-6　化学镀与电镀比较，铜离子获电子还原示意

化学镀铜伴随着析氢过程，氢可能被滞留于镀层之中；显微镜观察发现镀层内夹杂着氢气泡；并且氢气泡的大小、形态和分布是不同的；这种现象直接影响到镀层的物理性质。贝尔实验室的 Nakahara 等人对化学镀铜层中氢气泡的形成机制进行过研究，他们将氢气泡分为 3 类，如图 5-7 为化学镀铜层截面缺陷示意。通常晶体缺陷还包括位错、孪晶、晶粒边界等，图中化学镀铜层中还存在各种形式的氢气泡缺陷，分别称为第一类、第二类和第三类气泡。第一类气泡为细小的圆形气泡；第二类气泡为氢原子结合而形成的多面形的小气泡；第三类气泡为晶粒边界上的大气泡。图 5-8 为三类氢气泡的形成过程示意图。如图 5-8a 所示，化学镀铜的铜基体有两个显露的晶粒边界缺陷。众所周知，氢分子由两个氢原子组成，氢原子来源于甲醛分子中 C—H 链的裂解。

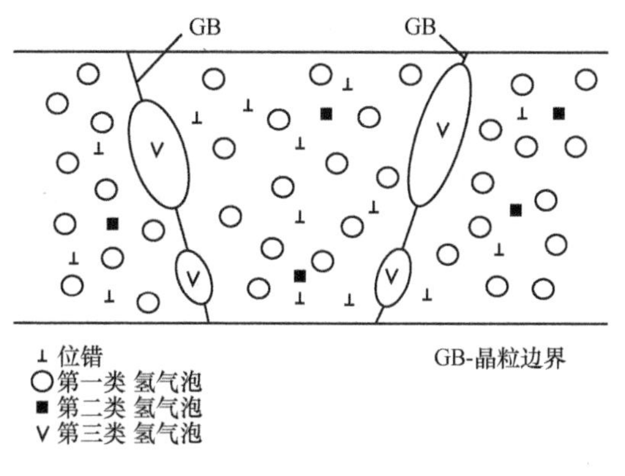

图 5-7　化学镀铜层截面结构缺陷示意

（包括位错、晶界和三类氢气泡）

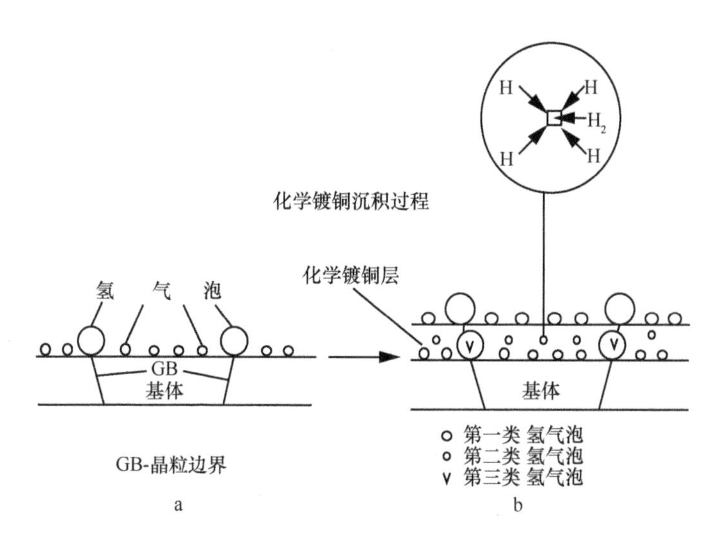

图 5-8　在化学镀铜沉积过程中如何形成三类氢气泡示意

氢原子和氢分子在表面是可迁移的，随时可能聚集成氢气泡。如果氢气泡过大，则将脱附进入镀液。表面显露的晶粒缺陷通常为沟槽状，因此成为择优容纳氢气泡的地点。图 5-7a、图 5-7b 示意三类氢气泡形成机制。在化学镀铜沉积生长时，表面上氢气泡处于聚集和脱附的动态过程，通常大气泡在显露的晶粒边界上保持时间较长，在这样的动态过程中，这些大小气泡可能被裹挟入镀层之中，形成第一类和第三类气泡。第二类气泡则是由晶隙氢原子结合而形成的多面形氢气泡。

氢渗，特别是对铁金属或者其他对氢渗敏感的金属会造成氢脆。据分析铜是对于氢渗并不敏感的金属，化学镀铜是个例外。由上述讨论可知化学镀铜层中的氢对镀层的氢脆有两种贡献：一种为典型的气泡压力效应；另一种为气泡空穴对于断裂的缺陷效应；前者可用退火脱氢消除；后者却无法除去。从这个意义讲，氢是化学镀铜的特征性有害杂质；沉积过程进入镀层的其他杂质还有 C、N、O 和 Na 等，这些元素来自镀液组成；有关这些元素对于镀层性质的影响并不完全清楚。

由于上述杂质的共沉积，化学镀铜层的纯度低于电镀铜层；因此其他物理性质也会有所不同。由表 5-6 可见，化学镀铜层的铜含量、密度、延展率低于电镀铜；而化学镀铜层的抗张强度、硬度和电阻高于电镀铜。表中电镀铜层为酸性硫酸铜浴所获镀层典型的物理性质，包括化学镀铜层在内，镀层的物理性质还会受镀浴组成、施镀技术参数、沉积速度的影响。因此，表中数据仅为参考。用于印刷电路的化学镀铜层，特别是镀厚铜的技术进步主要集中于获得理想的机械性能，特别是抗张强度和延展性，这些性质是镀层应用可靠性的必要保证。

表 5-6　化学镀铜与电镀铜性质比较

项目	化学镀铜	电镀铜
铜含量	≥99.2%	≥99.9%
密度/(g/cm^3)	8.80±0.10	8.92
抗张强度/MPa	207～550	205～380
延展率	4%～7%	15%～25%
硬度/HV	200～215	45～70
电阻/(μΩ·cm)	1.92	1.72

5.5.2　化学镀铜的溶液及其影响因素

（1）化学镀铜溶液

化学镀铜浴主要由铜盐、还原剂、络合剂、稳定剂、pH 调整剂和其他添加剂的去离子水溶液组成。

①铜盐。铜盐是化学镀铜的离子源，可使用硫酸铜、氯化铜、碱式碳酸铜、酒石酸铜等二价铜盐。大多数化学镀铜溶液中都使用硫酸铜。化学镀铜溶液中铜盐含量越高，镀速越快；但是当其含量增加达到某一定值后，镀速变化不再明显。铜盐浓度对

于镀层性能的影响较小，然而铜盐中的杂质可能对镀层性质造成很大的影响；因此，化学镀铜溶液中铜盐的纯度要求较高。

②还原剂。化学镀铜溶液中的还原剂可使用甲醛、次磷酸钠、硼氢化钠、二甲胺基硼烷（DMAB）、肼等。目前配制化学镀铜溶液时普遍采用重量百分比约为37%的甲醛水溶液为原料。

以甲醛为还原剂的化学镀铜过程中存在两个基本化学反应。

$$Cu^{2+}+2e^{-}\longrightarrow Cu \quad (5-34)$$

$$2HCHO+4OH^{-}\longrightarrow 2HCOO^{-}+H_2+2H_2O+2e^{-} \quad (5-35)$$

化学反应发生在催化性异相表面，并不存在外来电源或电子。化学镀铜的总反应式可表达为：

$$Cu^{2+}+2HCHO+4OH^{-}\longrightarrow Cu+2HCOO^{-}+H_2+2H_2O \quad (5-36)$$

甲醛的还原作用与镀液的pH有关；只有在pH>11的碱性条件下，它才具有还原铜的能力。镀液的pH越高，甲醛还原铜的能力越强，镀速越快。但是镀液的pH过高，容易造成镀液的自发分解，降低了镀液的稳定性，因此大多数化学镀铜溶液的pH都控制在12左右。

增加镀液中的甲醛浓度，可显著提高镀速；但是当镀液中甲醛浓度较大时，浓度变化不再明显影响镀速。

③pH调整剂。由于化学镀铜过程是镀液pH降低的过程，因此必须向化学镀铜溶液中添加碱，以便始终维持镀液的pH在正常范围内，通常化学镀铜用的pH调整剂是氢氧化钠。

④络合剂。如前所述，以甲醛作还原剂的化学镀铜溶液时碱性的，为防止铜离子形成氢氧化物沉淀析出，镀液中必须含有络合剂使铜离子成为络离子。化学镀铜溶液中可使用的络合剂很多。近代化学镀铜溶液中通常添加两种或两种以上的络合剂，如酒石酸钾钠和EDTA钠盐混合使用。正确地选用络合剂不仅有利于镀液的稳定性，而且可以提高镀速和镀层质量。

⑤稳定剂。化学镀铜过程中，除二价铜离子在催化表面进行有效的表面化学反应被甲醛还原成金属铜之外，还存在许多副反应。主要的副反应有：

康尼查罗反应 $$2HCHO+OH^{-}\longrightarrow CH_3OH+HCOO^{-} \quad (5-37)$$

不完全还原反应 $$2Cu^{2+}+HCHO+5OH^{-}\longrightarrow Cu_2O\downarrow+HCOO^{-}+3H_2O \quad (5-38)$$

氧化亚铜微利悬浮在镀液中，引起一系列分解反应：

$$Cu_2O+H_2O\longrightarrow 2Cu^{+}+2OH^{-} \quad (5-39)$$

$$Cu_2O+H_2O\longrightarrow CuO+Cu^{2+}+2OH^{-} \quad (5-40)$$

$$2Cu^{+}\longrightarrow Cu+Cu^{2+} \quad (5-41)$$

这些副反应不仅消耗了镀液中有效成分，而且产生氧化亚铜和金属铜微粒造成镀层疏松粗糙，甚至引起镀液自发分解。

为抑制上述副反应，镀液中通常添加有稳定剂。化学镀铜溶液的稳定剂种类很多，常用的稳定剂有甲醇、氰化钠、2-巯基苯并噻咄、α，α-二联吡啶、亚铁氰化钾等。这类稳定剂对提高镀液的稳定性有效；但是大多数稳定剂又是化学镀铜反应的催化毒性剂，因此稳定剂的含量一般很低，否则会显著降低镀速甚至造成停镀。值得指出的是化学镀铜溶液最常用的稳定剂是持续的压缩空气（即氧气）鼓泡。

⑥其他添加剂。提高镀速的添加剂称之为加速剂或促进剂。作为化学镀铜浴加速剂的化合物有氨盐、硝酸盐、氯化物、氯酸盐、钼酸盐等。某些表面活性剂也用于降低化学镀铜浴表面张力，有利于改善镀层质量。

（2）化学镀铜的影响因素

1）化学镀铜溶液

表5-7列出参考文献中介绍用甲醛作还原剂的典型化学镀铜溶液组成和工艺条件。按其所含络合剂分类，表中镀浴1～2为酒石酸盐型；镀浴3～4为EDTA二钠盐型；镀浴5～6中含有两种和两种以上的络合剂，故称之为混合络合剂型。根据化学镀铜溶液的用途分类，镀浴1为化学镀铜稀溶液，成本较低适于塑料表面化学镀铜；镀浴2～3适用于印刷电路板制造工艺中的通孔化学镀铜，若按印刷电路制造工艺细致分类，其中镀浴2为镀薄铜溶液；镀浴3镀速较快，为镀厚铜溶液。镀浴4～6可用于“加成法”制造印刷电路板，又称全尺寸镀厚铜。若以艺条件和镀浴性能分类，镀浴4～5，为高温化学镀铜；镀浴6的镀速也可达20 μm/h，故称之为高速、高稳定化学镀铜溶液。

表5-7　化学镀铜溶液组成和工业条件

化学成分和工艺	镀浴1	镀浴2	镀浴3	镀浴4	镀浴5	镀浴6
硫酸铜($CuSO_4 \cdot 5H_2O$)/(g/L)	5～10	10	15	12	16	29
酒石酸钾钠($NaKC_4H_4O_6 \cdot 4H_2O$)/(g/L)	20～25	50	—	—	14	142
EDTA二钠盐(Na_2EDTA)/(g/L)	—	—	30	42	20	12
三乙醇胺[$N(C_2H_5OH)_3$]/(g/L)	—	—	—	—	—	5
氢氧化钠(NaOH)/(g/L)	10～15	10	7	3	15	42
碳酸钠($NaCO_3$)/(g/L)	—	—	—	—	—	25
甲醛(CH_2O,37%)/(mL/L)	8～12	10	12	4	15	167
亚铁氰化钾[$K_4Fe(CN)_6$]/(g/L)	—	—	—	*	0.01	0.05
联吡啶[$(C_5H_4N)_2$]/(g/L)	—	—	0.1	*	0.02	0.1
pH(NaOH调整)	12.5～13.0	12～13	12～13	12	12.5	12～13
温度/℃	15～25	15～25	25～35	70	40～50	25

注：另外，添加剂还有2-巯基苯并噻唑、五氧化二钒、氯化镍、聚乙烯醇等，添加总量小于2 g/L；—表示无，*表示浓度为零。

2）化学镀铜溶液的操作和维护

配制溶液的原材料必须预先经过分析检测和配制小样实验合格后方可使用；水应

为蒸馏成的去离子水。配制时应将所有固体化学原料预先单独溶解为浓的水溶液，冷却后按配制程序混合。首先将铜盐溶液与络合剂溶液相混合，然后在搅拌下缓慢加入氢氧化钠溶液、稳定剂和其他添加剂溶液，再加入甲醛溶液，用氢氧化钠稀溶液调整pH 至规定值，仔细过滤后即可使用。

商品化学镀铜溶液通常由二组分或二组分以上浓缩液构成，使用前按比例用纯水稀释混合后使用。其中，一组分浓缩被由铜盐、络合剂、稳定剂组成；另一组则为甲醛溶液或 pH 调整剂。

镀液转移至清洁的镀槽后，开动循环过滤装置，连续过滤速度为每小时 6～10 倍镀液体积。

加热镀浴至规定的操作温度，恒温精确至温度变化小于或等于 2 ℃，防止局部过热或者镀浴超温。

开动压缩空气搅拌装置，压缩空气源应清洁，即无油、无水、无灰尘。空气搅拌不仅有利于铜离子向工件表面扩散，而且有利于反应产物氢气脱离工件表面。重要是持续的空气搅拌可以防止和减少副反应产物 Cu_2O 的生成。有利于提高镀层质量，延长镀液使用寿命。

镀液的装载比（即受镀面积与镀液体积之比）通常范围为 1～3 dm^2/L；不同的化学镀铜溶液具有不同的最佳装载；在化学镀时若超过镀液的允许装载量，镀液的稳定性将下降；超过得越多，镀液的稳定性越差，使用寿命大幅缩短。因此在实际操作中尽可能采用该化学镀铜溶液的最佳装载比。

在施镀过程中，化学镀铜溶液的 pH 会逐渐降低，应及时添加 pH 调整剂，维持镀液 pH，最好精确至变化范围小于 0.2。铜离子浓度和还原剂浓度亦会下降，应定时对镀液进行化学分析并及时补充调整镀液化学成分至正常范围。

化学镀铜溶液停止工作时，应停止加热，继续保持空气搅拌；必要时，可用 20% 的稀硫酸将镀液的 pH 调整至 9～10，以防止镀液中有效成分无功消耗。重新启动镀液时，可在不断搅拌下用 20% 的氢氧化钠溶液将 pH 调整至正常，加热镀液恒温至工艺规范。

停止使用镀液期间，应在镀槽上加盖，防止灰尘或其他杂质落入镀液。

5.5.3　化学镀铜的工艺在印刷电路板制造中的应用

目前大多数印刷电路板采用减法工艺制造。该工艺生产原料为覆铜板；即各种绝缘板材的表面覆盖有电解铜箔。绝缘基板的厚度规格变化范围很大，因此有的覆铜板刚性很好，有的轻薄可绕则称为柔性板。如果将电路图转印到覆铜板表面上，首先可用光致抗蚀材料在覆铜箔表面印制成所需的精确图形；然后将没有抗蚀材料防护的即不需要的铜箔部分化学刻蚀去掉；最后除去抗蚀层，这样绝缘基板上剩下的铜箔就是复制的电路图形。减法工艺来源于印刷电路的形成主要靠的是除去铜层。

如果印刷电路制造时原料为非覆铜箔板，则为加法工艺。因此用加法制造工艺时，化学镀铜的功能就不仅仅是通孔镀而且是表面选择性金属化了。若采用化学镀铜直至获得所需要电路图形的厚度时称为全尺寸化学镀（厚）铜；有时化学镀铜至一定厚度后，改用电镀铜镀至规定厚度；无论采取上述任何一种方法都是加法工艺。

为提高印刷电路的密度，而采用一种称为 B 阶材料的半固化状态的环氧玻璃布层作为黏结剂，在加热加压条件下通过 B 阶材料的完全固化而将数层蚀刻好的电路紧密地黏合在一起。这样层状叠加形成的印刷电路称为多层印刷电路板。多层板的层数有 3～24 层不等，甚至层数更多。对于多层印刷电路板而言，通孔化学镀铜不仅仅导电连接两外表面电路，而且导电连接内芯层电路；因此既要求化学镀铜层与绝缘层材料有良好的结合强度，又要求化学镀铜层与芯层电路铜层（即所谓铜-铜结合）具有合格的结合力。

印刷电路板化学镀铜工艺如同其他湿法工艺一样，包括镀前预备、施镀过程和镀后处理一系列工序，每步工序对于保证产品质量都是重要的。一般每两道工序之间应有一次或多次清洗操作相连接。其中清洗工序很重要，事实上许多故障正是由于清洗不充分所引起的。

思 考 题

1. 化学镀的特点是什么？
2. 写出金属化工序中去钻污流程和化学镀铜流程的工艺步骤。
3. 试述化学镀铜液的配制方法。
4. 简述化学镀镍液的主要组分以及各主要组分的作用。
5. 化学镀和浸镀的原理有何不同？
6. 非金属材料表面的金属化主要包括哪些镀前处理工序？

参考答案

1. 不需要外电源；均镀能力好；镀层具有孔隙度小、硬度高等特点；适合在金属和非金属上镀覆。

2. 高锰酸钾去钻污流程：溶胀→去钻污→中和还原。

化学镀铜流程：清洗调整→水洗→微蚀→水洗→预浸→活化→水洗→速化→水洗→化学沉铜→水洗。

3. 化学镀铜中所有固体材料都应分别用热的蒸馏水溶解，然后按下列顺序将各组分混合在一起，边加入边搅拌，使溶液充分混合。

具体操作：首先将铜盐和配合剂溶液混合，然后在搅拌情况下，缓慢加入所需量的氢氧化钠溶液，配成适当的体积，调整到规定的 pH，使用前过滤，然后加入所需量的甲醛溶液，即可使用。

4. ①镍盐。镍盐是镀液主盐，是镀层金属的供体。

②还原剂。化学镀镍最常用的还原剂是次亚磷酸盐，其作用是使镍离子还原为镍。

③配合剂。起稳定槽液和抑制亚磷酸盐沉淀的作用。

④加速剂。提高镍的沉积速率。

⑤稳定剂。控制镍离子的还原和使还原反应只在镀件表面上进行，并使镀液不会自发分解。

⑥光亮剂和润湿剂。光亮剂提高镀层表面光亮度，润湿剂使镀层质量得到改善。

5. 化学镀是利用化学物质的还原作用，在具有一定催化作用的工件表面沉积与基体牢固结合的镀覆层的过程。

浸镀类似于化学镀，但不通过还原剂来还原溶液中的金属离子，而是利用金属的溶解。

6. 非金属金属化的镀前处理是指使被镀制品表面形成具有吸附并接收金属晶粒的活性层所进行的一系列工艺处理。这些处理工序包括除油、粗化、中和、敏化、活化、还原等工序。

实验 3　化学镀镍实验

一、实验目的

1. 了解化学镀镍的条件。
2. 掌握化学镀镍的方法。

二、实验原理

首先，还原剂次磷酸二氢根离子在催化及加热条件下水解释放出氢原子，或由次磷酸二氢根离子催化脱氢产生氢原子。镍离子的还原就是由活性金属表面上吸附的氢原子给出电子实现的，镍离子吸收电子后立即还原或金属沉积在工件表面。

另一部分氢原子将次磷酸根还原出磷原子，或者次磷酸二氢根离子发生自身氧化还原反应沉积出磷原子。氢气的析出可以是次磷酸二氢根离子水解产生。

上述所有反应在镍的沉积过程中均同时发生，单个反应速度则决定于槽液组成、使用周期、温度及 pH 值等条件。

由上述反应可知，化学镀镍得到的是镍-磷合金。

三、实验药品与仪器

1. 实验药品

硫酸镍 5 g，醋酸钠 1 g，三乙醇胺 4 mL，次亚磷酸钠 5.2 g。

2. 实验仪器

水浴锅，烧杯，玻璃棒，天平。

四、实验步骤

1. 取 200 mL 蒸馏水，依次将 5 g 硫酸镍、1 g 醋酸钠、4 mL 左右三乙醇胺、5.2 g 次亚磷酸钠放入烧杯中，溶解后测 pH 控制在 8.5～9.5 范围内。

2. 将打磨光洁的工件先碱洗，再水洗、酸洗、水洗，最后用蒸馏水洗。

3. 把预处理后的钢件放入 50 ℃镀镍液中，保持 1 h。

4. 取出镀件，用蒸馏水洗后，悬挂晾干。

实验 4　ABS 塑料化学镀铜实验

一、实验目的

1. 通过研究塑料化学镀铜的时间与铜沉积速率的关系，使学生理解甲醛作还原剂进行塑料化学镀铜的原理。

2. 掌握研究问题的方法和思路，为以后进行课程设计或进行研究性工作奠定基础。

二、实验原理

塑料化学镀铜预处理的主要步骤是敏化处理和活化处理。粗糙的塑料表面在敏化液中吸附一层 Sn^{2+} 后，由于活化液中存在 Ag^+，且 $\varphi[(Sn^{4+}/Sn^{2+})=0.151\ V]<\varphi[(Ag+/Ag)=0.7996\ V]$，因此，塑料表面发生氧化还原反应 $Sn^{2+}+2Ag^+=Sn^{4+}+2Ag$，将 Ag^+ 还原为金属 Ag 而吸附在塑料表面，这些 Ag 微粒将成为铜膜形成的结晶中心。

以甲醛为还原剂进行化学镀铜的化学反应方程式如下：

$$Cu^{2+}+2HCHO+4OH^- \xlongequal{} Cu+2HCOO^-+H_2+2H_2O$$

反应机制可分为阴极反应（还原反应）和阳极反应（氧化反应），两电极反应同时在塑料表面进行。

阴极反应　$Cu^{2+}+2e \xlongequal{} Cu, \varphi(Cu^{2+}/Cu)=0.3419\ V$

阳极反应　$2HCHO+4OH^- \xlongequal{} 2HCOO^-+H_2\uparrow+2H_2O+2e^-$，$\varphi$（甲醛）$=0.320-0.12\ pH$

三、实验药品

0.08 mol/L $CuSO_4 \cdot 5H_2O$，0.20 mol/L HCHO，0.05 mol/L $NaKC_4H_4O_6 \cdot 4H_2O$，0.30 mol/L NaOH。

四、实验仪器

ABS塑料，分析天平，数控超声波清洗器，集热式加热搅拌器，直流电源，笔式pH计。

五、实验步骤

（1）预处理。化学镀铜预处理工艺流程为打磨试样→超声波清洗→去油→粗化→敏化→活化，各步之间用去离子水冲洗。

（2）化学镀铜。用pH试纸测定化学镀铜液的pH，并用氢氧化钠溶液调节pH为11～12。然后，把已预处理过的塑料试样浸入化学镀铜液中，并不断翻动试样。镀液温度为50～55 ℃。镀铜时间分别为10 min、20 min、40 min、60 min、80 min。取出后，用去离子水冲洗，晾干。

（3）沉积速率。用电子天平称量试样预处理后（化学镀铜前）的质量（m_1）和化学镀铜后质量（m_2），按式（5-42）计算化学镀铜的沉积速率（v）。

$$v=\frac{m_2-m_1}{t}=\frac{\Delta m}{t} \tag{5-42}$$

式中，t为化学镀铜的时间，Δm为试样增重。

第六章　磷化技术

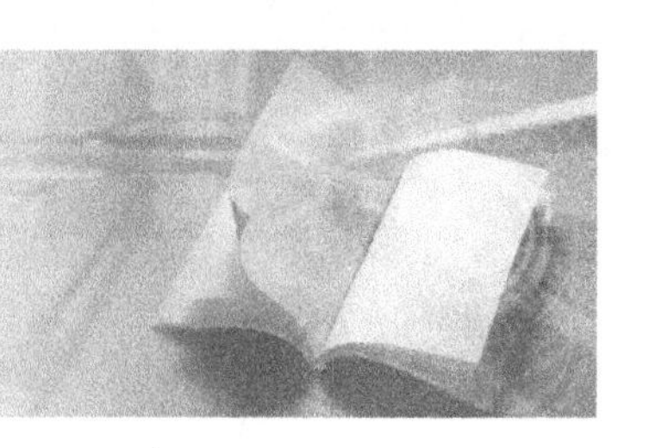

6.1　概　述

6.1.1　磷化的目的和意义

将金属零件浸入含有锰、铁、锌的磷酸盐溶液中进行处理，使其表面形成一层不溶于水的磷酸盐防护膜的方法，称为磷化。

磷化是一种大幅提高金属工件涂膜耐蚀力的简单可靠、费用低廉、操作方便的工艺方法。

磷化膜在大气中较稳定，但磷化膜的化学稳定性差，既可溶于酸，也可溶于碱，高孔隙率极易吸附污物和腐蚀介质的侵蚀，因此磷化膜必须经填充、浸油或涂漆等后处理，以提高其耐蚀性。

磷化膜作为涂膜良好基底的主要原因，不仅是由于磷化后的工件其硬度、弹性、磁性等物理性能几乎不变，更重要的是磷化膜具有以下 3 个突出作用：

①提供清洁表面。磷化膜只有在无油污和无锈层的金属工件表面才能生长，因此，经过磷化处理的金属工件，可以提供清洁、均匀无油脂和无锈层的表面。

②显著提高涂膜附着力。一方面，磷化膜与金属工件是一个结合强固的整体结构；另一方面，磷化膜具有多孔性，使涂料可以渗透到这些孔隙之中，涂料与磷化膜咬合，产生强大的剪切力，这样，就比涂料直接覆盖在金属工件的微观粗糙表面上要强固得多。

③成倍提高涂膜耐蚀力。任何涂装的金属工件的使用寿命，主要取决于涂料本身的耐久性和涂膜与工件表面的黏附性能。涂膜工件表面的黏附性能可通过磷化膜来提高，并且磷化膜可以基本阻止可能发生的腐蚀扩散。如果金属工件不经过磷化处理，当工件表面的涂膜遭到破坏时，金属基体就会暴露在空气中，由于金属工件的导电性和涂膜与工件之间的毛细管现象，在涂膜损坏的地方就会形成微电池，金属工件就会从这里开始腐蚀并向四面八方扩散出去。涂膜与工件之间的毛细管现象就会吸收电解液至涂膜下面，进而引起涂膜下腐蚀，导致涂膜起泡。而经过磷化的工件因磷化膜的非导电性能及磷化膜与金属工件牢固地黏附在一起，可以防止电解液向水平方向扩散，

进而将金属工件的腐蚀过程限制在涂膜遭到破坏的地方。

因此，磷化表面处理主要用在以下几个方面。

①作涂装底层。作为涂装底层的磷化膜不仅能够提高漆膜与基底金属的结合力，还能够提高漆膜的耐蚀性，用作涂装底层的漆膜一般要求每平方米膜重 0.5～3.0 g，磷化膜具有谷粒状或球状微晶结构为佳。

②直接作为防腐层。通常情况下，由于磷化膜本身耐蚀性稍差，其作为单独的防腐层在强腐蚀环境中不适用，但是在弱腐蚀环境中，其可单独作为防腐涂层应用在钢铁表面。常见的钢铁防腐磷化层有 Zn 系、Mn 系和 Zn-Mn 系磷化膜，且膜重要大于 10 g/m^2。

③润滑用磷化膜。Mn 系磷化膜摩擦系数较小，对润滑剂的保存性能良好，故多用于两个滑动表面的润滑层。

④电绝缘用磷化膜。磷化后，金属材料的导电性下降，通常选 Zn 系磷化膜，膜重 1～20 g/m^2。

6.1.2 磷化分类

磷化的分类方法较多，常见的有以下几种。

①按磷化膜种类可将磷化分为锌系、锌钙系、锌锰系、锰系、铁系、非晶相铁系六大类。

②按磷化温度可分为高温（80～98 ℃）、中温（60～75 ℃）、低温（35～55 ℃）和常温磷化。

③按磷化方式可分为浸渍磷化、喷淋磷化和刷涂磷化。

④按促进剂类型。可分为硝酸盐型、亚硝酸盐型、氯酸盐型、有机氮化物型、钼酸盐型等。

⑤按促进剂是否单独补加可分为内含促进剂型与单独补加促进剂型。

6.2 磷化基本机制

磷化是一种化学与电化学反应形成磷酸盐化学转化膜的过程，转化膜形成过程是一个人工诱导及控制的腐蚀过程。这个过程在金属表面生成一层与基体金属牢固地结合的膜，这种膜基本上不溶于水和一定的介质中，而且具有电绝缘性。

金属在不同磷化液中的成膜机制也有差异，Biestek 和 J. Weber 提出两个术语，“转化膜”和“伪转化膜”。转化膜型磷化膜是由金属基体提供阳离子与溶液中的 PO_4^{3-} 结合而形成的磷化膜；膜中主要阳离子成份来源于溶液，由溶液提供。

以钢铁为例，看一下转化膜型磷化膜和伪转化膜型磷化膜的成膜机制。

6.2.1 转化膜型磷化膜成膜机制

由定义可知，钢铁的转化膜型磷化膜成膜的主要成分是铁的磷酸盐，其磷化液主要成分是碱金属或铵的酸式磷酸盐，膜层中的 Fe 主要是基底溶解转化而来的。当钢铁浸入溶液中，首先发生以下反应：

$$2Fe+4NaH_2PO_4+2H_2O+O_2 \longrightarrow 2Fe(H_2PO_4)_2+4NaOH \tag{6-1}$$

反应生成的磷酸二氢铁被氧化为磷酸高铁和氢氧化铁，一部分沉积在基底表面，形成磷化膜；另一部分磷酸高铁沉淀在溶液中。

$$2Fe(H_2PO_4)_2+2NaOH+\frac{1}{2}O_2 \longrightarrow 2FePO_4+2NaH_2PO_4+3H_2O \tag{6-2}$$

$$2Fe(H_2PO_4)_2+12NaOH+\frac{1}{2}O_2 \longrightarrow 2Fe(OH)_3+4Na_3PO_4+7H_2O \tag{6-3}$$

在干燥过程中，膜层中的氢氧化铁失水，生成稳定的三氧化二铁。

$$2Fe(OH)_3 \longrightarrow Fe_2O_3+3H_2O \tag{6-4}$$

所以，其总反应式为：

$$4Fe+6NaH_2PO_4+3O_2+6NaOH \longrightarrow 2FePO_4+Fe_2O_3+4Na_3PO_4+9H_2O \tag{6-5}$$

铁系磷化只能生成磷酸高铁和氧化铁，且随着氧化剂种类和使用量的不同，磷化膜中的 $FePO_4$ 和 Fe_2O_3 的比例亦不同。其优点是成本低、沉渣少、管理简单。但由于膜层薄，耐蚀性较差，一般不用于工厂工件的磷化。

6.2.2 伪转化膜型磷化膜成膜机制

伪转化膜型磷化膜所采用的磷化液的主要成分为一种或多种金属的二氢磷酸盐，通式为 $Me(H_2PO_4)_2$，其中 Me 通常是指锌、锰、铁等二价金属离子。

磷化过程的机制一般可分为 3 个阶段（以锌系磷化为例）：

金属与酸发生作用引起金属的溶解：

$$Fe+2H_3PO_4 = Fe(H_2PO_4)_2+H_2\uparrow \tag{6-6}$$

由于酸的浸蚀作用，零件表面附近液层中铁离子浓度升高，pH 也升高。磷酸二氢盐在金属表面上发生重排：

$$Me(H_2PO_4)_2 = MeHPO_4+H_3PO_4 \tag{6-7}$$

$$3MeHPO_4 = Me_3(PO_4)_2+H_3PO_4 \tag{6-8}$$

与此同时，基体也可与一代磷酸盐[$Me(H_2PO_4)_2$]直接反应：

$$Fe+Me(H_2PO_4)_2 \longrightarrow MeHPO_4+FeHPO_4+H_2\uparrow \tag{6-9}$$

$$Fe+Me(H_2PO_4)_2 \longrightarrow MeFe(HPO_4)_2+H_2\uparrow \tag{6-10}$$

二代磷酸盐和三代磷酸盐大都不溶于水，当超过其容度积时，就在基体表面析出形成磷化膜。随着金属表面上磷酸盐的结晶，磷化过程的速度随之减慢，当整个表面被磷化膜全部覆盖后，磷化过程结束。这可从氢的停止析出来判断。

反应（6-7）、（6-8）所产生的酸几乎补偿了反应（6-6）所消耗的酸，所以溶液内部氢离子浓度变化甚微。溶液中若磷酸浓度下降太多，整个溶液会发生磷酸盐沉淀；若浓度太高，反应（6-7）、（6-8）形成不溶性盐困难。

图 6-1 是 Chali 测定的钢在含磷酸二氢锌的溶液中处理的时间-电位曲线。

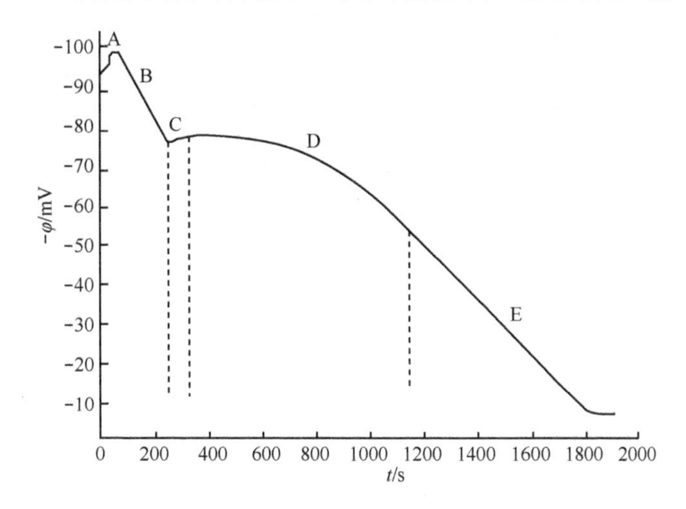

图 6-1 钢在含磷酸二氢锌的溶液中处理的时间-电位曲线

A 区段电位负移，称为金属阳极溶解阶段。即在过程开始的瞬间，电位骤然变为负并达到最负的峰值。这表明在微阴极上发生金属（铁）的溶解直至极限。

B 区段电位急剧正移，此时钢铁表面开始形成金属磷化膜，构成了非晶态底层既非晶态沉积。此时含铁的磷酸盐形成，其存在已由电子探针的分析作证明。这阶段的结束，表示磷酸盐膜中的铁含量已达到稳定值。

C 区段电位再次负，移表明微阳极的溶解继续进行。

D 区段电位缓慢正，移此时钝化过程趋于动态平衡阶段，随着磷化时间的延长，表面开始形成磷化膜。它的增长主要依靠磷酸二氧锌的水解，在金属和溶液界面液相区发生的水解反应是同腐蚀微阳极区氢浓度的降低相关的。

E 区段电位迅速正移，发生磷酸盐膜的再结晶。也就是发生磷酸盐膜层的溶解与再结晶交替发生以重组其结构的现象。随着磷化膜的逐步增厚。时间电位曲线电极电位不断正移，直至趋于平衡。

综上所述，根据 Chali 的原理，磷化动力学行为如下：

金属阳极溶解→成膜或钝化→阳极溶解→磷化主要成膜阶段→再结晶。

6.3 磷化配方及工艺

磷化液一般包含成膜物质（磷酸盐）和促进剂两个必不可少的组分，根据具体金属材料、膜层要求和成膜温度不同，还需添加相应的添加剂。磷化的成膜物质主要有磷酸盐、磷酸氢盐、磷酸二氢盐磷、磷酸等。促进剂的作用有主要有两个方面：一方面，促进剂在生成化学转化膜的过程中起到阴极去极化作用，促进电化学转化反应的正常进行，从而保证了化学沉积反应的正常进行，即化学转化层的生成。另一方面，这些促进剂大多是氧化类物质，在化学转化处理中，将由含铁金属材料中溶入处理液中的二价铁离子氧化成三价铁离子，从而阻止二价铁离子在化学转化过程中的富集，防止了因二价铁的富集造成的化学处理液老化，以及阻碍良好的转化层的可能。常用的促进剂有各种金属离子、硝酸盐、亚硝酸盐、氯酸盐、过氧化物、有机硝基化合物、溴酸盐、碘酸盐、钼酸盐、氰化物等，它们可以单独使用，也可以几个联合使用。下面主要介绍加速剂。

6.3.1 磷化促进剂

此处所列举促进剂是比较成熟的钢铁磷化中常用的促进剂，部分促进剂也可以在铝及镁合金磷化过程中使用。

（1）重金属离子促进剂

这类促进剂主要有铜、镍、钙、锰等金属的二价离子。在磷化处理液中添加少量的可溶性铜盐，即可大幅提高磷化速度，铜在钢铁表面沉积，增加了钢铁表面的阴极区域，因而加快了磷化膜的形成。但其加入量要进行控制，量过大，会在钢铁表面置换一层疏松的铜层，其耐蚀性很差。常与其他氧化性促进剂（如硝酸盐、氯酸盐等）联合使用。

镍离子的加入有利于晶核的形成，对不溶性磷酸盐的沉积起了促进作用。使磷化膜结晶细密，显著提高了磷化膜的质量，且镍离子的过量加入对磷化膜不会产生不利的影响。

钙离子的加入可以提高磷化膜的硬度、耐磨性和耐碱性，非常适合电泳涂装工艺。

锰离子的加入会促进氧化剂的分解，从而加快金属的溶解和膜的形成，但是，成膜速度过快，形成的晶粒尺寸较大，膜层粗糙，耐蚀性差。而且过高的锰离子会使金属的溶解速率过大，有可能在金属表面无法形成磷化膜。因此，锰离子的加入量不能太高。

（2）硝酸盐促进剂

硝酸盐是锌系和锰系磷化中常用的促进剂，该类促进剂有硝酸锌、硝酸钙、硝酸钠等，该类促进剂水溶性好、热稳定性高、促进效果优异、槽液稳定，而且能够维持二价铁离子的稳定存在。一般情况下硝酸盐常和亚硝酸盐复配使用，且在高温下，过量的硝酸盐也会转变成亚硝酸盐。硝酸盐促进剂在使用含量上具有较高的范围，一般使用的硝酸盐的含量为1%～3%，单独使用硝酸盐作磷化促进剂不仅含量高，而且温度也高，一般在65～93 ℃范围内，是高温磷化促进剂。所以与亚硝酸盐复配使用，可以降低温度。

（3）亚硝酸盐促进剂

亚硝酸盐是一种具有较强氧化性的促进剂，它可以在很低的浓度下发挥作用，用量仅为0.1～1.0 g/L，亚硝酸盐还能钝化金属表面，即发生如下反应：

$$2Fe+NO_2^-+2H^++H_2O \longrightarrow NH_4^++Fe_2O_3$$

疏松的氧化层加大了阴极的面积，使得磷化速度加快。亚硝酸盐的溶解性好，在很少量情况下就能起到较强的加速作用，能够降低磷化温度，但是，亚硝酸不稳定，在酸性条件下与氢离子反应，生成一氧化氮和二氧化氮气体。因此，在添加过程中，亚硝酸盐一般单独添加，且随着磷化反应的进行，亚硝酸盐分解，过程中要不断添加亚硝酸盐。同时，应该注意，不能一次性添加过量的亚硝酸盐，亚硝酸盐过量时，所形成的磷化膜偏黑，耐蚀性差，且磷化液中的磷化残渣较多。所以，添加时要适量多次连续添加。

亚硝酸盐作为锌系磷化处理过程的促进剂，无论是应用在喷淋式处理方式，还是应用在浸渍式处理方式，都得到了广泛的认同。它是目前磷化工业上应用最为广泛的促进剂。亚硝酸钠是其唯一得到应用的亚硝酸盐。

（4）有机硝基化合物促进剂

在有机硝基化合物促进剂中，只有硝基胍和间硝基苯磺酸钠得到了大量的应用。硝基胍是一种性能优良的促进剂，其最大的特点是磷化处理后，若水洗不净，被处理工件上有残留物时，不会腐蚀工件表面。这是因为硝酸胍本身或其还原产物都没有腐蚀性，对于某些情形来说，可以减少后续清洗工序或根本不需要清洗。因此，以硝基胍为促进剂的磷化工艺，可以减少磷化后的水洗工序，缩短磷化生产线的线体长度，但是，硝基胍的应用，也有一些重要的局限性。首先，其溶解性差，所以直接加入磷化液中效果不明显。另外，它的氧化能力弱，不能将二价铁离子氧化为三价铁离子，导致二价铁离子含量过大，对磷化不利。而且有机的硝酸胍具有一定的危险性，在运输过程中需要进行稀释。因此，有机硝基化合物作为促进剂常与其他促进剂复配使用。

（5）氯酸盐促进剂

氯酸盐促进剂是一类氧化性很强的促进剂，且使用范围很宽，在磷化液中，氯酸盐促进剂的含量为0.5%～1.0%，采用氯酸盐促进剂还能使磷化膜结晶细致、均匀，当用作化学转化促进剂时，单独使用的效果不佳，通常与另一种化学转化促进剂一起作用，将氯酸盐与硝酸盐混合使用可大幅提高这类促进剂的实际应用效果。这种混合促进剂广泛应用于喷淋磷化系统，将氯酸盐与间硝基磺酸钠混合使用同样能有良好的使用效果，而且没有亚硝酸盐那种不稳定性和释放有害气体等不利因素。但是将氯酸盐和亚硝酸盐一起使用时，两者混用后氯酸钠会氧化亚硝酸钠，更加速了亚硝酸钠的分解速度，使得化学转化剂更加不稳定。

氯酸盐单独使用时，氯酸钠会产生氯离子，氯离子在化学转化处理液富集。如果在处理的金属材料表面残留的化学转化处理液含有氯离子，即使含量很少，也会严重降低处理后的金属材料的耐蚀性。

在磷化处理后不进行涂装而是钢铁的冷拉伸工艺，以氯酸盐为促进剂的磷化处理就显示出极其优越的应用价值。工件经过以氯酸盐为促进剂的磷化处理，所获得的磷化膜细致、均匀，而且较薄，因而可大幅提高钢铁制品的拉伸性能。氯酸盐的主要应用形式是氯酸钠。

（6）过氧化物促进剂

过氧化物促进剂，最常见的就是过氧化氢，是所有促进剂中氧化性最强的促进剂，能够将氢气氧化为水；将二价铁离子氧化为三价铁离子。

用过氧化氢作磷化促进刑的最大优点是：它在氧化别的物质的时候其自身被还原成水，不会在使用过程中释放出有害物质，对于涂装性能几乎没有不利影响。过氧化氢多用于锌系磷化处理，在较低的温度下，利用喷淋式处理方法来处理，能使磷化膜光滑、细密。且可减少二价铁的积累，还原产物是无公害的水，绿色环保。

当用过氧化氢作为化学转化促进剂时，它在化学转化处理液中稳定性差，特别是酸性条件下在极短的时间内就完全分解，即但在加入过氧化氢的稳定剂，如一些有机膦酸类螯合剂，在化学转化处理浴液因仍有大量金属离子不断产生，特别是二价铁离子等产生的催化作用，使得过氧化氢在处理液的分解速度仍达到理想要求，在没有更好的螯合剂和配制方法应用之前无法满足工业化生产。

（7）钼酸盐促进剂

这类促进剂中最常用的是钼酸钠和钼酸铵，主要用在铁系磷化方面。钼酸盐在酸性磷化液中具有很强的氧化性，并与磷化液主要成分之间有很好的缓蚀协同效应，它既有加速作用，又有钝化作用，同时还起到缓蚀剂、活性剂和降低磷化厚度的作用，能减少残渣量的生成，降低磷化药剂的消耗，使磷化槽液稳定性好，操作方便、调整容易、使用寿命长。钼酸盐促进剂不与其他氯化剂联用即迅速成膜，而且形成的磷化膜均匀、致密。钼酸盐促进剂可以直接配入磷化浓溶液中，不需要在生产中单独补加，减少了工序，提高了生产效率，且其在有溶解氧的溶液中比无溶解氧存在的溶液中更为有利，故适宜采用喷淋方式磷化处理。

（8）氟化物促进剂

这类促进剂主要包括氰化钠、氢氟酸、氮硼酸钠、氟硅酸钠等，氟是一种有效的磷化反应促进剂，它可以加速磷化晶核的生成，使晶核致密，增强磷化膜的耐蚀性。在低温磷化溶液中，氟化物的重要性尤为突出。且是低温和常温磷化槽液的有效 pH 调节刑，当 pH=2.6～2.8 时有良好的缓冲效果，可保持磷化槽液酸度的稳定。对锌合金、镀锌板、渗锌板、铝合金材料的磷化处理中，三价铝离子是磷化反应的阻止剂。氟的存在可以与铝离子形成配合物，可消除铝离子的影响，从而延长磷化槽液的使用寿命。

由此可见，磷化促进剂的种类很多，而且随着科学的发展，越来越多的新型促进剂被开发出来，在选择促进剂过程中，要根据基材的成分，磷化要求选择合适的促进剂。

现列举常见的钢铁零件、铝及其合金、镁及其合金零件的磷化液工艺。

6.3.2 钢铁零件的磷化工艺

目前，用于生产的工艺有：高温、中温、常温磷化，四合一磷化以及黑色磷化等。高温磷化是在 90～98 ℃的温度下进行的，磷化溶液的游离酸度与总酸度之比为1：（7～8），处理时间为10～20 min。其优点是膜的耐蚀性、硬度和耐热性较高，结合力较好，磷化速度快；缺点是溶液的加热时间长、耗能大、溶液蒸发量大、成分变化较快、游离酸度不稳定、磷化膜易夹杂沉淀物、结晶粗细不匀。

中温磷化是在 50～70 ℃的温度下进行的，溶液的游离酸与总酸度之比为1：（10～15），处理时间为7～15 min。其优点是膜的耐蚀性近似高温磷化，溶液稳定，磷化速度快，生产效率高；缺点是溶液成分复杂，调整麻烦。

常温磷化是在室温下进行的，溶液的游离酸和总酸度之比为1：（20～30 min），处理时间为45～65 min。其优点是不需要加热、化学药品消耗少、成本低、溶液稳定；缺点是膜的耐蚀性差、结合力低、耐热性也差、处理时间长、生产效率低。

上述3种温度下的磷化配方见表6-1。

表6-1 钢铁磷化配方及工艺条件

成分及工艺条件	高温	中温	常温
磷酸二氢铁锰盐/(g/L)			30～45
磷酸二氢锌/(g/L)	30～45		
硝酸锰/(g/L)		30	
硝酸锌/(g/L)	15～25		140～150
氟化钠/(g/L)		60	3～5
温度/℃	95～98	50～60	35～45
磷化时间/min	15～20	6～10	10～20
游离酸度/点	3.5～5.0	3～5	3～5
总酸度/点	35～50	60～90	70～90

磷化液酸度的点数，是指取10 mL磷化溶液，用0.1 mol/L NaOH溶液滴定时所消的NaOH溶液的毫升数。当以甲基橙作指示剂滴定时，所消耗的0.1 mol/L NaOH溶液毫升数即为游离酸度的点数。以酚酞作指示剂时，消耗的0.1 mol/L NaOH毫升数为总酸度的点数。

“四合一”磷化是指除油、除锈、磷化和钝化4个主要工序在一个槽中一次完成。这种工艺简化了工序、缩短了工时、提高了生产效率、同时减少了设备和作业面积，可对大型工件原地进行刷涂，因此颇受生产厂家的欢迎，但这种工艺所得的磷化膜只适合于做要求不高的制品涂装底层。

“四合一”磷化液由磷酸、促进剂、成膜剂、络合剂和表面活性剂组成。因酸度较高，除油、除锈可同时进行。这种工艺减少了污染源，有利于清洁生产。表 6-2 为“四合一”磷化液的工艺条件。

表 6-2 “四合一”磷化液工艺条件

成分	用量	磷化条件
H_3PO_4/(g/L)	50～65	游离酸度 10～15 点 总酸度 130～150 点 温度 25 ℃或 50～70 ℃ 时间视要求而定
ZnO/(g/L)	12～18	
$Zn(NO_3)_2 \cdot 6H_2O$/(g/L)	180～210	
酒石酸/(g/L)	5	
重铬酸钾/(g/L)	0.3～0.4	
$(TiO)_2SO_4$/(g/L)	0.1～0.3	
OP-10/(mL/L)	10～15	
十二烷基磺酸钠/(g/L)	15～20	

黑色磷化膜的主要特点是外观色泽主要呈灰色，结晶细致均匀，对零件的精度影略较小，因而主要用于精密铸件的防护装饰层。表 6-3 是黑色磷化液的配方及工艺条件。

表 6-3 黑色磷化液的配方及工艺条件

成分及工艺条件	配方 1	配方 2
马日夫盐/(g/L)	25～35	55
磷酸/(mL/L)	1～3	13.6
硝酸钙/(g/L)	30～50	—
硝酸钡/(g/L)	—	0.57
硝酸锌/(g/L)	15～25	2.5
亚硝酸钠/(g/L)	8～12	—
氧化钙/(g/L)	—	6～7
游离酸度/点	1～3	4.5～7.5
总酸度/点	24～36	58～84
温度/℃	85～95	96～98
时间/min	30	视情况而定

6.3.3 铝及其合金的磷化工艺

铝是一种具有白色光泽的比较活泼的轻金属，铝及其合金与氧的结合能力强。在大气中很容易形成一层氧化膜（厚度为0.01～0.02 μm），该膜具有一定的耐腐蚀性，可以阻止空气中有害气体和水分的进一步腐蚀，起到了一定的保护其基体金属的作用。但是，由于这层氧化膜厚度较薄、疏松、不均匀，使铝失去了原有的光泽，直接在此氧化膜上涂装，会使涂层的附着力不强，因而需要对其进行化学处理。目前铝及其合金的化学处理分为氧化处理和磷化处理两类，其中磷化处理又分为普通磷化处理和铬磷化处理。

（1）铝的铬磷化

铝的铬磷化处理是铝磷化处理最早采用的技术，铝及其合金的铬磷化液中一般除了主要成膜物质以外，通常添加氟化物和铬酸盐作促进剂。其中最常见的是美国颜料公司所开发的阿洛丁法，其具体的配方见表6-4。

表6-4 阿洛丁法铝合金磷化工艺

成分/（g/L）	配方1	配方2	配方3	配方4	配方5	配方6
磷酸（75%）	64	12	24	—	—	—
磷酸二氢钠	—	—	—	31.8	66.5	31.8
氟化钠	5	3.1	5.0	5.0	—	—
氟化铝	—	—	—	—	—	5.0
氟化氢钠	—	—	—	—	4.2	—
铬酐	10	3.6	6.8	—	—	—
重铬酸钾	—	—	—	10.6	14.7	10.6
硫酸	—	—	—	—	4.8	—
盐酸	—	—	—	4.8	—	4.6

阿洛丁法处理铝获得磷酸盐膜，当膜较薄（膜重80～150 mg/m^2）时为无色或浅绿色，具有相当高的耐蚀性，且能与漆膜结合良好。膜重为300～700 mg/m^2 时膜呈淡绿色，最厚的膜重可达4.5～5.0 g/m^2。对于含铜的铝合金，所得的膜颜色较深。该膜普遍用于铝及其含金的防护，作为涂漆的底层。由于膜层中不含对人体有害的六价铬，所以也适用于铝制食品容器涂装前的处理。铝的铬磷化机制比普通磷化机制要复杂很多，所生成的成分也与普通磷化膜的成分有很大差别，磷酸铬膜的主要成分为带有结晶水的铬氧化物和含有结晶水的磷酸铬及铝的氧化物。图6-2为采用以下配方时，在磷化过程中电位时间曲线。配方：铬酐 12 g/L、磷酸 70 g/L、氟化钠 6 g/L；温度：25 ℃左右；时间：15 min。

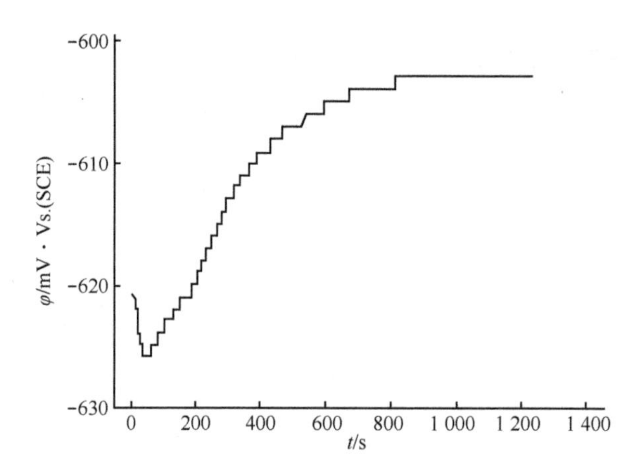

图 6-2　铝合金磷化过程中电位-时间曲线

从图中可以看出，磷化过程基本分为 4 个阶段，基本与铁的磷化过程类似。当铝合金刚浸入到溶液中时，在酸和氟化物的作用下开始溶解，电位迅速负移，达到一个最低值后又以较高的速度上升，表明此时的成膜过程进行得较为顺利。在这一阶段电位与时间呈现出线性关系。当处理时间为 10 min 时，电位变化缓慢，当处理时间达 13 min 后，电位基本不随时间而变化，表明成膜过程基本完成。

（2）铝的无铬磷化

由于铬的加入，虽然磷化层不含六价铬，但是磷化液中含有六价铬，磷化液的排放也将给环境及人类带来危害，所以无铬磷化应时而生。无铬磷化与钢铁的磷化类似，通常情况下能够与钢铁工件一起进行磷化处理，不同的磷化工艺所得的磷化膜成分不同，如在铁系磷化液中生成 $AlPO_4$，在锌系磷化液中得到的是 $Zn_3(PO_4)_2 \cdot 4H_2O$，而在锰系磷化液中得到的是 $Mn_5H_2(PO_4)_4 \cdot 4H_2O$，由此可见，铝合金的磷化膜层多为伪转化型磷化膜。在磷化过程中，铝合金浸入磷化液，由于腐蚀作用，会形成大量的 Al^{3+} 离子，其对磷化膜的结晶有很大的影响，造成结晶缓慢、结晶粗大、覆盖不完全等，所以一般磷化液中都会加入氟化物，以此络合三价铝离子，提高磷化层的质量，有时也会加入一些稀土盐，加快磷化成膜速度，提高磷化质量。

6.3.4　镁合金的磷化工艺

一般来说，在镁合金磷化处理所使用的配方中，成膜剂、缓蚀剂、络合剂和促进剂是必不可少的。由于镁合金的活泼性较高，在磷化液中会发生强烈的腐蚀，放出大量的氢气，所以如果磷化液中没有缓蚀剂，最终所形成的磷化膜孔洞较多，磷化层不完整，镁合金最常见的缓蚀剂为氟化物，能够与镁离子反应形成不溶于水的 MgF 膜层，从而减小腐蚀速率，降低氢气的放出量，所形成的磷化膜层相对致密。处理铝及其合金的磷化液，也能用来进行镁及其合金的磷化。表 6-5 为镁合金锌系磷化配方。磷化温度 45 ℃，时间 20 min。磷化膜主要由 $Zn_3(PO_4)_2$、$Zn_2Mg(PO_4)_2$、Zn 和 $AlPO_4$

这 4 种物质组成，配方见表 6-5。

表 6-5　镁合金磷化配方

成分	作用	含量/(g/L)
ZnO	成膜物	2
H_3PO_4	成膜物	12
NaF	缓蚀剂	1
$Na_2C_4H_4O_6$	络合剂	4
$NaNO_3$	促进剂	6

6.3.5　影响磷化的因素

（1）总酸度

总酸度高时磷化反应速度快，获得的膜层结晶细致，但膜层较薄，过高的总酸度会使膜层太薄，从而降低其耐蚀性；总酸度过低，磷化速度慢，膜层厚且粗糙。总酸度高时可用水稀释；总酸度低时，加入磷酸二氢锰铁盐或磷酸二氢锌 5～6 g/L，总酸度约可升高 5 点，加入硝酸锌 2 g/L 或硝酸锰 4 g/L 时，总酸度约可升高 1 点。

（2）游离酸度

游离酸度主要是指游离磷酸。为了保证铁的溶解，磷化溶液中必须保持一定量的游离酸，这样才能得到结晶细致的膜层。游离酸度过高时，氢气析出量大，晶核生成困难，使得磷化时间延长，得到的磷化膜结晶粗大多孔，耐蚀性降低。游离酸度过低时，生成的磷化膜很薄，甚至得不到磷化膜；游离酸度低时可以加入磷酸二氢锰铁盐或磷酸二氢锌 5～6 g/L，此时游离酸度约可升高 1 点；游离酸度高时可加入氧化锌，每加入 0.5 g/L 约降低 1 点。

（3）锌、锰离子

Zn^{2+}的存在可以加快磷化速度，生成的磷化膜结晶致密、闪烁有光。含 Zn^{2+} 的磷化溶液可在较宽的工作条件范围操作，这对中温和常温磷化尤为重要。锌离子含量过高时磷化膜晶粒粗大、排列紊乱、磷化膜发脆；含量过低时，膜层疏松发暗。Mn^{2+} 的存在可以使磷化膜结晶均匀、颜色较深，同时提高磷化膜的结合力、硬度和耐蚀性。在中温、常温磷化溶液中 Mn^{2+} 含量过高时，磷化膜不易生成。在中温磷化液中宜保持：$m(Zn^{2+}):m(Mn^{2+})=(1.5\sim2.0):1$。

（4）铁离子

在磷化溶液中保持一定量二价铁离子，能增加磷化膜的厚度、机械强度和耐腐蚀性能，工作范围也较宽。但是 Fe^{2+} 很不稳定，很容易被氧化成 Fe^{3+}，并转变为磷酸铁［$Fe_2(PO_4)_3$］沉淀，尤其在高温磷化液中更为严重，导致磷化液浑浊，游离酸度升高，此时磷化膜结晶几乎不能生成，磷化膜的质量很差。Fe^{2+} 含量过高时，还会使磷化膜结晶粗大，表面产生白色浮灰，防护性能下降，也会使中温磷化膜的防护能力和耐热性有所降低。高温磷化液中亚铁离子含量应控制在小于0.5 g/L，中温磷化溶液控制在1～3 g/L，常温磷化溶液宜控制在0.5～2.0 g/L。

（5）NO_3^-、NO_2^- 和 F^-

NO_3^- 和 NO_2^- 在磷化溶液中作为催化剂，可以加快磷化速度，使磷化膜致密均匀。NO_2^- 还能提高磷化膜的耐蚀性。提高 NO_3^- 的含量可以降低磷化处理温度，在适当条件下硝酸根与铁作用可生成少量一氧化氮，促使亚铁离子稳定。NO_2^- 含量过高时，会使磷化膜变薄，并易产生白色或黄色斑点。

F^-是一种活化剂，可以加快磷化膜晶核的生成速度，使结晶致密，耐蚀性提高。尤其是在常温磷化时，氟化物的作用非常突出。氟化物含量过高时，将缩短常温磷化溶液的使用周期，使中温磷化处理的工件表面产生白灰。

（6）杂质

磷化溶液中常见的杂质离子有 SO_4^-、Cl^-和 Cu^{2+}。SO_4^- 和 Cl^-会降低磷化速度，并使磷化膜疏松多孔易生锈，二者含量均不允许超过0.5 g/L。Cu^{2+}的存在使磷化膜发红，抗蚀能力降低。

（7）温度

升高温度可以加快磷化速度，提高磷化膜的附着力、耐蚀性、耐热性和硬度。但是过高的温度易使 Fe^{2+}氧化成 Fe^{3+}而沉淀出来，使溶液不稳定。

（8）零件材质

不同的材质对磷化膜有明显不同的影响。高、中碳钢和低合金钢较容易磷化，磷化膜颜色深而厚，但结晶有变粗的倾向。低碳钢的磷化膜颜色较浅、结晶致密。磷化膜随材质碳化物含量和分布的不同而有较大差异。因此，对不同材质的零件应选用不同的磷化工艺规范，才能获得较理想的效果。

6.4 磷化残渣处理

磷化液在正常使用的情况下，或快或慢地积累起组成沉淀的不溶性的磷酸盐。这些不溶性的磷酸盐沉积在溶液中，长时间的磷化残渣的积累，会对磷化设备及磷化效果产生不利的影响，所以需要进行磷化残渣的处理。

6.4.1 残渣的组成

用任何一种方法磷化钢铁时，这种不溶性的残渣是由不溶性磷酸盐 $FePO_4$ 组成的，还含有其他稳定的金属盐类，如锰和锌的盐类，而且可能是具有显著结晶特性的单斜晶系或斜晶系结构，也可能或多或少地具有胶体特性。高温磷化是在90～98 ℃下工作的，高温磷化中的游离酸较中、低温磷化游离酸高，促使 Fe^{2+}转化为 Fe^{3+}速度加快，故高温磷化残渣最多，中温磷化次之，低温磷化泥渣产生量最少。

磷化液的残渣因磷化液的性质不同而产生差异，磷化铝时，残渣主要是氟铝酸盐组成。

6.4.2　残渣的危害

沉淀多导致磷化液中有效成分消耗多，而且使磷化膜吸附沉淀物，导致结晶粗大，表面有白色浮灰。但生成沉渣时释放出磷酸有利于保持游离酸度，保持磷化液的平衡，这是有利的一面。尽管如此，还是应尽量减少沉渣的生成量，以免损失大量的磷酸根。

6.4.3　残渣的清除

残渣的清除是在磷化处理中必不可少的一个环节，磷化过程中，残渣的生成无法避免，但是通过调整工艺条件，可以适当的减少磷化残渣的生成，减少磷化残渣是在保证磷化膜质量的情况下，尽量减小磷化液对基底的腐蚀作用。一般来讲，可以从以下几个方面去降低磷化残渣的生成量：

（1）降低磷化温度

Zn^{2+}、Ca^{2+}及 F^-都可以将磷化液的工作温度降低，如中温磷化（55～70 ℃）、低温磷化（30～45 ℃），从而大幅减少泥渣产生。

（2）加快磷化速度

通过加入促进剂，加快磷化速度提高膜的致密性。使磷化液泥渣减少，高温磷化可加入硝酸、硝酸镍，中低温磷化可加入 $Zn(NO_3)_2$、亚硝酸钠、氟化钠等。

（3）络合产生沉淀的阳离子

加入一定量的有机酸，如酒石酸、柠檬酸与亚铁离子或氯离子结合，也可减少泥渣的产生。

磷化液中残渣虽然能够通过以上方法减少其生成量，但是还是会在溶液中形成残渣。所形成的残渣不仅会在溶液中存在，而且在设备表面或喷嘴处产生垢，导致设备运转出现问题。所以还需要实时或定期对磷化液和磷化设备进行残渣的清除。

溶液中的残渣可以采用过滤的方式进行清除，高温磷化液在工作完毕后，可将磷化液倒入一专用斜底容器中储存并沉淀泥渣。工作槽也可作成斜底槽，使在工作中产生的泥渣能沉淀槽底。有条件的高温磷化液也可采用连续过滤。中温、低温磷化可采用过滤溶液的办法，即在生产中连续过滤，每小时过滤量一般是工件体积的 5～10 倍，过滤机要采用滤袋式，滤袋在过滤机中安装形式为倒置。

对于槽子的清理一般采用机械敲渣，也可采用化学法。可在线外设一酸槽，将其他生产线上排出的废酸收集到此槽，需要给槽子清渣时，将磷化液排净后，将废酸放进此槽浸泡，垢溶解后，将废酸液排出，清理干净废渣，用水清洗磷化槽，干净后再将磷化液放入工作槽。

思 考 题

1. 解释磷化的定义。
2. 磷化的主要用途。
3. 磷化膜的 3 个突出作用。
4. 锌系磷化与铁系磷化的主要区别是什么？
5. 按磷化方法分类有哪三种磷化？最广泛应用的是哪一种？
6. 什么是总酸度和游离酸度？如何测定？

参考答案

1. 钢铁零件中在含有锰、铁、锌的磷酸盐溶液中进行处理，使其表面形成一层难溶的磷酸盐防护膜的方法。

2. ①防蚀；②涂漆前打底；③减磨润滑作用。

3. 提供清洁表面、显著提高涂膜附着力、成倍提高涂膜耐蚀力。

4. 锌系，一般形成灰色至深色磷化膜，适合于涂装打底，比较耐腐蚀；铁系，形成蓝色、彩虹色等不同磷化膜，耐蚀性差。

5. 浸渍磷化、喷淋磷化、刷涂磷化；浸渍磷化。

6. 总酸度：磷的盐、硝酸盐和酸的总和。游离酸度：游离的磷酸。

测定：用移液管吸取 10 mL 试液于 250 mL 锥形瓶中，加 5 mL 蒸馏水，加 2～3 滴甲基橙，用 0. 1 mol/NaOH 标准液滴至橙色（游离酸度）粉红色（总酸度）。

实验 5　铁系磷化实验

一、实验目的

1. 观察工件表面磷化的过程。
2. 掌握磷化方法及条件。

二、实验原理

对于铁系磷化，由于所采用的酸式碱金属磷酸盐都是水溶性的，故不会存在于磷化膜中，铁系磷化在氧化剂存在的条件下（如空气中的氧），与钢铁工件发生反应。工件表面生成一层主要为不溶或难溶的磷酸盐膜层，即磷化膜，可提高工件涂膜耐蚀力。

三、实验药品与仪器

1. 实验药品

磷酸二氢钠，柠檬酸，钼酸铵，酸液，碱液，蒸馏水。

2. 实验仪器

铁件（表面光洁），玻璃棒，烧杯，铁丝，天平。

四、实验步骤

（1）将工件进行除油、除锈。

（2）用烧杯取 200 mL 自来水，加入 4 g 磷酸二氢钠，溶解后加入 0.2 g 柠檬酸，搅拌溶解后，加 0.4 g 钼酸铵，配成溶液。

（3）将经过打磨、碱洗、水洗、酸洗、再水洗后将工件放入溶液中。

（4）静置 5～8 min 后，取出晾干。

（5）点滴测试。将一滴硫酸溶液滴在冲洗干净且晾干的试件上，计时，观察滴定，变红时停止计时，若磷化膜不合格，可退除掉，重新进行磷化处理，直至合格为止。实验完毕，试件保存好，交给老师。

五、思考题

1. 在你所选定的配方及工艺中，通过实验观察，你认为影响磷化成膜的主要影响因素是什么？

2. 在你所选定的配方及工艺中，指出可进一步探索的方向。

实验 6　钢铁锌系磷化处理实验

一、实验目的

1. 通过实验掌握 45#钢磷化处理的基本原理。
2. 学习磷化处理镀液的配制方法及磷化处理的实验操作。
3. 以时间为变量，研究不同的磷化处理时间对磷化膜耐蚀性的影响。
4. 掌握提高 45#钢耐蚀性的具体工艺流程及操作环境。
5. 掌握磷化膜性能测试的不同方法。

二、实验原理

锌系磷化通常是在加热状态下进行的，分为高温、中温、低温磷化，其中中温磷化（50～70 ℃）应用较广泛，反应式如下：

$$Fe+2H_3PO_4 = Fe(H_2PO_4)_2+H_2\uparrow,$$
$$Me(H_2PO_4)_2 = MeHPO_4+H_3PO_4,$$
$$3MeHPO_4 = Me_3(PO_4)_2+H_3PO_4。$$

单一磷化液中金属离子为 Zn^{2+}，膜层则为 $Zn(H_2PO_4)_2\cdot 4H_2O$、$Zn_3(PO_4)_2\cdot H_2O$，所获得的膜层有较宽的膜重范围（1.6～20.0 g/m^2），较高的耐蚀性（硫酸铜点滴时间可达若干分钟）。

三、实验仪器与药品

1. 实验仪器

超声波机，数显恒温水浴锅，电子天平，温度计，碱滴定管砂纸，pH 试纸，称量纸，研钵，量筒，玻璃棒，烧杯，坩埚，胶皮手套。

2. 实验药品

丙酮，草酸，乙二醇，十二烷基硫酸钠，六次甲基四胺，碳酸钠，磷酸二氢锌，硝酸锌，氟化钠，氧化锌，铬酐，酒石酸，45#钢。

四、实验方法与步骤

1. 磷化工艺流程如下：机械打磨→超声波清洗→酸洗（除锈）→多次水洗、烘干→碱洗（除油）→水洗，烘干→磷化处理→封闭处理→去离子水洗，烘干→观察宏观形貌→性能检测。

2. 具体工艺如下：

（1）机械打磨。机械打磨是使用240#砂纸打磨基体表面，以便除去钢铁表面的宏观缺陷，获得平整光亮的基体表面。

（2）超声波清洗。45#钢表面会依附一些油污，在磷化处理之前需要用有机溶剂溶解，获得较清洁的基体表面。超声波清洗结束，取出试样，水洗烘干。超声波清洗的试剂和操作条件为：在丙酮溶液中室温下超声清洗 10 min。

（3）酸洗。酸洗主要是为了除去 45#钢基体表面的铁锈，用 4% 的草酸、1% 的乙二醇、1% 的十二烷基硫酸钠、0.05% 的六次甲基四胺，酸洗 20 min。

（4）碱洗。碱洗的目的是彻底清除试样表面的脏物和油脂，进一步清洁基体表面。用碳酸钠 7 g/L，碱洗 10 min。

（5）磷化处理。65 g/L 磷酸二氢锌、70 g/L 硝酸锌、4 g/L 氟化钠、6 g/L 氧化锌。操作条件：40 ℃，pH 2～3。处理时间：20 min、30 min、40 min、50 min。

（6）封闭处理。0.4 g/L 铬酐、25 g/L 酒石酸、pH 2.0～2.5。

五、测试部分

（1）游离酸度和总酸度。游离酸度是指溶液中磷酸二氢盐水解后产生游离酸的浓度，以甲基橙作指示剂，用0.1 mol/L 氢氧化钠滴定10 mL 磷化液，所需的0.1 mol/L 氢氧化钠毫升数；总酸度是指溶液中各种盐类水解后电离出二氢离子的总量，它是以酚酞作指示剂，用 0.1 mol/L 氢氧化钠滴定时，所需0.1 mol/L 氢氧化钠的毫升数。

（2）耐蚀性。用硫酸铜点滴液一滴滴于磷化后的溶液上，记录所滴溶液全部变为铁锈红的时间。

（3）覆盖层膜重。用精确到万分之一的电子天平分别称量磷化前后试片的重量，以差值除以试片面积。

（4）定性测量耐磨性。将磷化后的试片平放于砂纸上，以相同的力进行打磨，记录打磨出底层的次数。

六、思考题

1. 磷化后为什么要进行封闭处理?
2. 磷化不同时间对磷化性能有什么影响?

备注：实验报告格式及数据记录详见附件1、附件2。

第七章　阳极氧化处理

7.1　概　述

7.1.1　阳极氧化的目的及意义

阳极氧化是在外加电流作用下，以轻质金属（镁、铝、钛等）为阳极，在特定的电解液中在轻质金属表面形成一层氧化膜的过程。

铝是比较活泼的金属，在空气中能自然形成一层厚度为0.01～0.10 μm的氧化膜（Al_2O_3）。由于自然形成的这层氧化膜是非晶态的、薄而多孔、机械强度低，所以不能有效地防止整体金属的腐蚀。为了提高铝及其合金的抗蚀性，通常采用人工氧化的方法（化学氧化和电化学氧化）获得厚而致密的氧化膜。由于氧化的方法不同，得到的氧化膜可以满足不同的性能要求。这样可以在铝表面生成厚度达几十至几百微米的氧化膜，其耐蚀性、耐磨性、电绝缘性和装饰性都有明显的改善和提高。若采用不同的电解液和操作条件，就可以获得不同性能的氧化膜。

随着新材料的发展，镁合金作为一种比铝合金更轻的金属，得到了广泛关注，但是镁合金的耐蚀性差成为镁合金发展所要解决的必要问题。镁合金在自然环境中形成的氧化层疏松、易吸水，会加快材料的腐蚀失效。阳极氧化能够提高镁合金表面的硬度和耐蚀性，有效地降低镁合金的腐蚀速率，从而提高其耐蚀性。同时阳极氧化层具有多孔结构，能与其他涂层复合，形成结合牢固且耐蚀的复合涂层，扩大镁合金的应用范围。但是，镁合金阳极氧化技术仍然存在一些问题需要解决。

钛是20世纪50年代发展起来的一种重要的结构金属，钛合金因具有强度高、耐蚀性好、耐热性高等特点而被广泛用于各个领域。世界上许多国家都认识到钛合金材料的重要性，相继对其进行研究开发，并得到了实际应用。钛合金的阳极氧化技术能够对钛合金表面进行修饰，一方面可以提高其耐蚀性、耐磨性、硬度和生物相容性；另一方面是用来装饰钛合金，形成的氧化层具有多孔结构，能够通过表面的染色等处理使钛合金呈现工业需求的颜色。

综合来讲，阳极氧化处理主要应用在以下几个方面：

①作防护层。阳极氧化膜在空气中有足够的稳定性，大幅提高了金属制品表面的

耐腐蚀性能。

②作装饰层。阳极氧化曾可以进行着色和染色处理，经过处理后，能得到各种鲜艳的色彩。在特殊工艺条件下，还可以得到具有瓷质外观的氧化层。

③作耐磨层。阳极氧化膜具有比金属基底更高的硬度，可以显著提高制品表面的耐磨性。

④作电绝缘层。一般金属是良性导体，经过氧化处理后所得的阳极氧化膜具有很高的绝缘电阻和击穿电压，可以用作电解电容器的电介质层或电器制品的绝缘层。

⑤作喷漆底层。阳极氧化膜具有多孔性和良好的吸附特性，作为喷漆或其他有机覆盖层的底层，可以提高漆或其他有机物膜与基体的结合力。

⑥作电镀或化学镀底层。利用阳极氧化膜的多孔性，可以提高金属镀层与基体的结合力。

⑦作功能性材料。利用阳极氧化膜的多孔性在微孔中沉积功能性颗粒，可以得到各种功能性材料。正在开发中的功能部件功能有电磁功能、催化功能、传感功能和分离功能等。

7.1.2 阳极氧化的分类及特点

阳极氧化按电流提供的方式可分为直流电阳极氧化、交流电阳极氧化及脉冲电流阳极氧化。其中用得最多的是直流电阳极氧化，而脉冲电流阳极氧化以其膜层生长效率高、均匀致密、抗蚀性能好而有发展前途。

按电源输出的方式不同可分为恒电流阳极氧化和恒电压阳极氧化，膜厚的增加与单位面积上通过的电量成正比，在恒电压条件下，由于体系的电阻增加，电流密度会随着氧化时间的延长而下降，下降情况视合金和体系不同有所差异，而且电流密度也随槽液温度而变化，因此恒电压阳极氧化时氧化层的厚度不宜控制，所以一般工厂多采用恒电流阳极氧化。

对于铝合金来讲，按电解液成分可分为硫酸、磷酸、铬酸等无机酸阳极氧化，在这些电解液中虽然也可以得到某一种色调，但这种色调是单一的。而以磺基有机酸为主的一些电解液则可以通过对时间、电流的改变得到不同色调膜层的阳极氧化膜。丙二酸和草酸等简单有机酸在不同电压及电解时间的作用下，同样也能获得一种变化的色调；对于镁合金来讲，按电解液成分可分为铬酸盐电解液（但是六价铬对环境和人体危害比较大）、高锰酸钾电解液、氨水电解液、氢氧化钠或氢氧化钾电解液、钛合金阳极氧化液、磷酸电解液、铬酸电解液、硫酸电解液、磷酸二氢盐电解液和偏铝酸盐电解液等。

按膜层性质可分为普通膜、硬质膜、瓷质膜、有半导体作用的阻挡层膜及红宝石膜等。不同的膜层也就对应了不同的电解液及阳极氧化的工艺条件与工艺方法。

按终止电压不同分为普通阳极氧化和微弧氧化。微弧氧化是通过电解液与相应电参数的组合，在铝、镁、钛及其合金表面依靠弧光放电产生的瞬时高温高压作用，生长出以基体金属氧化物为主的陶瓷膜层。微弧氧化所形成的氧化层的硬度更高，具有更好的耐磨性。

7.2 阳极氧化基本原理

7.2.1 铝及铝合金的阳极氧化机制

铝合金的阳极氧化电解液分为具有溶解性的电解液，其在氧化过程对氧化膜有溶解作用，所形成的氧化层为多孔结构，常见的电解液包括草酸、磷酸、硫酸和铬酸。另外一类是具有溶解性的电解质，在氧化过程中对氧化层不具有溶解能力，所得到的氧化层结构为壁垒型结构，常见的该类电解质包括中性硼酸盐、中性磷酸盐、中性酒石酸盐。具有溶解性的电解液是工业中比较常用的电解液，这是由于其所形成的氧化层为多孔结构，这类氧化膜主要用于保护性和装饰性场合，有较多的用途。本小节主要叙述铝在硫酸溶液中的氧化原理。

在阳极氧化过程中铝及其合金作为阳极，阴极一般用铅，只起导电作用。电解液为酸溶液。在进行阳极处理时，发现在铝阳极表面上生成了结实的氧化铝膜，阳极附近液层中 Al^{3+} 含量增加了，同时在阳极上有氧气析出，在阴极上有氢气析出，还伴有溶液温度上升的现象，说明反应是放热反应。此时在阳极上发生如式（7-1）、式（7-2）反应：

$$H_2O-2e^- = [O]+2H^+ \tag{7-1}$$

$$2Al+3[O] = Al_2O_3 \tag{7-2}$$

同时，酸对金属铝和生成的氧化膜进行着化学溶解，反应如式（7-3）、式（7-4）：

$$2Al+6H^+ = 2Al^{3+}+3H_2\uparrow \tag{7-3}$$

$$Al_2O_3+6H^+ = 2Al^{3+}+3H_2O \tag{7-4}$$

氧化膜的生成与溶解同时进行，因此，只有当膜的生成速度大于膜的溶解速度时，膜的厚度才能不断增长。

综上所述，氧化膜的生成是两种不同的反应同时进行的结果。一种是电化学反应析出氧与金属铝结合生成氧化膜；另一种是化学反应，即酸对膜的溶解。只有当电化学反应速度大于化学反应速度时，氧化膜才能顺利生长并保持一定厚度。

为此，在选择阳极氧化用的电解液组成时，应当考虑到在氧化过程中，氧化膜的电化学形成速度应明显大于膜的化学溶解速度。但是也必须使氧化膜在该电解液中有一定的溶解速度和较大的溶解度，否则氧化膜也不能增厚。

根据氧化电源的输出方式不同，铝合金的阳极氧化分为恒流型阳极氧化和恒压型阳极氧化。恒流型阳极氧化采用恒定的氧化电流密度，对试样进行氧化；恒压型是采用恒定的电压对试样进行氧化。相对来讲，恒流型在工业生产中应用的比较多，这是由于采用恒流型进行氧化，控制氧化时间就能控制氧化层的厚度和质量；而恒压型的阳极氧化过程中，阳极的电流密度随着氧化层的生成而发生改变，因此，其氧化层的厚度很难控制。主要看一下恒流型氧化过程中氧化膜如何生成的。氧化膜的生成规律，可以通过氧化过程的电压-时间特性曲线来进一步说明（图 7-1）。

电压-时间曲线是在 200 g/L 的硫酸溶液中，于25 ℃时，阳极电流密度1 A/dm² 的条件下测得的。它反映了氧化膜的生成规律，所以又称为铝阳极氧化的特性曲线。该曲线明显地分为 3 段，每一段都反映了氧化膜生长的特点。

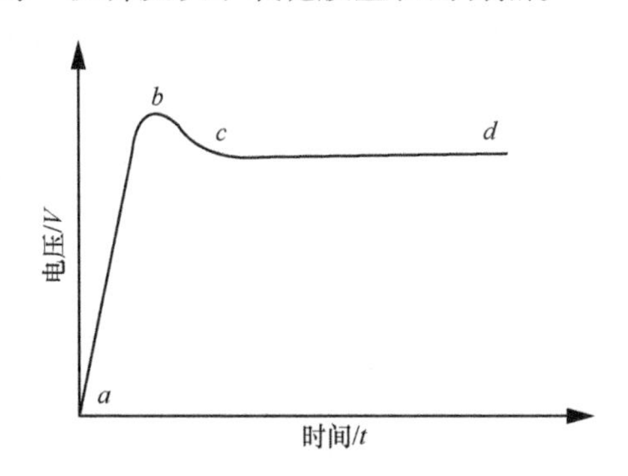

图 7-1　铝阳极氧化时的电压-时间特性曲线

a—b 段：是在开始通电后的 10 s 左右，电压急剧上升，这时铝表面生成一层致密的具有很高电阻的氧化膜，厚度为 0.010～0.015 μm，称为无孔层或阻挡层。阻挡层的厚度取决于外加电压，外加电压越高，其厚度也越大，硬度也越高。每增加一伏电压，阻挡层增厚 10Å。

b—c 段：阳极电压达到极大值值后开始下降，一般可比其最高值下降 10%～15%。最大值就是阻挡层在某一外电压下达到的极限厚度。这是由于电解液对氧化膜的溶解作用所致。由于氧化膜的厚度不均匀，溶解使氧化膜最薄的地方形成孔穴，因而该处电阻下降，电压也就随之下降。氧化膜上产生孔穴后，电解液得以和新的铝表面接触，电化学反应又继续进行，氧化膜就能继续生长。O^{2-} 离子通过孔穴扩散与 Al^{3+} 结合成新的阻挡层。

c—d 段：当阳极氧化进行约 20 s 以后，电压下降至一定数值就趋于平稳，不再下降。此时，阻挡层的生成速度与溶解速度基本达到平衡，其厚度不再增加，电压保持平稳。但是，氧化反应并未停止，而是在每个孔穴的底部氧化膜的生成与溶解仍在继续进行，使孔穴底部逐渐向金属基体内部移动。随着氧化时间的延长，孔穴加深形成孔隙和孔壁，多孔层逐渐加厚。孔壁与电解液接触的部分也同时被溶解并水化（$Al_2O_3 \cdot xH_2O$），从而成为可以导电的多孔层，其厚度由 1 至几百微米。多孔层的厚度取决于电解液的种类、浓度及工艺条件。

氧化膜的生长与金属电沉积不同，不是在膜的外表面上生长，而是在已生成的氧化膜下面，即氧化膜与金属铝的交界处，向着基体金属生长。为此必须使电解液到达孔隙的底部溶解阻挡层，而且孔内的电解液还必须不断更新。

对初期阳极氧化膜微孔的萌生，以及随后阳极氧化膜微孔的生长过程如图 7-2 所示。阳极氧化膜的生长过程是在膜的增厚和溶解这一矛盾过程中展开的。通电瞬间，由于氧和铝的亲和力特别强，在铝表面迅速生成一层致密无孔的氧化膜，其厚度依槽电压而异，一般为 10～150 nm。它具有很高的绝缘电阻，称为阻挡层。由于在形成氧化铝时体积要膨胀，使得阻挡层变成凹凸不平。在膜层较薄的地方，氧化膜首先被电解液所溶解并形成孔穴，接着电解液便通过孔穴到达铝基体表面，使电化学反应能够继续进行，这样就使孔穴变成孔隙。随着电解的不断进行，孔隙越来越深，阻挡层便逐渐向铝的基体方向发展，得到了多孔状的氧化膜：

①当阳极氧化开始时，金属铝的表面形成一层极薄的氧化膜。

②由于阳极氧化层的绝缘性，氧化膜上的高电压引起氧化膜的介电破裂，使得氧化膜生成微孔。

③电解液渗透进入微孔中，由于通电氧化膜进一步生长多孔性结构。

④在微孔的底部发生氧化膜的连续生长。

⑤这个过程继续发生形成完整的多孔型阳极氧化膜。

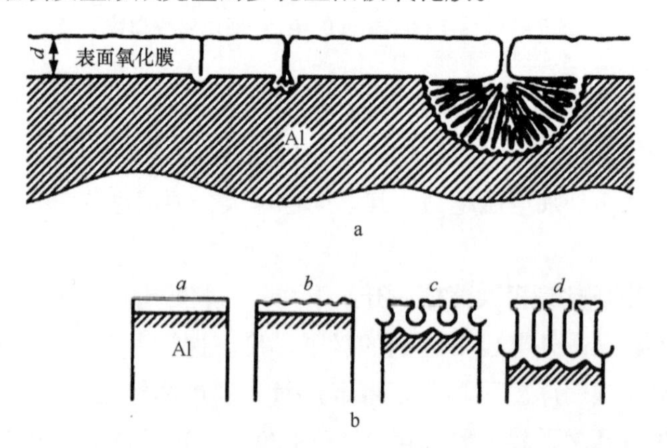

图 7-2　铝及铝合金阳极氧化膜微孔的萌生和生长

在氧化膜的成长过程中，电渗起着重要作用，使电解液在多孔层的孔隙内不断循环更新。电渗是这样发生的，在电解液中被水化了的铝氧化膜表面带有负电荷，而在它的周围紧贴着它的水溶液中有着带正电荷的阳离子，如由于氧化膜被溶解而使得溶液中存在着大量的 Al^{3+}，由于电位差的缘故，在外加电场作用下，紧贴孔壁的液层（含有阳离子）会向孔隙外面流去（流向溶液本体），而外面（溶液本体中）的新鲜电解液即能沿着孔隙中心轴线向孔内流进，这样，就发生了含有带电质点的液体（液相）相对于孔壁（固相）的移动，即电渗。电渗使得孔隙内的电解液不断更新，从而使孔隙加深并扩大。电解液的电渗是铝氧化膜成长的必要条件之一，但是氧化膜的成长是朝着基体铝内部进行的，这和金属的电沉积截然不同。氧化膜是在已生成的氧化膜底下向着铝基体不断发展变厚。

氧化膜的厚度取决于电流密度和处理时间，但是它的增长不是无限的。当铝通电时，首先形成阻挡层氧化膜，随着电解的进行，氧化膜发展成阻挡层和多孔层两部分。在氧化膜的上部，由于是在电解初期形成的，长时间的浸泡，使多孔层的针孔壁被电解被溶解变薄，而中间部位的氧化膜，由于在电解液中浸泡时间较少，所以孔壁就较厚。这样使得多孔层氧化膜的断面其几何形状不是圆柱形孔、而是倒圆锥形孔的断面，随着电解的不断进行，最上层的氧化膜孔壁被潜解而成针状，最后溶解消失。而原来靠近最上层的下面部位，又再次变成针状，以致消失。就这样，随着电解的不断进行，氧化膜的底部向着铝基体发展，而其表面又一点点消失，使得氧化膜的厚度仍旧在一定范围之内。

另有一种说法，叫垂直溶解，即氧化膜的减薄像机械磨损一样，一层一层被溶解掉。不管氧化膜的减薄具体是怎样的，它们都是化学溶解的结果。氧化膜在硫酸溶液中的化学溶解速度为 1 Å/s。

电解时，氧化膜的阻挡层是由于电场作用而产生的，因此，阻挡层的溶解是电解液的化学溶解和电场作用下的电化学潜解两方面所造成的。氧化膜的电化学溶解只是在阻挡层中发生的溶解现象。阻挡层的电化学溶解强而有力，是使阻挡层变为多孔层的必要条件。电化学溶解速度是化学溶解速度的几十倍，甚至几百倍。

膜的组成随溶液成分及工艺条件而异，所得膜层的主要成分是 $\gamma-Al_2O_3$。除此之外，还含有部分水及对应酸的化合物或酸的分解产物等。例如，在硫酸溶液中得的膜层含有少量的 $Al_2(SO_4)_3$ 及 SO_3；再如，用草酸作电解液时，膜层中会含有部分草酸的化合物。

铝的阳极氧化膜由两部分组成，即双层结构，具有以下性质：

①内层为阻挡层，膜薄（0.01～0.10 μm），致密，比电阻为 10^{11} Ω/cm，它的化学组成为 $\gamma-Al_2O_3$，即在非晶态 Al_2O_3 中混合着晶质 Al_2O_3，在铝基体内侧含有过剩的 Al^{3+}，在多孔层一侧含有过剩的 O^{2-}，中间为过渡状态，故起整流作用。

②外层为多孔层，较厚（几十至几百微米）、疏松多孔、硬度低，比电阻为 10^{11} Ω/cm。在常温下形成时，多为非晶态 Al_2O_3，高温下则形成晶质 Al_2O_3。

③凯勒（Keller）通过高分辨率电子显微镜观察到，多孔层是由许多六角柱状的小孔膜胞所组成，每个六角柱中央有一个小孔，孔壁厚度约为孔径的两倍。在阳极氧化过程中，电流通过孔隙流动，使孔隙沿着电场方向生长。孔逐渐长大且相互接触形成六角柱状的孔壁，而孔隙本身即变成圆筒状。

④膜的微观结构对其性能起重要作用。例如，阻挡层或多孔层的厚度、孔壁的厚度及孔径大小及孔隙率等，均与膜的硬度、耐磨性和着色性等密切相关。

孔径大小与电解液的种类、电压和电解时间等有关。在不同电解液中，所得的膜层其孔径大小、增加的顺序为：硫酸<草酸<磷酸<铬酸。另外，槽电压和电解时间对孔径大小的影响是，在一般情况下，槽电压越高，电解时间越长，孔径就越大。阻挡层

及孔壁的厚度，主要取决于槽电压，槽电压越高，阻挡层越厚，孔壁也就变厚。氧化膜的孔隙率也与电解液体系及工艺条件有关。在不同电解液体系中，所得的膜层其孔隙率增加顺序为：磷酸<铬酸<草酸<硫酸。在同一体系中，电压越高，孔隙率也就越高。

7.2.2 镁及镁合金的阳极氧化机制

传统的阳极氧化的电压一般较低，阳极化时火花不明显。阳极化膜的形成过程类似于钝化膜的生成过程。镁与水溶液反应生成一层初始的表面膜，在强阳极电场的作用下镁离子与溶液中的阴离子不断反应生成膜，同时膜也在水溶液的化学与电化学的作用下不断溶解，电压不断升高时，膜的生成速度高于溶解速度，所以膜不断加厚。只有当阳极化电位足够高一般是电位高于 50 V 以上，才有可能发生火花放电现象，新发展起来的镁合金阳极化技术的电压都较高，在阳极化过程中试样表面最终都会出现火花放电或弧光的现象，这类的阳极化也称为微弧氧化。

火花放电主要发生于氧化膜电介质击穿的电压区间，在电解液中，当施加的阳极电压或电流足够高后，镁合金表面原来生成的表面膜中就会出现强烈的电荷交换与离子迁移。于是部分膜因此而破坏。这样的局部反应还使得镁合金表面局部温度大幅升高，促使等离子化学反应产生。对应等离子化学反应出现的阳极极化电位为“点火电位”。当火花放电发生后，在火花放电点的基底镁合金与阳极化溶液间，会产生一条局部的火化放电通道，溶液一侧为等离子的局部阴极，基底镁合金一侧为局部阳极，反应产生的气体在该通道中被离子化，成为等离子体。由于火花的局部加热作用与强电离作用，溶液介质中的水在火花放电处可能被分解成氢和氧，从而使火花放电总是伴随着大量气体的析出。火花放电导致镁合金表面产生的局部高温使镁合金表面熔化、气化与氧化，因此阳极氧化膜一般为多孔陶瓷状的。火花放电在导致阳极化膜产生击穿孔的同时，还有烧结作用。它能使所形成的微孔在一定程度上因烧结而封闭。

同铝合金氧化一样，主要介绍恒流氧化下，氧化层是如何生成的。氧化膜的生成规律，可以通过氧化过程的电压-时间特性曲线来进一步说明。

镁合金 ZE41 在含有 NaOH、Na_2SiO_3、KF 和聚氧乙烯的电解液中，在（20±2）℃下，以 3 mA/cm^2 电流密度下进行氧化的电压-时间曲线。可以从图 7-3 中看出，氧化分为 4 个阶段。第 1 个阶段在氧化开始的几十秒内，电压与时间呈线性关系，此时没有火花放电，基底表面形成一层很薄钝化层。第 2 个阶段，钝化膜发生电击穿，试样表面快速出现很多小的闪烁的火花。第 3 阶段是氧化层主体形成的阶段，同时出现电压的震荡，此时，试样表面出现微弧，该阶段也叫火花时期，随着电压的增大，弧光出现的频率和范围都增大。随着时间的延长，电压继续增大，此时进入第 4 个阶段，电压出现大的波动，对应着氧化层的击穿与闭合。该阶段会对氧化层造成较大的破坏，甚至出现烧焦的现象。所得到的氧化层微观结构见图 7-4。

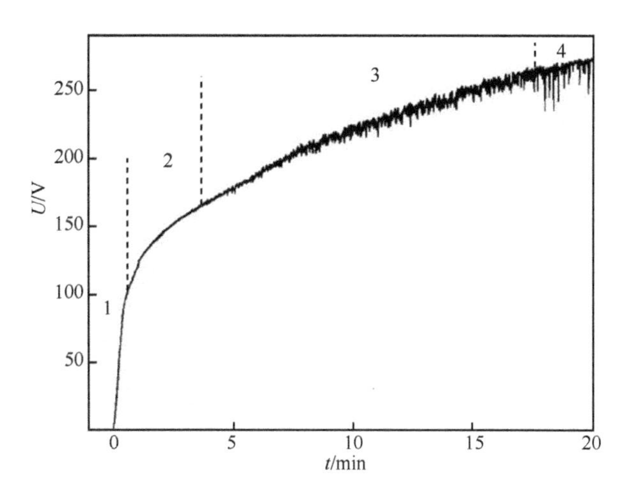

图 7-3　镁合金微弧氧化电压-时间特性曲线

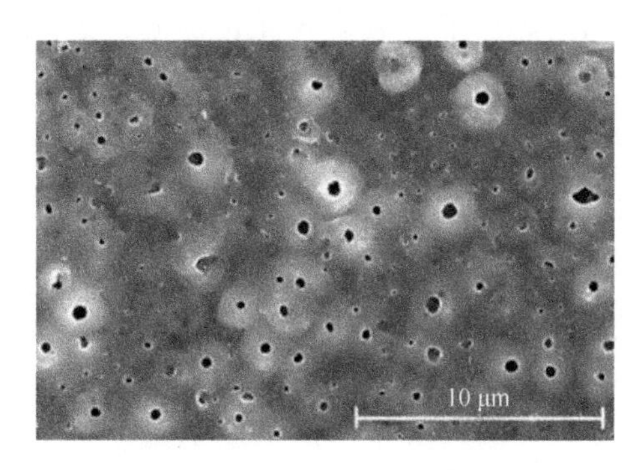

图 7-4　镁合金微弧氧化电镜

由于镁与氧的亲和力一般远远大于与其他的合金化元素，因此阳极化膜总是以镁的氧化物为主要成分。阳极氧化膜除镁之外的成分主要决定于基底镁合金与阳极化溶液。首先，基底镁合金中含有什么元素，这些元素就有可能被阳极氧化进入到阳极氧化膜中，阳极氧化膜中就有可能含有这些元素。另外，一些阳极化溶液的成分也可能会进入阳极氧化膜中成为膜的成分之一。迄今为止，阳极氧化膜的化学组成都可从基底镁合金与阳极化溶液的成分中找到依据。

由于阳极化膜的主要成分仍为氧化镁，未经后处理或外加涂层的镁合金阳极氧化膜在腐蚀性介质中不大可能持续较长的时间而不被腐蚀破坏。通过火花放电阳极氧化的阳极化氧化层总是呈多孔的。外表面上为无数的弹坑状或火山口形，从侧面看，这些火山口下的孔洞并不是垂直地通向基底的，而且曲折拐弯，可能有很大一部分并不与基底相通。阳极氧化膜的这些孔隙有可能就是腐蚀性介质进入镁合金基底的通道。因此，对阳极氧化膜进行封闭或再加涂层或面漆就有可能大幅提高阳极氧化膜的耐蚀性。也正因为这层膜的多孔性，使阳极氧化膜能与涂在其上的封闭层涂层有极好的机械结合力。

7.3 氧化工艺条件及影响因素

7.3.1 铝及铝合金阳极氧化工艺

铝及其合金阳极氧化工艺流程：铝件→机械抛光→除油→清洗→中和→清洗→化学抛光和（或）电解抛光→清洗→阳极氧化→清洗（参看金属表面预处理相关内容）。铝合金的阳极氧化在不同的电解液中，其所采用的工艺条件及氧化层的性能微观形貌各有不同。

（1）硫酸阳极氧化

硫酸阳极氧化是应用最广泛的工艺，硫酸溶液非常稳定且成本较低，不产生特殊的污染，废液处理比较容易。硫酸阳极氧化膜无色透明，处理成本比较低，又适合于各种着色处理方法和封孔方法。硫酸阳极氧化的阳极氧化膜，其孔隙率约为10%，适合于电解着色处理。此外，氧化膜的活性较强，适合于染色处理。

在稀硫酸电解液中通以直流或交流电流对铝及其合金进行阳极氧化处理，能得到厚度5～20 μm无色透明的氧化膜。但不适合孔隙大的铸造件、点焊和铆接的组合件。

硫酸阳极氧化溶液组成及工艺条件见表7-1。其中，直流法的1号工艺和交流法工艺适用于一般铝和铝合金的防护-装饰性氧化，直流法的2号工艺适用于纯铝和铝镁合金制件的装饰性氧化。

表7-1　硫酸阳极氧化容液组成及工艺

组成及工艺条件	直流法		交流法
	1	2	
硫酸/(g/L)	150～200	160～170	100～150
温度/℃	15～25	0～3	15～25
阳极电流密度/(A/dm^2)	0.8～1.5	0.4～6.0	2～4
氧化时间/min	20～40	60	20～40

操作时应注意如下内容。

挂具材质应和工件材质相同，由于氧化膜一旦形成电阻就比较大，故挂具与工件必须紧密接触。另外，在同一挂具上不宜处理不同材质的工件，以防止厚度不均引起着色不均匀。在氧化过程中不允许中途断电，因氧化一定时间后断电，膜层会产生两层结构。一般一次氧化面积和电解液的体积有关，每立方米电解液中一次处理面积为3.3 m^2 比较合适。膜的厚度由电流密度及电解时间来确定，可用经验公式（7-5）来计算。

膜厚（μm）= 0.3×电流密度（A/dm^2）×电解时间（min）　　(7-5)

式中，0.3 为系数，根据电解条件可以进行适当修正。

（2）草酸阳极氧化

草酸阳极氧化于 1923 年在日本首先得到应用，由于其工艺成本比硫酸阳极氧化高出 3～5 倍，电解液的稳定性也较差等原因，目前其应用已不如硫酸那么广泛，而且常常与硫酸联合使用形成混合酸溶液。由于草酸对氧化膜的溶解作用比较小，所以能获得较厚的氧化膜，膜厚可达 60 μm。草酸阳极氧化的外加电压较高。因此能耗比较高，草酸阳极氧化膜是透明的浅黄色膜，膜层孔隙度低、硬度比较高、耐磨性和耐腐蚀性都比较好，但是并不适于着色或染色。表 7-2 是草酸阳极氧化的槽液成分及相应的工艺条件。目前这种工艺在家用电器、建材、机械等行业中特殊零部件或高档制品的氧化。

表 7-2　草酸阳极氧化的槽液成分及相应的工艺条件

成分	温度/℃	电压/V	电流密度/（A/dm^2）	时间/min	备注
3%～5%的草酸	18～20	40～60	DC 1～2	40～60	氧化膜较硬
3%～5%的草酸	25～35	20～50	DC 2～3	40～60	氧化膜稍软
3%的草酸	25～35	60～100	AC 1～2	30～80	日本常用配方
3%～5%的草酸	35	30～35	DC 1.5～2.0	20～30	GXH 草酸法

以制取电绝缘用的厚膜氧化为例，操作时应注意以下几点。

①铝件氧化时应带电入槽（小阳极电流密度）。为了防止氧化膜不均匀和在高压区出现局部电击穿而引起铝件的过腐蚀现象，必须逐步升高电压，切勿操之过急。

②在氧化过程中，电压随时间的变化如下：

0～60 V　　5 min，使电流密度保持在 2.0～2.5 A/dm^2

70 V　　5 min

90 V　　5 min

90～110 V　　15 min

110 V　　60～90 min

电压上升不允许超过 120 V。采取梯形升压是因为草酸氧化膜很致密、电阻高，只有提高电压才能获得较厚的氧化膜。按工艺规定时间氧化，断电后取出铝制品。

③氧化过程中出现电流突然上升（电压下降），往往是由于膜层被电击穿。当工作电压很高时，电解液的温度容易不均匀而影响到膜层质量，因此必须对电解液进行强烈搅拌和冷却，严格维持恒定的电解液温度。

（3）铬酸阳极氧化

铬酸阳极氧化主要用在耐腐蚀性要求较高的场合，一般采用恒电压阳极氧化。铬酸氧化膜比硫酸氧化膜和草酸氧化膜要薄得多，一般厚度只有 2～5 μm，所以能保持原来零件的精度和表面粗糙度。铬酸氧化膜的膜层质软、弹性高，基本上不降低原材料的疲劳强度，但耐磨性不如硫酸氧化膜。铬酸氧化膜是不透明的膜，颜色由灰白色到深灰色或彩虹色。由于它几乎没有孔穴，故一般不易染色，膜层不需要封闭就可使用。在同样厚度下，它的耐蚀能力比不封闭的硫酸氧化膜高。铬酸氧化膜与有机物结合力良好是油漆的良好底层。因铬酸对铜的溶解能力较大，所以含铜量大于4%的铝合金一般不适用铬酸阳极氧化。表7-3是铬酸阳极氧化的槽液成分及相应的工艺条件。

表7-3　铬酸阳极氧化的槽液成分及相应的工艺条件

成分	温度/℃	电压/V	电流密度/（A/dm^2）	时间/min	备注
95～100 g/L铬酐	37±2	<40	0.5～2.5	35	作为涂层底层
50～55 g/L铬酐	39±2	<40	0.5～2.7	60	机械零部件处理
30～35 g/L铬酐	40±2	<40	0.2～0.6	60	容差小的零部件
5%～10%的铬酐	40～50	30或40		视需求而定	恒电压法

制备过程中应注意以下几点。

①在开始氧化后15 min内，电压控制在25 V左右，随后将电压逐步调整至40 V，持续45 min，断电取出铝制品。

②在氧化过程中电流有下降现象，为了保持一定的电流密度必须经常调整槽电压，并严格控制槽液的pH在规定范围之内。

（4）磷酸阳极氧化

磷酸阳极氧化早期用于铝材电镀的预处理，目前主要用于铝印刷电路板的表面处理和铝工件胶结的预处理。磷酸阳极氧化膜的孔径比较大，与涂料的附着性较好，但是耐腐蚀性和力学强度比较差。磷酸阳极氧化还用于制备太阳能吸热器中吸热板的黑色阳极氧化膜，或者作为有机物涂装的底层。表7-4是磷酸阳极氧化的槽液成分及相应的工艺条件。

表7-4　磷酸阳极氧化的槽液成分及相应的工艺条件

成分	温度/℃	电压/V	电流密度/（A/dm^2）	时间/min	备注
250 g/L磷酸	25		1.1～1.6	10	电镀底层
4%的磷酸	24	40			最初的配方
10%～12%的磷酸	21～24	12～15		20～25	黏结预处理
10%～30%的磷酸	5～30		0.5～2.0	2～20	光敏印刷预处理

7.3.2　铝及铝合金微弧氧化工艺

近年来兴起的微弧氧化技术是将铝、铁、镁、锆等金属及其合金（统称为阀金属）浸渍于电解液中，作阳极，施加高电压使该材料表面产生火花或微弧放电，以获得金属氧化物陶瓷膜的一种表面改性技术。

自20世纪80年代德国学者P. Kurse利用火花放电在纯铝表面获得含α-Al_2O_3的硬质膜层以来，微弧阳极氧化技术取得了很大进展。近年来，许多国家的科学工作者以阳极脉冲陶瓷化（canodic pulse ceramic）、阳极火化沉积（anodic spark deposition）、火花放电阳极氧化（anodic oxidation by spark dischage）、等离子体增强电化学表面陶瓷化（plasma enhanced chemical ceramiccoating）、微弧阳极氧化（micro-oxidation）、微弧等离子体氧化（micro-plasma oxidation）等众多技术介绍了有关微弧阳极氧化这一技术的研究工作及成果。

①膜层为经高温融化而形成的Al_2O_3陶瓷膜，从而具有很高的耐腐蚀性能，经5%的NaCl中性盐雾腐蚀试验，其耐蚀能力达1000 h以上。

②陶瓷膜层是原位生长的，与基体结合牢固，不容易脱落，结合强度可达2.04～3.06 MPa；膜层中含有高温转变相α-Al_2O_3，使得膜层的硬度高、耐磨性好；还含有γ-Al_2O_3相、α-AlO（OH）相，赋予膜层良好的韧性。膜层的硬度（HV）高达800～2500，明显高于硬质阳极氧化。磨损实验表明，陶瓷膜具有与硬质合金相当的耐磨性能、比硬镀铬层高75%以上；陶瓷膜还具有摩擦系数较低的特点。

③电绝缘性能好。其体绝缘电阻率可达到5×10^{10} Ω·cm，在干燥空气中它的击穿电压为3000～5000 V。

④导热系数小，膜层具有良好的隔热能力。

⑤外观装饰性能好，可按使用要求大面积地加工成各种不同颜色（红、蓝、黄、绿、灰、黑等）、不同花纹的膜层，而且一次成型并保持原基体的粗糙度，经抛光处理后，膜层的粗糙度（Ra）可达0.4～0.1 μm，远高于原基体的粗糙度。

⑥通过改变电解液的组成及工艺条件，可以调整膜层的微观结构、特征，从而实现膜层的功能性设计。

⑦微弧阳极氧化新技术自问世以来，虽然尚未投入大规模生产，但已引起人们的普遍关注，并已进入一些应用领域。

在阳极氧化过程中，当工件上施加的电压超过一定范围时，铝合金表面先期形成的氧化膜就会被击穿。随着电压的增加，氧化膜表面会出现辉光放电、微弧和火花放电等现象。辉光放电形成的温度比较低，对氧化膜的结构影响不大；火花放电温度很高，可以使铝合金表面熔化，发射出大量的离子，使火花放电区出现凹坑或麻点，对材料表面是一种破坏作用；只有微弧区的温度适中，既可以使氧化膜的结构发生变化，又不会造成材料表面的破坏。微弧氧化就是利用这个温度区对材料表面进行改性的。微弧直径一般在几微至几十微米，相应温度可达几千摄氏度甚至上万摄氏度，在工件表面停留时间很短，约为几至几十毫秒。在溶液中可以使周围的液体气化，形成高温高压区，有人估计该区域的压强为20 M～50 MPa。在这个区域中，由于电场的作用可以产生大量的电子及正、负离子。正是这个区域的特殊物理化学条件，对材料表面有着特殊的物理化学作用。首先，高温高压特性使铝合金表面的氧化膜发生相和结构的转变，可使原来无序结构的氧化膜转变成含有一定 α 相和 γ 相的 Al_2O_3 结构。当然这种变化不是在一次微弧时间内就能完成的，而是经历了多次微弧氧化过程的结果。其次，等离子体形成新的氧化条件，不但不会使原先的氧化膜溶解掉，而且还会生成新的氧化膜，使氧化膜的厚度增加。随着氧化膜厚度增加，该区域的微弧会自动消失；但在电场作用下，微弧又会在氧化膜的其他的薄弱环节出现。因此，在等离子体微弧氧化过程中，铝合金表面会有许许多多跳动着的微弧点。

另外，微弧氧化还能产生渗透氧化，即氧离子可以渗透到铝基体中与铝结合。通过实验发现，大约有 70% 的氧化层存在于铝合金的基体中，因此铝试样表面尺寸变动不大。由于渗透氧化，氧化层与基体之间存在着相当厚度的过渡区，使氧化膜与基体呈牢固的治金结合，不易脱落。在微弧氧化过程中，随着铝合金表面氧化层厚度不断增加，微弧亮度会逐渐变暗，最后消失。微弧消失后，氧化仍可进行，氧化层厚度还将不断增加。

等离子体微弧氧化生成陶器膜层的过程，可以用以下反应方程式来表示：

$$Al-3e^- \longrightarrow Al^{3+}$$

$$4Al^{3+}+3O_2+12e^- \longrightarrow 2Al_2O_3$$

或

$$Al^{3+}+4OH^- \longrightarrow Al(OH)_4^-$$

胶体受热分解 $Al(OH)_4^- \longrightarrow Al_2O_3+H_2O, 2Al(OH)_4^- \longrightarrow Al_2O_3+3H_2O+2OH^-$。起初形成的是 $\alpha-Al_2O_3$，在高温下会转变为 $\gamma-Al_2O_3$。

微弧氧化过程有明显的阶段性。第一初阶段阳极材料表面有大量的气泡产生，金属光泽逐渐消失，在电场作用下表面形成具有电绝缘特性的 Al_2O_3 膜层。随着时间延长，膜层逐渐增厚，其承受的电压越来越高，再加上阳极材料表面有大量的气体生成，为等离子体的产生创造了条件。进入第二阶段后，初生的氧化膜被高电压击穿，材料表面形成大量的等离子体微弧，可以观察到不稳定的白色弧光。此时在电场作用下，新的氧化物又不断生成，氧化膜的薄弱区域不断变化，白色弧光点似乎在阳极表面高速游动。同时，在微等离子体的作用下，又形成瞬间的高温高压微区，其温度达 2000 ℃以上、压力达数百个大气压，使得氧化膜熔融。等离子体微弧消失后，溶液很快将热量带走，熔融物迅速凝固，在材料表面形成多孔状氧化膜。如此循环反复，微孔自身扩大或与其他微孔连成体，形成导电通道，从而出现了较大的红色光泽的弧斑。第三阶段是氧化进一步向深层渗透。一段时间后，内层可能再次形成较为完整的 Al_2O_3 电绝缘层，随着氧化膜的加厚，微等离子体造成的熔融氧化物凝固，可能在表面形成较为完整的凝固结晶层，造成较大的孔径，导电通道封闭，使红色弧斑减少直至消失。然而，微等离子体依然存在，氧化并未终止，进入第四阶段，即氧化、熔融、凝固平稳阶段。

在铝合金表面形成的微弧氧化膜层是由结合层、致密层和表面层三层结构所组成，层与层之间无明显界限，总厚度一般为 20～200 μm，最厚可达 400 μm。陶瓷膜外表面 γ 相多，膜从外到内 α 相逐渐增多。氧化层的外表面由于同电解液直接接触冷却较快，

所以由 γ 相组成且基本上不随氧化时间变化。膜层内部冷却较慢，Al_2O_3 主要由 α 相组成，致密层中的 α-Al_2O_3 可达60%以上，且形成了迷宫状的通道。表面层较粗糙疏松，可能是由微弧溅射物和电化学沉积物所组成。

目前微弧氧化电解液多呈碱性以减小对环境的污染，常用的电解液主要有硅酸盐、磷酸盐、铝酸盐、硼酸盐、钨酸盐等。由于陶瓷膜对电解液中离子的吸附具有选择性，对于实验中常见的离子，吸附型强弱依次为 SiO_3^{2-}、PO_4^{3-}、VO_4^{3-}、MoO_4^{2-}、WO_4^{2-}、$B_4O_7^{2-}$、CrO_4^{2-} 等，国内外研究和使用最多的电解液是硅酸盐体系和磷酸盐体系。总体而言，磷酸盐溶液中生成的微弧氧化膜最厚，耐蚀性能优良；硅酸盐溶液中生成的膜层表面较粗糙，但具有良好的耐磨性；铝酸盐体系中的 MAO 陶瓷膜致密性好、硬度高且表面更为光滑。相比于硅酸盐体系，铝合金在磷酸盐体系中需要有更高的起弧电压，膜层受热应力作用极易产生热裂纹。若将磷酸盐与硅酸盐制成复合电解液则可以改善膜层的厚度和致密性，从而获得耐磨、耐蚀性良好的陶瓷膜层；而以硼酸盐为电解液可获得附着性良好、结晶度更好、膜层硬度更高且空隙分布更均匀的 MAO 陶瓷膜。在实际的应用中，电解液的组成要与铝合金材料很好的配合才行，不能简单的根据电解液的 pH、导电性大小、黏度、热容量大小等理化因素来确定某一种电解液是否能对各种铝合金材料的微弧氧化合适。表 7-5 中列举了一些装饰性铝合金微弧氧化电解液配方。

表 7-5　装饰性铝合金微弧氧化电解液工艺配方

配方编号	电解液成分/(g/L)		电流密度/(A/dm^2)	膜层特征
1	NaF	21	6.6	乳白色,稍不均匀
	NaH_2PO_4	78		
	$Na_2B_4O_7$	38		
	NH_4F	44		
2	Na_2SiO_3	4	6.6	暗黑色,均匀
	Na_3PO_4	5		
	Na_2WO_4	33		
	NaF	1		
3	Na_2SiO_3	2	6.6	暗灰色,均匀
	KOH	2		
	Na_2MoO_4	4		
4	Na_2SiO_3	2	6.6	暗黑色,均匀
	KOH	2		
	Na_2MoO_4	18		
	K_2CrO_4	2		
	羧基酸/(mL/L)	3		

①电解液的温度为20～60 ℃时均可正常工作。温度过高，容易产生点腐蚀；温度过低，不易形成火花放电，影响陶瓷膜色泽的均匀性。最佳工作温度在20～40 ℃。

②电流密度为7～10 A/dm^2。

③氧化时间为10～15 min。氧化10 min所获得的陶瓷膜为均匀的灰白色，并带有金属光泽；当处理时间延长到15 min时，颜色略为变深。

7.3.3 铝及铝合金阳极氧化影响因素

阳极氧化处理是在电解质溶液中，以铝作阳极通过电流，发生电化学反应而在铝上生成阳极氧化膜的工艺过程。这涉及阳极氧化槽液类型（电解质溶液）、阳极氧化电源和阳极氧化操作参数3个方面。铝阳极氧化的具体工艺参数有：槽波成分与浓度、阳极氧化温度、阳极氧化的电压与电流密度、电解槽的阴阳极材质与阴阳极面积比及槽液中容许的杂质含量等。

（1）槽液

生成多孔型铝阳极氧化膜的电解质槽液主要用无机酸电解液，如硫酸、铬酸和磷酸等，其中硫酸应用最广。有时也使用混合酸，如硫酸加草酸、硫酸加酒石酸（99%），所得硫酸阳极氧化膜无色透明、可染色（电解着色或染色等）、也可以封孔（沸水封孔、冷封孔或电泳涂漆等），综合性能较好。硫酸阳极氧化膜不透明，但耐蚀性较强。磷酸氧化膜的孔径大，适合于作涂装或电镀的底层。碱性电解液阳极氧化膜表面粗糙、孔隙大、耐磨性差，除了可以作涂装底层外，应用相当有限。然而碱性电解液在高电压阳极氧化（如微弧氧化）中经常使用。有机酸中的草酸、酒石酸、磺基水杨酸等，常被加入硫酸中以降低硫酸对于氧化膜的溶解能力，从而可以提高槽液温度和电流密度，改进膜的质量，形成“宽温氧化”。在特殊需要的情形下，也可以单独使用有机酸，得到耐蚀、耐磨兼具的阳极氧化厚膜。无机酸槽液主要控制全酸浓度和游离酸浓度，而游离酸浓度往往更有实际意义。槽液浓度视酸的种类而异，浓度范围应该按照工艺说明认真管理。一般硫酸阳极氧化的硫酸含量可以选择在15%～20%（也可以按照含量浓度130～180 g/L配制），传统上欧洲的硫酸质量浓度偏高（不超过200 g/L），我国和日本的偏低（约160 g/L）。硫酸质量浓度的变化范围控制在±10 g/L。磷酸溶液的含量约为4%的磷酸，铬酸溶液含量约为3%的铬酐。在配制硫酸槽液时可用自来水配制，而在配制草酸或其他有机酸溶液时宜用去离子水。槽液中有害的杂质是氯、氨等形成的阴离子，以及铜、铁、硅等形成的阳离子。其中对阳极氧化影响最显著的是Cl^-、F^-和Al^{3+}。当活性离子Cl^-和F^-存在时，膜的孔隙率增加，膜表面粗糙疏松，其至使氧化膜发生腐蚀，Cl^-的最高允许质量浓度为0.05 g/L，因此，在配制溶液时应注意水的量。槽液中铝离子含量也应该加以控制，Al^{3+}含量增加，使氧化膜表面出现白色斑点，并使吸附能力下降，当质量浓度超过20 g/L时，电解液的氧化能力显著下降。在硫酸阳极氧化时，铝离子浓度一般控制在低于20 g/L的范围，最佳控制稳定在5～10 g/L。铝离于质量浓度过高，则阳极氧化膜的透明度院低，耐磨性下降，严重时还容易发生“烧焦”现象。此时可将电解液的温度升至40～50 ℃，在不断搅拌下缓慢加入（NH_4）$_2SO_4$ 溶液，使 Al^{3+}生成（NH_4）$_2$Al（SO_4）$_2$，的复盐沉淀，然后用过滤法除去。Cu^{2+}的质量浓度超过0.02 g/L时，氧化膜上会出现暗色条纹和斑点，可以用铅作电极，阴极电流密度控制在0.1～0.2 A/dm^2，使铜在阴极析出。

当其他条件不变时，提高硫酸浓度将提高电解液对氧化膜的溶解速度，使氧化膜的生长速度较慢、孔隙多、弹性好、吸附力强、染色性能好，但膜的硬度较低。降低硫酸浓度，则氧化膜生长速度较快，而孔隙率较低、硬度较高、耐磨性和反光性良好。

（2）阳极氧化电源

传统的阳极氧化电源采用直流电（DC）氧化电源，在某些情形下脉冲电流（PC）氧化电源更具优势，如生产比较厚的或硬度比较高的阳极氧化膜。交流电（AC）阳极氧化和交直流叠加（AC+DC）阳极氧化，在当前工业方面的应用还很少。直流阳极氧化中稳定的直流电，虽然可以由蓄电池或直流发电机提供，但是这并不是理想的电源，在工业中很少采用。通常，工业上采用SCR（可控硅）控制或滑动电刷自动变压器控制的整流器提供直流电。最常用的脉冲阳极氧化的电压波形是单向方波脉冲，由于电流回复效应，既保证短时间的高电流密度使阳极氧化膜高速生长，又有利于低电流密度时焦耳热从膜层的散失，防止膜烧损，最适合于压铸铝合金的阳极氧化厚膜的形成。因此，在硬质阳极氧化方面，脉冲电源可以显示其独特的优越性。在建筑铝型材阳极氧化时，除非生产厚度大于20 μm的厚氧化膜，才可能显示脉冲阳极氧化的优越性，因此，在我国铝型材生产中脉冲阳极氧化没有被大量选用。

（3）温度

电解液的温度对氧化膜生成及其性质的影响很大。阳极氧化槽温度一般控制在20～30 ℃，硫酸电解液的温度一般低于20 ℃，而磷酸电解液的温度较高，一般在25℃，有的甚至超过30℃。在适宜的温度时，所生成的氧化膜多孔、吸附性能好，并富有弹性、适宜染色、但膜的硬度较低、耐磨性较差。温度较低时，氧化膜的厚度增大、硬度高、耐磨性好，但孔隙率较低、染色性下降，容易出现染色不均匀的现象。如果温度过高，则氧化膜硬度、耐蚀性和耐磨性都会下降，甚至出现粉化和烧焦的现象。因此，在铝及其合金进行阳极氧化时，必须严格控制硫酸溶液的温度。必要时，须用冷冻设备控制电解液的温度，以保证氧化膜的质量。

（4）氧化电压

阳极氧化电压决定了阳极氧化膜的结构，也就是决定了氧化膜的性能。在控制电压（即恒电压）阳极氧化时，外加电压高则电流密度也高，阳极氧化膜的生长速度也随之加快。阳极氧化电压首先与铝合金类型有关，在165 g/L硫酸槽液、25 ℃和1.2 A/dm^2 电流密度下，6063-T5和5052铝合金的电压为13～14 V，6061-T6和3003铝合金的电压为14～15 V，而2014-T6和2024～T3铝合金的电压则为17～18 V。同时电压还与电解质类型、电解槽校浓度、铝离子浓度、槽液温度及搅拌等因素有关。一般条件下，硫酸溶液的电压约为15 V，磷酸溶液的电压约为20 V，而铬酸溶液的电压则大于20 V。在草酸槽液中阳极氧化，外加电压已经从硫酸溶液中不到20 V增加到50 V左右。当然，称微弧氧化的电压可能达到几百伏，此时外加电压并不是单一电化学反应的结果，而是物理的火花放电过程与电化学过程的共同作用。

（5）电流密度

控制电流（也称恒电流）直流阳极氧化是最普通、最常用的方法，因为电流密度与时间直接控制阳极氧化膜的厚度。在相同条件下，提高电流密度，氧化膜的生长速度加快、孔隙率高、易于染色，而且硬度及耐磨性也有所提高。反之，减小电流密度，膜的生长速度减慢，但生成的膜层相当致密。单纯用提高电流密度来加快氧化膜的生长速度和增加厚度是有限的，当达到极限值时。氧化膜的生长速度不再提高。这是因为电流密度太高时，电流效率下降，同时由于热效应会使电解液温度升高，对膜的溶解速度加快，因此，一般阳极电流密度应控制在0.8～1.5 A/dm^2，硬质阳极氧化电流密度可以高达3 A/dm^2 在生产过程中允许电流在5%的范围内波动。

（6）氧化时间

原则上在电流密度恒定时，阳极氧化膜的厚度是与电解时间成正比的。在恒电流密度阳极氧化时，就是简单地用电解时间来控制阳极氧化膜的厚度。值得强调的是，随着阳极氧化膜厚度的增加，电流通过氧化膜产生的焦耳热加大，阳极氧化膜的生成效率逐渐降低。也就是说阳极氧化膜的生长速度随着电解时间的延长而变慢，直至阳极氧化膜的极限厚度。因此在厚膜的生产过阳极氧化时间应根据电解液的浓度、温度、电流密度和所需要的膜厚来确定。在相同条件下，随着时间延长，氧化膜的厚度增加、孔隙增多、易于染色，抗蚀能力也不断提高。但达到一定厚度后，生长速度会减慢下来，到最后不再增加。为了获得具有一定厚度和硬度的氧化膜，需要氧化30～40 min，要想得到孔隙多、便于染色的装饰性膜，时间需要增加至60～100 min。

（7）搅拌

阳极氧化槽搅拌的目的是有利于阳极氧化膜的散热，阳极氧化过程中电流通过膜层产生的热必须散出去。工业化批量生产通常将槽液机械循环到槽外，通过换热器冷却再用泵打回槽内，同时槽内再进行空气搅拌可以便槽液成分和温度更加均匀，而且更有助于阳极氧化膜的散热。近年有报道称，将空气搅拌改进为空气微泡搅拌，可以加强散热，提高阳极氧化膜的生长速度。槽液循环原则上不能代替空气搅拌，两者同时使用效果更好，我国和欧洲通常同时采用槽液循环和空气搅拌两种方法。日本学者的观点有些不同，他们认为空气搅拌使槽液中含有大量空气泡，增大槽液的电阻从而使能耗增加，另外，还可能由于在工件表面上积聚空气泡，造成阳极氧化膜的点缺陷，因此他们并不主张进行空气搅拌。日本学者的意见也是不无道理的，因此不必强求硬性规定，应该根据生产的具体情况决定取舍才更加合理。

（8）合金成分

一般情况下，铝合金元素的存在都使氧化膜的质量下降。例如，含铜量较多的铝合金的氧化膜上缺陷较多；含硅铝合金的氧化膜发灰发暗。在同样的氧化处理条件下，在纯铝上获得的氧化膜最厚、硬度最高、抗蚀性最好。

7.3.4 镁及镁合金的阳极氧化工艺

镁合金的阳极氧化既可以在碱性溶液中进行，也可以在酸性溶液中进行。在碱性溶液中，氢氧化钠是这类阳极氧化处理液的基本成分。在只含有氢氧化钠的溶液中，镁合金是非常容易被阳极氧化成膜的，膜的主要成分是氢氧化镁，它在碱性介质中是不溶解的。但是，这种膜层的孔隙率相当高，在阳极氧化过程中，膜层几乎随时间呈线性增长，直至达到相当高的厚度。由于这种膜层的结构疏松，它与基体结合不牢。防护性能很差，所以在所有研究的电解液中，都添加了其他组分，以求改善膜的结构及其相应的性能。添加的组分有碳酸盐、硼酸盐、磷酸盐、氟化物和某些有机化合物。碱性的阳极氧化处理液获得实际应用的并不多，但报道的却不少，具有代表性的为 HAE 法。它是在氢氧化钾溶液中添加了氟化物等成分。酸性阳极氧化法以 Dow-17 法为代表。镁合金的阳极氧化工艺分为普通阳极氧化工艺和微弧阳极氧化工艺。

（1）普通阳极氧化经典工艺

普通阳极氧化经典工艺有 Starter 工艺、U. S. Pat 工艺、DOW-17 工艺、HAE 工艺。其具体的工艺参数见表 7-6。

表 7-6 镁合金阳极氧化工艺

工艺名称	电解液组成	阳极氧化条件
Starter	20～300 g/L 氢氧化物 5～100 g/L 添加剂 M 10～200 g/L 添加剂 F	温度 0～100℃，电流密度 0.2～100.0 A/dm^2，处理时间 10～120 min。在温度为 80～100 ℃的 20～300 g/L 硅酸盐（Na_2SiO_3）溶液中封孔 10～60 min
U. S. Pat	2～12 g/L KOH 2～15 g/L KF 5～30 g/L K_2SiO_3	先在 pH=5～8、温度 40～100 ℃的 0.3～3.0 mol/L 的氟化氢铵水溶液中预处理 15～60 min，阳极氧化电流密度 1～9 A/dm^2，处理时间 10～60 min
HAE	135～165 g/L KOH 34 g/L $Al(OH)_3$ 34 g/L KF 34 g/L Na_3PO_4 20 g/L $KMnO_4$	控制温度 15～30 ℃、电压 70～90 V、电流密度 2.0～2.5 A/dm^2，氧化 8～60 min，再在温度为 21～32 ℃的 $Na_2Cr_2O_7 \cdot 2H_2O$、100 g/L NH_4HF_2 中封孔处理 1～2 min
Dow-17	240～360 g/L NH_4HF_2 100 g/L $Na_2Cr_2O_7 \cdot 2H_2O$ 90 mL/L H_3PO_4	控制温度 71～82 ℃。电压 70～90 V、直流电流密度 0.5～5.0 A/dm^2，恒电流通电 5～25 min，在温度为 93～100 ℃的 53 g/L 的硅酸盐溶液中处理 15 min

1）HAE 法

HAE 法（碱性）适用各种镁合金，其溶液具有清洗作用，可省去前处理中的酸洗工序。溶液的操作温度较低，需要冷却装置，但溶液的维护及管理比较容易。HAE 法的膜由 $MgAl_2O_4$、MgO 组成。

采用该工艺时需注意以下几点。

①镁是化学活性很强的金属，故阳极氧化一旦开始，必须保证迅速成膜，才能使铝基体不受溶液的浸蚀。溶液中氟化物和氢氧化铝就是起促使镁合金在阳极氧化的初始阶段迅速成膜的作用。

②在阳极氧化开始阶段，必须迅速升高电压，维持规定的电流密度，才能获得正常的膜层。若电压不能提升，或者提升后电流大幅增加而降不下来，这表示镁合金表面并没有被氧化生成膜，而是发生了局部的电化学溶解，出现这种现象，说明溶液中各组分含量不足，应补充。

③高锰酸钾主要对膜层的结构和硬度有影响，使膜层致密提高显微硬度；若膜层的硬度下降，应考虑补充高锰酸钾。当溶液中高锰酸钾的含量增加时，氧化过程的终止电压可以降低。

④用该工艺所得的膜层硬度很高，耐热性、耐蚀性及与涂层的结合力均良好，但膜层较厚时容易发生破损。

⑤氧化后可在室温下的 20 g/L 重铬酸钾、100 g/L 氟化氢铵溶液中浸渍 1～2 min，进行封闭处理，中和膜层中残留的碱液，使它能与漆膜结合良好，并还可提高膜层的防护性能。另外，也可用 200 g/L 氢氟酸来进行中和处理。

2）Dow-17 法

Dow-17 法（酸性），尽管目前提出的酸性电解液比碱性的要少得多，但目前广泛采用的是属于这一类的电解液，Dow-17 是其中有代表性的工艺，该工艺也适用于各种镁合金，与 HAE 法相类似，溶液也具有清洗作用。镁合金氧化膜的微观结构类似于铝的阳极氧化膜，是由垂直于基体的圆柱形孔隙多孔层和阻挡层组成，膜的生长包括在膜与金属基体界面上镁化合物的形成，以及膜在孔底的溶解两部分。Dow-17 法的膜由 $MgCr_2O_4$、Cr_2O_3、$MgFPO_4$ 组成。

采用该工艺应注意以下几点。

①该工艺可以使用交流电，也可以使用直流电，前者所需设备简单，使用较为普遍，但阳极氧化所需的时间约为直流氧化的 2 倍。电流密度为 0.5～5.0 A/dm^2 时，操作温度在 70～80 ℃。

②当阳极氧化开始时，应迅速将电压升高至 30 V 左右，此后要保持恒电流密度并逐渐升高电压。阳极氧化的终止电压，视合金的种类及所需膜层的性质而定。一般情况下，终止电压越高，所得的膜层就越硬。例如，终止电压为 40 V 左右时，所得的膜层为软膜；60～75 V 时为轻膜；75～95 V 时为硬膜。

③用该工艺所得的膜层硬度略低于 HAE 法所得膜层的，但膜的耐磨性和耐热性能均为良好。膜薄时柔软，膜厚时易产生裂纹。

④用该工艺处理的工件若在恶劣环境下使用时，表面可涂有机膜。可用 529 g/L 水

玻璃，在98～100℃的温度下进行15 min的封闭处理，以提高其防护性能。

⑤因该工艺所得氧化膜属于酸性膜，故不需要做中和处理。

（2）镁及镁合金微弧氧化

随着环保要求的提高，以及使用环境的多样化，传统阳极氧化已经不能满足一些特殊要求。美、德、英等国在20世纪70年代便着手开发镁合金的微弧阳极氧化处理工艺，其特点为应用成本与硬质阳极氧化差不多、前处理简单、环境良好、易于修复、对复杂形状工件及受限通道可以形成均匀的膜层，而且尺寸变形小、耐腐蚀性良好。新型的镁合金微弧氧化工艺是在阳极氧化基础上发展起来的，比较经典的有以下5种工艺。

1）Keronite工艺

Keronite工艺采用弱碱电解液。Keronite膜是一种氧化硅酸盐化合物，其中，含有一种由水晶金相变位后形成的较软的氧化物。正是这种物质使Keronite膜拥有高硬度、耐疲劳、抗冲击等优点，同时还具有高可塑性的优点。Keronite膜层分为3层结构：最外层为多孔陶瓷层，可以作为复合膜层的骨架；中间层基本无孔，具有保护作用；内层是极薄的阻挡层。膜层总厚度10～80 μm、硬度达4000 M～6000 MPa。

2）Magoxid工艺

Magoxid工艺由德国AHC GMBH公司开发。工艺采用磷酸-氢氟酸-硼酸的混合溶液，同时还用尿素、乙二醇、丙三醇等有机物作为稳定剂。形成的膜层具有较好的耐蚀性和抗磨性，可以进行涂装，涂干膜润滑剂或含氟高聚物。膜层同样可分为3层，总厚度一般在15～25 μm，最厚可达50 μm。

3）Tagnite工艺

Tagnite工艺是在碱性溶液中利用特殊波形在镁合金表面生成白色硬质氧化物。Tagnite涂层厚度为3～23 μm，标准盐雾腐蚀实验时间可达400 h。电解液的组成为：5～7 g/L氢氧化物、8～10 g/L氟化物、15～20 g/L硅酸盐。Tagnite膜对镁合金表面涂装有很好的附着性，氧化膜与基体的结合力是目前最好的。

4）Microplasmic Process工艺

Microplasmic Process工艺由Microplasmic公司开发，处理镁合金微等离子体的电解液为氯化铵溶液，或为含有氢氧化物和氟化物的溶液。膜层主要由镁的氧化物和少量表面沉积了硬的烧结的硅酸盐组成。该法可以实现大多数方法不能很好完成的内部表面的涂层。

5）Anomag工艺

Anomag工艺处理的优点是可对镁合金阳极膜层进行染色。因为使用了氨水，所以火花放电受到抑制，无需冷却设备。同时，向电解液中加入不同成分的添加剂可以改变膜层的透明度。槽液成分、温度、电流密度和处理时间会影响膜层的厚度。Anomag工艺与粉末涂装结合效果好，膜层的孔隙分布比较均匀，膜层的粗糙度、耐蚀性及抗磨性是现有几种微弧氧化处理工艺中最好的。

7.3.5 镁及镁合金阳极氧化影响因素

影响镁合金阳极氧化成膜效果的因素包括电解液的组成及浓度、电参数、溶液温度、合金成分、氧化时间等。

(1) 电解液

电解液组成是镁阳极氧化处理的决定性因素。电解质溶液的组成强烈影响阳极氧化成膜过程及膜层性能。电解质溶液的组成不同，阳极氧化现象，如火花放电形成和移动的速度、保持连续火花的电位及形成固定火花的趋势不同，所得膜层的颜色、质地（如微孔尺寸和粗糙度）、厚度、化学组成及电化学性质等也不同。镁合金的阳极氧化既可以在碱性溶液中进行，也可以在酸性溶液中进行。在碱性溶液中，氢氧化钠是这类阳极氧化处理液的基本成分。在只含有氢氧化钠的溶液中，镁合金是非常容易被阳极氧化而成膜的，膜的主要成分是氢氧化镁，它在碱性介质中是不溶解的。但是，这种膜层的孔隙率相当高，在阳极氧化过程中，膜层几乎随时间呈线性增长，直至达到相当高的厚度。由于这种膜层的结构疏松，它与基体结合不牢，防护性能很差，所以在所有研究的电解液中，都添加了其他组分，以求改善膜的结构及其相应的性能。添加的组分有碳酸盐、硼酸盐、磷酸盐、氟化物和某些有机化合物。在酸性含氟的溶液中，镁阳极氧化膜也能生长，这是由于形成了难溶解的 MgF_2，阻止了镁的腐蚀所致。

(2) 电参数

在镁合金阳极氧化过程中，电源可设置的参数有控制方式、频率、占空比、电流密度和终电压等。阳极氧化所用电源按输入波形分为直流电源、交流电源、脉冲电源等。一般来说，在阳极氧化过程中，采用脉冲电源比在直流电源下制得的氧化膜耐蚀性更好。因为脉冲电源存在通断电时间，在通电时间内瞬时产生较高的电流而形成致密的氧化膜，当断电时反应产生的巨大热量能畅通地散放出去，不易形成裂纹，耐蚀性提高。频率对氧化膜层表面形貌、厚度、致密度和耐蚀性具有一定的影响，频率过低，膜层生长缓慢，耐蚀性差；频率过高，膜层表面局部易击穿出现烧蚀现象。电流密度过小，火花移动速度较慢，火花点分布范围小，成膜时间短，氧化膜不能完全覆盖整个镁合金阳极表面，膜层疏松，耐蚀性较低。随着电流密度升高，火花移动速度加快，体积变大，氧化膜主要沿横向增长，膜层致密度提高，耐蚀性能较好。但当电流密度升高到一定值后，火花移动速率反而下降，膜层局部生长速率过快，出现烧焦和点蚀，氧化膜生长模式趋于纵向，横向生长较缓慢，膜层形成大的沉积颗粒，均匀性与致密度下降，耐蚀性降低。占空比影响陶瓷层的孔隙率当。占空比过低时，膜层微弧放电不充分，膜层生长速度缓慢，容易产生气孔；占空比过高时，电流通电时间过长，电场强度增大导致大部分的膜层融化并往外喷出，气孔数量增多、孔径增大、耐蚀性降低。一般情况下，阳极氧化膜的厚度与阳极化的最终电位或槽压成正比，最终的阳极氧化电位能达到的电位越高，说明形成的阳极氧化膜就越厚。当阳极氧化电位较低时，表面较为致密、少孔，当电位较高时，膜变成多孔。所以氧化的终止电压不能过高，太高容易造成氧化膜的烧焦。在阳极氧化时，初时可用高电流使阳极氧化快速进行，后期则应控制小电流，降低火花放电的强度、孔隙率，增强可控性。

（3）温度

不同电解液，对温度的要求不同，但是，一般情况下，在阳极氧化或微弧氧化过程中，试样表面由于火花放电会产生大量的热，所得的氧化膜层均存在明显裂纹，膜层表观粗糙，且有少量较大孔径的孔隙出现。所以一般阳极氧化槽都要有换热部件和搅拌装置，保持电解液温度在合适的范围内。

（4）合金成分

基底镁合金对阳极氧化的影响首先表现为对阳极氧化膜成分的影响。有一些合金元素会以氧化物与氢氧化物的形式进入到膜中。但一般来说，膜中的合金元素的含量远低于基底镁合金，有时膜中甚至不含有合金化元素的氧化物或氢氧化物。其主要原因是镁与氧的亲和力大于一般的合金化元素。也正是这一原因，在阳极化膜下的镁合金基底表层常会出现合金化元素富集的现象，因为这一表层中的镁都进入阳极氧化膜中了。基底镁合金对其上的阳极氧化膜的性能也有很大的影响。同样的阳极化过程，但由于基底镁合金不同，阳极化后的耐蚀性就不同。例如，AZ91B 经阳极化处理后就比同样处理的 AZ31B 的耐蚀性要好。即使阳极化过程一样，基底合金也属同类，但若合金的纯度不同，最终的耐蚀性也不见得相同。如同样用 Magoxid 技术对 AZ91 合金阳极化，被阳极化的高纯的 AZ91 就比低纯的 AZ91 的耐蚀性能要好。

（5）氧化时间

与铝合金阳极氧化类似，随着氧化时间的增加，膜的厚度随之增加。电压增大，氧化层的表面粗糙，电压达到一定值时，膜层会被击穿，击穿位置优先形成新的氧化膜，所以氧化层厚度有一个极限值，不能无限增厚。随着氧化时间的增加，氧化膜的耐蚀性先随着氧化层的增厚而增大，后随着氧化膜的击穿而降低。

7.3.6　铜及铜合金的阳极氧化

铜和铜合金在氢氧化钠溶液中阳极氧化可得黑色氧化铜膜层。膜层薄而紧密，与基底的结合力好，基本不会改变工件的尺寸，所以一般用作防护装饰涂层，应用在仪器、仪表的制作上。

铜和铜合金在碱液中氧化成膜，一般认为是电化学步骤和化学步骤相继串联进行的过程。在氧化的初级阶段，氢氧根在阳极放电，析出的氧和铜作用使其表面生成氧化亚铜。氧化亚铜膜覆盖在铜表面，使得铜的电极电位升高，于是发生二价铜的溶解，并在紧靠电极表面的溶液中生成铜酸钠，即氢氧化亚铜在浓氢氧化钠溶液中的溶解产物。该化合物通过水解反应，便会生成二次产物氧化铜。这样黑色膜层的形成被认为是氧化铜自电极-溶液界面的过饱和溶液中结晶析出的过程，即在生成铜酸钠化合物后，随后的过程就与化学法自溶液中获得转化膜的过程完全相同了。

铜在碱溶液中阳极氧化时，氢氧化钠的浓度、电流密度和温度对氧化膜的厚度和结构都有一定的影响，其所造成的影响也可以通过机制进行解释。例如，随着溶液中的氢氧化钠浓度的升高，氧化铜的溶解度增大，晶核数减少，所形成的膜层疏松多孔。

Biestek 指出上述氧化机制过于简单，忽视了假设生成的氢氧化铜或铜酸钠的物理化学性质。实际氧化膜的形成，则应该是金属表面上直接发生阳极反应的结果：

$$2Cu+2OH^- \longrightarrow Cu_2O+H_2O+2e^- \tag{7-6}$$

$$Cu_2O+2OH^- \longrightarrow 2CuO+H_2O+2e^- \tag{7-7}$$

即铜在氢氧化钠溶液中的氧化过程，纯属电化学过程。

铜和铜合金的阳极氧化的电解液很简单，只有氢氧化钠一种化合物。当温度和电流密度不变时，高浓度的氢氧化钠所形成的氧化膜较厚，但随着氧化时间的延长，则会生成粗糙疏松的膜层；当氢氧化钠的浓度低时，所形成的膜层较薄，且电流密度所允许的范围变窄，表面电流分布不均，所形成的膜层的厚薄不均一，在电流密度大的区域形成厚的黑色膜层，在电流密度小的区域所形成的膜较薄，能够看到基底的红色。因此，要得到最佳的氧化层，电解液中氢氧化钠的含量一般为 15% ～20% 。

电解液温度一般为 80～90 ℃，有时可以高达沸点。较高的温度与高浓度氢氧化钠对氧化膜的影响情况类似，高温同样能够提高电流密度的施加范围。当温度过低（低于 60 ℃）时，所形成的氧化膜含氢氧化物，膜层呈现绿色。

允许用的电流密度范围与上述的两个因素有关，高温和高浓度电解液能够施加的电流较大，反之亦然。合适的电流密度范围为 0.5～1.5 A/dm^2。大电流密度能够缩短氧化时间。

7.4 氧化层的着色

7.4.1 铝及其合金阳极氧化层的着色

阳极氧化后得到的新鲜氧化膜，可以进行着色处理，这样既美化了氧化膜外观，又可提高抗蚀能力。纯铝、铝镁和铝锰合金的氧化膜易染成各种不同的颜色，铝铜和铝硅合金的氧化膜发暗，只能染成深色。

着色必须在阳极氧化后立即进行，着色前应将氧化膜用冷水仔细清洗干净。氧化膜的染色方法有浸渍着色、一次电解着色和二次电解着色等。

（1）浸渍着色

将阳极氧化后的铝制品浸渍在含有染料的溶液中，则多孔层的外表面能吸附各种染料而呈现出染料的色彩。这是因为阳极氧化膜具有巨大的比表面积和化学活性，氧化膜（$Al_2O_3 \cdot H_2O$）靠对色素体的物理吸附和化学吸附，将色素体吸附于多孔层的孔隙内而显色，故亦称染色，通常称作吸附染色。染料有有机染料和无机染料。在染色液和电解液不发生相互作用的情况下，可采用两者的混合液，在进行阳极氧化的同时染上颜色。吸附染色的氧化膜必须是无色透明的，并具有一定的孔隙率和吸附性，厚度适当，晶体结构上无重大差别，如结晶粗大或偏析等。业已证明，硫酸阳极氧化膜孔隙多、吸附性强、膜层无色透明，易染成各种鲜艳的色彩。草酸阳极氧化膜带黄色，只能染成偏深色。铬酸氧化膜孔隙少，膜本身又呈灰色或深灰色，而且膜薄不易染色。

染色前，最好用氨水中和氧化膜孔内的残留酸液，然后用冷水仔细清洗干净。切忌用热水清洗，不能用于抚摸氧化膜，任何油污和液体吸附在氧化膜表面都会影响染色质量。吸附染色处理是把有机染料（分为水溶性的和油溶性的）或无机染料渗入并吸附于铝氧化膜孔隙。从染色牢度，上色速度，颜色种类，操作简便及色彩鲜艳程度等方面比较，有机染料比无机颜料优越得多。有机染料染色可得到高度均匀和再现性好且色调范围宽广的各种颜色，但是有机染料的耐光保色性能没有无机颜料好。

适用于铝氧化膜着色的有机染料很多，主要包括酸性染料、活性染料和可溶性还原染料等。常用的一些有机染料及其染色工艺见表 7-7。

表 7-7 常用有机染料及其染色工艺

色调	染料名称	浓度/（g/L）	温度/℃	时间/min	pH
黑色	酸性黑（ATT）	10	室温	2～10	4.0～5.5
	酸性兰黑（10B）	10	室温	2～10	4.0～5.5
	酸性粒子元（NBL）	10	60～75	2～10	5.0～5.5
蓝色	直接耐晒蓝	3～5	15～25	15～20	
	直接耐晒翠蓝	2～5	60～75	1～5	4.5～5.0
	活性艳蓝	5	室温	1～5	
绿色	酸性绿	5	70～80	15～20	
	直接耐晒翠绿	3～5	15～25	15～20	4.5～5.0
	酸性墨绿	2～5	70～80	5～15	
金黄色	茜素黄（S）	0.3	75～85	1～3	
	茜素红（R）	0.5			4.5～5.0
	活性艳橙	0.5	70～80	5～15	

配制染色的水最好用蒸馏水或去离子水而不用自来水，因为自来水中的钙、镁等离子会与染料分子络合形成络合物，使染色液报废。染色槽的材料最适宜用陶瓷、不锈钢或聚丙烯塑料等。

通常采用无机颜料着色的氧化膜色调不如有机染料着色鲜艳且结合力差，但耐晒性好得多，故可用于室外铝合金建筑材料氧化膜的着色。

常用无机着色液的配方及工艺条件列于表 7-8。由表可见，采用无机颜料着色时所用溶液分为两种，这两种溶液本身不具有所需颜色，只有在氧化膜孔中起化学反应后才能产生所需色泽。

着色时，先把氧化好的铝及其合金制品用清水洗净，立即浸入溶液①中 10～15 min，取出用水清洗一下，即浸入溶液②中 1～15 min。此时，进入膜孔中的两种盐发生化学反应生成所需要的不溶性有色盐。取出后用水洗净，在 60～80 ℃烘箱内烘干。

如果制件所着颜色较浅，可在烘干前重复进行着色。

表 7-8　无机着色液的配方及工艺条件

色调	溶液类型	含量/（g/L）	着色化合物
蓝色	亚铁氰化钾 氯化铁或硫酸铁	10～50 10～100	普鲁士蓝
黑色	醋酸钴 高锰酸钾	50～100 15～25	氧化钴
青铜色	醋酸钴 高锰酸钾	5～10 5～10	氧化钴
黄色	醋酸铅 重铬酸钾	100～200 5～10	铬酸铅
金黄	硫代硫酸钠 高锰酸钾	10～50 10～50	氧化锰
棕色	硝酸银 重铬酸钾	5～100 5～10	铬酸银

无机盐着色最好在 40～60 ℃下进行，这时不仅着色速度快，而且牢度提高。

（2）一步电解着色法

某些特定成分的铝合金在特定的电解液中进行阳极氧化，同时还能着上不同的颜色，这种方法称作整体着色或整体发色法，也称一步电解着色法或自然发色法。

①铝和铝合金（含有硅、铬、锰等）在电解液中经阳极氧化处理直接产生有颜色的氧化膜。这种电解液常含有特殊的有机酸和少量的硫酸等化合物。有机酸通常是磺化芳香族化合物，其中应用最多的是磺基水杨酸和磺基苯二酸等。

②一步电解着色法的机制比较复杂，同时受许多因素的影响，如电解液的成分、电流波形、电流密度、电压、温度、时间等电解参数，以及合金成分和热处理状态等，所以很难得出一致的见解。多数研究者认为合金中的成分通过嵌入整个氧化膜组织的微细粒子对光的散射和吸收而显色。颜色范围是浅青铜色→深青铜色→黑色。这些发色微粒是基体材料的成分即非氧化态的金属粒子或是有机酸的分解产物。颜色的深浅与氧化膜的厚度有关。

③一步电解着色法的优点是工艺简单、成膜带色、对环境无污染。其产品具有极好的耐光性、耐候性和高硬度的青铜色系氧化膜，广泛地应用于户外建筑、工艺美术、医疗器材等方面的铝制品表面精饰。它的缺点是需要高电压和大电流、耗电量大，而且必须要用离子交换装置连续净化电解液，防止槽液中 Al^{3+} 过多增加。另外，有机酸的价格也较昂贵，因此整体着色法成本十分昂贵。

氧化膜的色泽深浅取决于它的厚度，而厚度又与电解液中主要有机酸（如磺基水杨酸）的浓度、电流密度、电压及氧化时间等因素有关。对于浓度相近的电解液，在相当长的一段时间内，通相近的恒电流，其槽电压（主要阳极电位）基本不变。随着电解的进行电压升高，当电压升高到额定值（视需要的颜色深浅而定）时，转为恒电压阳极氧化，直至电流降低到零，如此可以获得均一、重现性良好的青铜系氧化膜。

（3）二步电解着色

铝和铝合金的电解着色是把经过阳极氧化的制件浸入含有重金属盐的电解液中，通过交流电作用，发生电化学反应，使进入氧化膜微孔中的重金属离子还原为金属原子，沉积于孔底阻挡层上而着色。由于各种电解着色液中所含的重金属离子的种类不同，在氧化膜孔底阻挡层上沉积的金属种类也不同，粒子大小和分布的均匀度也不相同，因此，对各种不同波长的光发生选择性的吸收和反射，从而显出不同的颜色。用电解着色工艺得到的彩色氧化膜具有良好的耐磨性、耐晒性、耐热性、耐腐蚀性和色泽稳定持久等优点，目前在建筑装饰用铝型材上获得了广泛应用。

电解着色法是早在 1936 年由意大利人 V. Caboni 发明的，1960 年日本的浅田太平改进并注册了交流电解着色专利，且得到实际应用，故电解着色法又称为浅田法。其基本原理如下。

阳极氧化膜阻挡层，即 Al_2O_3 具有单向导电的半导体特性。当阳极氧化后在含有金属离子的溶液中进行交流电解时，氧化膜起整流作用，即当铝电极作阳极时类似于普通阳极氧化，电极上发生氧化膜的形成和生长过程；当铝电极作阴极时氧化膜相当于电子导体，此时氧化反应停止，而金属的还原反应取而代之，结果多孔层的膜孔底部沉积金属。

电解着色的色调依沉积金属或金属氧化物种类及沉积量而异，除了金属具有的特征色外，还和金属颗粒大小、形态和粒度分布等有关。如果颗粒大小处于可见光波长范围，则颗粒对光波有选择性吸收或漫反射，因而可以获得不同的色调。

常用的阳极氧化膜电解着色液配方及工艺条件见表 7-9。国内不少厂家生产有各种牌号用作氧化膜电解着色的稳定剂、促进刑和发色剂。

在电解着色过程中，重金属主盐浓度应控制在工艺范围内，过低不易在膜孔中着上颜色，过高则容易产生浮色，很容易脱落。温度一般控制在 20～35 ℃较为适宜，过低着色速度慢，只能着较浅的颜色；过高（高于 40 ℃）则着色速度太快，易产生浮色。交流电压低，着色较浅；提高电压可以加深着色深度，因此，在同样条件下，改变电压就可以在氧化膜微孔内分别着上多种不同的单色。

表 7-9　交流电解着色液配方及工艺条件

金属盐	色系	组成及浓度/（g/L）	温度/℃	交流电压/V	时间/min	颜色
Ni 盐	青铜	$NiSO_4$ 25～30 H_3BO_4 30～35 $(NH_4)_2SO_4$ 25 pH 4.5～5.5	20～35	10～15	2～10	浅青铜、青铜、古铜、黑色
Sn 盐	青铜	$SnSO_4$ 10～15 H_2SO_4 15～25 稳定剂： GKC-1 15～18 或 LS-85 15 或 DP-1 18	15～35	14～16	3～10	浅青铜、青铜、古铜、黑色
铜盐	红色系	$CuSO_4$ 20～30 H_2SO_4 4～6 mL/L GKC-88（红） 25	15～35	8～10	0.5～5.0	肉红、酒红、鲜红、红紫、紫黑、黑色
银盐	金黄色系	$AgNO_3$ 0.8～1.2 H_2SO_4 20～25 GKC-88（黄） 20	15～35	5～9	1～3	金黄、绿金黄、黄绿

在着色液的浓度、pH、温度和交流电压都相同的条件下，随着电解着色时间的逐步延长，就可以在上述氧化膜的微孔内分别着上由浅到深的不同单色。

电解着色的表面具有与硫酸阳极氧化膜相同的硬度和耐磨等性能，这是因为在孔隙内沉积的金属粒子对氧化膜结构的影响很小。电解着色的膜层在 550 ℃下放 1 h，没有严重损失。这是因为色素体是无机物，不易受热氧化分解。同样，膜层耐紫外线照射性能极佳，也是因为色素体是无机物且又沉积在膜层孔隙底部，所以特别耐光晒。电解着色中增加了阻挡层的厚度，所以提高了膜层的耐蚀性。但它的缺陷性（孔蚀点）比吸附染色膜大，也与电解着色时阻挡层的增厚有关。

在交流电解着色液配制时应注意以下几点。

①必须避免异种铝材同时吊挂。

②要用与处理制品相同的材质或铁材作吊挂夹具。

③严格控制着色后清洗水的 pH。

④对于镍盐溶液，如果一次电解液中的 Al^{3+} 含量过多和电解后的水洗时间过长，则容易产生着色膜的剥离。

⑤锡盐溶液中如有 Sn^{2+} 氧化沉淀物，则可引起着色不均，所以要设置过滤器。

⑥因为在直流电解法中可能会从硫酸电解后的漂洗水中带进杂质使着色困难，所以在着色前必须用纯水清洗。

影响着色膜质量的因素包括以下几点。

1）金属盐

电解着色中的色素体来源于金属盐，其浓度太低，不易上色；浓度过高，会出现浮色或容易脱色。国内常用的金属盐有镍盐和锡盐或它们的混合盐。由于金属离子是通过多孔层孔隙后才能还原，故沉积反应往往受扩散控制。因此从动力学角度看，金属盐浓度高一些为好，但考虑到工件对溶液的带出量，金属盐含量一般控制在中等浓度。镍盐浓度一般为0.10～0.15 mol/L，锡盐浓度为0.02～0.03 mol/L。

2）硫酸

硫酸在电解液中起防止盐类水解和导电作用。若电解液中不加一定量的酸，则容易发生金属氢氧化物的沉淀，着色膜呈灰色；若加酸过量，着色速度慢且色泽变暗。硫酸质量浓度一般控制在15～20 g/L。

3）硼酸

硼酸在电解液中起缓冲作用，调节溶液pH，主要在镍盐溶液中使用。镍盐溶液的pH一般维持在4以上。如果没有缓冲剂，镍往往以镍的氢氧化物形式析出，故外观色泽受到影响。硼酸质量浓度以30～35 g/L为宜。

4）甲酚磺酸

它是锡溶液中的稳定剂。Sn^{2+}溶液长时间与空气接触时，Sn^{2+}氧化成Sn^{4+}而变黄，并对着色带来不良效果。因此，在溶液中加入一定量的甲酚磺酸或草磺酸等Sn^{2+}的络合剂，以稳定溶液。

5）pH

电解液的pH太低，氧化膜易受酸蚀而着不上色；pH太高，则易发生盐类水解，难以得到着色膜。pH一般控制在1左右。

6）温度

电解液的温度低，着色速度慢，色泽浅；温度高于40 ℃，着色速度过快，着色膜粗糙并易出现浮色。温度在20～35℃为宜。

7）电压

交流电压和着色速度及外观色泽有关。在不同电压下，可以获得不同的单色。一般情况下，当其他条件不变只改变电压时，随着电压的上升，着色速度加快，色泽也变深。

8）时间

其他条件不变只改变电解时间，也能获得各种不同的单色。一般随电解时间的延长，着色膜色泽由浅变深。

7.4.2 镁合金阳极氧化层的着色

镁阳极氧化膜的孔隙与阻挡层的断裂和随后的氧化行为有关，孔隙大且无规则。镁的阳极氧化膜是不透明的，其孔隙更大，而且分布不均匀。它会被酸迅速腐蚀，因此许多应用于铝阳极氧化的着色方法，不适用于镜阳极氧化膜层的着色。镁的阳极氧化膜的着色，传统上是采用油漆或粉末涂层。由于粉末涂层需要烘烤固化，在涂装过程中，当温度超过粉末涂层的固化温度（即200℃）时，镜铸件将产生脱气问题，导致粉末涂层起泡。应采用降低固化温度，减小气泡的粉末涂装工艺。

微弧氧化着色技术的原理简单概括为将被处理的镁合金制品作阳极，使被处理样品表面在脉冲电场的作用下，产生微弧放电，在基体上生成一层与基体以冶金形式相结合的包含氧化镁和着色盐化合物的陶瓷层。微弧氧化的着色原理是有色溶液中的金属盐在电解液里直接参与电化学反应和化学反应。通过添加发色成分使微弧氧化膜色彩具有多样性，氧化膜的颜色取决于陶瓷膜的成分。从陶瓷发色原理来讲，陶瓷膜的发色成分是以分子或离子的形式存在，可以是以简单离子着色，如本身带有颜色的金属离子 Cu^{2+}、Fe^{3+}，也可以是以复合离子着色。一些含有不稳定电子层的元素，如过渡族元素、稀土元素等，它们区别于普通金属的一个重要特征是它们的离子和化合物都呈现颜色。例如，Co^{3+}能吸收橙光、黄光和部分绿光，略带蓝色；Ni^{2+}能吸收紫光、红光而呈紫绿色；Cu^{2+}能吸收红光、橙光、黄光和紫光，让蓝光、绿光通过，呈现蓝色；Cr^{3+}能吸收红光、蓝光而现绿色。其化合物的颜色多取决于着色离子的颜色，只要着色离子进入膜层，膜层的颜色就由该离子或其化合物的颜色来决定。某些离子，如 Ti^{4+}、V^{5+}、Cr^{6+}、Mn^{7+}等本身是没有颜色的，但它们的氧化物和含氧酸根的颜色却随着离子电荷数的增加而向短波长的方向移动：TiO_2 白色，V_2O_5 橙色，CrO_3 暗红，Mn_2O_7 绿紫，TiO^{2+}无色，VO^{3-}黄色，CrO_4^{2-} 黄色，MnO^{4-}紫色。由于在微弧氧化过程中，电解液中的成分可直接参与反应而成为陶瓷膜的组分，因此通过在电解液中添加某些可调整膜层色彩的成分，并结合工艺参数的调整，可以改变膜层色彩。

7.5 阳极氧化的应用

7.5.1 炊具用品

对铝制的锅和水壶等黑色表面的炊具，其阳极氧化膜可以在6～10 μm 硫酸阳极氧化膜上，通过二次电解着色得黑色。例如，电饭煲的内釜、金属铝板的内表面涂覆氟碳树脂的“不黏性”内胆，而外表面进行黑色阳极氧化膜处理。将电饭煲外表面的黑色阳极氧化膜与银白色金属（原铝）比较，黑色处理电饭煲内水的温度在相同功率加热相同时间，温度比较高。表明水温升高可以节约大约10%的时间，也可以说节省了10%的电。

7.5.2 电子部件

目前，能量转换体系冷却用的铝热沉已得到了广泛的应用。如果电解着色成黑色表面，则会更加有效地发散热量。为了散发积蓄的热量，目前表面处理采用硫酸阳极氧化膜染成黑色膜的方法，为了确保黑色膜的均匀性，阳极氧化膜的厚度不能小于 10 μm。然而阳极氧化膜的热导率很低，如此厚的阳极氧化膜是不合适的。为了改善这种情况，将几微米厚的阳极氧化膜电解着色成黑色更有效。

电解着色可以提供非常均匀的黑色，即使阳极氧化膜只有几微米厚。此外，锡盐电解着色具有优良的分布能力，即使梳子形状的制品也能得到均匀的颜色。在某种程度上，阳极氧化膜的微孔中析出的金属也会改进热导率。

7.5.3　数码工业

镁合金和铝合金的阳极氧化在电子行业也有广泛的应用，其作为手机外壳及内部支架，能够有效地减轻电子产品的重量。苹果公司推出的 iPhone 7 Plus 手机外壳就是采用铝合金阳极氧化工艺制成的。

7.5.4　运输行业

镁合金和铝合金在交通运输方面体现出很大的优势，由于其具有强度高、密度低等优点，能够在保持安全性的同时大幅降低运输工具自身的重量，从而降低能耗，如飞机的外壳、汽车轮毂、方向盘等都是采用镁合金或铝合金材料。

镁铝合金在使用时，大多情况下都是利用阳极氧化进行预处理，一方面提高自身耐蚀性；另一方面增加外层涂层与基底的结合力，使镁铝合金在应用时不发生腐蚀失效。

除了以上行业用到阳极氧化后的镁铝合金，在其他一些行业，如医疗、能源、建筑行业也经常用到，具有很好的发展前景。

思 考 题

1. 解释铝及铝合金阳极氧化的定义及目的。
2. 我国广泛采用的是哪种方法，其优点是什么？
3. 为什么在铝的阳极氧化时必须搅拌电解液？
4. 为什么不论氧化膜染色与否都必须对氧化膜进行封闭处理？

参考答案

1. 将铝及其合金放在适当的电解液中作为阳极进行通电处理生成氧化膜，提高其耐蚀性、耐磨性、电绝缘性和装饰性。

2. 硫酸阳极氧化法工艺简单、操作方便、溶液稳定、电能消耗少、成本低、允许杂质含量范围较大、适用范围较广。

3. 在阳极氧化过程中由于产生较多热量造成制件附近的溶液升温较快导致氧化膜的质量下降，为保证氧化膜质量，在铝的阳极氧化时必须搅拌电解液，以散热。

4. 氧化膜具有较高的孔隙率和吸附性能，很容易被污染，染色后的氧化膜若不经特殊处理已染上的色彩的牢固性和耐蚀性也较差。

实验 7　铝阳极氧化膜制备及无机着色技术实验

一、实验目的

1. 了解转化膜与着色技术的实际意义。
2. 了解铝的阳极氧化和着色的原理。
3. 掌握铝阳极氧化膜与着色技术工艺方法。

二、实验原理

以铝或铝合金制品为阳极，置于电解质溶液中进行通电处理，使其表面形成氧化膜，这样形成的氧化膜比在空气中自然形成的氧化膜耐蚀能力好。氧化膜具有较强的吸附性，利于进行染色处理。经过阳极氧化后，铝制品的耐蚀性、耐磨性和装饰性都有明显的改善和提高。

1. 阳极氧化原理

以铝或铝合金制品为阳极，硫酸为电解质溶液通电，铝被氧化形成无水的氧化膜。

阴极：
$$2H^{+}+2e^{-}=\!=\!=H_2\uparrow$$

阳极：
$$2Al+3H_2O-6e^{-}=\!=\!=Al_2O_3+6H^{+}$$

氧化膜在生成的同时，又伴随着被溶解的过程。

$$Al_2O_3+6H^{+}=\!=\!=2Al^{3+}+3H_2O$$

溶解出现的孔隙使铝与电解液接触，又重新氧化生成氧化膜，循环往复。控制一定的工艺条件（硫酸浓度和温度等）可使氧化膜形成的速率大于氧化膜溶解的速率，利于氧化膜的生成。

2. 着色原理

铝的阳极氧化膜多孔隙，对染料有良好的物理吸附和化学吸附性能，在铝阳极氧化膜上进行浸渍着色或电解着色，可达到耐蚀和装饰目的。

无机盐着色：将制品依次浸入两种无机盐溶液中，两种无机盐在氧化膜孔隙内反应生成有颜色的无机盐并沉积在孔隙中。

有机染料着色：阳极氧化膜对染料有物理吸附作用，有机染料官能团与氧化膜也会发生络合反应。有机染料色种多且色泽艳丽，但耐磨、耐晒、耐光性能差。

3. 封闭原理

铝阳极氧化膜必须进行封闭处理。沸水法是常用的封闭方法。在沸水中氧化膜表面及孔壁的无水氧化膜水化，形成非常稳定的水合结晶膜，从而达到封闭孔隙的目的。

$$Al_2O_3+H_2O = Al_2O_3 \cdot H_2O$$

此外，还有蒸汽封闭法、盐溶液封闭法和填充有机物封闭法等。

本实验将铝以硫酸为电解质溶液进行阳极氧化，用硫代硫酸钠溶液和高锰酸钾溶液进行浸渍着色，用沸水法封闭。

三、实验仪器及材料

1. 实验仪器

天平，量筒，烧杯，玻璃棒，水槽，直流电源，电流表。

2. 实验材料

铝片，铜片，鳄鱼夹，导线，砂纸。

3. 实验药品

氢氧化钠，硫酸，高锰酸钾，硫代硫酸钠，水。

四、实验步骤

（1）将铝片擦洗干净，再用砂纸打磨，浸入热的氢氧化钠溶液半分钟左右，洗去油污，去除表面氧化膜，取出后用水洗净。（拿持铝片时要戴好手套，避免污染工件。）

（2）组装好电解装置，用鳄鱼夹夹住两电极，使铝片浸入20%的硫酸，接通电源，逐步调整电源输出的电流，使电流密度达到1 A/dm^2。电解约30 min。（此时溶液温度要尽可能低，因为较高温度下氧化膜的溶解速度加快，不利于氧化膜的形成。控制合适的电压可防止电解液温度迅速上升，电解4 cm×4 cm大小的铝片，12 V左右的电压较为合适。）

（3）断开电路，取出铝片，用水冲洗干净。将铝片在50 g/L热的硫代硫酸钠溶液中浸泡5 min，取出洗净后，再放入高锰酸钾溶液中浸泡5 min。（染色液要保持一定温度，如温度过低，则染色过浅，封闭时会出现褪色现象。）

（4）取出后在沸水中加热约5 min，取出铝片，擦干。［封闭一定要在较高温度（95～100 ℃）下进行，因为水温较低时生成的水合物是不稳定的。］

五、思考题

1. 何谓铝的阳极氧化？主要目的是什么？

2. 铝的阳极氧化的原理是什么？

实验 8　铝阳极氧化膜着色技术对比实验

一、实验目的

1. 对铝阳极氧化膜和着色技术有进一步的了解。
2. 用其他常见的有色物质作染色剂，分别对铝片染色进行对比实验。

二、实验原理

金属着色是采用化学或电化学方法赋予金属表面不同的颜色，并保持金属光泽的工艺。

铝和铝合金容易生成阳极氧化膜，阳极氧化膜层是最理想的着色载体，所以铝材是最容易着色的金属，其主要的着色方法分为自然显色法、吸附着色法和电解着色法 3 类。

利用阳极氧化膜多孔的特点，将已氧化处理的制品浸渍在含有染料的溶液中，通过氧化膜微孔对染料的吸附而染色。

染色氧化膜必须具有以下的基本条件：①有一定的孔隙率和吸附性；②有适当的厚度；③氧化膜本身是无色透明的；④晶相结构上无重大差别。硫酸阳极氧化膜无色透明、孔隙多、吸附性强，是比较理想的膜层，在工业生产中得到了广泛的应用。

三、实验仪器及材料

1. 实验仪器

天平，量筒，烧杯，玻璃棒，水槽，直流电源，电流表。

2. 实验材料

铝片，铜片，鳄鱼夹，导线，砂纸。

3. 实验药品

氢氧化钠，硫酸，高锰酸钾，硫代硫酸钠，水，红墨水，亚甲基蓝，石蕊。

四、实验步骤

（1）将铝片擦洗干净，再用砂纸打磨，浸入热的氢氧化钠溶液半分钟左右，洗去油污，去除表面氧化膜。取出后用水洗净。（拿持铝片时要戴好手套，避免污染工件。）

（2）组装好电解装置。用鳄鱼夹夹住两电极，使铝片浸入 20% 的硫酸，接通电源，逐步调整电源输出的电流，使电流密度达到 1 A/dm^2。电解约 30 min。（此时溶液温度要尽可能低，因为较高温度下氧化膜的溶解速度加快，不利于氧化膜的形成。控制合适的电压可防止电解液温度迅速上升，电解 4 cm×4 cm 大小的铝片，12 V 左右的电压较为合适。)

(3) 断开电路，取出铝片，用水冲洗干净。将铝片在 50 g/L 热的硫代硫酸钠溶液中浸泡 5 min，取出洗净后，再放入高锰酸钾溶液中浸泡 5 min。(染色液要保持一定温度，如温度过低，则染色过浅，封闭时会出现褪色现象。)

(4) 取出后在沸水中加热约 5 min，取出铝片，擦干。[封闭一定要在较高温度(95～100 ℃) 下进行，因为水温较低时生成的水合物是不稳定的。]

(5) 重复以上步骤，将铝片分别再放入红墨水、亚甲基蓝、石蕊进行染色，最后进行比较分析。

第八章　钝化后处理

8.1　概　述

通过化学或电化学方法使金属表面状态发生变化，使其溶解速度急剧下降，耐蚀性提高，此种工艺过程称为钝化。对于非金属覆盖层来讲，如磷化层和阳极氧化层，其表面含有大量的孔洞，经过钝化后，孔隙处的基底与钝化液相互作用，生成钝化膜，孔隙封闭，该过程也叫钝化过程，或者叫封孔过程。钝化往往伴随阳极电位突然升高，从而使阳极反应难以进行，使金属基材的腐蚀速度减慢或停止。由于钝化能显著提高金属的耐蚀性，故在机械、电子、仪器、日用品、军工器械等领域广泛应用。

根据覆盖层的不同，钝化分为金属镀层的钝化和非金属镀层的钝化；根据钝化液是否含铬，分为有铬钝化和无铬钝化，有铬钝化进行细分，又分为六价铬钝化和三价铬钝化。下面主要通过覆盖层材料的不同描述各自的钝化工艺。

8.2　金属镀层的钝化

常见的金属镀层包括镀锌层、镀镍层和镀铜层，其钝化工艺不尽相同，我们以活性最高的镀锌层为例，介绍其钝化原理及工艺。

8.2.1　铬酸盐钝化

六价铬的铬酸盐是最早采用的钝化液主盐，其工艺成熟、钝化效果好且具有自修复功能，所以一直以来处于不可替代的位置。

铬酸盐钝化时主要反应是金属锌镀层与钝化液中铬酸之间的氧化还原反应。锌作为还原剂，将含有六价铬的铬酸还原成三价铬，形成含有水合铬酸锌、氢氧化铬及锌和其他金属氧化物的胶体膜。主要反应如下：

$$Cr_2O_7^{2-}+3Zn+14H^+ = 3Zn^{2+}+2Cr^{3+}+7H_2O \tag{8-1}$$

$$2CrO_4^{2-}+3Zn+16H^+ = 3Zn^{2+}+2Cr^{3+}+8H_2O \tag{8-2}$$

随着以上两个反应的进行，锌溶解时锌镀层表而附近溶液的氢离子浓度下降pH 逐渐上升，同时锌镀层与钝化液界而中 Cr^{3+} 及 Zn^{2+} 的浓度不断增加，从而发生下列反应：

$$Cr_2O_7^{2-}+2OH^- = 2CrO_4^{2-}+H_2O \quad (8-3)$$

$$Cr^{3+}+OH^-+CrO_4^{2-} = Cr(OH)(CrO_4)\downarrow \quad (8-4)$$

$$2Cr^{3+}+6OH^- = Cr_2O_3\cdot 3H_2O\downarrow \quad (8-5)$$

$$2Zn^{2+}+2OH^-+Cr_2O_4^{2-} = Zn_2(OH)_2(CrO_4)\downarrow \quad (8-6)$$

$$Zn^{2+}+2Cr^{3+}+8OH^- = Zn(CrO_2)_2\downarrow +4H_2O \quad (8-7)$$

这些反应生成的 $Cr(OH)(CrO_4)$、$Cr_2O_3\cdot H_2O$、$Zn_2(OH)_2(CrO_4)$、$Zn(CrO_2)_2$ 构成了钝化膜。

反应后溶液中既有三价铬又有六价铬，三价铬化合物不溶于水，强度高，在钝化中起骨架作用。六价铬易溶于水，特别是热水，依附在三价铬化合物的骨架上，填满空间，相当于“肉”。钝化膜受到损伤时，有自修复功能，原因是六价铬溶于水形成铬酸继续与锌离子起反应，再次形成钝化膜。

六价铬的钝化根据铬酸盐的浓度又分为高铬钝化和低铬钝化，高铬钝化历史悠久，是伴随着镀锌层而产生的一种钝后处理工艺。其配方简单、操作简单，并且高铬钝化溶液对锌镀层有很好的化学抛光能力。但实验证明，如果用高铬钝化工艺，每清洗 1 m^2 的平而钝化产品，就要用 9.1 t 自来水稀释才能勉强达到排放标准。而几何形状复杂的钝化液可能会成倍增长。由此可以看出高铬钝化废水污染的严重性。如果处理不好高铬钝化后所产生的废水将严重污染江河水质。随着人们环境意识的加深，很多人提出了各种改进方法，最先采用的就是降低铬酸盐的用量，由此开发出低铬钝化工艺。铬酸盐质量浓度维持在 3.5～5.0 g/L 才称得上真正的低铬钝化。我国低铬彩色钝化工艺始于 1974 年，首次采用此工艺的是上海长城电镀厂，距今已使用 30 多年之久。开封拖拉机电机电器厂已用 30 年，山东聊城电机厂用白色钝化，超低铬彩钝与白钝为上海通用设备厂应用多年，彩色钝化为上海飞乐电声总厂使用 27 年。低铬彩色钝化的基本工艺流程为：镀锌→清洗→清洗→硝酸出光→清洗→低铬彩色钝化→清洗→热水烫→离心干燥。低铬钝化的主要特点有：第一，由于低铬钝化液酸性很低，因此镀层没有化学抛光作用，所以在钝化之前要加一步淡硝酸出光处理，淡硝酸的体积含量为 2%～3%。第二，在镀液中加入硫酸或硫酸盐，硫酸在钝化中有两个作用，一是钝化膜的成膜促进剂，二是它的加入可以降低溶液的 pH，到达调整 pH 的目的。硫酸能够促进形成钝化膜，同时还能够提高钝化膜层的结合力。若钝化液的 pH 已经够低了，则应在溶液中加入硫酸盐如硫酸钠。第三，要严格控制钝化液的 pH。它是低铬钝化中至关重要的工艺条件，甚至比配方还要重要。pH 低，膜层与镀锌层的结合力较好，但得到的钝化膜光亮度比较差，pH 高时，钝化膜的光亮度较好，但膜层的结合力又较差，所以在钝化过程中要时刻严格控制钝化液的 pH，一般用硝酸和硫酸进行调节，具体要视钝化液的情况而定。

尽管低铬钝化工艺所用的铬酸盐的量大幅降低，但是，其对于环境及人身的危害还是不容忽视，因此，后续又开发出了三价铬钝化和无铬钝化。

8.2.2 三价铬钝化

三价铬钝化膜成膜机制与六价铬钝化有相同之处，但溶液中并不含有六价铬。在氧化剂的作用下，锌发生溶解形成 Zn^{2+}，Zn^{2+}直接与三价铬钝化的成膜过程大概分以下3个过程：锌溶解、钝化膜的形成及溶解。

（1）锌溶解过程

$$Zn+O_x(\text{氧化剂})\longrightarrow Zn^{2+}+O_x^{2-} \tag{8-8}$$

$$Zn+2H^+\longrightarrow Zn^{2+}+H_2\uparrow \tag{8-9}$$

（2）钝化膜的形成过程

$$Zn^{2+}+2Cr^{3+}+(n+5)H_2O\longrightarrow Zn(OH)\cdot Cr_2O_3\cdot nH_2O+8H^+\uparrow \tag{8-10}$$

（3）膜溶解过程

$$Zn(OH)_2\cdot Cr_2O_3\cdot nH_2O+8H^+\longrightarrow Zn^{2+}+2Cr^{3+}+(n+5)H_2O \tag{8-11}$$

从以上反应可看出，反应中不存在六价铬，所生成的成膜物质只有 $Zn(OH)_2\cdot Cr_2O_3\cdot nH_2O$，所以膜的致密度不够，也没有铬酸盐的自我修复作用，因此在三价铬钝化时需要添加其他添加剂来提高三价铬钝化的耐蚀性。

三价铬钝化液的基本组分包括成膜盐、氧化剂、配合剂、金属离子和阴离子、添加剂等。成膜盐就是可溶性的三价铬盐，三价铬是钝化膜中与锌离子反应形成锌铬氧化物的主要组成部分，是构成钝化膜的骨架。三价铬离子可以由三价铬盐溶解得到，也可以通过还原六价铬制备。常用的三价铬盐主要有硝酸铬、硫酸铬、氯化铬和铬矾。有文献认为通过六价铬还原得到的三价铬效果更好；在三价铬钝化液中，氧化剂是钝化液的基本成分，有双氧水、硝酸盐、卤酸盐、过硫酸盐和四价铬等，其作用是使金属离子化。即发生 $Zn\rightarrow Zn^{2+}$；配合剂是参与形成三价铬的混合配位化合物，在溶液中的作用是能控制成膜速率和调节水合三价铬离子的动力学稳定性；三价铬钝化液通常会添加其他金属离子和阴离子来提高其耐蚀性和改善钝化膜颜色，增加膜的耐腐蚀性和硬度。

三价铬的钝化主要分为彩色钝化、蓝白钝化和黑色钝化。镀锌后的处理多以彩色钝化和蓝白色钝化为主，蓝白色主要要求外观而其对膜层的耐蚀性要求却很低，蓝白色钝化溶液由三价铬盐、硫酸、硝酸和氢氟酸等组成，其原理与六价铬蓝白色钝化相类似。但也存在不同之处，因为三价铬钝化膜中不含有六价铬成分，所以抗蚀性差，一般盐雾试验好的也只能达到48 h。文献中也有盐雾试验达到480 h的三价铬钝化层工艺，但是三价铬钝化膜还存在一些不足，如钝化膜耐蚀性不如铬酸盐的，色度不及六价铬钝化的，钝化液不稳定，放置时间较短等。

8.2.3 无机盐无铬钝化

常用的无机盐无铬钝化有钼酸盐钝化、稀土盐钝化、硅酸盐钝化、钨酸盐钝化和钛酸盐钝化。

（1）钼酸盐钝化

钼与铬属同族，锌镀层经钼酸盐钝化后，在表面形成由锌的氧化物和钼的化合物构成的钼酸盐钝化膜。这种膜使锌电化学腐蚀的阴极过程受阻，阴极反应变慢，从而显著降低腐蚀电流密度，阻碍锌的腐蚀，又因钼酸盐具有低毒性，被认为是铬酸盐的有效替代品，并且经钼酸盐处理后还可提高后续喷涂油漆的黏附力。钼酸盐钝化膜的制备方式可以分为电解成膜和化学成膜两种。

电解成膜是在钼酸盐溶液中采用电解法在金属（钢、铜、锌等）上可获得黑色钝化膜，其配方及工艺条件如下：

30～100 g/L 钼酸铵，10～100 g/L 多羟基酸盐，1～50 mL/L 大分子表面活性剂，5～100 g/L 铵或碱金属盐，其他金属离子（Cu、Pb、Fe、Sn 及 H 之后的重金属）不大于 0.15%，pH=4.0～7.0，温度 15～40 ℃，j=0.01～0.80 A/dm^2，阳极：石墨，施镀 10～30 min。封闭处理液：0.5～2.0 g/L Na_2SiO_3，含 3.0～6.0 g/L 钼的配合物，浸渍时间 3～10 s。

钝化膜的中性盐雾试验结果为 13～18 h 出现小白点，72 h 无锈点。

化学法成膜是采用最多的成膜方式，其工艺简单、耗能低、易工业化。采用化学法，以钼酸盐为主盐辅以磷酸盐，形成磷钼杂多酸，后者为强氧化性酸，有利于加速钝化膜的形成，所制备的钝化膜耐蚀性不及铬酸盐钝化膜。为此常在上述钝化液中加入添加剂（无机或有机化合物），通过复配取得协同作用，提高成膜速度、膜层的耐蚀性和膜与基体的结合力。在钼酸盐和磷酸盐溶液中加入过渡族金属的硫酸盐与硫酸混合用作成膜催化剂，使成膜的氧化还原反应加快，获得了彩虹色膜，色泽接近铬酸盐膜。其中性盐雾试验和 5% 的 NaCl 溶液中浸泡出现白锈的时间为 68 h，稍逊于铬酸盐膜（72 h）。在钼酸盐溶液中加入锆化合物和硼化合物与磷酸盐复配的添加剂可以提高成膜的耐蚀性，锆化合物的作用是辅助成膜，钼酸盐是成膜的促进剂，添加剂在一定程度上控制成膜速度。所成膜的中性盐雾试验结果，白锈与红锈出现的时间分别是 68 h 和 680 h，与铬酸盐膜（分别为 72 h 和 720 h）的耐蚀性相当。在钼酸盐或磷酸盐溶液中加入有机胺可促进成膜，其成膜的质量也随之增强。另外，随着钝化膜的增厚，由于内应力也会产生裂缝，为此，又研究了既能增加膜厚又能封闭微裂纹的处理方法，如向钝化液中加入有机树脂或聚合物，但是效果不太明显。近年来，有发展出钼酸盐与有机硅烷复配的钝化方式，钝化膜的耐蚀性达到或超过铬酸盐膜。其具体工艺分为一步法和二步法两种，前者是将硅烷加到钼酸盐溶液中，一步浸涂；后者则是先浸钼酸盐溶液再浸硅烷溶液，其工艺条件及耐蚀性见表 8-1。

表 8-1 钼酸盐与有机硅烷工艺条件及耐蚀性

<table>
<tr><th>方法</th><th colspan="2">工艺参数</th><th>E_{corr}/(V_{vs} SCE)</th><th>icorr/
(μA/cm^2)</th><th>Rp/
(kΩ/cm^2)</th></tr>
<tr><td>一步法</td><td colspan="2">5 g/L $NaH_2PO_4 \cdot 2H_2O$;
10 g/L $Na_2MoO_4 \cdot 2H_2O$;
7%的乙烯基硅烷;
V(甲醇):V(蒸馏水)=10:90;
pH=4;
温度 40 ℃;
水解 6 h;
浸渍 2 min</td><td>-1.025</td><td>0.27</td><td>26.8</td></tr>
<tr><td rowspan="2">两步法</td><td>第一步</td><td>10 g/L $Na_2MoO_4 \cdot 2H_2O$;
5 g/L $NaH_2PO_4 \cdot 2H_2O$;
H_3PO_4 及其他添加剂适量
pH=5;
温度 60 ℃;
时间 40 s</td><td rowspan="2">-1.018</td><td rowspan="2">0.17</td><td rowspan="2">41.3</td></tr>
<tr><td>第二步</td><td>7%的乙烯基硅烷;
V(甲醇):V(蒸馏水)=
10:90;
pH=4;
温度 40 ℃;
水解 6 h;
浸渍 2 min</td></tr>
<tr><td>铬酸盐钝化</td><td colspan="2">—</td><td>-1.027</td><td>0.25</td><td>31.4</td></tr>
</table>

由上可知，一步法处理成膜的耐蚀性接近铬酸盐膜，二步法处理成膜的耐蚀性达到甚至超过了铬酸膜。

(2) 稀土金属盐钝化

稀土金属盐钝化是一种新兴的镀锌板无铬钝化工艺。采用镧系稀土元素的无机盐进行钝化，会在金属表面形成稀土氯化物或氢氧化物膜，有效地阻止电子和氧在金属表面和溶液之间的转移和传递，从而起到抗蚀的作用，通常在稀土钝化液中加入 H_2O_2 来促进钝化膜的形成。

(3) 硅酸盐钝化

硅酸盐钝化具有处理成本低、钝化液稳定性好、使用方便、无毒及无污染等优点，但耐蚀性能较差。为了增强膜层耐蚀性，钝化液中常加入一些有机促进剂，如硫脲和水溶性阴离子型丙烯酸胺等化合物。硅酸盐钝化液中主要含硫酸、可溶性硅酸盐和过氧化氢。对硅酸盐钝化膜进行后处理还可以改变膜层的装饰性。

(4) 钛盐钝化

采用钛盐溶液替代铬酸盐溶液对镀锌层表面进行钝化处理，通过钝化工艺的优选，可获得色泽光亮、耐蚀性能优良的钝化膜。在钛盐成膜的过程中会有难溶于水的二氧化钛水合物 $TiO_2 \cdot (H_2O)_4$ 生成。胶体沉淀、氢氧化锌和二氧化钛水合物胶体粒子沉积于镀锌层表面，这层膜将进一步发生脱水反应，最终形成钛盐钝化膜。

(5) 钨酸盐钝化

钨酸盐作为金属缓蚀剂与钼酸盐有相似性，而且钨化合物几乎无毒，属于绿色缓蚀剂。但钨酸盐单独使用时缓蚀效率并不高且用量大。研究发现钨酸盐与许多化合物复配使用不但可以显著提高其缓蚀性能，而且还可以降低钨酸盐的用量。

8.2.4 有机化合物钝化

常见的能够用来形成钝化层的有机化合物包括有机硅烷、植酸及单宁酸。

(1) 有机硅烷钝化

硅烷分子可在醇或水溶液中水解，形成足够数量的硅烷醇基团 (—SiOH)，这个基团在硅烷与金属的界面上反应生成金属硅氧烷键 (—SiOMe)，未反应的硅烷醇基团又可形成胶联的硅烷膜结构和 Si—O—Si 网络结构，这种结构不仅有效地阻止侵蚀性介子的侵入，还能形成均一稳定的膜层，鉴于这一优点，绿色有机硅烷钝化处理成为了最近几年研究的热点。

(2) 植酸钝化

植酸具有能同金属络合的 12 个羟基、24 个氧原子和 6 个磷酸酯基，所以植酸可以在较宽的 pH 范围内与金属离子形成多个螯合环，得到很稳定的配合物。在植酸的结构中 6 个磷酸酯基只有 1 个处于 a 位，其他 5 个均在 e 位，其中有 4 个磷酸酯基处于同一平面上。因此植酸在与金属络合时，易在金属表面形成一层致密的单分子有机保护膜，能有效的阻止氧气等进入金属表面，从而抑制金属的腐蚀。由于植酸膜层与有机涂料具有相近的化学性质，并含有磷羟基和酯基等活性基团，能与有机涂料中的极性基团形成氢键或发生化学反应，故植酸处理过的金属表面与有机涂层黏接性更好。目前，植酸用于金属防腐、无铬钝化和常温磷化等工艺中，且取得了非常好的效果。另外，植酸可以直接从植物中提取得到，可谓取之不尽，用之不竭。但是，植酸钝化膜很薄，估计只有几百纳米，且植酸膜不具备自修复性能，一旦膜层被破坏，耐蚀性下降，对材料的保护效果降低。在研究过程中发现，植酸与钼酸盐、硅胶溶液复配使用，可提高植酸的使用效果。此外，植酸与有机涂料结合使用，也可提高植酸钝化膜的耐蚀效果。

(3) 单宁酸钝化

单宁酸是一种多元苯酚的复杂化合物，水解后溶液为酸性，可少量溶解锌，因而可用于镀锌层的钝化处理。单宁酸钝化成膜的过程分为 3 个阶段：锌的溶解、膜的形成、膜的成长和溶解平衡。当单宁酸与镀锌层接触时，单宁酸的羟基与镀层反应并通过离子键形成锌化合物。而且单宁酸的大量羟基经配位键与锌层表面形成致密的吸附保护膜，提高了锌层的防护性。通常在钝化液中加入一些添加剂，如金属盐类、无机或有机缓蚀剂等来提高膜的耐蚀性。

8.3 磷化后钝化处理

工件经过磷化处理后，采用钝化处理，可以大幅提高产品的涂装性能，尤其在耐蚀性能方面更是提高得十分明显。对磷化膜的钝化处理，主要是提高磷化膜本身的防锈能力，改善了磷化膜的综合性能。磷化膜微观多孔、凹凸不平，钝化对磷化膜有进一步的溶平和封闭作用，使其孔隙率降低，耐蚀性增加，特别是当磷化膜较薄时，其孔隙率较大，磷化膜本身的耐蚀能力有限，有的甚至在干燥过程中就迅速被氧化。磷化后进行一道钝化处理，可以使磷化膜孔洞中的金属生成钝化层，使得磷化膜的孔隙得到封闭和填充。磷化膜经钝化处理，还可以溶解磷化膜表面的疏松层及包含在其中的各种水溶性残留物，从而使磷化膜在空气中不至于快速腐蚀而生锈，因此提高了磷化膜本身的防锈能力和耐蚀性。

有人用盐雾试验的方法来检测磷化后的钝化处理对提高产品的涂装性能所起的作用，得到的结论是：若以超轻量级铁系磷化膜作涂装底层，可将涂层的耐蚀性提高33%～66%。

对在冷轧钢板表面形成的几种磷化膜进行铬盐钝化处理后涂漆和不进行钝化处理后涂漆，然后对其进行盐雾试验所得到的结果见表8-2。

表8-2　钝化处理对磷化膜涂漆后耐蚀性能的影响

序号	磷化方式	磷化膜种类	磷化膜重量/(g/m^2)	盐雾试验时间/h	
				磷化后水洗	磷化后铬酸钝化
1	喷淋	超轻量级铁系磷化膜	0.5	48	96
		轻量级锌系磷化膜	2.0	144	240
		锌钙系磷化膜	1.2	216	288
2	浸渍	轻量级锌系磷化膜	2.0	192	312
		锌钙系磷化膜	2.5	264	360

磷化后的钝化处理分有铬钝化和无铬钝化处理，有铬钝化处理一般采用含有六价铬的钝化剂，有时也采用含有三价铬的钝化剂。在生产过程中，采用含有六价铬可将钝化液的pH控制在2～4的范围，采用三价铬的钝化剂时可将钝化液的pH控制在3.8～4.8的范围，常用钝化液配方及工艺条件见表8-3。

表 8-3 磷化后钝化处理液配方及工艺条件

成分及条件	配方 1	配方 2	配方 3	配方 4	配方 5	配方 6	配方 7	配方 8
重铬酸钾/(g/L)		20～30						
重铬酸钠/(g/L)	30～40							
铬酐/(g/L)			0.3		3～5	3	0.2～0.5	0.3
硝酸/(mL/L)		10						
磷酸/(mL/L)	5		0.3		2～3		0.1～0.3	0.2
亚硝酸/(g/L)				5				
三乙醇/(g/L)				5				
醋酸铬/(g/L)						1		
甲酸/(mL/L)						10～4		
温度/℃	15～90	80～90	常温	常温	20～70	常温	常温	常温
时间/min	1～2	2～5	20～30	20～30	0.2～0.3	0.3～0.5	0.3～0.5	0.3～0.5

采用有铬钝化的最大问题是废水处理，无铬钝化的意义是根除了铬离子的污染，消除了铬离子对人体危害，降低了废水治理的费用。六价铬不但有毒，而且致癌，三价铬同样有毒。在治理含铬离子废水时，需要的设备投资大、运行费用高，而无铬钝化技术却在这方面有所改进，但无铬钝化技术尚未大量推广应用，主要原因是无铬钝化后的性能还远不如传统的含铬钝化。

目前的研究表明，在无机化合物中，只有含钼化合物可以发挥与含铬化合物相近似的钝化处理效果，但含钼废水的徘放同样受到严格的限制，而未得到广泛的运用。一些有机化合物（如鞣酸）也被用来作磷化处理后的钝化剂，但真正在应用推广方面获得成功的并不多，有的化合物（如氟化锆）虽然可以发挥一定的效果，但与含铬化合物的钝化处理效果相比还是存在较大的差距。真正有效实用的无铬钝化处理剂仍处于研究开发阶段。

磷化后采用钝化处理可以赋予磷化膜更加优良的涂装性能，这是毫无疑问的。而且，磷化处理的效果越差，钝化处理所发挥的作用就越明显。但是，金属表面磷化的好坏是要看磷化膜本身的质量，钝化处理只不过是对磷化膜本身质量的一个补充，所谓钝化处理能将涂层的性能提高百分之几，只是针对某一特定的磷化过程或磷化效果而言的，所以千方百计地提高磷化膜本身的质量才是最重要的，决不能只注重钝化处理效果而忽略了磷化处理。

8.4 阳极氧化膜的封闭处理

8.4.1 铝合金氧化膜的封闭处理

由于铝及其合金的阳极氧化膜具有较高的孔隙率和吸附性能，很容易被污染。染色后的氧化膜若不经特殊处理，已染上的色彩的牢固性和耐晒性也较差。因此，在工业生产中，经阳极氧化的铝及其合金制品，不论着色与否，都要进行封闭处理。

氧化膜封闭处理的方法很多，可分为热水封闭法、蒸汽封闭法、重铬酸盐封闭法、水解盐封闭和填充封闭法。采用无火花工艺用染料进行着色是可行的，将增加涂层的耐盐雾性能。如果阳极氧化膜层被划伤或穿透也不会发生腐蚀。还有一些彩色染料会通过表面化学反应黏附到膜层表面上，这样可以保证良好的附着力。

（1）热水封闭法

热水封闭法的原理是利用 Al_2O_3 的水化作用：

$$Al_2O_3+nH_2O = Al_2O_3 \cdot nH_2O$$

式中，n 为 1 或 3。当 Al_2O_3 水化为一水合氧化铝（$Al_2O_3 \cdot H_2O$）时，其体积可增大约 33%；生成三水合氧化铝（$Al_2O_3 \cdot 3H_2O$）时，其体积约增大 100%，增加约 33%。由于氧化膜表面及孔壁的 Al_2O_3 水化的结果，体积增大而使膜孔封闭。

热水封闭适用于无色氧化膜。热水温度为 90～100 ℃，pH 为 6.0～7.5，封闭时间 15～30 min。

封闭用水必须是蒸馏水或去离子水，而不能用自来水，否则自来水中的杂质进入氧化膜微孔内会降低氧化膜的透明度和色泽。

（2）蒸汽封闭法

蒸汽封闭法的原理与热水封闭法的相同。蒸汽温度为 100～110 ℃，压力为 0.1 M～0.3 MPa，处理时间 30 min。封闭是在蒸缸中进行。此法对着色氧化膜不会出现流色现象，但成本较高。

（3）重铬酸盐封闭法

此法是在具有强氧化性的重铬酸钾溶液中，并在较高的温度下进行的。氧化膜经封闭处理后呈黄色，耐蚀性较高。此法适宜于封闭硫酸阳极氧化法得到的氧化膜，而不适宜于封闭经过着色的装饰性氧化膜。封闭液的配方和工艺条件如下：

重铬酸钾（$K_2Cr_2O_7$）/（g/L）	60～100
pH（用 Na_2CO_3 调整）	6～7
温度/℃	90～95
封闭时间/min	15～25

配制溶液应当用蒸馏水或去离子水。

当经过阳极氧化后的制件进入溶液时，氧化膜表面和孔壁的氧化铝与水溶液中的重铬酸钾发生下列化学反应：

$$2Al_2O_3+3K_2Cr_2O_7+5H_2O = 2AlOHCrO_4\downarrow +2AlOHCrO_7\downarrow +6KOH \quad (8-12)$$

生成的碱式铬酸铝沉淀及碱式重铬酸铝沉淀和热水分子与氧化铝生成的一水合氧化铝及三水合氧化铝一起封闭了氧化膜的微孔。

（4）水解盐封闭法

水解盐封闭法是在接近中性和加热的条件下，使镍盐、钴盐的极稀溶液被氧化膜吸附，随即发生水解反应：

$$Ni^{2+}+2H_2O=\!=\!=Ni(OH)_2\downarrow+2H^+ \quad (8-13)$$

$$Co^{2+}+2H_2O=\!=\!=Co(OH)_2\downarrow+2H^+ \quad (8-14)$$

生成的氢氧化镍或氢氧化钴沉积在氧化膜的微孔中，而将孔封闭。因为少量的氢氧化镍和氢氧化钴几乎是无色的，用来封闭已着色的氧化膜，既不会影响制品的色泽，而且还会和有机染料形成络合物，从而增加了染料的稳定性和耐晒性。其配方及工艺条件列于表 8-4。

表 8-4　常用水解盐封闭溶液配方及工艺条件

组成及工艺条件	配方 1	配方 2	配方 3
硫酸镍	4～6	3～5	
硫酸钴	0.5～0.8		
乙酸钴			1～2
乙酸钠	4～6	3～5	3～4
硼酸	4～5	3～4	5～6
pH	4～6	3～6	4.5～5.5
温度/℃	80～85	70～80	80～90
封闭时间/min	10～20	10～15	10～25

（5）填充封闭法

除此之外，铝和铝合金工件经阳极氧化或阳极氧化后着色的都可以采用有机涂料涂覆进行封孔，这种方法叫填充封闭法。封孔的有机物有透明漆、各种树脂、熔融石蜡、干性油等，目前使用较多的是静电喷漆、粉末涂料或电泳上漆，这样所得的膜层质量好，色泽范围广，漆膜致密，硬度高，耐磨、耐蚀性、绝缘性好，而且光亮惹人喜欢，有机涂料处理一般有下列情况。

①对阳极氧化但未着色的制件，可以用静电喷涂各种色泽的固体粉末涂料，以获得各种颜色的制品；或者用电泳上漆的方法，使金属表面镀上各种色泽的涂料。

②对于阳极氧化并电解着色或染色的制件，可以用透明清漆浸渍或喷涂封孔，也可以用石蜡、干性油等封孔。

8.4.2　镁合金氧化膜的封闭处理

对于镁及镁合金，提高耐蚀性是要解决的首要问题，即使经过微弧氧化处理后，在腐蚀环境中腐蚀液可以穿过微孔渗入到基体，其耐蚀性能也未必能达到实际的应用水平，因此，对镁合金经微弧氧化处理得到的陶瓷膜的耐蚀性能进行深入研究具有重要的理论意义和实用价值。

镁合金氧化膜封孔技术一般是借鉴铝合金氧化膜封孔技术，而铝合金氧化膜封孔方法按照原理来分主要有水合反应、无机物填充和有机物填充三类。下面将这三大类填充法中的典型方法做一简单介绍。

（1）水合反应封孔

沸水封孔是铝合金氧化膜常用的水合反应封孔方法，工艺为在接近沸水的纯水中，通过氧化铝的水合反应，将非晶态氧化铝转化成为勃姆体的水合氧化铝，即 $Al_2O_3 \cdot H_2O$。由于水合氧化铝的形成使阳极氧化膜的体积比原阳极氧化膜的体积大了 30%，体积膨胀使得阳极氧化膜的微孔填充封孔，阳极氧化膜的抗污染性和耐腐蚀性也随之提高。王周成等采用该方法对 AZ91D 镁合金氧化膜进行封孔，工艺为将微弧氧化后的样品置于沸水中煮 10 min。表面形貌表明水合封孔能有效地对孔洞起到填充作用，降低氧化膜的孔隙率，从而显著提高镁合金的耐蚀性。王周成等认为水合封孔原理是利用表面的金属元素同沸水反应形成金属的氢氧化物或氧化物沉淀，沉积在孔洞中从而将孔洞填充起来，但没有解释封孔后生成了何种氢氧化物或氧化物沉淀。

水合封孔虽简单有效、使用方便、但封孔温度高、能耗大，而且水合封孔不能使氧化膜中直径较大的孔洞完全填充，因而其效果不是很理想；另外，对于铝合金氧化膜，封孔效果很大程度上取决于维持高水质和控制 pH。由于与铝氧化膜性质不同，镁合金氧化膜封孔时沸水有何影响及水合封孔机制怎样都有待进一步研究。

（2）无机物填充封孔

无机物填充封孔常见的类型有铬酸盐封孔、磷酸盐封孔、硅酸盐封孔及溶胶凝胶封孔。

铬酸盐封孔，HAE 阳极氧化膜所推荐的后处理就是在热的 1% 的铬酸钠中浸 5 min，而后再浸入凉的重铬酸与氢氟酸盐溶液中，最后在潮湿的空气中放置一晚上。铬酸盐封孔技术简单易行、耐蚀性较好，但具有致命缺点，即六价铬毒性大且致癌，因此现在很少采用。

硅酸盐封孔也叫水玻璃封孔，是一种用得较多的封孔工艺，如 Cw22 工艺就采用它封孔，工艺为：10%（体积分数）的水玻璃，溶液温度控制在 85 ℃沸腾，处理时间 2 min，工件不清洗后就干燥，封孔处理可大幅提高氧化工件的耐蚀性。专利认为封孔原理是氧化膜如 $Mg(OH)_2$ 与 Na_2SiO_3 反应生成 $MgSiO_3$ 沉淀，另外空气中的 CO_2 会与试样上残留的水玻璃发生反应，生成 SiO_2 从而封住孔隙。反应式为：

$$Mg(OH)_2+Na_2SiO_3 = 2NaOH+MgSiO_3\downarrow \quad (8-15)$$

$$Na_2SiO_3+CO_2 = SiO_2+Na_2CO_3\downarrow \quad (8-16)$$

硅酸盐封孔最大优点是工艺及所用试剂简单（只有一种试剂），且硅酸盐对人类和环境无危害，符合绿色环保要求。

美国专利介绍了在碱金属的磷酸二氢盐溶液中封孔方法，即磷酸盐封孔工艺为：12% 的 KH_2PO_4 溶液（pH=4.2），溶液温度 60 ℃，处理时间 5 min。其具体的封孔效果及原理未明确阐述。

溶胶凝胶封孔法与上面几种封孔方法不同，上述几种封孔法是利用氧化膜与溶液中的封孔剂发生化学反应生成新的物质从而封住氧化膜孔隙，是化学封孔方法，而溶胶凝胶法是物理封孔方法。该方法先采用溶胶-凝胶方法制得溶胶，然后采用浸渍提拉法对镁合金氧化涂层进行封孔处理，最后在烘箱中加热制得封孔涂层。

用于镁合金氧化膜上封孔的溶胶有 Al_2O_3 和 SiO_2。溶胶-凝胶封孔处理不仅可使镁合金微弧氧化试样的耐蚀性提高，而且还可显著提高镁合金微弧氧化试样在 400 ℃下的抗氧化性能，对镁合金基体有很好的保护作用。

溶胶-凝胶方法的优点是溶胶纯度高、晶相转化温度低、微观结构较易控制；缺点是处理工艺多且由于氧化膜孔径尺寸有限，较大颗粒的溶胶不易进入膜孔，因此效果没有用有机涂层封孔效果好。

（3）有机物填充封孔

有机物是常用的镁合金阳极氧化膜封孔试剂，人们在这方面的研究也较多。在镁合金表面涂覆有机层，不仅可以提高其耐蚀性（尤其是对镁合金的电偶腐蚀有良好的抑制作用），而且可以达到美观的效果。有机涂层处理方法有液态涂料刷涂、喷涂、浸渍或电泳法涂装等。有机物涂层的种类有多种，可分为石蜡系列、热可塑性树脂系列（如乙烯树脂）、热硬化性树脂系列（如环氧树脂）、氟树脂系列（如聚四氟乙烯树脂）、有机高分子系列（如硅树脂）等。有机物涂层法是物理封孔方法，因此在选择有机封孔剂时；一方面要选择与氧化膜浸润程度大的试剂，这样它们能深入地渗透到氧化膜孔洞里面；另一方面考虑到表面现象的作用，涂层的表面张力应该比较小，这样有利于涂层在氧化膜表面的铺展和涂层通过毛细作用进入氧化膜的孔洞内部，故在选择有机涂覆层时应尽量选择表面活性强的涂层。

有机物涂层种类多、适应性广、工艺简单、成本低廉，对基体可以起到较好的保护作用，在镁合金表面处理方法中有很好的商业应用前景。但是由于有机物封孔是利用物理吸附作用使有机物流动填充到孔洞中将其封闭起来，涂层与基体的结合不太紧密，这是制约其发展的一个重要因素。

思 考 题

1. 钝化膜可分几类？
2. 锌及锌合金的钝化工艺中三价铬和六价铬钝化膜的形成原理是什么？
3. 铝合金阳极氧化封闭的方法有哪些？

参考答案

1. 根据覆盖层的不同，钝化分为金属镀层的钝化和非金属镀层的钝化；根据钝化液是否含铬，分为有铬钝化和无铬钝化，有铬钝化进行细分，又分为六价铬钝化和三价铬钝化。

2. 钝化膜是由三价和六价的碱式铬酸盐及其水化物组成。其中，三价铬离子呈绿色，六价铬离子呈红色，由于各种颜色的折光率不同，形成膜层的彩虹色。当锌及锌合金浸入铬酸盐溶液时，主要经过以下 3 个反应过程：处理液中六价铬离子被还原成三价铬离子的过程；处理液 pH 升高而形成钝化膜的过程；钝化膜的溶解过程。

3. 热水封闭法、水蒸气封闭法、重铬酸盐封闭法、水解盐封闭和填充封闭法。

实验 9　电镀锌的工艺研究

一、实验目的

1. 了解电镀锌的发展趋势。

2. 初步掌握电镀锌的配方及操作工艺。

二、实验原理

镀锌是目前国内外广泛采用的黑色金属防腐蚀手段。由于锌镀层在潮湿环境中易发生腐蚀，产生白斑和灰暗物，为了提高锌镀层的耐腐蚀性能，必须进行钝化处理。钢铁、铝等金属表面生成致密氧化物保护层，从而阻止与金属进一步反应的现象叫钝化现象。电镀锌工件经过钝化后处理，形成耐蚀性钝化膜，大幅提高表层耐蚀性能，达到工业用途。

三、实验仪器与药品

1. 实验仪器

电子天平，DJS2292 型恒电位仪。

2. 实验药品

钼酸钠（工业级），磷酸钠，氢氧化钠，硫酸，盐酸，氯化钾，5% 的 Na_2CO_3，3% 的 HNO_3。

四、实验步骤

钢铁件化学去油→热水洗→流水洗→酸洗除锈→两次流水洗→电解除油→热水洗→流水洗→$V(HCl):V(H_2O)$ 1∶2 盐酸活化→流水洗→氯化钾镀锌→水洗→5% 的 Na_2CO_3 中和（40～50 ℃，5～8 s）→流水洗→出光（3% 的 HNO_3）→水洗→钝化→两次水洗→温水洗（40～50 ℃）→烘干→检验→成品。

实验 10 设计性实验：电镀锌无铬钝化

一、实验目的

1. 进一步掌握无铬纯化的配方及操作工艺。
2. 提交无铬钝化试片要求：氯化钠溶液浸泡时间大于 2 h。

二、实验原理

电镀锌工件经过钝化后处理，形成耐蚀性钝化膜，大幅提高表层耐蚀性能，达到工业用途。

三、仪器与药品

根据提供的实验方案与专业教师论证结果，利用实验室现有的仪器与药品（不足部分及时购买）。

氧化锌，磷酸，50% 的硝酸锰，碳酸钙，碳酸锰，硝酸，硝酸锰，硝酸锌（易致爆），硝酸钡，硫酸锌，乙二酸，羟基乙叉二膦酸（HEDP），乙酸铵，马日夫盐，磷酸二氢锰，磷酸二氢锌，柠檬酸，氧氯化锆，硫酸氧钒，三氯化铁，钼酸铵，亚硝酸钠，硫酸亚铁（铁粉、铁钉），硫酸铜，磺基水杨酸钠，多聚磷酸钠，聚乙烯缩丁醛，氯化钠，乙二胺四乙酸，硝酸钙，硝酸镍，钼酸胺，二乙烯三胺，乙二醇，三乙醇胺，双氧水，氨水，氯化锌，酒石酸，乙二胺四乙酸二钠，单宁酸，硝酸铈（50g），硝酸镍，十八胺，十四胺，氟钛酸钾，乙烯基三甲氟基硅烷，硅酸钠，氯化钙，聚乙烯缩丁醛，3-氨丙基三乙氯基硅烷，单硬脂酸甘油酯，硫酸镍，磷酸二氢钠，5-磺基水杨酸钠，硫酸钴，乙酸铅，硝酸铝，蒽蓝。

四、提交实验方案

查阅文献，提交一到两份实验方案，包括钝化原理、配方、操作步骤、所需仪器。专业教师给出参考建议。

五、实际操作

按照确定实验方案，以组为单位进行实验室操作，认真做好原始记录，上交钝化后的试片（其中有一片为做过耐盐雾试验的）。除规定实验时间外，可利用课余时间进行试验，应事先与教师取得联系。

六、思考题

1. 你认为无铬钝化提高镀锌层耐蚀力的关键是什么？

2. 在你所进行的实验中，哪些组分是影响耐蚀性的主要因素？

七、参考答案

1. 关键是钝化层的致密性及钝化层厚度，既要保证钝化层的厚度，也要保证致密性。

2. 根据所设计的实验去分析，加速剂、络合剂、表面活性剂等添加剂都会影响耐蚀性。

注：实验报告格式及数据记录详见附件1、附件2。

第九章 分析与测试

表面处理层的检测是对生产过程中其性能的好坏进行质量控制的重要手段，处理层质量的优劣直接关系到表面处理能否达到实际要求，因此，应当对表面处理层的分析和测试方面高度重视。同时，性能的检测日趋受到表面处理工作者的关注，是表面处理质量管理体系中一项重要的内容，也是人们进行新的表面处理工艺开发研究所必须采用的重要手段。

表面处理层的性能由多方面因素决定，如基底材料的性能、涂层的性能、涂层的工艺条件、后处理的方式等。其最终的性能既不同于基体材料本身的性能，又不同于涂覆材料的性能，因此，不能简单的利用常规状态下对金属或非金属材料性能评定的方法来评价其性能、必须多角度、多方面进行评价。

表面处理层的性能检测所涉及的技术较广，多学科交叉，是一项专业性很强的技术。在进行其性能的评测时，必须根据产品的不同，按照特定的要求及使用环境来确定所需测试的内容和方法。

通常情况下，其性能的检测项目主要有外观、微观形貌、成分、晶体结构、厚度、孔隙率、耐磨性、结合力和耐蚀性等。

9.1 外　观

外观是涂层性能直观的反映，外观检验通常在光线充足的环境条件下，用肉眼进行观察。其方法是：在天然散射光或无反射光的白色透明光线下，用肉眼直接观察。光的照度应不低于 300 lx（也即相当于零部件放在 40 W 日光灯下距离 50 cm 处的光照度）。目视法可以用来对磷化膜和阳极氧化膜的质量粗略快速的检测。

9.1.1 磷化膜外观检测

相关标准见 GB/T 11376—1997《金属的磷酸盐转化膜》和 GB/T 6807—2001《钢铁工件涂装前磷化处理技术条件》。磷化膜的外观检验，通常在自然光照度不小于 100 lx 下，进行目测或用 6 倍放大镜下观测，与检查其他膜的方法类似。

总要求：磷化膜结晶应致密、连续、均匀，无白点、锈斑、鳞片状磷化膜，无手印等。

整个金属表面应全部被磷化膜所覆盖，且磷化膜的厚度应足以完全保护金属表面。检查时，将磷化后的金属材料浸入清水中，磷化膜未覆盖的地方会露出金属光泽。根据零件材料的材质不同和磷化液的类型不同，磷化膜的颜色由浅灰色、深灰色到黑灰色或彩色。含铬、锰、硅元素的合金钢制材料，磷化层显红褐色。

磷化膜外观检查时，具有下列情况或其中之一时，均为允许缺陷：

①轻微水迹、擦白及轻微挂灰现象；

②由于局部热处理、焊接及加工状态的不同，造成颜色和结晶不均匀；

③焊缝处无磷化膜；

④除去锈蚀处与整体色泽不一致。

磷化膜有下列情况之一时，为不允许缺陷：

①疏松的磷化膜层；

②锈蚀未除净，或者重新出现锈蚀或绿斑；

③局部无磷化膜（焊缝处除外）；

④表面出现手指轻抹可抹掉的挂灰。

9.1.2 铝及铝合金阳极氧化膜外观检验

铝及铝合金阳极氧化膜外观检验的总要求：

①铝及铝合金硫酸阳极氧化膜层钝化前的颜色为乳白色或灰白色。

②钝化后为黄绿色至浅黄色。铬酸阳极氧化为浅灰色至乳白色。

铝及铝合金阳极氧化膜外观检查时，具有下列情况或其中之一时，均为允许缺陷：

①同一零件上有不同颜色的阴影；

②有轻微的水印；

③有夹具印。

铝及铝合金阳极氧化膜外观检查时，具有下列情况或其中之一时，均为不允许缺陷：

①用手指能擦掉的疏松膜层和钝化着色的挂灰；

②存在条纹、烧焦、过腐蚀、斑点和划伤；

③存在裸铝零件阳极氧化后，出现黑点和黑斑；

④存在未洗净的盐类痕迹。

铝及铝合金硬质阳极氧化膜外观检验的总要求：

①硬质阳极氧化膜层颜色应为暗灰色至黑色；

②膜层应为连续的、均匀的。

铝及铝合金阳极氧化膜外观检查时，具有下列情况或其中之一时，均为允许缺陷：

①局部无膜层（工艺规定除外）；

②有过腐蚀现象；

③有疏松和易擦掉的氧化膜；

④膜层表面上有光亮的白斑点；

⑤同一零件有不同颜色及光泽；

⑥存在轻微的水印；

⑦存在由于铸造所引起的缺陷；

⑧夹具处无膜层；

⑨变形板材有条纹。

9.1.3　镁及镁合金阳极氧化膜外观检验

镁及镁合金氧化膜外观检验的总要求：

①镁及镁合金氧化膜为草黄色至金黄色或黄褐色至浅黑色（取决于不同的工艺条件）。

②膜层应连续均匀。

镁及镁合金氧化膜外观检查时，具有下列情况或其中之一时，均为允许缺陷：

①同一零件上有轻微的不同颜色；

②由旧氧化膜引起的斑点、零件过热引起的黑斑，焊缝处有黑色部位及铝的反偏析。

镁及镁合金氧化膜外观检查时，具有下列情况或其中之一时，均为不允许缺陷：

①氧化膜表面出现白点和黑点；

②有过腐蚀；

③有用手可擦去的疏松氧化膜。

9.1.4　铜及铜合金氧化膜外观

铜及铜合金氧化膜外观检测的总要求如下：

铜及铜合金氧化膜为黑色。氧化膜应为连续均匀的。铜及铜合金氧化膜外观检查时，若同一零件上有不均匀颜色，视为允许缺陷。

铜及铜合金氧化膜外观检查时，具有下列情况或其中之一时，视为不允许缺陷：

①局部表面无氧化膜；

②有疏松的氧化膜；

③过腐蚀；

④有未洗干净的盐类痕迹。

9.2　表面微观形貌的分析

人眼对客观物体细节的鉴别能力是很低的，一般在0.15～0.30 mm。一旦物体的尺寸小于这个范围，人眼将无法分辨，因此，仅靠人眼去检测表面处理的好坏，具有一定的局限性。显微分析主要是从微观的角度出发，对我们肉眼或一般简单的工具不能观测的物质采用显微分析仪器设备进行放大后所进行的一系列检测分析。根据所用光源的不同，分为可见光显微分析和电子光学显微分析，可见光显微分析其光源为可见光，受可见光波长限制，理论上其极限放大倍数2000倍，实际光学显微镜的放大倍数一般不超过1500倍，能够清晰的观察微米级的结构特征。光学显微镜具有结构简单、成本低、分析速度快等，能够对材料表面和内部组织结构进行快速检测，在工业上是比较常用的；电子光学显微镜所采用的光源是电子束，具有更短的波长，所以电子光学显微镜具有更高的放大倍数，分辨能力强，具有较大的焦深和景深，能看到纳米结构，但是设备较贵且成本高。所以，在工艺开发过程中，快速分析时，多采用光学显微分析；而在工艺条件微调、优化质量时，采用电子显微分析。

9.2.1 光学显微表面分析

显微镜放大的光学系统由两级组成。第一级是物镜，实物细节通过物镜得到放大的倒立实像，实像的细节虽已为被区分开，但其尺度仍很小，仍不能为人眼所鉴别，因此，还需第二级放大。第二级放大是通过目镜来完成。当经第一级放大的倒立实像处于目镜的主焦点以内时，人眼可通过目镜观察到二次放大的正立虚像。

利用光学显微分析，可以观察基本所有的表面处理层，如观察金属镀层晶核的形状、表面的缺陷、厚度及腐蚀形貌；观察磷化层的形貌、结晶状态、缺陷；观察阳极氧化层厚度和形貌。

9.2.2 电子光学显微分析

电子光学显微分析是利用聚焦电子束与试样物质相互作用产生的各种物理信号、分析试样物质的微区形貌、晶体结构和化学组成。常见的包括扫描电子显微镜（SEM）和扫描探针（SPM）。

SEM是最常用的一种表面分析的手段，其工作原理是从电子枪阴极发出的电子束，受到阴阳极之间加速电压的作用，射向镜筒，经过聚光镜及物镜的会聚作用，缩小成直径约几纳米的电子探针。在物镜上部的扫描线圈的作用下，电子探针在样品表面做光栅状扫描并激发出多种电子信号。这些电子信号被相应的检测器检测，经过放大、转换，变成电压信号，最后被送到显像管的栅极上并且调制显像管的亮度。显像管中的电子束在荧光屏上也做光栅状扫描，并且这种扫描运动与样品表面的电子束的扫描运动严格同步，这样即获得衬度与所接收信号强度相对应的扫描电子像。这种图像反映了样品表面的形貌特征。由于其光源为电子束，当材料表面不导电时，会聚集大量的电荷，从而导致成像变形，所以对于不导电的材料要进行蒸金或蒸碳处理后，才能进行观察，对于磷化层和阳极氧化层，都要进行此步处理。图9-1为SEM观察的镁合金阳极氧化层的表面及截面形貌，其中，表面形貌采用的是二次电子成像，截面形貌采用的是背散射电子成像，这是由于二次电子成像所形成的是形貌衬度，能够反映出表面的精细结构。而被散射电子成像既能形成形貌衬度又能形成原子序数衬度，所以能够清晰地分辨出氧化层与基底之间的界面。

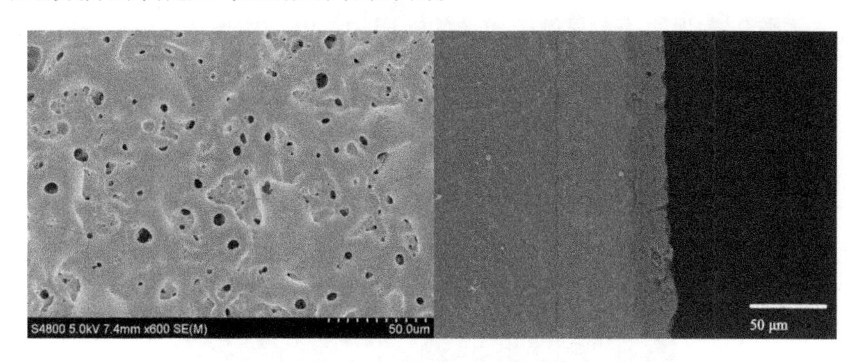

图 9-1　镁合金阳极氧化表面及截面电镜

扫描探针显微镜（scanning probe microscopes，SPM）包括扫描显微镜（STM）、原子力显微镜（AFM）、激光力显微镜（LFM）、磁力显微镜（MFM）、静电力显微镜及扫描热显微镜等，是一类完全新型的显微镜。它们通过其端粗细只有一个原子大小的探针在非常近的距离上探索物体表面的情况，便可以分辨出其他显微镜所无法分辨的极小尺度上的表面特征。

①原子级高分辨率。STM 在平行和垂直于样品表面方向的分辨率分别可达 0.10 nm 和 0.01 nm，即可以分辨出单个原子，具有原子级的分辨率。

②可实时地得到实空间中表面的三维图像，可用于具有周期性或不具备周期性的表面结构研究及表面扩散等动态过程的研究。

③可以观察单个原子层的局部表面结构，因而可直接观察表面缺陷、表面重构、表面吸附体的形态和位置，以及由吸附体引起的表面重构等。

④可在真空、大气、常温，以及水和其他溶液等不同环境下工作，不需要特别的制样技术，并且探测过程对样品无损伤。

这些特点适用于研究生物样品和在不同试验条件下对样品表面的评价。

原子力显微镜（AFM）是最常见的应用最广的一种扫描探针显微镜。为了测量绝缘体样品的表面结构，1986 年，Binnig、Quate 和 Gerber 在扫描隧道显微镜的基础上发明了原子力显微镜。AFM 提供一种使锐利的针尖直接接触样品表面而成像的方法。绝缘的样品和有机样品均可成像，可获得原子分辨率的图像。AFM 的应用范围比 STM 更为广阔，AFM 实验可以在大气、超高真空、溶液及反应性气氛等各种环境中进行，除了可以对各种材料的表面结构研究外，还可以研究材料的硬度、弹性、塑性等力学性能和表面微区摩擦性质；也可以用于操纵分子、原子进行纳米尺度的结构加工和超高密度信息存储。原子力显微镜的基本原理是：将一个对微弱力极敏感的微悬臂一端固定，另一端有一微小的针尖，针尖与样品表面轻轻接触，由于针尖尖端原子与样品表面原子间存在极微弱的排斥力，通过在扫描时控制这种力的恒定，带有针尖的微悬臂将对应于针尖与样品表面原子间作用力的等位面而在垂直于样品的表面方向起伏运动。利用光学检测法，可测得微悬臂对应于扫描各点的位置变化，从而可以获得样品表面形貌的信息。图 9-2 为原子力显微镜成像的镀层的三维结构像。

图 9-2　镀层的 AFM

9.3　成分的分析

9.3.1　电子探针显微镜

电子探针显微镜（EDS）是利用 X 射线与物质相互作用，收集所产生的特征 X 射线的波长或能量来进行物质成分的分析。检测 X 射线波长的是波谱仪，检测 X 射线能量的是能量仪，它们具有各自的特点。

波谱仪和能谱仪（EDS）的特点：波谱仪分析的元素范围广、探测极小、分辨率高，适应于精确的定量分析。其缺点是要求试样表面平整光滑、分析速度较慢、需要用较大的束流、从而引起样品和镜筒的污染。能谱仪虽然在分析元素范围、探测极限、分辨率等方面不如波谱仪，但其分析速度快，可用较小的束流和微细的电子束，对试样表面要求不如波谱仪那样严格，因此特别适合于与扫描电镜配合使用（图 9-3）。

目前扫描电镜或电子探针仪可用时配用能谱仪和波谱仪，构成扫描电镜-波谱仪-能谱仪系统，使两种谱仪互相补充，发挥长处，是非常有效的材料研究工具。应用能谱仪和波谱仪两种谱仪，均可以对试样进行点分析、线分析和面分析，相应获得的数据资料可以画出某元素在选项的直线上分布的浓度-距离曲线以及元素的分布图，并可用不同颜色的彩色图像来显示。

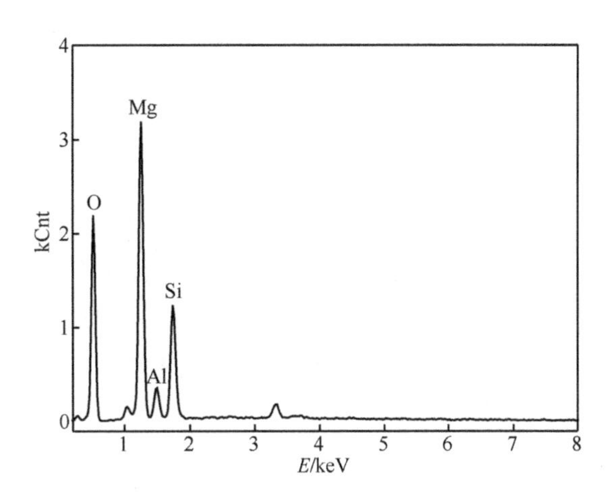

图 9-3　镁合金阳极氧化层 EDS 图谱

9.3.2　光电子能谱

光电子能谱（XPS）的一个很重要的应用方面是做化学分析，常称为光电子化学分析。光电子能谱仪在元素的定性分析上有特殊优点，它可以测定除氢以外的全部元素，对物质的状态没有选择，样品需要量很少，可少至 1～8 g，而灵敏度可高达 10～18 g。用光电子能谱做元素的定性分析的基础是测定元素中不同轨道上电子的结合能（E_b）。由于不同元素的原子各层能级的电子结合能数值相差较大，给测定带来了极大的方便。从光电子能谱测得的信号是该物质含量或相应浓度的函数，在谱图上它表示为光电子峰的面积。在实际分析中用得更多的方法是对照标准样品校正，测量元素的相对含量，这方面已有不少成功的例子。

在无机分析中不仅可以测得不同元素的相对含量，还可以测定同一种元素的不同种价态的成分含量。以 MoO_2 为例，它的表面往往被氧化成 MoO_3。为了解其氧化程度，可以选用 C_{1g} 电子谱作参考谱，测 Mo 3d 3/2 、 Mo 3d 5/2 谱线，两谱线的能量间距为（3.0±0.2） eV。MoO_3 和 MoO_2 的 Mo 3d 电子结合能有 1.7 eV 的化学位移。根据这种化学位移可以区别氧化铝混合物中不同价态的钼。如果作 MoO_3/MoO_2 不同掺量比的校正曲线，就可以定出混合物中 MoO_3 的相对含量。

9.4　晶体结构的分析

晶体的结构决定其性质，不同的结构所形成的表面层的性能不同。例如，化学镀镍层，当采用次亚磷酸钠为还原剂时，其所形成的镀层为 Ni-P 合金镀层，P 进入镍的晶格，随着 P 含量的增加，所形成的镀层越接近非晶态镀层，其耐蚀性越高，所以对晶体结构的研究十分必要。研究晶体结构的方法有 X 射线衍射、电子衍射、高分辨透射电镜成像、中子衍射等，其中最常用的是 X 射线衍射和电子衍射，而两种方法一般不单独使用，要相互验证所得到的结果。

9.4.1 X 射线衍射分析

X 射线衍射分析是利用晶体形成的 X 射线衍射，对物质进行内部原子在空间分布状况的结构分析方法。将具有一定波长的 X 射线照射到结晶性物质上时，X 射线因在结晶内遇到规则排列的原子或离子而发生散射，散射的 X 射线在某些方向上相位得到加强，从而显示与结晶结构相对应的特有的衍射现象。衍射 X 射线满足布拉格（W. L. Bragg）方程：

$$2d\sin\theta = n\lambda \tag{9-1}$$

式中，λ 是 X 射线的波长；θ 是半衍射角；d 是结晶面间隔；n 是整数。波长 λ 可用已知的 X 射线衍射角测定，进而求得面间隔，即结晶内原子或离子的规则排列状态。将求出的衍射 X 射线强度和面间隔与已知的表对照，即可确定试样结晶的物质结构，此即定性分析。从衍射 X 射线强度的比较，可进行定量分析。

进行 X 射线衍射的可以是金属、非金属、有机、无机材料粉末。

晶体的 X 射线衍射图像实质上是晶体微观结构的一种精细复杂的变换，每种晶体的结构与其 X 射线衍射图之间都有着一一对应的关系，其特征 X 射线衍射图谱不会因为它种物质混聚在一起而产生变化，这就是 X 射线衍射物相分析方法的依据。制备各种标准单相物质的衍射花样并使之规范化，将待分析物质的衍射花样与之对照，从而确定物质的组成相，就成为物相定性分析的基本方法。鉴定出各个相后，根据各相花样的强度正比于改组分存在的量（需要做吸收校正者除外），就可对各种组分进行定量分析。目前常用衍射仪法得到衍射图谱，用“粉末衍射标准联合会（JCPDS）”负责编辑出版的“粉末衍射卡片（PDF 卡片）”进行物相分析。

目前，物相分析存在的问题主要有：①待测物图样中的最强线条可能并非某单一相的最强线，而是两个或两个以上相的某些次强或三强线叠加的结果。这时若以该线作为某相的最强线将找不到任何对应的卡片。②在众多卡片中找出满足条件的卡片，十分复杂而繁锁。虽然可以利用计算机辅助检索，但仍难以令人满意。③定量分析过程中，配制试样、绘制定标曲线或 K 值测定及计算，都是复杂而艰巨的工作。为此，有人提出了可能的解决办法，认为从相反的角度出发，根据标准数据（PDF 卡片）利用计算机对定性分析的初步结果进行多相拟合显示，绘出衍射角与衍射强度的模拟衍射曲线。通过调整每一物相所占的比例，与衍射仪扫描所得的衍射图谱相比较，就可以更准确地得到定性分析和定量分析的结果，从而免去了一些定性分析和整个定量分析的实验和计算过程。

（1）点阵常数的精确测定

点阵常数是晶体物质的基本结构参数，测定点阵常数在研究固态相变、确定固溶体类型、测定固溶体溶解度曲线、测定热膨胀系数等方面都得到了应用。点阵常数的测定是通过 X 射线衍射线的位置（2θ）的测定而获得的，通过测定衍射花样中每一条衍射线的位置均可得出一个点阵常数值。

点阵常数测定中的精确度涉及两个独立的问题，即波长的精度和布拉格角的测量精度。波长的问题主要是 X 射线谱学家的责任，衍射工作者的任务是要在波长分布与衍射线分布之间建立一一对应的关系。知道每根反射线的密勒指数后就可以根据不同的晶系用相应的公式计算点阵常数。晶面间距测量的精度随 θ 角的增加而增加，θ 越大得到的点阵常数值越精确，因而点阵常数测定时应选用高角度衍射线。误差一般采用图解外推法和最小二乘法来消除，点阵常数测定的精确度极限处在 1×10^{-5} 附近。

（2）应力的测定

X 射线测定应力以衍射花样特征的变化作为应变的量度。宏观应力均匀分布在物体中较大范围内，产生的均匀应变表现为该范围内方向相同的各晶粒中同名晶面间距变化相同，导致衍射线向某方向位移，这就是 X 射线测量宏观应力的基础；微观应力在各晶粒间甚至一个晶粒内各部分间彼此不同，产生的不均匀应变表现为某些区域晶面间距增加、某些区域晶面间距减少，结果使衍射线向不同方向位移，使其衍射线漫散宽化，这是 X 射线测量微观应力的基础。超微观应力在应变区内使原子偏离平衡位置，导致衍射线强度减弱，故可以通过 X 射线强度的变化测定超微观应力。测定应力一般用衍射仪法。

X 射线测定应力具有非破坏性，可测小范围局部应力，可测表层应力，可区别应力类型、测量时无须使材料处于无应力状态等优点，但其测量精确度受组织结构的影响较大，X 射线也难以测定动态瞬时应力。

（3）晶粒尺寸和点阵畸变的测定

若多晶材料的晶粒无畸变、足够大，理论上其粉末衍射花样的谱线应特别锋利，但在实际实验中，这种谱线无法看到。这是因为仪器因素和物理因素等的综合影响，使纯衍射谱线增宽了。纯衍射谱线的形状和宽度由试样的平均晶粒尺寸、尺寸分布及晶体点阵中的主要缺陷决定，故对线形做适当分析，原则上可以得到上述影响因素的性质和尺度等方面的信息。

在晶粒尺寸和点阵畸变测定过程中，需要做的工作有两个：①从实验线形中得出纯衍射线形，最普遍的方法是傅里叶变换法和重复连续卷积法。②从衍射花样适当的谱线中得出晶粒尺寸和缺陷的信息。这个步骤主要是找出各种使谱线变宽的因素，并且分离这些因素对宽度的影响，从而计算出所需要的结果。主要方法有傅里叶法、线形方差法和积分宽度法。

（4）单晶取向和多晶织构测定

单晶取向的测定就是找出晶体样品中晶体学取向与样品外坐标系的位向关系。虽然可以用光学方法等物理方法确定单晶取向，但 X 衍射法不仅可以精确地单晶定向，而且还能得到晶体内部微观结构的信息。一般用劳埃法单晶定向，其根据是底片上劳埃斑点转换的极射赤面投影与样品外坐标轴的极射赤面投影之间的位置关系。透射劳埃法只适用于厚度小且吸收系数小的样品；背射劳埃法就无须特别制备样品，样品厚度大小等也不受限制，因而多用此方法。

多晶材料中晶粒取向沿一定方位偏聚的现象称为织构，常见的织构有丝织构和板织构两种类型。为反映织构的概貌和确定织构指数，有 3 种方法描述织构：极图、反极图和三维取向函数，这 3 种方法适用于不同的情况。对于丝织构，要知道其极图形式，只要求出求其丝轴指数即可，照相法和衍射仪法是可用的方法。板织构的极点分布比较复杂，需要两个指数来表示，且多用衍射仪进行测定。

测定时对于测试的样品有如下要求：

①金属样品，如块状、板状、圆柱状要求磨成一个平面，面积不小于 10 mm×10 mm，如果面积太小可以用几块粘贴一起。

②对于片状、圆柱状样品会存在严重的择优取向，衍射强度异常。因此要求测试时合理选择响应的方向平面。

③对于测量金属样品的微观应力（晶格畸变），测量残余奥氏体，要求样品不能简单粗磨，要求制备成金相样品，并进行普通抛光或电解抛光，消除表面应变层。

④粉末样品要求磨成 320 目的粒度，约 40 μm。粒度粗大衍射强度低、峰形不好、分辨率低。

⑤粉末样品要求至少需 5 mg。

9.4.2 电子衍射分析

电子衍射和 X 射线衍射一样，也遵循布拉格公式 $2d\sin\theta=n\lambda$（见 X 射线衍射）。当入射电子束与晶面簇的夹角 θ、晶面间距和电子束波长 λ 三者之间满足布拉格公式时，则沿此晶面簇对入射束的反射方向有衍射束产生。电子衍射虽与 X 射线衍射有相同的几何原理，但它们的物理内容不同。在与晶体相互作用时，X 射线受到晶体中电子云的散射，而电子受到原子核及其外层电子所形成势场的散射。

电子衍射和 X 射线衍射一样，可以用来作物相鉴定、测定晶体取向和原子位置。由于电子衍射强度远强于 X 射线，电子又极易为物体所吸收，因而电子衍射适合于研究薄膜、大块物体的表面及小颗粒的单晶。此外，在研究由原子序数相差悬殊的原子构成的晶体时，电子衍射较 X 射线衍射更优越些。其衍射方法有 3 种，分别是高能电子衍射、低能电子衍射和反射式高能电子衍射。

高能电子衍射主要适用于薄层样品的或薄膜的分析。其主要应用在以下几个方面：①微区晶体结构分析和物象鉴定，如第二相在晶体中析出过程分析、晶界沉淀物分析、弥散离子物象鉴定等；②晶体取向分析，如析出物与晶体取向关系、晶面指数等；③晶体缺陷分析。

低能电子衍射以能量为 10～500 eV 的电子束照射样品表面，产生电子衍射。由于入射电子能量低，因而低能电子衍射给出的是样品表面 1～5 个电子层的结构信息，故低能电子衍射是分析晶体表面结构的重要方法。其主要应用在以下几方面：①利用低能电子衍射花样分析确定晶体表面及吸附层二维点阵单元网格的形状与大小；②利用低能电子衍射谱及有关衍射强度理论分析确定表面原子位置（单元网格内原子位置、吸附原子相对于基底原子位置等）及表面深度方向（两三个原子层）原子三维排列情况（层间距、层间原子相对位置、吸附是否导致表面重构等）；③利用衍射斑点的形状特征及相关的运动学理论等分析表面结构缺陷（点缺陷、台阶表面、镶嵌结构、应变结构、规则与不规则的畴界和反畴界）。同时，低能电子衍射不仅应用于半导体、金属及合金等材料表面结构与缺陷的分析及吸附、偏析和重构相的分析，也适用于气体吸附、脱附及化学反应、外延生长、沉积、催化等过程的研究；低能电子衍射也可应用于表面动力学过程，如生长动力学和热振动的研究等。

反射式高能电子衍射分析以高能电子照射较厚固体样品来研究分析其表面结构。为获得表面信息，入射电子采用掠射方式即电子束以与样品表面夹角很小（$<5°$）的方式照射样品表面，使弹性散射发生在样品的近表面层。反射式高能电子衍射应用在固体样品的表面结构分析、表面缺陷分析（样品的无序程度、台阶特征等）、表面原子逐层生长过程分析（是否形成结晶、表面重构等）。典型应用为反射式高能电子衍射监控人造超晶格材料的生长（分子束外延、原子层外延或分子层外延生长等）。

9.5 厚度的测定

表面覆盖层厚度对产品的使用性能和使用寿命影响极大，因而，覆盖层厚度的检测对所有经表面技术制备的产品都是必需的。由于众多覆盖层的厚度范围很大，故不同厚度、不同涂层的测量也有许多不同方法，这些方法均是利用不同的原理测出不同尺度范围的表面覆盖层厚度。

覆层厚度的测量，根据其测量原理分为机械法、物理法、化学与电化学法、射线法、光学法等，按被测覆盖层是否损坏又可分为有损测厚和无损测厚两大类。

有损测厚有阳极溶解库伦法、光学法（如显微镜、干涉法测量、偏振光测量、扫描电镜测量）、化学溶解法（如点滴法、液流法、称重法）、轮廓仪法等；无损测厚法有磁性法、涡流法、射线法（如β射线反散射法、荧光X射线法等）、电容法、微波法、热电势法、光学法（如光电法、光切法及双光束干涉法）等。

几种常见的测量仪器及测量范围见表9-1，其中以磁性法、涡流法、库伦法、显微镜法、X射线荧光测厚法等应用最为普遍。

表9-1 不同测厚仪测量范围

仪器类型	厚度范围/μm	仪器类型	厚度范围/μm
磁性仪（用于钢上的非磁性覆盖层）	1～7500	光切显微镜	5～数百
磁性仪（用于镍覆盖层）	1～125	库伦仪	0.1～100.0

续表

仪器类型	厚度范围/ μm	仪器类型	厚度范围/ μm
涡流仪	1～2000	金相显微镜	8～数百
X 射线光谱仪	0.01～65.00	轮廓仪	0.01～1000.00
β 射线反向散射仪	0.1～100.0	电子显微镜	0.01～100.00

上述几种测厚仪器，各有其特点，适用性与局限性，在选用测厚仪时，要考虑到覆盖层的厚度、零件形状与尺寸、覆盖层的成分和基底材料、测量环境等因素使选择的测量方法能获取最可靠的结果。

9.5.1 库伦测厚法

库伦法测厚是对被测部分的金属镀层进行局部阳极溶解通过阳极溶解镀层达到材料基体时的电位变化来进行镀层厚度的测量。库伦法测厚，将被测金属镀层作为阳极，并置于电解液中进行电解，所溶解的金属量与通过的电流和溶解时间的乘积成比例，既与消耗的电量成比例。在库伦法测厚中、通常选用电解液的电流效率 η 接近于100%。在 $\eta=100\%$ 的情况下，若阳极溶解镀层的面积保持一定，则被测量镀层厚度可按式（9-2）计算：

$$d=XQ \tag{9-2}$$

式中，Q 为溶解被测镀层厚度 d 所消耗的电量，$Q=It(c)$；X 为给定金属镀层、电解液和电解池情况下的常数。X 在电流效率 $\eta=100\%$ 的情况下，根据阳极溶解面积、电化摩尔质量和镀层金属密度进行计算，也可按已知厚度的镀层进行测量来确定。通常按这种方式制作的测厚仪称作电量计式电解测厚仪。如果阳极溶解被测镀层面积和电流都保持一定值，则被测量镀层厚度可按式计算：

$$d=vt \tag{9-3}$$

式中，t 为阳极溶解被测镀层厚度 d 所经过的时间；v 为给定金属镀层、电解液、电解池和电流情况下的阳极溶解速度。按这种方式制作的测厚仪称作计时式电解测厚仪或库伦测厚仪。在国内 30 年来一直都在生产计时式电解测厚仪。

库伦法不仅可测量单层和多层金属覆盖层的厚度，还可以测三层及三层以上的覆盖层的分层厚度和一些合金镀层的厚度。表 9-2 列举用库伦法测试的电镀覆层和基底的典型组合。

表 9-2　库伦法测试的电镀覆层和基底的典型组合

覆盖层	基底材料			
	铝	铜和铜合金	Ni-Co-Fe 合金	非金属
镉	√	√	×	√
铬	√	√	×	√

续表

覆盖层	基底材料			
	铝	铜和铜合金	Ni-Co-Fe 合金	非金属
铜	√	仅在黄铜和铍铜上	×	√
铅	√	√	√	√
镍	√	√	√	√
化学镀镍	√	√	√	√
银	√	√	×	√
锡	√	√	×	√
锡铅合金	√	√	√	√
锌	√	√	×	√

对于某些铝合金，可能难以检测到电解池的电压变化；化学镀镍在镍基底上施镀，其镀层中磷和硼的含量在一定限度内才能使用库伦法。

库伦测厚仪操作简单、测量速度快且范围广，操作者的人为影响小、测量结果准确、可靠。测量范围 0.1～100.0 μm，测 1～30 μm 范围内的测量误差为±10% 以内。且可以作为 8 μm 覆盖层厚度测量的仲裁方法，应用广泛。

9.5.2 涡流测厚法

涡流测厚仪的工作原理是：高频交流信号在测头线圈中产生电磁场，测头靠近导体时，就在其中形成涡流。测头离导电基体越近，则涡流越大，反射阻抗也越大。这个反馈作用量表征了测头与导电基体之间距离的大小，也就是导电基体上非导电覆层的厚度。

由于这类测头专门测量非铁磁金属基材上的覆层厚度，所以通常称之为非磁性测头。非磁性测头采用高频材料做线圈铁芯，如铂镍合金或其他新材料。与磁感应原理比较，主要区别是测头不同，信号的频率不同，信号的大小、标度关系不同。与磁感应测厚仪一样，涡流测厚仪也达到了分辨率 0.1 μm，允许误差 1%，量程 10 mm 的高水平。

采用电涡流原理的测厚仪，原则上对所有导电体上的非导电体覆层均可测量，如航天航空器表面、车辆、家电、铝合金门窗及其他铝制品表面的漆，塑料涂层及阳极氧化膜。覆层材料有一定的导电性，通过校准同样也可测量，但要求两者的导电率之比至少相差 3～5 倍（如铜上镀铬）。

众所周知，磁阻法是利用探头与磁性基体（铁基）之间的提离效应，所以基体对其所测量的厚度有决定性的影响，钢铁中的化学物质和其自身的粗糙度直接影响到磁通量的大小，如被测物的基体的加工工艺与仪器校正钢块不一，或者形状大小不一都会导致测量误差，尤其当膜层大于 30 μm。但一般电镀层的厚度不会超过 30 μm。而涡流法是比较适用对与电镀层厚度的测量，大家通常所说的涡流法是属于低频的涡流，而低频涡流只适用测量有色金属上的非导电膜层。但当涡流达到高频 500 kHz 以后就可对导电膜层进行测量。高频涡流是通过涡电流信号对导电膜层反射阻抗所产生的趋肤效应，不受基体是否磁性的影响，只要膜层是导电材料就可以测量。

涡流测厚仪轻巧便于携带、操作简单易掌握、测量快而准确、价格较低廉，因此，它是非磁性集体上覆盖层厚度测量较为普遍的方法。

9.5.3 磁性测厚法

磁性涂层测厚仪是利用磁性感应原理是从测头经过非铁磁覆层而流入铁磁基体的磁通的大小，来测定覆层厚度的。也可以测定与之对应的磁阻的大小，来表示其覆层厚度。覆层越厚，则磁阻越大、磁通越小。利用磁感应原理的测量仪，原则上可以测有导磁基体上的非导磁覆层厚度。

磁性测厚仪可应用来测量钢铁表面的油漆层，瓷，搪瓷防护层，塑料、橡胶覆层，镀锌、镀铬等电镀层，以及化工石油行业的各种防腐涂层。

磁性法覆盖层厚度的测量范围从几微米到几十毫米，在测量前应用标样对仪器进行调节，以确保测量精度。该测厚仪较轻，操作简单，易于掌握使用。

9.5.4 X 射线荧光测厚法

X 射线荧光测厚法是一种快速、高精度的非损害性测厚方法。工作原理是利用 X 射线管或放射性同位素释放出 X 射线，激发覆盖层或金属基底的特征 X 射线，通过测量被测覆盖层衰减之后的 X 射线最终强度，来测量覆盖层厚度。

该方法可以测量任何金属或非金属基底上 15 μm 以下的各种金属覆盖层的厚度，对极小面积、极薄及形状复杂的试样的覆盖层也可以测，还用于基体表面多层及二元合金层厚度测量，且能够探测出合金覆盖层的成分。操作需要一定的专业知识，X 射线对人体会造成一定的伤害，在测量过程中，需要采取相应的保护措施。

9.5.5 金相显微镜法与扫描电镜法

金相显微镜法测定覆盖层厚度，就是把试样断面进行镶嵌、抛光和浸蚀，将浸蚀过的试片放在具有一定放大倍率的显微镜下检查被测试样的断面，并通过内置标尺来测量金属镀层及氧化物覆盖层的局部厚度和平均厚度。该法具有精度高、重现性好等特点，但操作比较复杂。

金相显微镜测厚是一种破坏性测量方法。通常作为覆盖层厚度的精确测量，也被人们作为镀层厚度测量方法中的仲裁方法。采用本法测量厚度大于 25 μm 时，合理的误差均为 5% 或者更小。

扫描电子显微镜放大范围 500～20 万倍，所以相对于金相显微镜来讲，其测量范围较宽，且其具有较大的景深和场深，能够显示立体三维结构，对试样的要求没有金相显微镜严格，其测量精度更高，但是仪器价格比较昂贵。

9.6　孔隙率测定

评定涂层（膜）致密性的主要技术指标包括密度及孔隙率，其中以孔隙率尤为重要。涂层孔隙率是描述涂层密实度的一个度量单位，是反映涂层质量的定量指标之一。

涂层由涂层材料微粒在基体表面堆积而成，受涂覆方法、涂覆工艺和质量的影响，其中存在微小孔隙，其密度小于原涂层材料密度。不同基体、不同材料对密实度有不同要求。一般情况下，密实度越大、孔隙率越小越好。例如，要求涂层密实的功能性涂层（如防渗碳镀层、防渗氮镀层等），孔隙率的大小直接影响涂层的功能效果。又如，对于防腐蚀涂层，腐蚀性气体、流体通过孔隙流向基体表面，腐蚀基体，因此孔隙率越大害处越大。当然也有相反情况，如经受磨损的耐磨涂层，孔隙可以储存润滑剂，因此孔隙对涂层是有利的。

检测涂层孔隙率的方法很多，可以根据涂层孔隙率的物理定义直接测量，例如浮力法、直接称量法，后来又发明了贴滤纸法、涂膏法、浸渍（灌注）法等化学腐蚀方法以及电解显像法和显微镜法等，每种方法各有其特点和用途。这里仅介绍一种简单快速的方法，贴滤纸法和置换法。

9.6.1　贴滤纸法

贴滤纸法适用于测量表面允许贴滤纸的零件。将滤纸浸渍在下列成分的溶液中：10 g/L 铁氰化钾，20 g/L 氯化钠。将浸有该溶液的滤纸贴到才出槽的零件中经过除油并用蒸馏水洗净吹干的零件上，使滤纸和零件表面无空隙。保持 20 min，然后揭下滤纸。印在划有平方厘米的格子的玻璃板上，观察格子内滤纸上出现的蓝色斑点数。

9.6.2　置换法

置换法测定涂层孔隙率，是利用电位较负的基体与试液中金属铜离子发生置换反应，在涂层表面产生置换铜有色斑点，最后以受检表面斑点数的多少来评定涂层的孔隙率。溶液为 5% 的五水硫酸铜水溶液。将准备好的试样，浸于硫酸铜试液中 3 min，取出不经清洗在室温下空气中晾干。存在小孔隙处出现红色铜点，当有大孔隙时产生一铜环包围的暗灰色。印在划有平方厘米的格子的玻璃板上，观察格子试样上出现的斑点数。

9.7 耐磨性测定

涂层耐磨性是涂层在使用环境中经受机械磨损的一个重要的物理性能，也是在实际使用过程中应用最多且最能发挥作用的性能之一，它是磨损和揉搓两个过程的总和。涂层的耐磨性实质上是涂层的硬度、附着力及内聚力综合效应的体现。涂层耐磨性的好坏，与基体材料、表面处理、涂层类型和涂装过程的工艺条件有关。所以，涂层耐磨性的测定是涂层性能检验的重要内容之一，特别是当涂层的主要用途为耐磨损时，就更需要了解其耐磨损性能并检验之。

涂层的耐磨性检验，一般是模拟磨损的工况条件，进行对比性的摩擦磨损试验，以评定检验涂层的耐磨性。实际应用中，磨损的类型很多，相应的磨损实验方法也很多，常用的有以下几种。

9.7.1 橡胶轮磨料磨损实验

一定粒度的磨料通过下料管以固定的速度落到旋转着的磨轮与方块形试样之间，磨轮的轮缘为规定硬度的橡胶。试样借助杠杆系统，以一定的压力压在转动的磨轮上，试样的涂层表面与橡胶轮面相接触。橡胶轮的转动方向应使接触面的运动方向与磨料流动方向一致。在磨料旋转过程中，磨料对试样产生低应力磨料磨损。经一定摩擦行程后，测定试样失重量，即涂层减少量，并以此来评定涂层的耐磨性。

典型的试样为 50 mm×75 mm 的长方形试片，厚度为 10 mm，在其平面上制备涂层，并用平面磨床将涂层磨平，磨削方向应平行于试样长度方向，使涂层表面无任何附着物或缺陷。一般采用实验参数为：橡胶轮材料为氯丁橡胶、磨料为 50～70 目天然石英砂、轮缘线（速度 140 m/min，载荷 130 N）。

9.7.2 销盘式磨料磨损实验

将砂纸或砂布装在圆盘上，作为试验机的磨料。试样做成销钉式，在一定负荷压力下压在圆盘砂纸上，试样的涂层与圆盘砂纸相接触。圆盘转动，试样沿圆盘的径向作直线移动。经一定摩擦行程后，测定试样的失重，即涂层的磨损量，以此来评定涂层的耐磨性。实验设备通常采用销盘式磨料磨损实验机。实样采用直径为 4 mm 的圆柱形，在试样的一平面端制备涂层，并将涂层磨平洗净，使其表面无任何缺陷和附着物，试样的端面应与其轴线垂直。推荐的实验参数如下：磨料为 140～180 目天然石英砂，转速 60 r/min，载荷 24 N，行程 9 m。

9.7.3 吹砂实验

涂件表面经受尖锐的硬质颗粒冲刷而引起的磨损为冲蚀磨损，这些颗粒可以通过气体或液体携带并以一定速度冲击涂件表面。涂件涂层的耐冲蚀磨损性可用吹砂实验来评定。

实验时，将试样置于喷砂室内，涂层向上，固定在电磁盘上，周围用橡胶板加以保护，然后采用射吸式喷砂枪吹砂。喷砂枪用夹具固定，以保持喷砂角度和距离不变，并保持一定的喷砂空气压力和供砂速率。磨料一般采用刚玉砂。吹砂过程中，磨料对涂层产生冲蚀磨损。吹砂时间一般定为 1 min。实验后测定试样失重量，即涂层质量减少量，用以评定涂层的耐冲蚀磨损性能。

9.7.4 摩擦磨损实验

各种摩擦性相对运动即产生磨损。影响磨损的因素很多，如摩擦件的材质、表面形状、摩擦运动形式、工况及润滑方式等。因此，评价涂层的这一类形式的耐磨性比较困难，一般应尽可能通过模拟实际工况条件来检验涂层的耐磨性。实验一般采用磨损实验机。将实样做成外径 4 cm 内径、1 cm 的环形，环面上预加工宽 9 mm、深0.5 mm 的环槽，然后在环槽上制备涂层，并在磨床上将环面磨圆到试样尺寸，清理干净后进行试验。实验后测定试样的失重量，即涂层的减少量，据此评定涂层的耐磨性。

9.8 结合力测定

涂层的结合力是指涂层与基体（或中间涂层）之间的结合强度，即单位表面积的涂层从基体（或中间涂层）上剥离下来所需要的力。它是涂层的重要力学性能之一，也是判断涂层是否能使用的基本因素之一。

涂层结合力不良表现的形式有鼓泡（局部非开裂状、结合力不良）、脱皮（较大面积呈开裂状、结合力不良）等。其原因多数系施涂前基体表面处理不良所致，涂层成分和工艺规范不当或涂层与基体线膨胀系数悬殊等因素，对涂层的结合力也有影响。若涂层的结合力不合格，则无须进行其他性能的检验，可见涂层结合力的重要性。

评定和检验涂层结合力的方法很多，可分为定性和定量两种检验方法。一般生产现场常用的大多数为定性或半定量检验方法，即以涂层与基体的物理力学性能不同为基础，在试样经受不均匀变形、热应力或其他外力作用下，检验涂层结合力合格与否。涂层结合力的定量检验方法需要特定的设备和试样，且提供测量数据的方法既费时又复杂，故现场一般常用车间检验或比较实验的定性检验方法。

根据涂层的种类和涂件的使用环境，涂层的定性检验可选择弯曲、锉磨、冲击、刻痕、加热热震等多种方法。在此介绍弯曲、锉磨、刻痕和热震 4 种方便实用的检测方法。

9.8.1 弯曲实验法

弯曲实验法是在长方形基体上施涂后作为试样，在外力作用下使试样弯曲，由于涂层与基体受力程度不同，两者间产生分力，当该分力大于其结合力时，涂层即从基体上剥落或起皮开裂。最后以弯曲实验后涂层是否开裂、剥落来评定涂层结合力合格与否。此法适合于薄型零件、线材、弹簧等产品的涂层结合力检验。

弯曲实验的具体条件和方法一般有以下几种。

①将试样沿一直径等于试样厚度的轴，反复弯曲 180°，直至试样断裂，以涂层不脱落为合格。

②将试样沿一直径等于试样厚度的轴，反复弯曲 180°，然后用 4 倍的放大镜检查受弯曲部分，如涂层不起皮脱落，即为合格。

③将试样固定在台钳上，用力反复弯曲试样，直至断裂，如涂层不起皮脱落，或者用 4 倍放大镜检查涂层与基体不分层，则均为合格。

④将试样两端各置于支点上，在两个支点中间加载荷，使试样弯曲，比较弯曲后涂层开始发生龟裂的弯曲曲率和龟裂的位置，或用适当的工具，以同一方法将龟裂处涂层刮掉，然后比较涂层脱落的大小范围和程度。

9.8.2 锉磨实验法

锉磨实验法用锉刀、磨轮或钢锯对试样自基体向涂层方向进行锉、磨或锯，利用锉、磨、锯过程中涂层与基体受到不同机械作用力及热膨胀性的不同，使两者界面上产生分力，当该分力大于涂层的结合力时，涂层将剥落。此法对于非常薄的涂层，以及锌、镉等软金属涂层不适用，而对于镍、铬等较硬的金属涂层较为有效，同时此法适宜于不易弯曲、缠绕或使用中经受磨损的涂件。

实验的具体条件和方法如下。

①将试样固定在台钳上，用锉刀自基体向涂层方向作单向锉削，锉刀与涂层表面约成 45°。经过一定次数的锉削后，以涂层不起皮或不剥落为合格。

②将试样用工具夹住，在高速旋转的砂轮上对试样边缘部分磨削，磨削的方向是从基体至涂层，经一定时间磨削后，以涂层不起皮或不剥落为合格。

③以钢锯代替砂轮，对试样边缘部分从基体至涂层方向进行锯切，以涂层不起皮或不剥落为合格。

9.8.3 划痕实验法

用硬质钢针或刀片，在试样表面纵横交错地将涂层划穿成一定间距的平行线或方格，划痕的数量和间距不受限制。划痕时使涂层在受力情况下与基体产生作用力，当作用力大于涂层结合力时，涂层将从基体上剥落。划痕后以涂层是否起皮或剥落来评定涂层的结合力是否合格。此法适用于一些硬度中等、厚度较薄的涂层和塑料涂层、松孔镀铬层等。

实验的具体方法如下。

①用锐利的硬质钢针或钢划刀，在被测试样表面划两条相距为 1～2 mm 的平行线。划线时应施以足够的压力，使划刀一次划破涂层至基体。若两条划线之间的涂层无起皮或剥落，则为合格。

②在被测试样表面用钢针或钢刀划穿涂层，以 1～3 mm 间距和 45°～90°的交错角度，划成一定数量的方形或菱形小格。以格子内涂层无起皮或剥落为合格。

③按上述方法划出两条划痕后，进一步用锐边工具在划痕处挑撬涂层，以挑撬后涂层不脱落为合格。

④用一种黏合性高的胶带贴在划痕后的试样表面，待固化后撕去胶带，以涂层不脱落为合格。

9.8.4 热震实验

加热骤冷试验法又称热震试验法，是将受检试样在一定温度下进行加热，然后骤冷，利用涂层与基体线膨胀系数不同而发生变形差异，来评定涂层的结合力是否合格。当涂层与基体间因温度变形产生的作用力大于其结合力时，涂层剥落。本试验适用于涂层与基体两者的线膨胀系数有明显差别的情况。

具体试验方法为：将试样用恒温箱式电阻炉加热至预定温度，保温时间一般为 0.5～1.0 h，视具体情况而定。试样经加热及保温后，将试样在空气中自然冷却，或直接投入冷水中骤冷。观察试样表面涂层，以不起皮、不脱落表示结合力合格。

试样加热温度要求如表 9-3 所规定的温度，温度误差为±10 ℃。某些易氧化的金属应在惰性气体中加热或在适当的液体中加热。

表 9-3　不同基底不同镀层热震实验温度

镀层基底	铜及铜合金/℃	铝及铝合金/℃	钢/℃	锌合金/℃
铬、镍、铜、锡-镍、镍-铬	250	220	300	150
锡、铅	150	150	150	150

9.9 耐蚀性分析

从物理化学理论分析，材料的腐蚀倾向由其热力学稳定性决定，其腐蚀速率由腐蚀的动力学决定。但是，由于腐蚀热力学和动力学理论还处于发展完善中，而一些传统的评价方法，如失重法和增重法是普遍被接受的，所以通常情况下，电化学测定方法和传统的评价方法二者相互佐证，通过电化学方法得到腐蚀的一些动力学及热力学数据，然后联系传统评价方法得到腐蚀的原理。

9.9.1 电化学方法

电化学方法是研究与测量腐蚀的主要手段。它不仅能提供出许多与腐蚀过程相关的各种参数供研究之用。还能在一定的条件下反映腐蚀的瞬时速度，最常用的电化学分析方法为稳态极化曲线和交流阻抗法。

极化曲线法是应用最早也是目前被广为采用的一种研究金属腐蚀行为的电化学技术。依据极化曲线的特征，可将极化曲线分为三个区域，强极化区、弱极化区和微极化区，强极化区其电位与腐蚀电流的对数呈线性关系；微极化区电位与腐蚀电流呈线性关系；弱极化区位于二者之间。最常用的是利用强极化或者微极化区测定耐蚀性。

当属腐蚀的电极反应满足以下条件时：①金属的阳极腐蚀必须是均匀活性溶解，各电极反应的传质过程对电极反应的影响很小；②腐蚀电位原理两个电极的平衡电位，各电极反应的反方向的电流忽略不计；③从腐蚀电位到强极化电位区电极反应的动力学机构始终没有改变；④不管金属表面发生的电化学反应多剧烈，金属表面的实际面积不会发生变化。可以利用极化曲线进行耐蚀性测定。

（1）强极化区（Tafel 法）

在强极化区有塔菲尔（Tafel）公式成立：

$$\Delta E = b_a \lg i_+ - b_a \lg i_{corr} \text{ 阳极} \tag{9-4}$$

$$\Delta E = -b_c \lg|i_-| + b_c \lg i_{corr} \text{ 阴极} \tag{9-5}$$

极化过电位 ΔE 与极化电流 i_{corr} 的对数值有线性关系，在极化图中，将这两条直线外推，交点所对应的横坐标值即为腐蚀电流的对数值。

从公式还可知道，由直线的斜率可求得 Tafel 斜率 b_a 和 b_c。如在某些体系中，阳极极化曲线上不存在 Tafel 区（如出现活化、钝化转变），则根据阴极极化曲线外延法可求得腐蚀电流密度。

根据法拉第定律，当电流通过电解质溶液时，电极上发生的电化学变化的物质的量与通过的电量成正比，与电极反应中转移的电荷数成反比。那么腐蚀掉的金属的质量为：

$$\Delta W = \frac{AIt}{nF} \tag{9-6}$$

式中，A 为 1 mol 金属的相对原子质量，单位为 g/mol；n 为金属阳离子的价数；F 为法拉第常数，其值约为 96 500 C·mol。

通常使用腐蚀深度 v_d 和质量 v_W 表示腐蚀速率。其单位分别是 mm/a 和 g/(m^2·h)。

$$v_W = \frac{\Delta W}{St} = \frac{Ai_{corr}}{nF} \tag{9-7}$$

$$v_d = \frac{\Delta W}{\rho St} = \frac{Ai_{corr}}{nF\rho} \tag{9-8}$$

强极化进行腐蚀速率的计算比较方便，但是也存在一些缺陷。例如，利用外推法寻找腐蚀电流时，由于人为因素，会造成较大的误差，且在强极化过程中，试样表面改变较大，其实际面积发生改变。

（2）微极化曲线法

微极化曲线法又称线性极化法是一种快速测定金属瞬间腐蚀速度的方法，目前应用十分广泛。

对于阴极、阳极反应皆受活化极化控制的体系，在微极化区，有下列 stern-Geary 方程成立。

$$R_p=\frac{\Delta E}{\Delta i}=\frac{b_a \cdot b_c}{2.3\ (b_a+b_c)}\times\frac{1}{i_{corr}} \tag{9-9}$$

R_p 为极化电阻，按一定时间间隔在线性极化区测量 R_p，以 R_p 对测量时间作图，利用图解积分法求得测量时间内 R_p 的平均值。通过另行测定或从文献选取的 Tafel 常数 b_a 和 b_c，然后代入公式可以算出腐蚀电流密度。

线性极化法的优点是能快速测出金属瞬时腐蚀速度，因属于微极化，不会引起金属表面状态的变化及腐蚀控制机制的变化。但也是存在缺点：

①另行测定或从文献选取的 b_a 和 b_c 不能反映出腐蚀速度随时间的变化；线性极化区是近似的。

②线性极化法不适用于高阻介质。

交流阻抗是腐蚀电化学研究的重要手段。一个体系的腐蚀通常有几个电化学反应步骤或过程。不同的过程有不同的反应速度，因而对极化电位或电流改变的响应也不同。当外加的极化电位或电流的改变频率与腐蚀体系中某一电化学反应的速度有某种内在的匹配关系时，该反应对这一频率下的交变电流或电位的响应就达到最大。如果用一系列频率的小幅值交变电流或电位去激励腐蚀体系，该体系所包含的不同的电化学反应或过程将在不同的频率段中有较好的响应信号。通过这些响应信号与激励信号间的比较，这些混合在腐蚀体系中的电化学反应步骤或过程就有可能被推断出来。

交流阻抗谱中，频率 ω 趋向无穷大时的阻抗实部即为溶液电阻，频率 ω 趋向于零的实部则为溶液电阻和极化电阻之和，所以可以直接得出溶液电阻和极化电阻，再根据极化曲线测得的塔菲尔斜率，用 Stern-Geary 公式计算腐蚀电流密度。交流阻抗谱不单单能够反映出溶液电阻和极化电阻的大小，还能够测定界面电容的变化。界面电容存在于金属电极和溶液界面之间，界面电容的大小和金属表面的状态及溶液的成分密切相关。在一定的体系中，界面电容反映了腐蚀金属电极的表面状态的变化。当金属表面形成致密的钝化膜时，一般其界面电容相对于正常的双电层电容值小很多；当电极表面形成疏松多孔的含水腐蚀产物时，电极的真实面积变大，界面电容值也会变大。通过交流阻抗谱的拟合，可以得到界面电容值，通过界面电容的变化，可以了解金属表面状态的变化，包括金属表面在腐蚀过程中粗糙度的变化、缓蚀剂的吸附情况、钝化膜的形成与破坏及表面固体腐蚀产物的形成。由于交流阻抗测量的频率范围很宽，所以可以在不同的频率段分别得到涂层电容、微孔电容，以及涂层下的腐蚀反应电阻、双电层电容等与涂层性能及涂层破坏过程有关的信息。同时，由于交流阻抗所采用的小振幅的正弦波信号进行扰动，在测量过程中，对涂层和基底基本不会造成破坏，可以算是无损检测，所以可以对体系进行多次的阻抗测定。对于有机涂层覆盖的金属电极，不能采用极化曲线的方式进行电化学研究，但是可以测定其交流阻抗，从而获得涂层的状态信息及涂层下方的腐蚀信息。

9.9.2 盐雾试验

盐雾试验是腐蚀加速方法，在某种程度上模拟强化了海洋气候的腐蚀条件，包括中性盐雾试验、醋酸盐雾试验、铜盐加速醋酸盐雾试验、交变盐雾试验。

①中性盐雾试验（NSS 试验）采用质量分数为 5% 的氯化钠盐水溶液，溶液 pH 调在中性范围（pH=6～7）作为喷雾用的溶液。试验温度均取 35 ℃，要求盐雾的沉降率在 1～2 mL/(cm^2·h)。

②醋酸盐雾试验（ASS 试验）是在中性盐雾试验的基础上发展起来的。它是在 5% 的氯化钠溶液中加入一些冰醋酸，使溶液的 pH 降为 3 左右，溶液变成酸性，最后形成的盐雾也由中性盐雾变成酸性。它的腐蚀速度要比 NSS 试验快 3 倍左右。

③铜盐加速醋酸盐雾试验（CASS 试验）是国外新近发展起来的一种快速盐雾腐蚀试验，试验温度为 50 ℃，盐溶液中加入少量铜盐-氯化铜，强烈诱发腐蚀。它的腐蚀速度大约是 NSS 试验的 8 倍。

④交变盐雾试验是一种综合盐雾实验，它实际上是中性盐雾试验加恒定湿热实验。它主要用于空腔型的整机产品，通过潮态环境的渗透，使盐雾腐蚀不但在产品表面产生，也在产品内部产生。它是将产品在盐雾和湿热两种环境条件下交替转换，最后考核整机产品的电性能和机械性能有无变化。

盐雾对金属材料的腐蚀，主要是导电的盐溶液渗入金属内部发生电化学反应，形成“低电位金属-电解质溶液-高电位杂质”微电池系统，发生电子转移，作为阳极的金属出现溶解，形成新的化合物即腐蚀物。金属保护层和有机材料保护层也同样，当作为电解质的盐溶液渗入内部后，便会形成以金属为电极和金属保护层或有机材料为另一电极的微电池。盐雾腐蚀破坏过程中起主要作用的是氯离子。它具有很强的穿透本领，容易穿透金属氧化层进入金属内部，破坏金属的钝态。同时，氯离子具有很小的水合能，容易被吸附在金属表面，取代保护金属的氧化层中的氧，使金属受到破坏。

除了氯离子外，盐雾腐蚀机制还受溶解于盐溶液里（实质上是溶解在试样表面的盐液膜）氧的影响。氧能够引起金属表面的去极化过程，加速阳极金属溶解，由于盐雾试验过程中持续喷雾，不断沉降在试样表面上的盐液膜，使含氧量始终保持在接近饱和状态。腐蚀产物的形成，使渗入金属缺陷里的盐溶液的体积膨胀，因此增加了金属的内部应力，引起了应力腐蚀，导致保护层鼓起。

盐雾试验标准是对盐雾试验条件，如温度、湿度、氯化钠溶液浓度和 pH 等做的明确具体规定，另外还对盐雾实验箱性能提出技术要求。同种产品采用哪种盐雾试验标准要根据盐雾试验的特性和金属的腐蚀速度及对盐雾的敏感程度选择，如 GB/T 2423.17—1993《电工电子产品基本环境试验规程试验 K_a：盐雾试验方法》，GB/T2423.18—2000《电工电子产品环境试验第 2 部分：试验 K_b：盐雾，交变（氯化钠溶液）》，GB5938—86《轻工产品金属镀层和化学处理层的耐腐蚀试验方法》，GB/T 1771—91《色漆和清漆耐中性盐雾性能的测定》。

盐雾试验结果的判定方法有评级判定法、称重判定法、腐蚀物出现判定法、腐蚀数据统计分析法。评级判定法是把腐蚀面积与总面积之比的百分数按一定的方法划分成几个级别，以某一个级别作为合格判定依据，它适合平板样品进行评价；称重判定法是通过对腐蚀试验前后样品的重量进行称重的方法，计算出受腐蚀损失的重量来对样品耐腐蚀质量进行评判，它特别适用于对某种金属耐腐蚀质量进行考核；腐蚀物出现判定法是一种定性的判定法，它以盐雾腐蚀试验后，产品是否产生腐蚀现象来对样品进行判定，一般产品标准中大多采用此方法；腐蚀数据统计分析方法提供了设计腐蚀试验、分析腐蚀数据、确定腐蚀数据的置信度的方法，它主要用于分析、统计腐蚀情况，而不是具体用于某一具体产品的质量判定。

9.9.3 腐蚀失（增）重

重量法是材料耐蚀能力的研究中最为基本，同时也是最为有效可信的定量评价方法。尽管重量法具有无法研究材料腐蚀机制的缺点，但是通过测量材料在腐蚀前后重量的变化，可以较为准确、可信的表征材料的耐蚀性能。也正因为如此，它一直在腐蚀研究中广泛使用，是许多电化学的、物理的、化学的现代分析评价方法鉴定比较的基础。

重量法分为增重法和失重法两种，它们都是以试样腐蚀前后的重量差来表征腐蚀速度的。前者是在腐蚀试验后连同全部腐蚀产物一起称重试样，后者则是清除全部腐蚀产物后称重试样。当采用重量法评价工程材料的耐蚀能力时，应当考虑腐蚀产物在腐蚀过程中是否容易脱落、腐蚀产物的厚度及致密性等因素后，再决定选取哪种方法对材料的耐蚀性能进行表征。对于材料的腐蚀产物疏松、容易脱落且易于清除的情况，通常可以考虑采用失重法。而对于材料的腐蚀产物致密、附着力好且难于清除的情况，如材料的高温腐蚀，通常可以考虑采用增重法。两者腐蚀速率仍然用腐蚀深度或质量进行表示。此方法测量的是整个实验周期内均匀腐蚀的平均速度，不适用于测量瞬时腐蚀速率，也不能对腐蚀出现的时间提供任何数据。

腐蚀失（增）重实验通常采用广口瓶或大口三角烧瓶，根据需要可配回流冷凝器、搅拌器等。在整个实验中，要严格控制实验条件，实验温度一般应根据需要控制，控制精度为±1℃，如果进行室温实验，则应记录室温的变化范围。实验溶液有时要求充氧，有时要求去氧，根据实验要求进行操作，通气过程中避免气流直接冲击试样。试样暴露的面积与实验所用的溶液体积比称为面容比，在实验过程中有一定的要求，一般控制在 20～200 mL/cm^2。试样挂吊时，必须保证暴露表面与溶液充分接触，常用的试验周期为2～8天。根据不同的实验，对于属于腐蚀严重的体系，可以进行短期实验；对于逐渐生成保护膜的材料，则要进行长期的实验。

对于采用腐蚀失重法时，需要对腐蚀产物进行清除，而增重法则不需要。清除腐蚀产物通常有机械法、化学清洗法和电解法3种，这是实验的关键步骤。3种方法方式不同，但要求相同，在去除腐蚀的同时，对未腐蚀的基底材料的腐蚀为零或可以忽略不计，化学清洗法是比较常用的除腐蚀产物的方法，表9-4列举了不同材料的化学除腐蚀产物的工艺条件。

表9-4 不同材料的化学腐蚀产物清除工艺

试样材质	配方	条件
铜和铜合金	5%～10%的硫酸溶液或15%～20%盐酸溶液	室温泡几分钟，刷子刷
铁和钢	20%的盐酸或硫酸溶液+有机缓蚀剂	30～40℃，擦除
	20%的氢氧化钠+20 g/dm³ 锌粉	沸腾
	浓盐酸+50 g/dm³ 氯化锡+20 g/dm³ 三氯化锑	室温，擦除
锡和锡合金	15%的磷酸溶液	沸腾，10 min，擦除
铅和铅合金	10%的醋酸溶液	沸腾，10 min，擦除
	5%的醋酸铵溶液	热，5 min，擦除
铝和铝合金	70%的硝酸溶液	室温，3 min，擦除
	2%的氧化铬的磷酸溶液	78～85 ℃，10 min，擦除
不锈钢	10%的硝酸溶液	60℃，浸泡
镁和镁合金	15%的氧化铬+1%的铬酸银溶液	沸腾，15 min，擦除

腐蚀产物清除后，试样要经自来水冲洗后，干燥称重，称重精确到0.1 mg。

思考题

1. 镀层的性能检验包括哪些？
2. 镀层的性能检验中，厚度检验的方法有哪些？
3. 镀层的性能检验中，结合力检验的方法有哪些？
4. 膜层的性能检验包括哪些项目？
5. 材料耐蚀性采用的电化学测试技术中，极化曲线的分类？各自的优缺点是什么？

参考答案

1. 镀层的性能检验包括外观检查、厚度检验、结合力检验、内应力检验、孔隙率检验和耐蚀性检验等。

2. 镀层厚度检验方法主要有计时液流法、溶解法、金相显微镜法、点滴法、轮廓仪法、光切法、磁性法、涡流法和X射线荧光法。

3. 镀层结合力检验方法有弯曲试验法、缠绕试验法、锉磨试验法、划痕试验法、冲击试验法、拉伸试验法和剪切试验法。

4. 膜层性能检验包括外观检验、厚度检验、耐磨性检验、耐腐蚀性检验、封闭质量检验和着色耐光性检验等。

5. 最常用的强极化法或微极化法（线性极化法）。

强极化法的优点：进行腐蚀速率的计算比较方便。缺点：利用外推法寻找腐蚀电流时，由于人为因素，会造成较大的误差，且在强极化过程中，试样表面改变较大，其实际面积发生改变。

微极化法（线性极化法）的优点：能快速测出金属瞬时腐蚀速度，因属于微极化，不会引起金属表面状态的变化及腐蚀控制机理的变化。缺点：另行测定或从文献选取的 b_a 和 b_c 不能反映出腐蚀速度随时间的变化，线性极化区是近似的，不适用于高阻介质。

附　件

附件 1　表面处理综合性（设计性）实验报告

实验名称	钢铁的锌系磷化	实验时间	年　月　日
专业班级		实验地点	开展实验的地点
小组成员			

一、实验方案

1. 实验目的

（扼要概括本实验要完成的主要任务或要达成的具体目标，逐条列出；一般 50～100 字，可根据具体实验适当调整。）

2. 实验主要仪器设备及材料

逐项列出实验开展所需的全部仪器设备或材料，并注明仪器设备型号、材料规格、数量。尽量可以表格形式呈现，如

附表 1　实验所需仪器设备（含配件）

序号	仪器设备/材料	规格型号	数量

本表填写时，应先填仪器设备，再填实验所需材料。学生可根据实验需要，自行设计表格。

续表

3. 理论依据

本部分主要考查学生归纳整理文献的能力。

简要说明写出确定实验方案的理论依据。本部分填写时应对实验方案中各阶段逐一说明所涉及的主要原理并说明原理的应用条件，可以用公式、模型、图例等简要概括。

4. 实验方法和步骤

本部分学生主要写出基础方案和改进方案等。

说明完成实验内容时拟采用的方法及操作步骤。如实验内容的实施分多个阶段，则依照各阶段的开展顺序，扼要写出各阶段拟采用的实验方法、操作步骤。例如，

实验阶段1：阶段名称（如×××仪器设备的调试，或×××样品的制备）

本阶段拟采用×××方法（如无方法名称或分类则直接写步骤）完成，具体步骤如下：

①实验步骤1

②实验步骤2

③实验步骤3

如本阶段的实施拟采用多种方法，则按以上格式写出拟用方法及操作步骤。

实验阶段2：阶段名称（×××参数的测定，或×××样品××性能的测试）

本阶段拟采用×××方法完成（如无方法名称或分类则直接写步骤），具体步骤如下：

①实验步骤1

②实验步骤2

③实验步骤3

如本阶段的实施拟采用多种方法，则按以上格式写出拟用方法及操作步骤。

5. 参考文献

实验方案设计所参考的期刊论文、专著、会议论文、学位论文、报告、专利、国家或行业标准、报纸文章、电子文献等主要参考文献。各类参考文献条目的编排格式及示例如下。

（1）期刊文章

［序号］主要责任者．题名［J］．期刊名，出版年（卷、期号）：起止页码．例如，

［1］武书连，吕嘉，郭石林等．2001中国大学评价［J］．科学学与科学技术管理，2001，22（6）：3-9.

期刊没有卷次的，可按“［序号］主要责任者．题名［J］．期刊名，出版年份（期号）：起止页码．”书写。例如，

［2］Mao X，Chen B，Muta I. Affective property of image and fractal dimension［J］. Chaos，Solitons & Fractals，2003（15）：905-910.

（2）专著

［序号］主要责任者．著作名［M］．出版地：出版者，出版年：起止页码．例如，

［3］杨东平．大学精神［M］．沈阳：辽海出版社，2000：15-18.

（3）会议论文集

［序号］主要责任者．题名［C］//主编．论文集名．出版地：出版者，出版年：起止页码．例如，

［4］毛峡．绘画的音乐表现［C］//中国人工智能学会2001年全国学术年会论文集．北京：北京邮电大学出版社，2001：739-740.

续表

[5] Mao X, Chen b, Zhu G, et al. Analysis of Affective Characteristics and Evaluation of Harmonious Feeling of Image Based on 1/f Fluctuation Theory [C] //International Conference on Industrial & Engineering Applications of Artificial Intelligence & Expert Systems (IEA/AIE). Australia: Springer Publishing, 2002: 17-19.

(4) 学位论文

[序号] 主要责任者. 题名 [D]. 保存地: 保存单位, 年份. 例如,

[6] 朱明. 地方高校核心竞争力研究 [D]. 北京: 北京理工大学, 2005.

(5) 报告

[序号] 主要责任. 文献题名 [R]. 报告地: 报告会主办单位, 年份. 例如,

[7] 冯西桥. 核反应堆压力容器的 LBB 分析 [R]. 北京: 清华大学核能技术设计研究院, 1997.

(6) 专利文献

[序号] 专利所有者. 专利题名: 专利号 [P]. 发布日期. 例如,

[8] 姜锡洲. 一种温热外敷药制备方案 881056078 [P]. 1983-08-12.

(7) 国际、国家标准

[序号] 标准名称: 标准代号 [S]. 出版地: 出版者, 出版年. 例如,

[9] 汉语拼音正词法基本规则: GB/T 16159—1996 [S]. 北京: 中国标准出版社, 1996.

(8) 报纸文章

[序号] 主要责任者. 文献题名 [N]. 报纸名, 出版日期 (版次). 例如,

[10] 毛峡. 情感工学破解"舒服"之迷 [N]. 光明日报, 2000-04-17 (B1).

(9) 电子文献

[序号] 主要责任者. 电子文献题名 [文献类型/载体类型]. 电子文献的出版或可获得地: 出版者, 出版年: 引文页码 (发表或更新的期/引用日期) [引用日期] 获取和访问路径数字对象唯一标识符 (任选). 例如,

[11] 王明亮. 中国学术期刊标准化数据库系统工程的 [EB/OL]. (1998-08-16) [1998-10-04]. http://www.cajcd.cn/pub/wml.txt/980810-2.html.

指导教师对实验方案的意见:

本部分由指导教师填写: 指导教师应对学生所设计方案的合理性、可行性、风险性进行评价, 并对是否同意该实验方案给出结论。

若方案合理可行, 则应给出"同意按该实验方案实施"的最终意见, 并对实验方案实施时应注意的问题提出自己的建议, 如操作细节、注意事项等。

若实验方案基本合理, 但存在需修改的地方, 指导教师应给出"改进后实施"的意见, 并给出改进建议。

若实验方案不合理或存在较大漏洞, 应给出"不同意该实验方案"的最终意见。

指导教师签字:

年 月 日

续表

二、实验结果与分析

1. 实验实施过程

本部分为学生实验实施的具体过程：

若具体实施过程与原方案相同，则对原方案的实验执行时采用的实验方法和步骤进行简要概括，可以流程图的形式表示。

若实验实施过程在原方案基础上进行了较大修改，则应详细说明实验开展时的实验方法和步骤。

2. 实验现象、实验数据记录

按照实验进程，分阶段记录实验实施过程中出现的实验现象、收集到的实验数据，尽量以表格形式呈现。指导教师应根据不同实验阶段实验现象和实验数据记录的需要为每个阶段设计规范化的表格。

实验阶段×××：阶段名称××××

表2　××××实验现象、数据记录

第一步	现象	数据	

（表格形式和内容仅供参考）

3. 实验现象、实验数据的分析

借助适当原理、公式、模型、利用必要的软件或其他分析方法、手段，对实验过程中出现的现象、所获取的实验数据进行具体、充分的分析。本部分的撰写应完整呈现出分析过程。

实验现象分析时应分析现象出现的原因。与实验预期相符合的，应给出其理论解释；实验现象与实验预期不相符的，应剖析是哪个实验环节出了问题导致该实验现象的出现。实验现象的分析应充分、具体、合理。

实验数据分析时可围绕要达成的实验目标，借助公式、模型或必要软件，结合作图、计算等方法对实验数据进行数据处理后，得出实验结果。实验数据分析过程应条理清晰，层次清楚。

必要时，可对实验现象和实验结果综合分析，相互印证。

4. 实验总结：

实验总结一般应包括以下内容：

（1）总结实验所得的结论（2）分析实验方案是否达成实验目标

如达成实验目标，则简要说明方案的合理性；如未能达成实验目标，则分析实验方案中哪个环节不合理，并提出改进意见。

（3）总结本次实验的收获

通过本次实验，学会或熟悉了哪些原理，锻炼了哪方面的技能。自己在实验过程中的表现有哪些不足，今后将如何改进等。

实验总结应科学合理，条理清楚，应符合实际。

续表

指导教师评语和成绩评定： 指导教师对学生实验报告的完成情况进行概括评论。指出学生实验报告撰写中存在的主要问题，并提出改进建议。对于问题较少或无明显错误的学生亦应给予肯定。并将实验报告成绩填写于对应位置。成绩用百分制记载。 实验报告成绩： 指导教师签字： 年　月　日

附件2　表面处理实验记录

<table>
<tr><td>题　目</td><td colspan="3"></td></tr>
<tr><td>学生姓名及学号</td><td colspan="3"></td></tr>
<tr><td>专业</td><td></td><td>指导教师</td><td></td></tr>
<tr><td>实验中遇到的
问题及解决方案</td><td colspan="3"></td></tr>
</table>

参考文献

[1] 姜晓霞,沈伟. 化学镀理论及其实践[M]. 北京:国防工业出版社,2000.

[2] 陈克忠. 金属表面防腐蚀工艺[M]. 北京:化学工业出版社,2010.

[3] 顾林,丁纪恒,余海斌. 石墨烯用于金属腐蚀防护的研究[J]. 化学进展,2016,28(5):737-743.

[4] 赵欢,吕晓璇,周圣文,等. 金属防护用超疏水表面主要制备方法及应用研究进展[J]. 表面技术,2015,44(12):49-55,97.

[5] 曹楚南. 腐蚀电化学原理[M]. 北京:化学工业出版社,2004.

[6] 曾华梁,吴仲达,陈钧武,等. 电镀工艺手册[M]. 北京:机械工业出版社,1997.

[7] 董永朋,王兆伟,王露萌,等. 金属热防护系统等效热传导及影响因素分析[J]. 强度与环境,2015,42(6):45-51.

[8] 李科学. 我国金属铀表面腐蚀防护技术研究进展[J]. 科技创新导报,2015,12(27):90-91.

[9] 杨家东,许风玲,侯健,等. 金属材料的微生物腐蚀与防护研究进展[J] 装备环境工程,2015,12(01):59-65,113.

[10] 张景双,石金声,石磊,等. 电镀溶液与镀层性能测试[M]. 北京:化学工业出版社,2003.

[11] 储荣邦,王宗雄,吴双成. 简明电镀手册[M]. 北京:机械工业出版社,2012.

[12] 郭逍遥,汤汉良,李树伟,等. 金属表面防护用水性涂料的工艺技术研究[J]. 现代涂料与涂装,2013,16(9):1-3.

[13] 杜文博,朱胜,王晓明. 镁合金表面冷喷涂防护技术研究[J]. 中国工程机械学报,2012,10(4):484-487.

[14] 商孟莹,刘淼,曹林洪,等. SiO_2 薄膜在金属基体表面防护领域中的研究进展[J]. 材料导报,2012,26(S2):349-353.

[15] 姜卫丽,王颖,刘华荣,等. 环保型金属表面处理剂的制备及耐蚀性能研究[J]. 黑龙江科学,2011,2(2):13-15.

[16] 张三元,张磊. 电镀层均匀性和镀液稳定性:问题与对策[M]. 北京:化学工业出版社,2010.

[17] 姚素薇,张卫国,王宏智. 现代功能性镀层[M]. 北京:化学工业出版社,2012.

[18] 杨祖彬,曾莉红. 金属包装材料涂层防腐技术[J]. 表面技术,2009,38(4):66-69.

[19] 姚草根,吕宏军,贾新潮,等. 金属热防护系统材料与结构研究进展[J]. 宇航材料工艺,2005(2):10-13.

[20] 屈钧娥,陈庚,王海人,等. 活泼金属表面缓蚀自组装膜研究进展[J]. 腐蚀与防护,2012,33(5):357-361.

[21] 邓先钦,徐群杰,云虹,等. 具有超疏水表面的铜及铜合金耐蚀行为研究进展[J]. 腐蚀与防护,2012,33(1):51-54,59.

[22] 闫洪. 现代化学镀镍和复合镀新技术[M]. 北京:国防工业出版社,1999.

[23] 李博,季铁正,李佳. 水性金属表面保护剂的原理及其现状[J]. 腐蚀科学与防护技术,2011,23(3):284-286.
[24] 李金桂,吴再思. 防腐蚀表面工程技术[M]. 北京:化学工业出版社,2002.
[25] 王芙庆. 金属防腐蚀的方法与金属表面处理技术研究[J]. 中国新技术新产品,2010,(17)127.
[26] 赵广彬,董克龙. 水工金属结构喷锌防腐蚀技术在岗南水库除险加固中的应用[J]. 河北水利,2004(12):20-21,29.
[27] 杨宁,龙晋明. 稀土钝化:金属防腐蚀表面处理新技术[J]. 稀土,2002(2):55-62.
[28] 刘书民. 水工金属结构防腐蚀探讨[J]. 河北水利水电技术,1995(4):51-53.
[29] 王宪生. 金属表面防腐粉末浸塑技术[J]. 河北冶金,1992(4):43-47.
[30] 黄顺田. 日本的金属表面处理剂工业[J]. 精细化工,1984(1):66-68.
[31] Gabe D R. Principles of metal surface treatment and protection[M]. 2nd Edition. Oxford: Pargammon Press,1978.
[32] Andreeva D V,Sviridov D V,Masic A,et al. Nanoengineered metal surface capsules: construction of a metal-protection system[J]. Small,2012,8(6):819.
[33] Shi Z,Yuan Q,Zhao R,et al. The influence of protection gas pressure on the descaling process of vacuum Arc in removing oxide layer on metal surface[J]. IEEE Transactions on Plasma Science,2011,39(7):1585-1590.
[34] Zhu H R,Tang W,Gao C Z,et al. Self-powered metal surface anti-corrosion protection using energy harvested from rain drops and wind[J]. Nano Energy,2015,(14):193-200.
[35] Yang Z B,Zeng L H. Corrosion prevention techniques of metal package coating materials[J]. Surface Technology,2009,38(4):66-69.
[36] Wessling B. Corrosion prevention with an organic metal (polyaniline): surface ennobling,passivation, corrosion test results[J]. Materials & Corrosion,1996,47(8):439-445.
[37] Institution B S. Temporary prevention of corrosion of metal surfaces: during transportation & sorage [J]. Surgery,2003,133(6):656-661.
[38] 梁成浩. 金属腐蚀学导论[M]. 北京:机械工业出版社,1999.
[39] 胡传炘,白韶军,安跃生,等. 表面处理手册[M]. 北京:北京工业大学出版社,2004.
[40] 何柏林,熊磊. 金属表面纳米化及其对材料性能影响的研究进展[J]. 兵器材料科学与工程,2016,39(2):116-120.
[41] 周鹏,徐科,刘顺华. 基于剪切波和小波特征融合的金属表面缺陷识别方法[J]. 机械工程学报,2015,51(6):98-103.
[42] 张宝宏,丛文博,杨萍. 金属电化学腐蚀与防护[M]. 北京:化学工业出版社,2005.
[43] 张允诚,胡如南,向荣. 电镀手册[M]. 北京:国防工业出版社,1997.
[44] 单鑫. 浅谈几种环保型金属表面的处理工艺[J]. 黑龙江科学,2014,5(4):236.
[45] 罗能凤,丁新艳,刘国钧,等. 金属表面处理对涂料性能的影响[J]. 上海涂料,2010,48(5):19-22.
[46] 李伟. 金属表面处理特殊过程确认[J]. 质量与可靠性,2010(2):43-45,48.
[47] 廖水碧,肖明富. 金属制品表面质量缺陷无损检测的研究现状与展望[J]. 中国冶金,2007(3):48-51.

[48] 张炳乾. 电镀液故障处理[M]. 北京:国防工业出版社,1987.

[49] 张懿. 电镀污泥及铬渣资源化实用技术指南[M]. 北京:中国环境科学出版社,1997.

[50] 丁长春,赵家凤. 金属表面前处理工艺的优化[J]. 化工环保,1997(2):110-113.

[51] 肖文德,刘立巍,杨锴,等. 氢原子吸附对金表面金属酞菁分子的吸附位置、自旋和手征性的调控[J]. 物理学报,2015,64(7):9-18.

[52] 郭沁林. 水在金属氧化物表面的吸附与解离[J]. 物理,2011,40(5):297-303.

[53] 王胜民,何明奕,赵晓军. 机械镀锌技术基础[M]. 北京:机械工业出版社,2013.

[54] 曾晓雁,吴懿平. 表面工程学[M]. 北京:机械工业出版社,2001.

[55] 阮宜平,汤兵,黄树焕. 有机物质在金属表面的吸附研究进展[J]. 表面技术,2009,38(2):70-72,90.

[56] 张昱,豆小敏,杨敏,等. 砷在金属氧化物/水界面上的吸附机制. 金属表面羟基的表征和作用[J]. 环境科学学报,2006,(10):1586-1591.

[57] 朱瑜,蒋刚,于桂凤,等. N_2 在 Pd 金属表面的吸附行为[J]. 物理化学学报,2005(12):1343-1346.

[58] 屠振密,胡会利,刘海萍,等. 绿色环保电镀技术[M]. 北京:化学工业出版社,2012.

[59] 付爱萍,冯大诚,杜冬梅. 为什么水在金属表面的吸附构型是倾斜的:水在铜、铝表面吸附的量子化学计算[J]. 化学物理学报,2000(3):307-311.

[60] 严洪海. 金属表面的蛋白吸附的机制研究现状[J]. 中国口腔种植学杂志,1997(4):189-193.

[61] 郑瑞伦,刘俊. 过渡金属原子表面自扩散激活能的计算[J]. 西南师范大学学报(自然科学版),2002(1):44-48.

[62] 许丹,庄军,刘磊. 金属 fcc(100)表面吸附原子的自扩散现象[J]. 原子与分子物理学报,2000(2):289-296.

[63] 王泽新,关大任,蔡政亭,等. 氢原子在平坦金属锂(100)面上表面扩散行为的 *ab initio* 研究[J]. 化学学报,1990(1):11-16.

[64] 李鸿年,张绍恭,张炳乾,等. 实用电镀工艺[M]. 北京:国防工业出版社,1990.

[65] 巩运明. 用场发射涨落法研究原子在金属单晶面上的表面扩散[J]. 烟台大学学报(自然科学与工程版),1989(1):32-39.

[66] 周建龙. 保温层下金属表面的防腐蚀保护[J]. 中国涂料,2017,32(2):36-43.

[67] 程子非,金文倩,马春红,等. 金属材料在模拟地热水环境中的腐蚀与结垢特性[J]. 表面技术,2015,44(8):92-96,119.

[68] 何乐儒,殷之平,黄其青,等. 模拟金属表面局部腐蚀的 CA 方法[J]. 航空材料学报,2015,35(2):54-63.

[69] 梁志杰. 现代表面镀覆技术问答[M]. 北京:化学工业出版社,2004.

[70] 王慧,吕国志,王乐,等. 金属表面腐蚀损伤演化过程的元胞自动机模拟[J]. 航空学报,2008(6):1490-1496.

[71] 刘秀玉. 铁、不锈钢表面自组装膜的表征及其电化学研究[J]. 材料导报,2008(6):152.

[72] Davis J A, Fuller C C, Cook A D. Model for trace metal sorption processes at the calcite surface: adsorption of Cd^{2+}, and subsequent solid solution formation[J]. Geochimica Et Cosmochimica Acta, 1987, 51(6):1477-1490.

[73] Kawaguchi M,Hayakawa K,Takahashi A. Adsorption of polystyrene onto a metal surface in good solvent conditions[J]. Macromolecules,1983,16(4):631-635.

[74] Jia Y F,B. Xiao,Thomas K M. Adsorption of metal Ions on nitrogen surface functional groups in activated carbons[J]. Langmuir,2002,18(2):470-478.

[75] José-Yacaman M,Gutierrez-Wing C,Miki M,et al. Surface diffusion and coalescence of mobile metal nanoparticles[J]. Journal of Physical Chemistry B,2005,109(19):9703-9711.

[76] Axe L, Trivedi P. Intraparticle surface diffusion of metal contaminants and their attenuation in microporous amorphous Al,Fe,and Mn oxides[J]. Journal of Colloid & Interface Science,2002,247(2):259-265.

[77] Xia X,Xie S,Liu M,et al. On the role of surface diffusion in determining the shape or morphology of noble-metal nanocrystals[J]. Proceedings of the National Academy of Sciences of the United States of America,2013,110(17):6669-6673.

[78] Awad M K,Mustafa M R,Elnga M M A. Computational simulation of the molecular structure of some triazoles as inhibitors for the corrosion of metal surface[J]. Journal of Molecular Structure Theochem,2010,959(1-3):66-74.

[79] Amadeh A,Pahlevani B,Heshmati-Manesh S. Effects of rare earth metal addition on surface morphology and corrosion resistance of hot-dipped zinc coatings[J]. Corrosion Science,2002,44(10):2321-2331.

[80] 徐红娣,邹群．电镀溶液分析技术[M]．北京:化学工业出版社,2003.

[81] 贾铮,戴长松,陈玲．电化学测量方法[M]．北京:化学工业出版社,2016.

[82] 王明,邵忠财,仝帅．镁合金表面处理技术的研究进展[J]．电镀与精饰,2013,35(6):10-15.

[83] 纪成光,陈立宇,袁继旺,等．化学镍钯金表面处理工艺研究[J]．电子工艺技术,2011,32(2):90-94,101,107.

[84] 杨万国,贾思洋,张波,等．低表面处理涂料的研究现状与发展前景[J]．现代涂料与涂装,2011,14(2):24-27.

[85] 刘秀晨,安成强,崔作兴,等．金属腐蚀学[M]．北京:国防工业出版社,2002.

[86] Orazem M E,Tribollet B. 电化学阻抗谱[M]．雍兴跃,张学元,等译．北京:化学工业出版社,2014.

[87] 张高会,黄国青,徐鹏,等．铝及铝合金表面处理研究进展[J]．中国计量学院学报,2010,21(2):174-178.

[88] 梁春林,刘宜汉,韩变华,等．镁合金表面处理研究现状及发展趋势[J]．表面技术,2006(6):57-60,64.

[89] 胡会利,李宁．电化学测量[M]．北京:国防工业出版社,2013.

[90] Birks N,Meier G H,Pettit F S. 金属高温氧化导论[M]．辛丽,王文,译．北京:高等教育出版社,2010.

[91] 肖发新,任永鹏,申晓妮,等．聚季铵盐对印制线路板碱性除油的影响[J]．腐蚀科学与防护技术,2013,25(5):406-410.

[92] 黄草明．碱性除油液中OP-10乳化剂浓度对印制线路板孔壁化学镀铜性能的影响[J]．材料保护,2012,45(11):17-19,2.

[93] 詹益腾,梁国柱．酸性除油与碱性除油的互补作用[J]．电镀与环保,2002(2):29-31.

[94] 崔世荣．中级电镀工工艺学[M]．北京:机械工业出版社,1988.

[95] 冯拉俊,沈文宁. 表面及特种表面加工[M]. 北京:化学工业出版社,2013.
[96] 汪泉发,黎燕. 低常温碱性除油剂的研制[J]. 广东化工,1992(4):28-31.
[97] 詹益腾,梁国柱,梁锦洲,等. BH-7 多功能碱性除油剂研究报告[J]. 电镀与涂饰,1991(2):1-13.
[98] 良翼. 中性除油剂取代溶剂除油[J]. 电镀与涂饰,1990(2):91.
[99] 段光复. 电镀废水处理及回用技术手册[M]. 北京:机械工业出版社,2010.
[100] 董素芳. 应用于聚苯乙烯塑料件的仿金电镀技术[J]. 表面工程资讯,2010,10(5):8-9.
[101] 谭蓉. 塑料仿金电镀[J]. 重庆工业高等专科学校学报,2004(3):12-13,24.
[102] 庞承新,莫桂兰. 首饰无氰仿金电镀的研究[J]. 广西师范学院学报(自然科学版),2003(1):58-60.
[103] 康潆丹,郭丽鸣,谢祯壑. ABS 塑料无氰仿金电镀工艺条件研究[J]. 沈阳师范学院学报(自然科学版),2002(4):289-291.
[104] 贾金平,谢少艾,陈虹锦. 电镀废水处理技术及工程实例[M]. 北京:化学工业出版社,2003.
[105] 钟萍,肖鑫,黄先威,等. 塑料无氰仿金电镀工艺的研究[J]. 电镀与涂饰,2001(4):4-7.
[106] 张颖,王晓轩,陶珍东,等. 玻璃钢饰面技术:无氰二元仿金电镀工艺研究[J]. 工程塑料应用,1994(6):17-20.
[107] 李慕勤,李俊刚,吕迎,等. 材料表面工程技术[M]. 北京:化学工业出版社,2010.
[108] 金川. 装饰性仿金电镀[J]. 电镀与环保,1994(6):37.
[109] 王泽文. 仿金电镀的后处理[J]. 材料保护,1991(7):37-38.
[110] 张明顺. 陶瓷仿金电镀工艺试验总结[J]. 航空工艺技术,1984(10):41-43.
[111] Li Z L,Zhang Q Y,Chen Z M,et al. Preparation and properties of self-assembled monolayer for pretreatment of metal surface[J]. Materials Protection,2008(4):17-19.
[112] Speller F N. Pretreatment of metal surface for painting[J]. Ind. Eng. Chem. ,2002.
[113] Laušošć M. Effect of metal surface pretreatment on bond strenght of metal-ceramic[J]. Hrvatska znanstvena bibliografija i MZOS-Svibor,2007.
[114] Mumme T,Marx R,Müllerrath R,et al. Surface pretreatment of endoprostheses by silica/silane to optimise the hydrolytic stability between bone cement and metal [J]. Der Orthopde, 2008, 37(3):246-250.
[115] 付守,侯明,燕希强,等. 表面改性金属材料双极前处理的研究[J]. 大连工业大学学报,2008(32):37-40.
[116] 冯立明,王玥. 电镀工艺学[M]. 北京:化学工业出版社,2010.
[117] 徐滨士,朱绍华,等. 表面工程的理论与技术[M]. 2 版. 北京:国防工业出版社,2010.
[118] 袁诗璞. 第一讲:电镀的定义及加工门类[J]. 电镀与涂饰,2008(6):39-40.
[119] 安茂忠,屠振密. 电镀 Zn、Cu、Ni、Cr 及其合金的研究进展[J]. 电子工艺技术,2001(1):5-9.
[120] 李勇,丁国清,陈小平,等. 电镀锌涂装性能的影响因素及改善[J]. 装备环境工程,2017,14(6):84-88.
[121] 江茜,胡哲,戴建和,等. 不同电镀锌添加剂对钝化膜外观与耐蚀性的影响[J]. 电镀与涂饰,2016,35(7):354-357.
[122] 冯开文. 实用电镀溶液分析方法手册[M]. 北京:国防工业出版社,2011.

[123] 安茂忠. 电镀理论与技术[M]. 哈尔滨:哈尔滨工业大学出版社,2004.
[124] 王爱华,朱久发. 我国电镀锌板发展趋势的探讨[J]. 轧钢,2008(4):39-42.
[125] 安茂忠. 电镀锌及锌合金发展现状[J]. 电镀与涂饰,2003(6):35-40.
[126] 张景双,安茂忠,杨哲龙,等. 电镀锌及锌合金镀层钝化处理的应用与发展[J]. 材料保护,1999(7):17-19.
[127] 唐徐情,任秀斌,陆海彦,等. 镀液中金属杂质离子对电镀镍层性能的影响[J]. 高等学校化学学报,2016,37(7):1364-1371.
[128] 冯辉,张勇,张林森,等. 电镀理论与工艺[M]. 北京:化学工业出版社,2008.
[129] 万晔. 金属的大气腐蚀及其实验方法[M]. 北京:化学工业出版社,2013.
[130] 周小琴. 光亮电镀镍添加剂的研究[J]. 铸造技术,2008(7):955-958.
[131] 冯拉俊,樊菊红,雷阿利. 电镀镍组合添加剂研究[J]. 贵金属,2006(3):30-34.
[132] 刘仁志. 电镀镍添加剂的技术进步和新一代镀镍光亮剂[J]. 电镀与精饰,2004(4):18-20.
[133] 何建波,吴肖安,黄辉,等. 电镀镍磷合金研究现状及前景[J]. 浙江工业大学学报,1999(1):64-72.
[134] 冯尚彩,徐庆彩. 综合化学实验[M]. 济南:山东人民出版社,2012.
[135] 李金桂,周师岳,胡业锋. 现代表面工程技术与应用[M]. 北京:化学工业出版社,2014.
[136] 毛喆,黄红武,顾安婷,等. 浅谈电镀铬工装的规范化管理[J]. 科技创新与生产力,2014(10):12-13,16.
[137] 屠振密,郑剑,李宁,等. 三价铬电镀铬现状及发展趋势[J]. 表面技术,2007(5):59-63,87.
[138] 吴慧敏,艾佑宏,吴琼. 三价铬电镀铬的工艺研究[J]. 表面技术,2007(1):62-64.
[139] 赵黎云,钟丽萍,黄逢春. 电镀铬添加剂的发展与展望[J]. 电镀与精饰,2001(5):9-12.
[140] Staikov G. 纳米电化学[M]. 李建玲,王新东,译. 北京:化学工业出版社,2010.
[141] 刘长久,李延伟,尚伟. 电化学实验[M]. 北京:化学工业出版社,2011.
[142] 关山,张琦,胡如南. 电镀铬的最新发展[J]. 材料保护,2000(3):1-3.
[143] 尚思通. 镁合金电镀新工艺的应用[J]. 塑料制造,2016(3):74-77.
[144] 李义田. 浅谈合金电镀以及其发展趋势[J]. 价值工程,2013,32(24):44-45.
[145] 田伟,吴向清,谢发勤. Zn-Ni 合金电镀的研究进展[J]. 材料保护,2004(4):26-29.
[146] 陈治良. 电镀合金技术及应用[M]. 北京:化学工业出版社,2016.
[147] 姜玉娟,陈志强. 电镀废水处理技术的研究进展[J]. 环境科学与管理,2015,40(3):45-48.
[148] 王刚,张路路,尹倩婷,等. 广东省电镀废水处理技术现状与达标分析[J]. 电镀与涂饰,2014,33(20):891-895.
[149] 李欲如,张刚,梅荣武. 浙江省电镀行业问题分析与污染整治对策[J]. 环境科学与管理,2013,38(1):76-80.
[150] 刘光明. 表面处理技术概论[M]. 北京:化学工业出版社,2011.
[151] 王文星. 电镀废水处理技术研究现状及趋势[J]. 电镀与精饰,2011,33(5):42-46.
[152] 屠振密,张景双,杨哲龙. 环保无害化电镀的研究进展[J]. 材料保护,2001(8):1-4.
[153] Zhang Z, Leng W H, Shao H B, et al. Study on the behavior of Zn-Fe alloy electroplating[J]. Journal of Electroanalytical Chemistry, 2001, 516(1-2): 127-130.
[154] Rashwan S M. Study on the behaviour of Zn-Co-Cu alloy electroplating[J]. Materials Chemistry &

Physics,2005,89(2):192-204.

[155] Chuan F U,Qi J S . Optimization of technology of Zn-Ni-P alloy electroplating by orthogonal test [J]. Surface Technology,2003(16):35-39.

[156] Xiao X, Xiang Y I, Guo X L, et al. Study on technology of bright zin-nickel alloy eectroplating in alkaline solution[J]. Journal of Hunan Institute of Engineering,2005.

[157] Jian Y,L i Y,Wei L,et al. Investigation of pretreatment process with zinc-plating for magnesium alloy electroplating[J]. Journal of Gansu University of Technology,2003.

[158] Lan M,Zhang D,Cai J. Fabrication and electromagnetic properties of bio-based helical soft-core particles by way of Ni-Fe alloy electroplating[J]. Journal of Magnetism & Magnetic Materials,2011,323(24):3223-3228.

[159] Li F S,Zhang Y J,Fan Y Y,et al. Application of rare earth in Zn-Ni alloy electroplating from sulfate Bath[J]. Surface Technology,2004,33(2):60-61.

[160] Adhoum N,Monser L,Bellakhal N,et al. Treatment of electroplating wastewater containing Cu^{2+},Zn^{2+} and Cr(Ⅵ) by electrocoagulation[J]. Journal of Hazardous Materials,2004,112(3):207-213.

[161] Zhang Z,Zhang C,Yang L,et al. Experimental study on the treatment of electroplating wastewater containing copper and nickel by coagulant-microfiltration method[J]. Industrial Water Treatment,2010,30(5):64-66.

[162] Lei Z W,Geng S G,Wang Y L,et al. Treatment of electroplating wastewater containing Cu^{2+} by membrane electrolysis method with ammonia electrolyte[J]. Plating & Finishing,2012.

[163] 安成强,崔作兴,郝建军,等. 电镀三废治理技术[M]. 北京:国防工业出版社,2002.

[164] 林玉珍,杨德钧. 腐蚀和腐蚀控制原理[M]. 北京:中国石化出版社,2014.

[165] 陈步明,郭忠诚. 化学镀研究现状及发展趋势[J]. 电镀与精饰,2011,33(11):11-15,25.

[166] 徐旭仲,赵丹,万德成,等. 钢铁表面化学镀的研究进展[J]. 电镀与精饰,2016,38(3):27-32,46.

[167] 李家明,徐淑庆,梁铭忠. 化学镀工艺在电子工业中的应用现状[J]. 电镀与精饰,2016,38(1):20-24.

[168] 刘君武,吕珺,王建民,等. 粉体化学镀的研究及应用进展[J]. 金属功能材料,2005(04):35-38.

[169] 郭海祥. 化学镀技术应用新进展[J]. 金属热处理,2001(1):9-12.

[170] 王兆华,张鹏,林修洲,等. 材料表面工程[M]. 北京:化学工业出版社,2011.

[171] 徐滨士,朱绍华. 表面工程的理论与技术[M]. 北京:国防工业出版社,1999.

[172] 陈曙光,刘君武,丁厚福. 化学镀的研究现状、应用及展望[J]. 热加工工艺,2000(2):43-45.

[173] 夏传义. 化学镀在电子工业中的应用[J]. 电镀与涂饰,1999(4):42-50,60.

[174] 陈月华,刘永永,江德凤,等. 化学镀镍施镀过程稳定性分析[J]. 表面技术,2013,42(2):74-76.

[175] 宣天鹏. 表面工程技术的设计与选择[M]. 北京:机械工业出版社,2011.

[176] 梁志杰. 现代表面镀覆技术[M]. 北京:国防工业出版社,2005.

[177] 谢洪波,江冰,陈华三,等. 化学镀镍规律及机制探讨[J]. 电镀与精饰,2012,34(2):26-30,46.

[178] 王昊,刘贵昌,邢明秀,等. 电解法降解化学镀镍废液 COD 的研究[J]. 环境保护与循环经济,2011,31(5):47-49,75.

[179] 陈亚,李士嘉,王春林,等. 现代实用电镀技术[M]. 北京:国防工业出版社,2003.

[180] 李九岭,胡八虎,陈永朋. 热镀锌设备与工艺[M]. 北京:冶金工业出版社,2015.

[181] 张静韵. 电镀工工艺学[M]. 北京:科学普及出版社,1984.

[182] 廖西平,夏洪均. 化学镀镍技术及其工业应用[J]. 重庆工商大学学报(自然科学版),2009,26(4):399-402.

[183] 王立平,万善宏,曾志翔. 代硬铬镀层材料及工艺[M]. 北京:科学出版社,2015.

[184] 刘仁志. 轻松掌握电镀技术[M]. 北京:金盾出版社,2014.

[185] 赵鹏,王维德. 化学镀镍技术及其研究进展[J]. 新技术新工艺,2007(10):100-102.

[186] 余德超,谈定生,王松泰. 化学镀镍技术在电子工业的应用[J]. 电镀与涂饰,2007(4):42-45.

[187] 沈伟,沈晓丹,张钦京. 化学镀镍行业近年的发展状况[J]. 材料保护,2007(2):50-54.

[188] 郑臻,余新泉,孙扬善,等. 前处理对镁合金化学镀镍结合力的影响[J]. 中国腐蚀与防护学报,2006(4):221-226.

[189] 黄金田,赵广杰. 化学镀镍单板的导电性和电磁屏蔽效能[J]. 林产工业,2006(1):14-17.

[190] 戎馨亚,陶冠红,何建平,等. 化学镀镍废液的处理及回收利用[J]. 电镀与涂饰,2004(6):31-35.

[191] 杨防祖,杨斌,陆彬彬,等. 以次磷酸钠为还原剂化学镀铜的电化学研究[J]. 物理化学学报,2006(11):1317-1320.

[192] 蔡元兴,孙齐磊. 电镀电化学原理[M]. 北京:化学工业出版社,2014.

[193] 李能斌,罗韦因,刘钧泉,等. 化学镀铜原理、应用及研究展望[J]. 电镀与涂饰,2005(10):51-55.

[194] 郑雅杰,邹伟红,易丹青,等. 化学镀铜及其应用[J]. 材料导报,2005(9):76-78,82.

[195] 李卫明,李文国,刘彬云,等. 环保型化学镀铜新技术[J]. 印刷电路信息,2004(12):31-34,70.

[196] 熊道陵,李英,李金辉. 电镀污泥中有价金属提取技术[M]. 北京:冶金工业出版社,2013.

[197] 刘仁志. 非金属电镀与精饰[M]. 北京:化学工业出版社,2012.

[198] 杨防祖,吴丽琼,黄令,等. 以次磷酸钠为还原剂的化学镀铜[J]. 电镀与精饰,2004(4):7-9,24.

[199] 谷新,王周成,林昌健. 络合剂和添加剂对化学镀铜影响的电化学研究[J]. 电化学,2004(1):14-19.

[200] 郭晓斐,王钥,袁兴栋. 表面处理溶液分析实验指导书[M]. 北京:化学工业出版社,2013.

[201] 熊海平,萧以德,伍建华,等. 化学镀铜的进展[J]. 表面技术,2002(6):5-6,11.

[202] Jia F, Wang Z C. Electrochemical study on electroless nickel plating using sodium borohydride as the reductant[J]. Acta Physico-Chimica Sinica, 2011, 27(3):633-640.

[203] Yao H, Guo J H, Cui W C, et al. Study on electroless nickel plating for surface modification of carbon fiber[J]. Surface Technology, 2014, 12(5):3662-3670.

[204] Zhong G, Yu G B. Technical study on electroless nickel plating of carbon fiber reinforced polyetheretherketone[J]. Plating & Finishing, 2016.

[205] Hu Z H. Study on electroless nickel plating on martensite stainless steel[J]. Electroplating & Pollution Control, 2015.

[206] Chang X, Zhang X B. Study on electroless nickel plating process and property of aluminum al-

loy[J]. Advanced Materials Research,2013(756-759):60-63.

[207] Shao Z, Cai Z, Hu R, et al. The study of electroless nickel plating directly on magnesium alloy[J]. Surface & Coatings Technology,2014(249):42-47.

[208] Li D,Goodwin K,Yang C L. Electroless copper deposition on aluminum-seeded ABS plastics[J]. Journal of Materials Science,2008,43(22):7121-7131.

[209] Su H H,Lin K H,Lin S J,et al. Electroless copper deposition for ultralarge-scale integration[J]. Journal of the Electrochemical Society,2001,148(1):C47-C53.

[210] Shukla S,Seal S,Rahaman Z,et al. Electroless copper coating of cenospheres using silver nitrate activator [J]. Materials Letters,2002,57(1):151-156.

[211] Lantasov Y,Palmans R,Maex K. New plating bath for electroless copper deposition on sputtered barrier layers[J]. Microelectronic Engineering,2000,50(1-4):441-447.

[212] 王尚义. 钢铁表面氧化和磷化处理问答[M]. 北京:化学工业出版社,2009.

[213] 王建平. 实用磷化及相关技术[M]. 北京:机械工业出版社,2009.

[214] 胡梦珍. 金属的磷化处理[M]. 北京:机械工业出版社,1992.

[215] 胡国辉. 金属磷化工艺技术[M]. 北京:国防工业出版社,2009.

[216] 唐春华. 金属表面磷化技术[M]. 北京:化学工业出版社,2009.

[217] 李东光. 金属钝化磷化液配方与制备[M]. 北京:化学工业出版社,2016.

[218] Li R,Yu Q,Yang C,et al. Innovative cleaner production for steel phosphorization using Zn-Mn phosphating solution[J]. Journal of Cleaner Production,2010,18(10): 1040-1044.

[219] Ang K F,Turgoose S,Thompson G E. Development of phosphate coatings on mild steel[J]. Transactions of the IMF,1991,69(2): 58-62.

[220] Tamilselvi M,Kamaraj P,Arthanareeswari M,et al. Development of nano SiO_2 incorporated nano zinc phosphate coatings on mild steel[J]. Applied Surface Science,2015(332): 12-21.

[221] Shibli S M A,Jayalekshmi A C. Development of phosphate inter layered hydroxyapatite coating for stainless steel implants[J]. Applied Surface Science,2008,254(13): 4103-4110.

[222] Narayanan T S N S. Surface pretreatment by phosphate conversion coatings:A review[J]. Rev. Adv. mater. sci,2005,9(2): 130-137.

[223] Van Phuong N,Lee K,Chang D,et al. Zinc phosphate conversion coatings on magnesium alloys: A review[J]. Metals and Materials International,2013,19(2): 273-281.

[224] Kwiatkowski L. Phosphate coatings porosity: review of new approaches[J]. Surface engineering,2004, 20(4): 292-298.

[225] Akhtar A S, Susac D, Glaze P, et al. The effect of Ni^{2+} on zinc phosphating of 2024-T3 Al alloy [J]. Surface and Coatings Technology,2004,187(2): 208-215.

[226] Zeng R C,Zhang F,Lan Z D,et al. Corrosion resistance of calcium-modified zinc phosphate conversion coatings on magnesium-aluminium alloys[J]. Corrosion Science,2014(88): 452-459.

[227] 朱祖芳, 等. 铝合金阳极氧化工艺技术应用手册[M]. 北京:冶金工业出版社,2007.

[228] 许振明. 铝和镁的表面处理[M]. 上海:上海科学技术文献出版社,2005.

[229] 朱祖芳. 铝合金阳极氧化与表面处理技术[M]. 北京:化学工业出版社,2010.

[230] 徐捷,兰为军. 铝和铝合金的阳极氧化与染色[M]. 北京:化学工业出版社,2010.

[231] 姜伟,王桂香．镁合金微弧氧化工艺的研究进展[J]．电镀与环保,2010,30(4):1-4.

[232] 张荣发,单大勇,韩恩厚,等．镁合金阳极氧化的研究进展与展望[J]．中国有色金属学报,2006,16(7):1136-1148.

[233] 张永君,严川伟,楼翰一,等．镁及镁合金阳极氧化工艺综述[J]．材料保护,2001,34(9):24-26.

[234] 姜海涛,邵忠财,魏守强．钛合金表面处理技术的研究进展[J]．电镀与精饰,2013,32(6):15-20.

[235] 李占明,邱骥,孙晓峰,等．铝合金表面微弧氧化技术研究与应用进展[J]．装甲兵工程学院学报,2013,27(3):82-87.

[236] 张荣发,王方圆,胡长员,等．镁合金阳极氧化膜封孔处理的研究进展[J]．材料工程,2007(11):82-86.

[237] 川合慧．铝阳极氧化膜电解着色及其功能膜的应用[M]．朱祖芳,译．北京:冶金工业出版社,2005.

[238] Lee W, Park S J. Porous anodic aluminum oxide: anodization and templated synthesis of functional nanostructures[J]. Chemical reviews, 2014, 114(15): 7487-7556.

[239] Sirés I, Brillas E, Oturan M A, et al. Electrochemical advanced oxidation processes: Today and tomorrow. A review[J]. Environmental Science and Pollution Research, 2014, 21(14): 8336-8367.

[240] Wang Y, Yu H, Chen C, et al. Review of the biocompatibility of micro-arc oxidation coated titanium alloys[J]. Materials & Design, 2015(85): 640-652.

[241] Wang J H, Du M H, Han F Z, et al. Effects of the ratio of anodic and cathodic currents on the characteristics of micro-arc oxidation ceramic coatings on Al alloys[J]. Applied Surface Science, 2014(292): 658-664.

[242] Li N, Zheng Y. Novel magnesium alloys developed for biomedical application: A review[J]. Journal of Materials Science & Technology, 2013, 29(6): 489-502.

[243] Narayanan T S N S, Park I S, Lee M H. Strategies to improve the corrosion resistance of microarc oxidation (MAO) coated magnesium alloys for degradable implants: Prospects and challenges[J]. Progress in Materials Science, 2014(60):1-71.

[244] Henley V F. Anodic oxidation of aluminium and its alloys: The pergamon materials engineering practice series[J]. Elsevier, 2013.

[245] 木子．金属表面处理技术[M]．北京:机械工业出版社,2014.

[246] 曲敬信,汪泓宏,等．表面工程手册[M]．北京:化学工业出版社,1998.

[247] 张英杰,董鹏．镀锌无铬钝化技术[M]．北京:冶金工业出版社,2014.

[248] 钱苗根．现代表面工程[M]．上海:上海交通大学出版社,2012.

[249] 李季,孙杰,安成强．铝合金无铬钝化的研究进展[J]．表面技术,2008,37(4):60-62.

[250] 王昊,安成强,郝建军,等．铝及铝合金无铬钝化的研究进展[J]．电镀与环保,2014,34(1):1-3.

[251] 李雪,裴和中,张国亮,等．锌镀层钝化处理的研究现状及展望[J]．热加工工艺,2012,41(16):144-147.

[252] 金海波．现代表面处理新工艺、新技术与新标准[M]．北京:当代中国音像出版社,2011.

[253] 黄红军,谭胜,胡建伟,等．金属表面处理与防护技术[M]．北京:冶金工业出版社,2011.

[254] 宋光铃. 镁合金腐蚀与防护[M]. 北京:化学工业出版社,2006.
[255] 李国英. 表面工程手册[M]. 北京:机械工业出版社,1998.
[256] 宣天鹏. 表面镀覆层失效分析与检测技术[M]. 北京:机械工业出版社,2012.
[257] 卫英慧,许并社. 镁合金腐蚀防护的理论与实践[M]. 北京:冶金工业出版社,2007.
[258] Fedrizzi L,Terryn H,Simões L. Innovative pre-treatment techniques to prevent corrosion of metallic surfaces[M]. South Australia: Woodhead publishing limited,2007.
[259] 张高会. 现代材料表面处理技术[M]. 北京:兵器工业出版社,2012.
[260] 朱祖芳. 铝合金表面处理膜层性能及测试[M]. 北京:化学工业出版社,2012.
[261] 曹立新. 电镀溶液与镀层性能测试[M]. 北京:化学工业出版社,2011.
[262] 张鉴清. 电化学测试技术[M]. 北京:化学工业出版社,2010.
[263] 王凤平,康万利. 腐蚀电化学原理、方法及应用[M]. 北京:化学工业出版社,2008.